明日科技 编著

C语言开发手册

基础 · 案例 · 应用

全国百佳图书出版单位
化学工业出版社
·北京·

内容简介

《C语言开发手册：基础·案例·应用》是“计算机科学与技术手册系列”图书之一，该系列图书内容全面，以理论联系实际、能学到并做到为宗旨，以技术为核心，以案例为辅助，引领读者全面学习基础技术、代码编写方法和具体应用项目，旨在为想要进入相应领域的技术人员提供新而全的技术性内容及案例。

本书是一本侧重编程基础＋实践的C语言图书，从基础、案例、应用三个层次循序渐进地介绍了C语言从入门到实战所需知识，使读者在打好基础的同时快速提升实践能力。本书内容充实，给读者提供了较为丰富全面的技术支持和案例强化，通过各种示例将学习与应用相结合，打造轻松学习、零压力学习的环境，通过案例对所学知识进行综合应用，通过开发实际项目将C语言的各个知识点应用到实际工作中，帮助读者实现学以致用，快速掌握C语言开发的各项技能。

本书提供丰富的资源，包含120个实例、12个案例、2个项目，力求为读者打造一本基础＋案例＋应用一体化的、精彩的C语言图书。

本书不仅适合初学者、零基础的编程自学者，也可供计算机相关专业师生、程序开发人员等阅读参考。

图书在版编目（CIP）数据

C语言开发手册：基础·案例·应用/明日科技编著．—北京：化学工业出版社，2022.1

ISBN 978-7-122-40166-3

Ⅰ．①C…　Ⅱ．①明…　Ⅲ．①C语言－程序设计－手册
Ⅳ．①TP312-62

中国版本图书馆CIP数据核字（2021）第218231号

责任编辑：曾　越
责任校对：宋　夏
装帧设计：尹琳琳

出版发行：化学工业出版社
（北京市东城区青年湖南街13号　邮政编码100011）
印　　装：大厂聚鑫印刷有限责任公司
880mm×1230mm　1/16　印张23¼　字数669千字
2022年2月北京第1版第1次印刷

购书咨询：010-64518888
售后服务：010-64518899
网　　址：http://www.cip.com.cn
凡购买本书，如有缺损质量问题，本社销售中心负责调换。

定　　价：108.00元

前言

从工业 4.0 到“十四五”规划，我国信息时代正式踏上新的阶梯，电子设备已经普及，在人们的日常生活中随处可见。信息社会给人们带来了极大的便利，信息捕获、信息处理分析等在各个行业得到普遍应用，推动整个社会向前稳固发展。

计算机设备和信息数据的相互融合，对各个行业来说都是一次非常大的进步，已经渗入到工业、农业、商业、军事等领域，同时其相关应用产业也得到一定发展。就目前来看，各类编程语言的发展、人工智能相关算法的应用、大数据时代的数据处理和分析都是计算机科学领域各大高校、各个企业在不断攻关的难题，是挑战也是机遇。因此，我们策划编写了“计算机科学与技术手册系列”图书，旨在为想要进入相应领域的初学者或者已经在该领域深耕多年的从业者提供新而全的技术性内容，以及丰富、典型的实战案例。

C 语言是一门基础的编程语言，兼具高级语言和汇编语言的特性，既可以编写系统软件，又可以作为应用软件的程序设计语言，并且不依赖计算机硬件。C 语言使用方便、灵活，语言简洁、紧凑，具有丰富的运算符及数据类型，程序设计自由度大，所以这门语言具有较强的生命力。虽然 C 语言诞生于 50 多年前，但在众多程序设计语言中仍然占据着十分重要的位置。

C 语言层次清晰，便于按模块方式组织程序，易于调试和维护，所以它的应用范围特别广泛，可以应用于软件开发、单片机设计及嵌入式系统开发等诸多领域。基于此，编程学习者将 C 语言作为学习程序设计语言的入门语言，既可以通过它开发软件，也可在其基础上学习其他高级语言。

本书内容

本书侧重 C 语言的编程基础与实践，从基础、案例、应用三个层次循序渐进地介绍了 C 语言从入门到实战所需知识，保证读者学以致用。全书共分为 28 章，主要采用“基础篇（14 章）+ 案例篇（12 章）+ 应用篇（2 章）”三大维度一体化的讲解方式，具体的学习结构如下图所示。

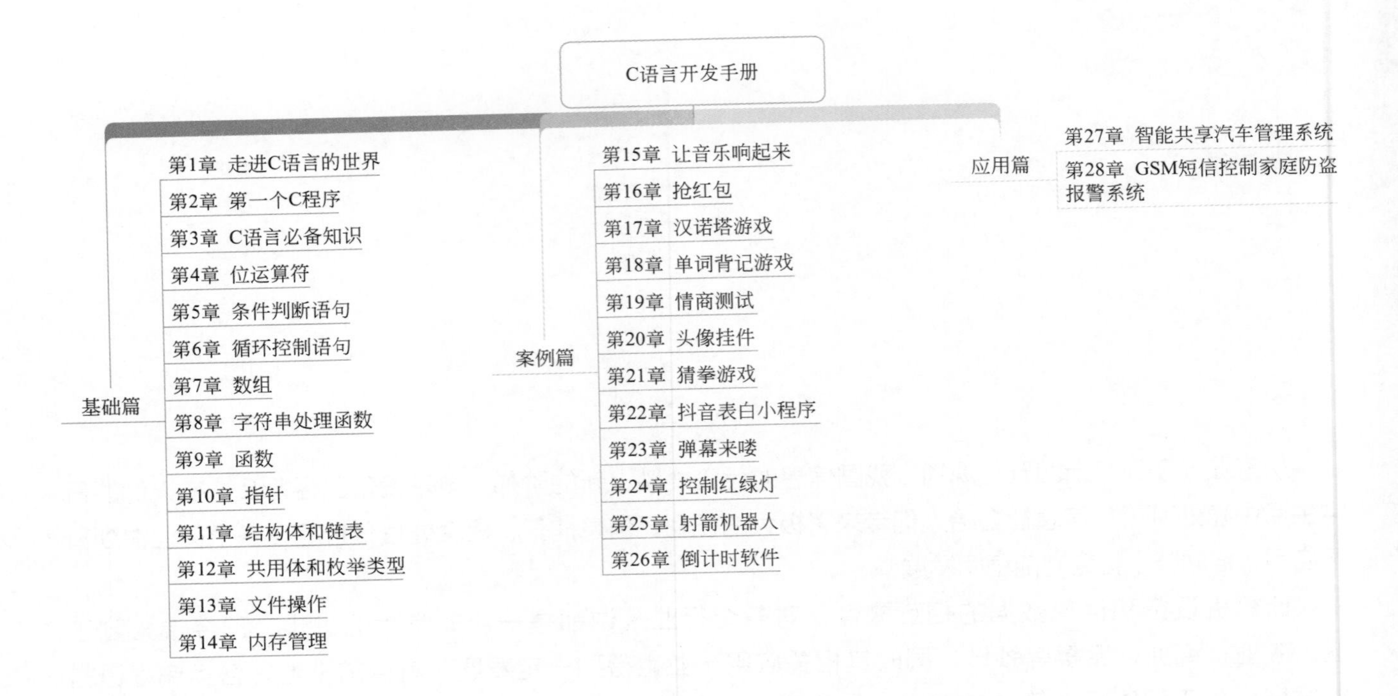

本书特色

1．突出重点、学以致用

书中每个知识点都结合了简单、易懂的示例代码以及非常详细的注释信息，力求能够让读者快速理解所学知识，提高学习效率，缩短学习路径。

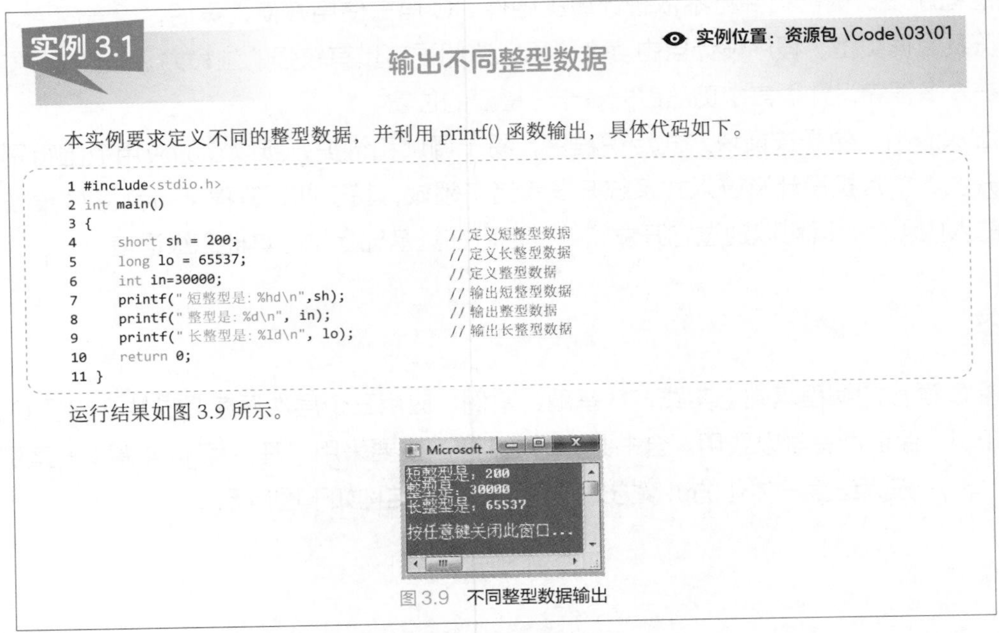

实例 3.1　输出不同整型数据　　实例位置：资源包 \Code\03\01

本实例要求定义不同的整型数据，并利用 printf() 函数输出，具体代码如下。

```
1 #include<stdio.h>
2 int main()
3 {
4     short sh = 200;                    //定义短整型数据
5     long lo = 65537;                   //定义长整型数据
6     int in=30000;                      //定义整型数据
7     printf("短整型是：%hd\n",sh);       //输出短整型数据
8     printf("整型是：%d\n", in);         //输出整型数据
9     printf("长整型是：%ld\n", lo);      //输出长整型数据
10    return 0;
11 }
```

运行结果如图 3.9 所示。

图 3.9　不同整型数据输出

实例代码与运行结果

2．提升思维、综合运用

本书以知识点综合运用的方式，带领读者学习各种趣味性较强的 C 语言案例，让读者不断开拓编写

C 程序的思维，还可以快速提高对知识点的综合运用能力，让读者能够回顾以往所学的知识点，并结合新的知识点进行综合应用。

案例 头像挂件

3．综合技术、实际项目

本书在应用篇中提供了两个贴近生活应用的项目，力求通过实际应用使读者更容易地掌握 C 语言在实际业务中的使用方法。C 语言项目都是根据常年开发经验总结而来的，包含了在实际开发中所遇到的各种问题。项目结构清晰、扩展性强，读者可根据个人需求进行扩展开发。

4．精彩栏目、贴心提示

本书根据实际学习的需要，设置了“注意”“说明”等许多贴心的小栏目，辅助读者轻松理解所学知识，规避编程陷阱。

本书由明日科技的 C 语言开发团队策划并组织编写，主要编写人员有李菁菁、王小科、赛奎春、周佳星、申小琦、赵宁、张鑫、何平、高春艳、王国辉、李磊、李再天、葛忠月、李春林、宋万勇、张宝华、杨丽、刘媛媛、庞凤、谭畅、依莹莹等。在编写本书的过程中，我们本着科学、严谨的态度，力求精益求精，但疏漏之处在所难免，敬请广大读者批评斧正。

感谢您阅读本书，希望本书能成为您编程路上的领航者。

祝您读书快乐！

编著者

如何使用本书

本书资源下载及在线交流服务

方法 1：使用微信立体学习系统获取配套资源。用手机微信扫描下方二维码，根据提示关注“易读书坊”公众号，选择您需要的资源或服务，点击获取。微信立体学习系统提供的资源和服务包括：

- 视频讲解：快速掌握编程技巧
- 源码下载：全书代码一键下载
- 配套答案：自主检测学习效果
- 闯关练习：在线答题巩固学习
- 拓展资源：术语解释指令速查

扫码享受
全方位沉浸式学 C 语言

操作步骤指南　①微信扫描本书二维码。②根据提示关注“易读书坊”公众号。③选取您需要的资源，点击获取。④如需重复使用可再次扫码。

方法 2：推荐加入 QQ 群：365354473（若此群已满，请根据提示加入相应的群），可在线交流学习，作者会不定时在线答疑解惑。

方法 3：使用学习码获取配套资源。

（1）激活学习码，下载本书配套的资源。

第一步：刮开后勒口的“在线学习码”（如图 1 所示），用手机扫描二维码（如图 2 所示），进入如图 3 所示的登录页面。单击图 3 页面中的“立即注册”成为明日学院会员。

第二步：登录后，进入如图 4 所示的激活页面，在“激活图书 VIP 会员”后输入后勒口的学习码，单击“立即激活”，成为本书的“图书 VIP 会员”，专享明日学院为您提供的有关本书的服务。

第三步：学习码激活成功后，还可以查看您的激活记录，如果您需要下载本书的资源，请单击如图 5 所示的云盘资源地址，输入密码后即可完成下载。

图1　在线学习码

图2　手机扫描二维码

图3　扫码后弹出的登录页面

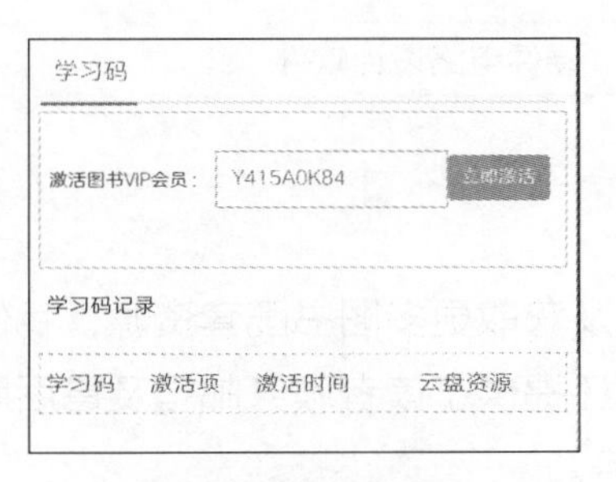

图4　输入图书激活码

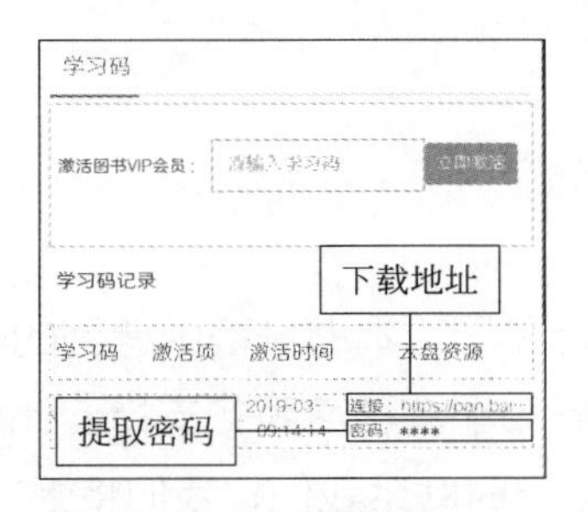

图5　学习码激活成功页面

（2）打开下载到的资源包，找到源码资源。本书共计 28 章，源码文件夹主要包括：实例源码（120 个）、案例源码（12 个）、项目源码（2 个），具体文件夹结构如下图所示。

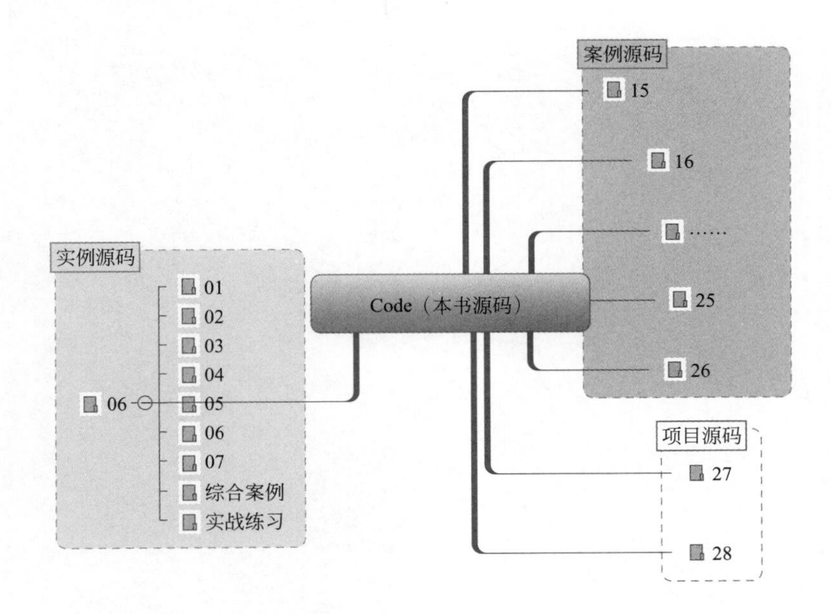

（3）使用开发环境（如 Visual Studio 2019）打开章节所对应 .sln 项目文件，运行即可。

本书约定

推荐操作系统及 C 语言版本			
Windows 10		Visual Studio2019	
本书介绍的开发环境			
EasyX	SQL Server	Altium Designer	STC-ISP
	Microsoft SQL Server	15	
图形库插件	数据库	硬件电路设计软件	烧录软件

读者服务

为方便解决读者在学习本书过程中遇到的疑难问题及获取更多图书配套资源，我们在明日学院网站为您提供了社区服务和配套学习服务支持。此外，我们还提供了读者服务邮箱及售后服务电话等，如图书有质量问题，可以及时联系我们，我们将竭诚为您服务。

读者服务邮箱：mingrisoft@mingrisoft.com

售后服务电话：4006751066

目录

基础篇

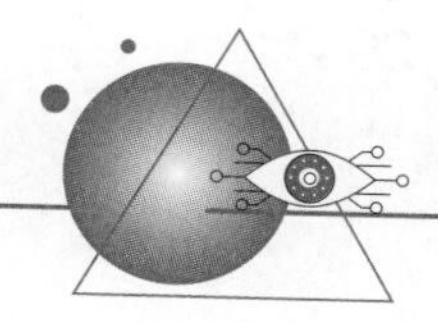

第1章 走进C语言的世界

第2章 第一个C程序

第3章 C语言必备知识

第4章 位运算符

第5章 条件判断语句

第6章 循环控制语句

第7章 数组

第8章 字符串处理函数

第 9 章　函数

第 10 章　指针

第11章 结构体和链表

第12章 共用体和枚举类型

第13章 文件操作

第14章 内存管理

案例篇

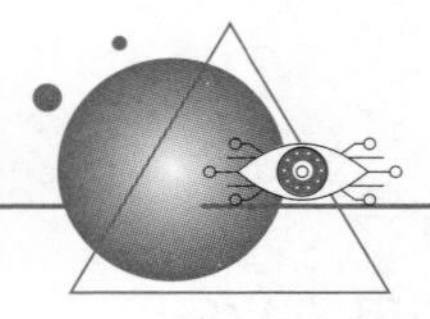

第15章 让音乐响起来（C+ 媒体播放函数）

第16章 抢红包（数组 + 随机函数）

第17章 汉诺塔游戏（C+ 递归思想）

第18章 单词背记游戏（文件操作 + 数组）

第19章 情商测试（条件控制 + 输入函数）

第24章 控制红绿灯（条件判断 + 图像处理 +Sleep() 函数）

第25章 射箭机器人（条件判断 + 自定义函数）

第26章 倒计时软件（循环嵌套 +windows.h）

应用篇

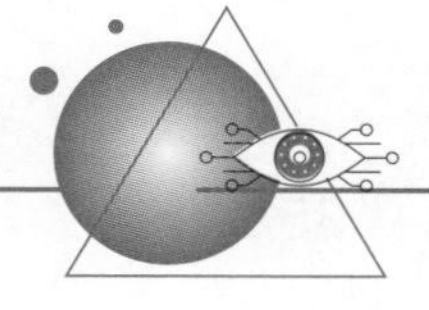

第27章 智能共享汽车管理系统

第 28 章 GSM 短信控制家庭防盗报警系统

附录

C语言

开发手册

基础 · 案例 · 应用

基础篇

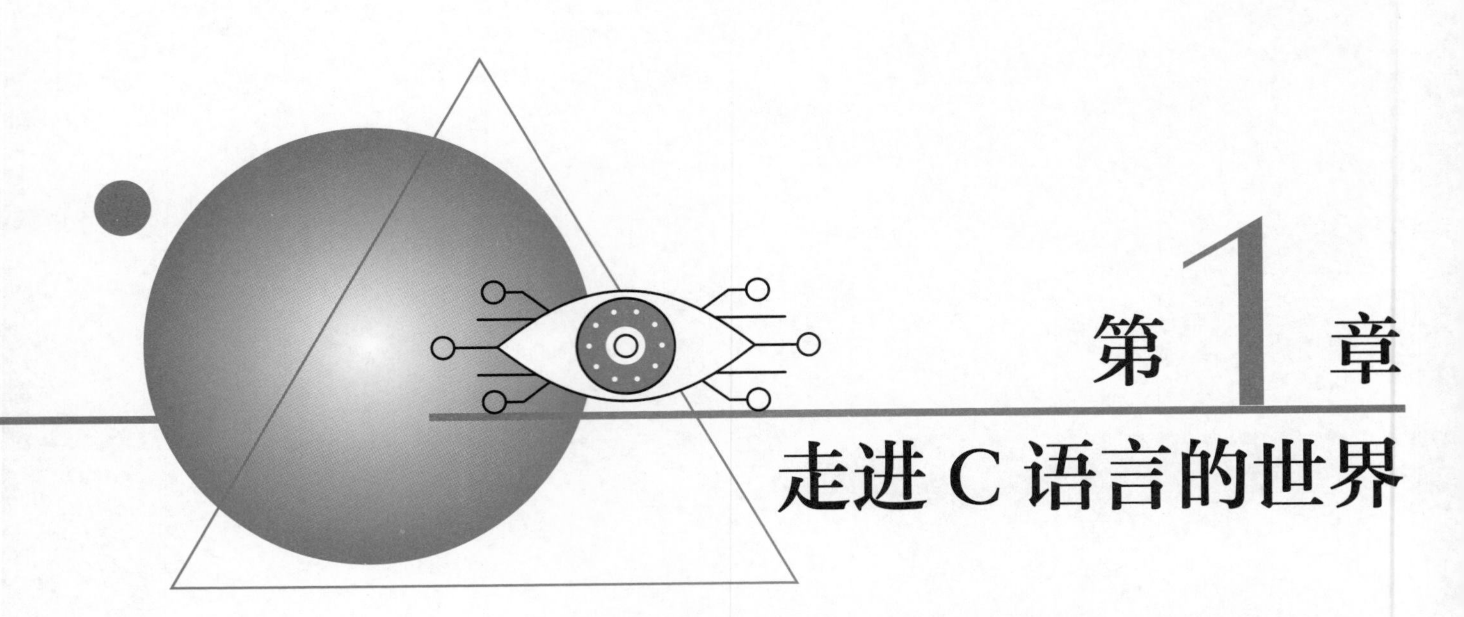

第1章 走进C语言的世界

你想学习“编程语言”吗？你想做计算机底层开发吗？你想做嵌入式系统吗？你想开发属于自己的游戏吗？你想学 C++、Java 等其他编程语言吗？如果你的答案是“Yes”，那就从学习 C 语言开始吧，因为它能够让你了解编程的基本概念，让你感受编程带来的神秘感和成就感，让你轻松地踏进编程的大门，它是众多入门语言的首选。

本章知识架构如下。

1.1 计算机语言与C语言

1.1.1 计算机语言

学习C语言之前，首先需搞清楚语言是什么。

语言是人类最重要的交际工具，也是人类进行沟通的主要方式。因为我们生长在中国，所以从小就讲汉语，但是同样是中国人，由于地域不同，产生了不同的方言。

人与人交往用人类语言，那么人要与计算机交互就需要用到计算机语言。

随着时代的变化，计算机语言也经历了“时代的变迁”，从最开始的机器语言，到汇编语言，再到如今的高级语言，都是计算机语言的“变迁”历程。接下来对这三种语言进行大概的介绍。

（1）机器语言

因为计算机只认指令，所以很早就有了机器语言，它以一种指令集体系结构存在，数据能够被计算机CPU（中央处理器）直接解读，不需要进行任何的翻译。计算机使用的是由0和1二进制数组成的一串指令，如图1.1所示。

（2）汇编语言

机器语言的存在虽然“满足”了计算机的要求，但是编程人员使用机器语言很痛苦，于是汇编语言就应运而生了。汇编语言是用英文字母或符号串来替代不易理解和使用的机器语言的二进制码。因此，使用汇编语言编写的程序比使用机器语言编写的程序更易于阅读和理解。如图1.2所示是常用的汇编指令。

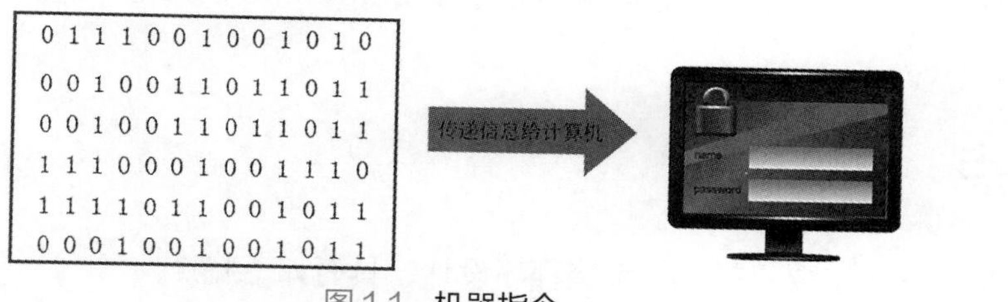

图1.1 机器指令

```
mov ax,2000
mov ss,ax
mov sp,10

mov ax,3123
push ax
mov ax,3366
push ax
```

图1.2 汇编指令

（3）高级语言

汇编语言也有弊端，它的助记符多且难记，而且汇编语言依赖于硬件系统，于是，人们又发明了高级语言。高级语言的语法和格式类似于英文，远离了对硬件的直接操作。高级语言并不是某一种具体的语言，如图1.3所示，它包括流行的C语言、Java、C++等。

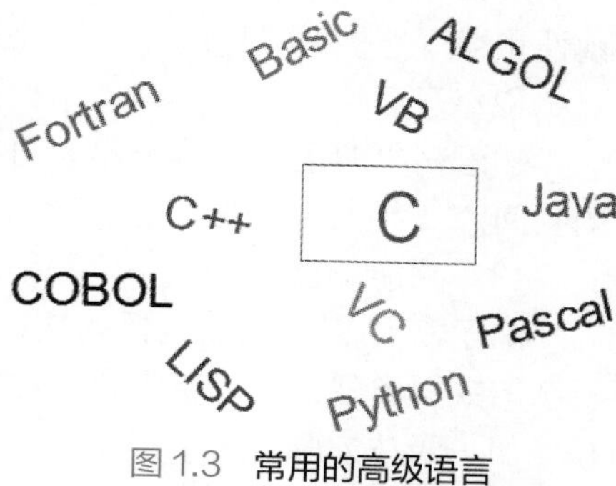

图1.3 常用的高级语言

1.1.2 C语言

从计算机语言的发展过程可以看到，以前的操作系统等系统软件主要是用汇编语言编写的。但由于汇编语言依赖于计算机硬件，程序的可读性和可移植性都不是很好，为了提高可读性和可移植性，人们开始寻找一种语言，这种语言应该既具有高级语言的特性，又不失低级语言的优点。于是，C语言产生了。

1970年，UNIX的研制者Dennis Ritchie［丹尼斯 • 里奇，图1.4（a）］和Ken Thompson［肯 • 汤普逊，图1.4（b）］在BCPL语言基础上改进出了B语言，而C语言是在B语言的基础上发展和完善起来的。20世纪70年代初期，丹尼斯 • 里奇第一次把B语言改为C语言。至此，C语言就诞生了。C语言完整的发展历程如图 1.5 所示。

(a)

(b)

图 1.4　丹尼斯 • 里奇和肯 • 汤普逊

1988年	美国	为C语言制定了一套ANSI标准
1978年	*Dennis Ritchie*	出版了名著，C语言在世界上流行
1977年	*Dennis Ritchie*	发表不依赖具体机器系统的C语言技术
1973年	*Dennis Ritchie*	在B语言基础上设计新语言——C语言
1970年	*Ken Thompson*	将BCPL修改，起名为B语言
1967年	*Matin Richards*	对CPL简化，产生BCPL语言
1963年	剑桥大学	ALGOL 60语言发展为CPL

图 1.5　C 语言的发展历史图

最初，C 语言运行于 AT&T 的多用户、多任务的 UNIX 操作系统上。后来，丹尼斯 • 里奇用 C 语言改写了 UNIX C 的编译程序，UNIX 操作系统的开发者肯 • 汤普逊又用 C 语言成功地改写了 UNIX，从此开创了编程史上的新篇章。UNIX 成为第一个不是用汇编语言编写的主流操作系统。

尽管 C 语言是在大型商业机构和学术界的研究实验室研发的，但是当开发者们为第一台个人计算机提供 C 语言编译系统之后，C 语言就得以广泛传播，并为大多数程序员所接受。对 MS-DOS 操作系统来说，系统软件和实用程序都是用 C 语言编写的。Windows 操作系统大部分也是用 C 语言编写的。

1.2　C 语言的特点

C 语言是一种通用的计算机语言，主要用来进行系统程序设计，具有如下特点。

（1）高效性

从 C 语言的发展历史也可以看到，它继承了低级语言的优点，产生了高效的代码，并具有友好的可读性和编写性。一般情况下，C 语言生成的目标代码的执行效率只比汇编程序低 10% ～ 20%。

（2）灵活性

C 语言中的语法不拘一格，可在原有语法基础上进行创造、复合，从而给程序员更多的想象和发挥的空间。

（3）功能丰富

除了 C 语言中默认包括的数据类型外，还可以通过丰富的运算符和自定义的结构类型，来表达任何复杂的数据类型，完成所需要的功能。

（4）表达力强

C 语言的特点体现在它的语法形式与人们所使用的语言形式相似，书写形式自由，结构规范，并且只需简单的控制语句即可轻松控制程序流程，完成烦琐的程序要求。

（5）移植性好

由于 C 语言具有良好的移植性，从而使得 C 程序在不同的操作系统下，只需要简单的修改或者不用修改即可进行跨平台的程序开发操作。

正是由于 C 语言拥有上述优点，使得它备受青睐。

1.3 C 语言的应用

C 语言是最早的计算机语言之一，它可以做到一次编写，处处编译，而且每个平台都有强大的编译器支持，也有强大的集成开发环境支持。例如，Windows 平台有微软的 Visual Studio，IOS 平台有 XCode。

C 语言应用广泛，如单片机系统、应用软件、数据处理、嵌入式系统、各种游戏等。接下来简单介绍这些应用 C 语言的领域。

1.3.1 单片机系统

单片机开发应用的主要语言有 2 种：一种是汇编语言；另一种是 C 语言。汇编语言比 C 语言更容易控制单片机，但是 C 语言的可移植性比较好，就算不太了解硬件的内部结构，编译器也能为这个系统设计合理地分配内存单元，设计出简单的单片机程序。将 C 语言应用在单片机领域，只要做好代码优化功能，就会提高工作效率，所以目前 C 语言是单片机系统开发的主流语言。单片机和 C 语言结合能够控制许多简单的系统，如图 1.6 所示的控制台灯、控制鱼缸自动加氧气等小系统。

1.3.2 应用软件

如图 1.7 所示的 Linux 操作系统就是利用 C 语言编写的，当然 Linux 操作系统中的应用软件也是用 C 语言编写的，这样的软件安全性非常高。

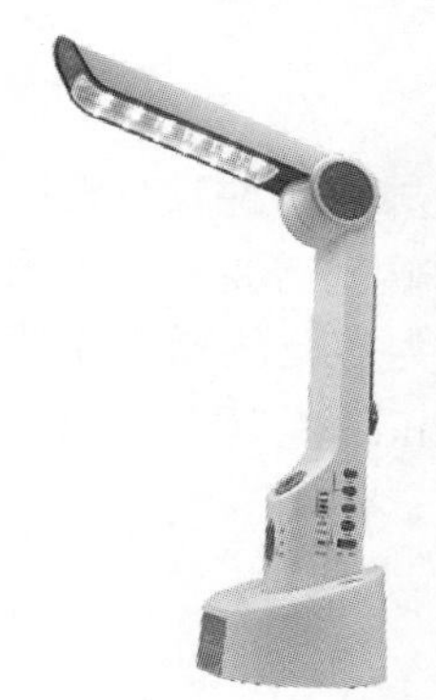

图 1.6 单片机和 C 语言结合制作的控制系统

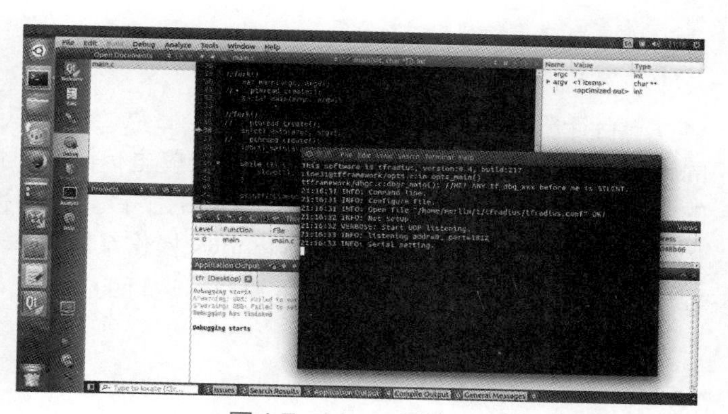

图 1.7 Linux 系统

1.3.3 数据处理

C 语言具有很强的绘画能力、数据处理能力和可移植性，所以可以用 C 语言编写系统软件、制作动画、绘制二维图形和三维图形等。不仅如此，C 语言的数字计算能力也很强，所以利用它也能进行数据分析。

1.3.4 嵌入式系统

不仅如此，C 语言还应用于嵌入式系统，嵌入式系统涉及生活的方方面面，如汽车、家电、工业机器等，如图 1.8 所示。我们最熟悉的智能家居控制系统、五彩斑斓的霓虹灯以及航拍飞行器系统等，都是能用 C 语言来实现的。

1.3.5 游戏方面

如图 1.9 所示，无论是简单的游戏，如五子棋，还是复杂的大型游戏，如 Quake（雷神之锤），都是可以用 C 语言编写的。

图 1.8　嵌入式系统

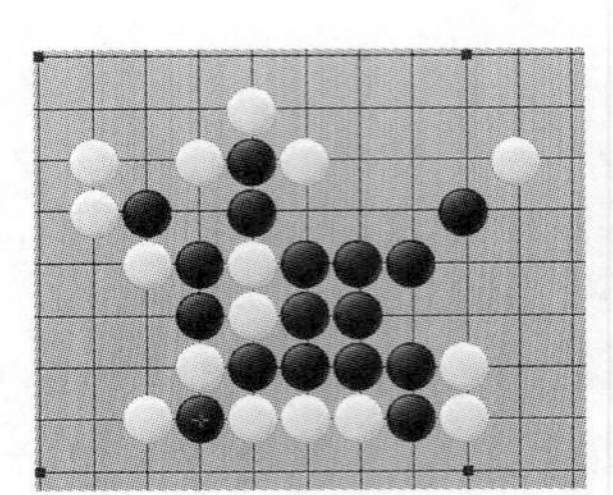

图 1.9　游戏领域

所以 C 语言的应用领域十分广泛，涉足了生活的各个领域，方方面面。

1.4　本书约定

1.4.1　选择操作系统

一台计算机是由主板、CPU、内存、磁盘、鼠标以及键盘等一大堆硬件组成的，业界把这种只有硬件的计算机称为“裸机”。这些硬件只能理解电信号，不能理解计算机用户的语言，这时候就需要一个中间的媒介来传达硬件能理解的指令。这样的平台，我们称之为操作系统。目前，应用最为广泛的操作系统是 Windows 操作系统，常见的 Windows 操作系统版本有 Windows 7、Windows 8、Windows 10。本书的程序是在 Windows 10 操作系统下编写、运行的。

1.4.2　选择开发环境

C 语言有强大的集成开发环境支持。例如，Windows 平台有微软的 Turbo C、Visual C++ 6.0、Dev-C++、Visual Studio，IOS 平台有 XCode，Linux 平台有强大的 gcc 编译器。目前，较新的开发环境是 Visual Studio 2019，它能够安装在 Windows 7、Windows 8、Windows10 操作系统中，因此，本书中的代码主要在 Visual Studio 2019 中编写和运行。

小结

本章首先讲解了什么是 C 语言，了解计算机与人类的沟通工具；然后介绍了关于 C 语言的发展历史，可以看出 C 语言的重要性及其重要地位；接着又讲解了 C 语言的特点，通过这些特点进一步验证了 C 语言的重要地位；接下来又介绍了 C 语言的应用，C 语言可以应用到方方面面；最后介绍了本书约定，告诉读者本书应用的操作系统及开发环境。

全方位沉浸式学C语言
见此图标 微信扫码

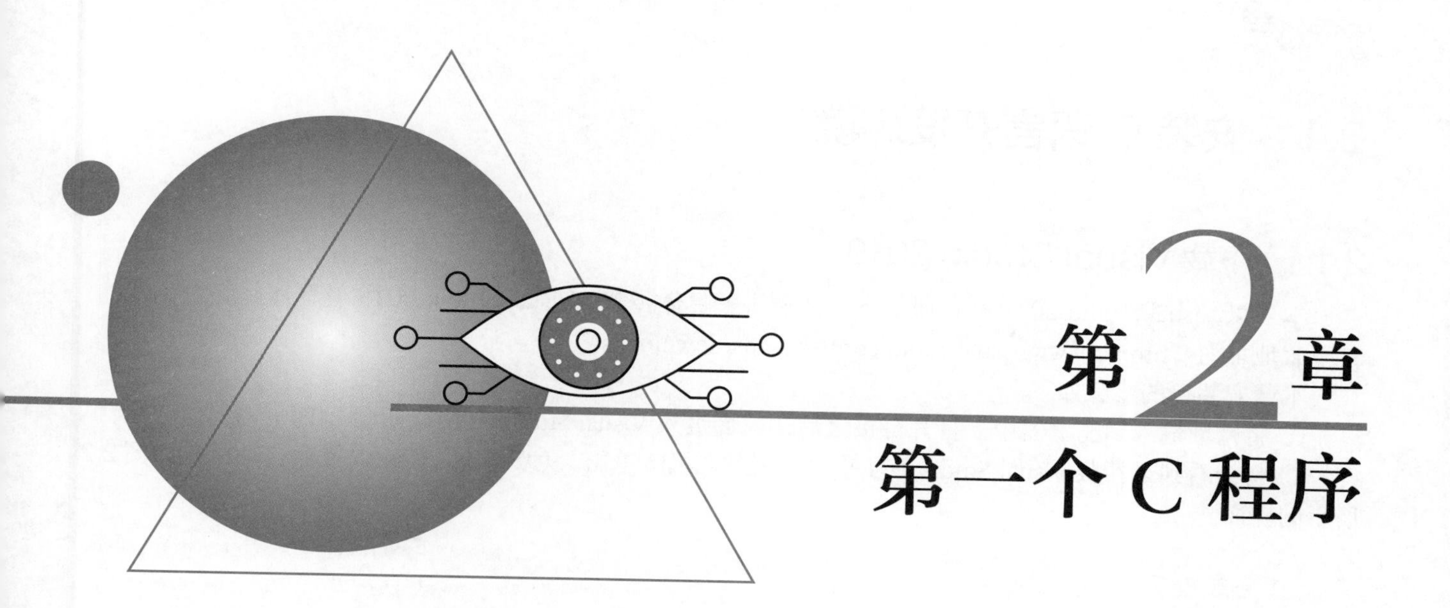

第 2 章 第一个 C 程序

第 1 章约定使用的开发环境是 Visual Studio 2019，本章首要任务是下载和安装 Visual Studio 2019，然后熟悉 Visual Studio 2019，最后使用 Visual Studio 2019 编写第一个 C 程序。C 程序到底是什么样子的呢？本章就从一个简单的示例着手，解释每行代码的功能。同时，介绍一些 C 程序的关键特性。

本章知识架构如下。

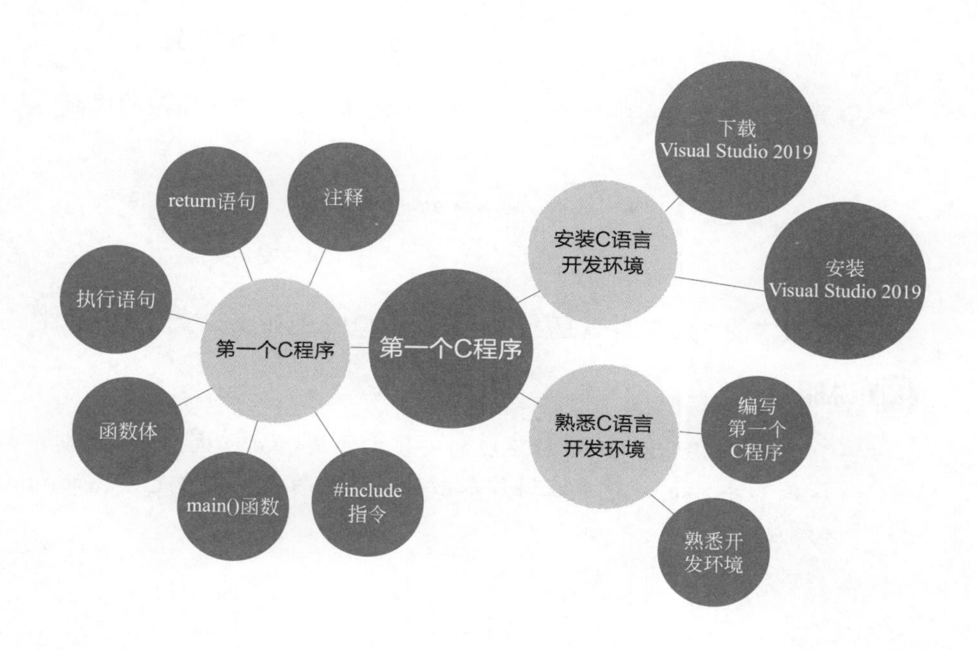

2.1　安装 C 语言开发环境

2.1.1　下载 Visual Studio 2019

本节以 Visual Studio 2019 社区版的下载为例讲解具体步骤。Visual Studio 2019 社区版是完全免费的，其下载地址为“https://www.visualstudio.com/zh-hans/downloads/”。

下载安装包的步骤如下。

① 将网址输入到浏览器中，打开链接之后，就会进入 Visual Studio 官网，如图 2.1 所示。

② 将会看到最新版 Visual Studio 2019，在“社区”栏下单击“免费下载”按钮，就会自动跳出如图 2.2 所示的界面。

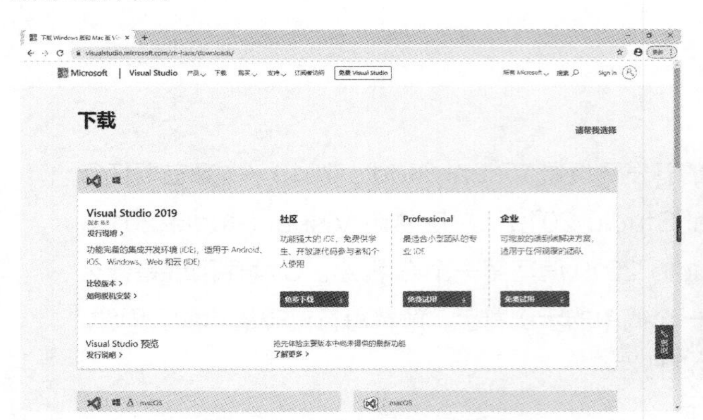

图 2.1　打开 Visual Studio 官网

图 2.2　下载界面

③ 在如图 2.2 所示界面中单击“全部显示”按钮，显示如图 2.3 所示的界面。

图 2.3　全部显示界面

④ 单击“在文件夹中显示”，就会自动跳转到如图 2.4 所示的界面。

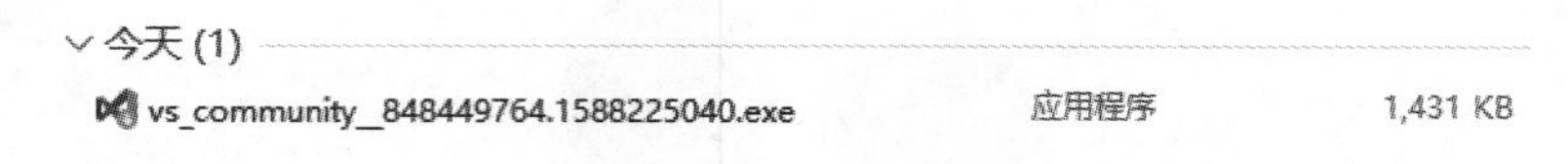

图 2.4　安装文件

文件夹内的 .exe 文件就是 Visual Studio 2019 的在线安装可执行文件。

说明

Visual Studio 2019 社区版的安装文件是 .exe 可执行文件，其命名格式为“vs_community__ 编译版本号 .exe”。笔者在写作本书时，下载的安装文件是“vs_community__848449764.1588225040.exe”。

2.1.2 安装 Visual Studio 2019

安装 Visual Studio 2019 社区版的步骤如下。

① 双击“vs_community__848449764.1588225040.exe”文件开始安装。

说明

安装 Visual Studio 2019 开发环境时，计算机上要求必须安装了 .NET Framework 4.6 框架。如果没有安装，请先到微软官方网站下载并安装，下载地址为“https://www.microsoft.com/zh-CN/download/details.aspx?id=48130”。

② 程序首先跳转到 Visual Studio 2019 安装程序界面，如图 2.5 所示，在该界面中单击“继续”按钮。自动跳转到安装选择项界面，选中“使用 C++ 的桌面开发”复选框，其他的复选框，可以根据自己的开发需要确定是否选择安装。选择完要安装的功能后，在下面“位置”处选择要安装的路径，这里建议不要安装在系统盘上，可以选择一个其他磁盘进行安装，如 D 盘。设置完成后，单击“安装”按钮，如图 2.6 所示。

图 2.5　开始安装界面

注意

在安装 Visual Studio 2019 开发环境时，选择“使用 C++ 的桌面开发”复选框时，可能会与书上的位置不同，一定要看清楚再勾选。

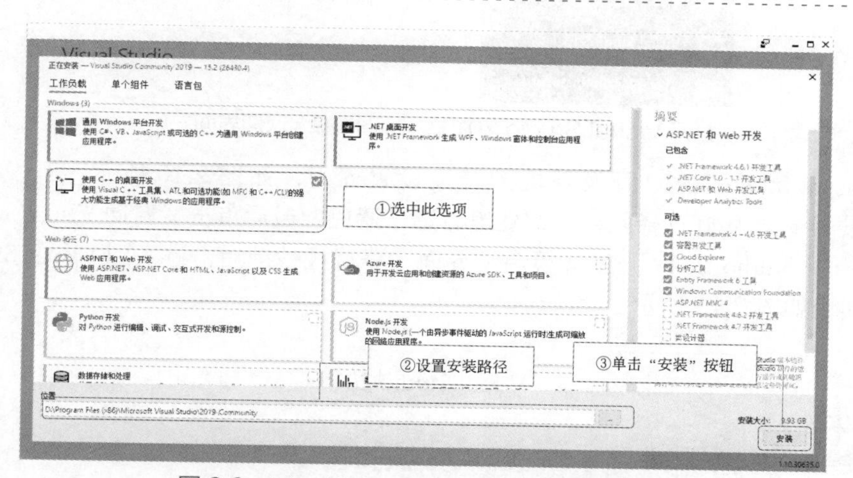

图 2.6　Visual Studio 2019 安装选择页界面

注意

在安装 Visual Studio 2019 开发环境时，计算机一定要确保处于联网状态，否则无法正常安装。

③ 跳转到如图 2.7 所示的安装进度界面，该界面显示当前的安装进度。

④ 等待安装后，也就是进度条为 100% 后，单击“重启”按钮，完成 Visual Studio 2019 的安装。然后在 Windows 的“开始”菜单中找到 Visual Studio 2019 的开发环境，如图 2.8 所示，单击“Visual Studio 2019”命令。如果是第一次打开 Visual Studio 2019，会出现如图 2.9 所示的欢迎界面，直接单击“以后再说”按钮。

图 2.7　Visual Studio 2019 安装进度界面

图 2.8　打开 Visual Studio 2019　　　　图 2.9　欢迎界面

⑤ 进入到 Visual Studio 2019 开发环境的开发设置界面，如图 2.10 所示，开发设置选择“Visual C++”，还可以根据自己的喜好选择颜色，此处笔者选了蓝色，最后单击“启动 Visual Studio”按钮。

⑥ 进入到 Visual Studio 2019 开发环境启动界面，等待几秒钟后，进入到 Visual Studio 2019 开发环境的开始使用界面，如图 2.11 所示。

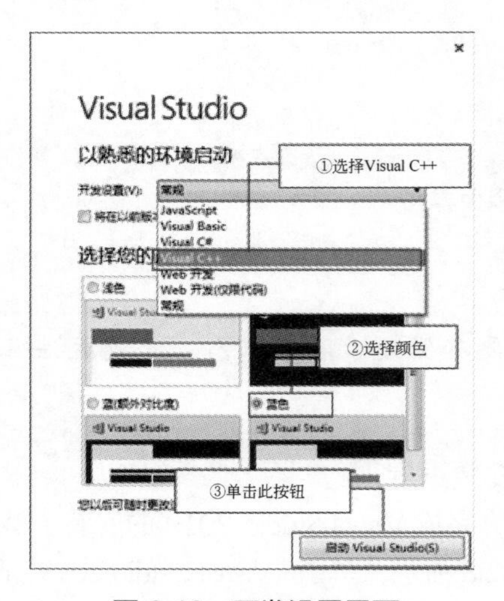

图 2.10　开发设置界面

图 2.11　Visual Studio 2019 开发环境的开始使用界面

至此，Visual Studio 2019 就安装完成了。

2.2 熟悉 C 语言开发环境

本节在 Visual Studio 2019 中编写第一个 C 程序，并对 Visual Studio 2019 开发环境中的菜单栏、工具栏、解决方案资源管理器 、“选项”窗口和“输出”窗口等进行介绍。

2.2.1 编写第一个 C 程序

（1）创建 Demo.c 文件

创建 C 项目的步骤如下。

① 安装 Visual Studio 2019 之后，打开 Visual Studio 2019 开发环境，进入到 Visual Studio 2019 开发环境的开始使用界面，然后单击右侧栏的“创建新项目”，如图 2.12 所示。

② 自动跳转到如图 2.13 所示的界面，首先单击“空项目”，然后单击“下一步”按钮。

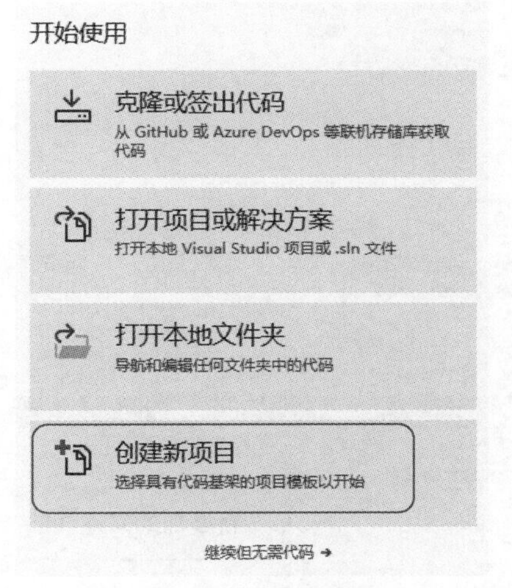

图 2.12 创建新项目

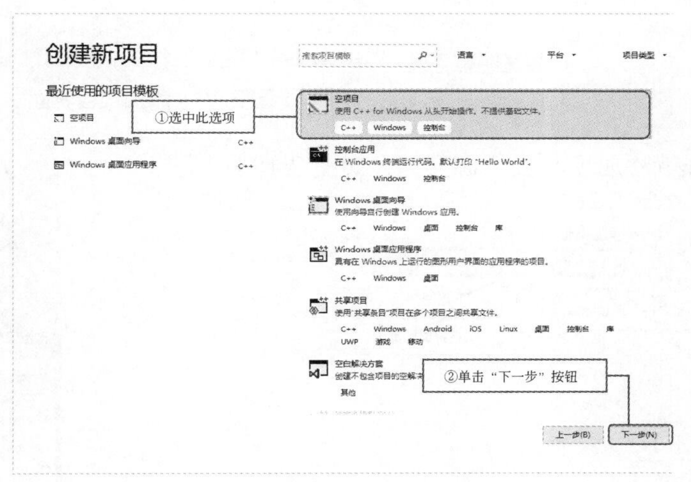

图 2.13 创建一个新文件

③ 自动跳转到如图 2.14 所示的界面，在“项目名称”文本框中输入要创建的项目名称，如 Demo。在“位置”文本框中设置项目的保存地址，可以通过单击右边的 ... 按钮修改源文件的存储位置，最后单击“创建”按钮即可。

④ 自动跳转到如图 2.15 所示的界面，选择“解决方案资源管理器”窗口中的“源文件”，右击“源文件”，选择“添加”→“新建项”命令，如图 2.16 所示，或者使用快捷键 Ctrl+Shift+A，进入添加项目界面。

⑤ 完成步骤④就会自动跳转到“添加新项”窗口。

添加项目时首先选择“Visual C++”选项，这时在右侧列表框中显示可以创建的不同文件。因为要创建 C 文件，因此这里选择 C++ 文件(.cpp) 选项，在下侧的“名称”文本框中输入要创建的 C 文件名称，如 demo.c。单击“添加”按钮，如图 2.17 所示。“位置”文本框中是项目的保存地址，这里默认是在步骤③中创建的位置，不做更改。

注意

> 因为要创建的是 C 源文件，所以在“名称”文本框中要将默认的扩展名“.cpp”改为“.c”。例如，创建名称为 demo 的 C 源文件，那么应该在文本框中显示“demo.c”。

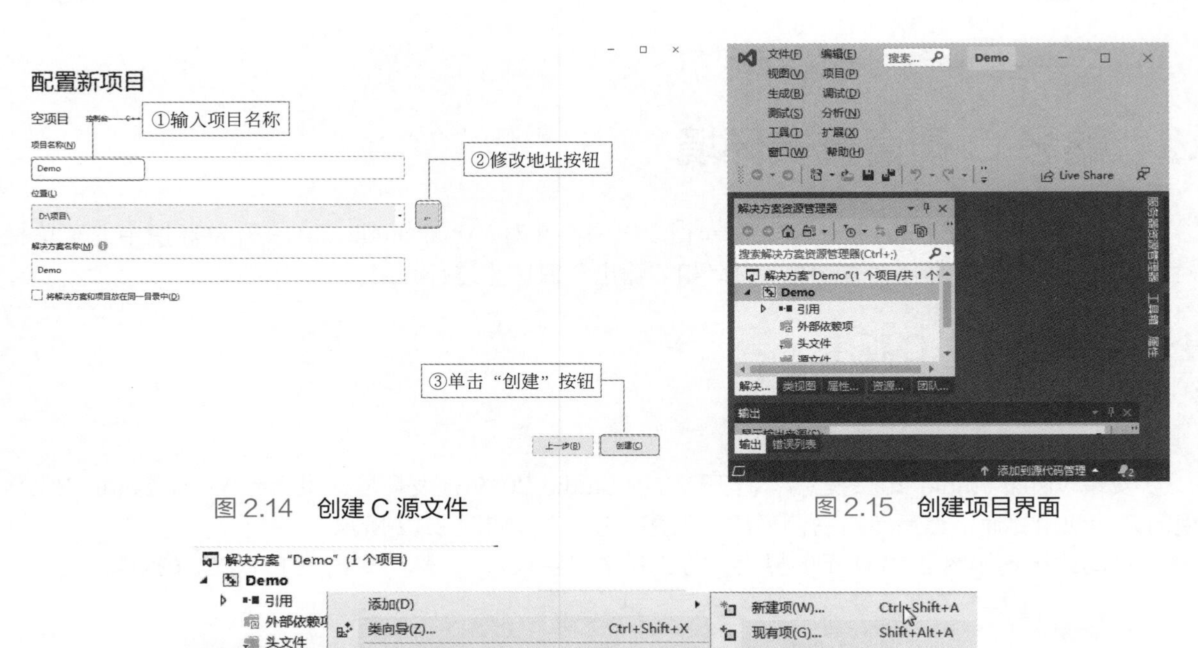

图 2.14　创建 C 源文件

图 2.15　创建项目界面

图 2.16　添加项目界面

这样就添加了一个 C 源文件，如图 2.18 所示。

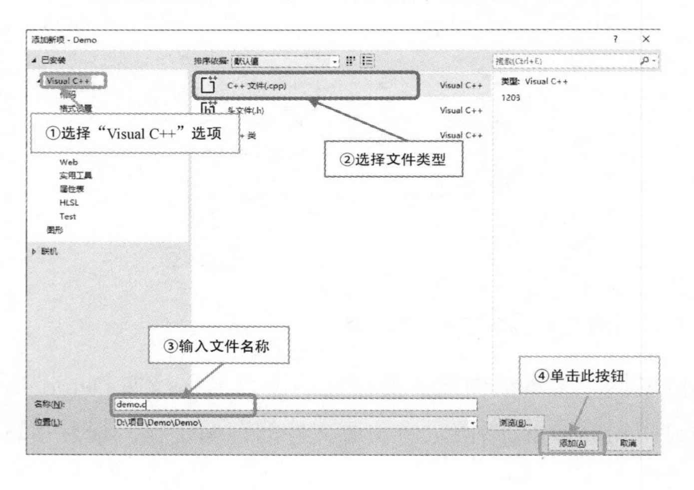

图 2.17　“添加项目”窗口

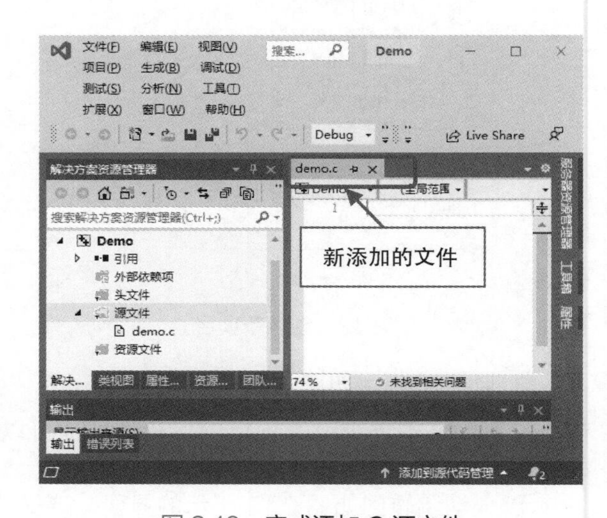

图 2.18　完成添加 C 源文件

（2）在开发环境中编写代码

基本的功能已经设计完成，接下来就是按照设定的功能编写代码。下面介绍使用 Visual Studio 2019 工程，然后在这个工程文件中输入如下代码。

```
1 #include <stdio.h>
2 int main()
3 {
4     printf("-----------------------\n");
5     printf("    学无止境，C 位出道 \n");
6     printf("-----------------------\n");
7     return 0;
8 }
```

说明

> 代码的含义不需要理解，后续章节会具体介绍，这里只需要“照葫芦画瓢”输入到开发环境中即可。

将上面的代码输入到 demo.c 文件中，如图 2.19 所示，按快捷键 Ctrl+S 进行保存。

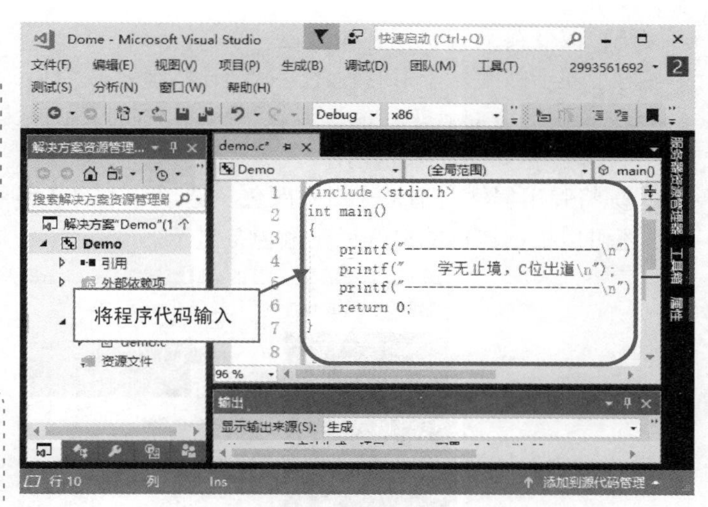

图 2.19　输入代码

注意

> 输入代码就是打字，但是输入代码对输入法是有要求的，要求输入英文半角字符。我们用搜狗输入法举个例子，如图 2.20 所示的输入法是错误的，如图 2.21 所示的输入法是正确的。

图 2.20　错误输入法

图 2.21　正确输入法

（3）编译代码

保存代码之后就要编译代码。在 Visual Studio 2019 菜单栏上选择“生成”→“编译”命令，如图 2.22 所示。或者使用快捷键 Ctrl+F7 编译程序。

如果编译程序之后，在“输出”窗口显示如图 2.23 所示的“生成：成功 1 个，失败 0 个，最新 0 个，跳过 0 个”，表示编译成功。

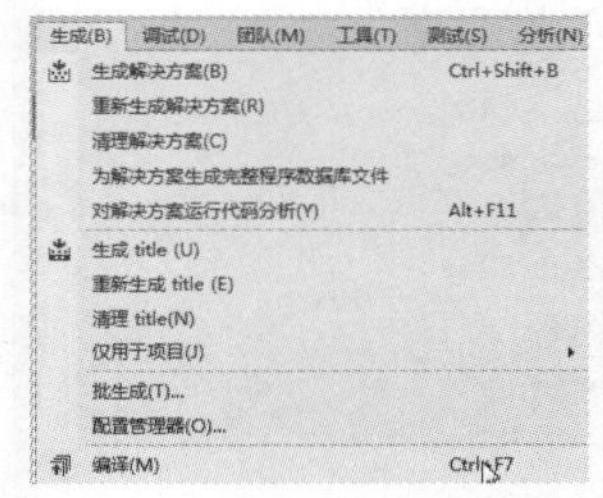

图 2.22　编译程序

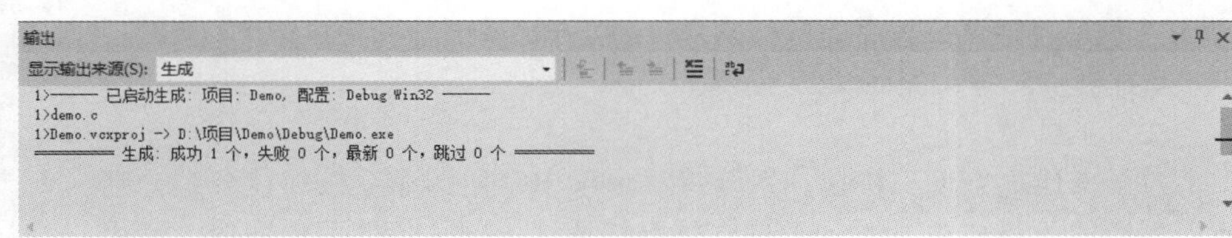

图 2.23　编译程序成功界面

（4）运行程序

在 Visual Studio 2019 菜单栏上选择“调试”→“开始执行（不调试）”命令，或使用快捷键 Ctrl+F5，如图 2.24 所示，运行程序，结果如图 2.25 所示。

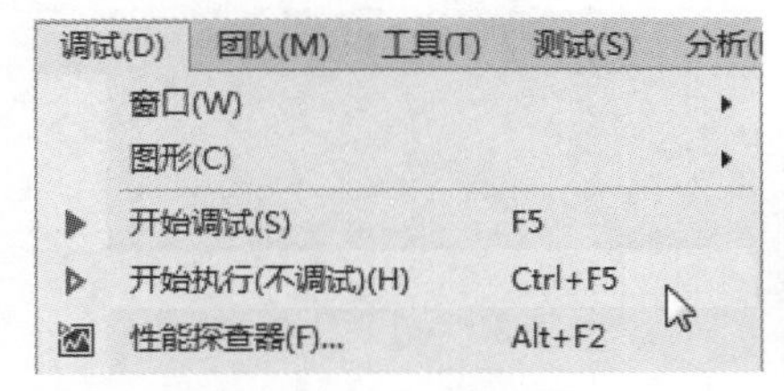

图 2.24　运行程序

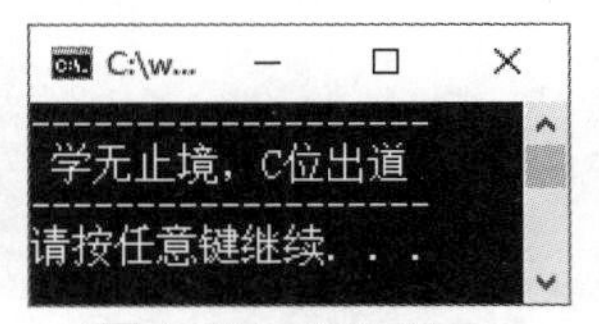

图 2.25　运行结果

（5）改变终端背景、字体颜色

为了便于阅读，本书对程序运行结果的显示底色和文字进行修改。修改方法如下。

① 按快捷键 Ctrl+F5 将执行一个程序，在程序的标题栏上单击鼠标右键，在弹出的快捷菜单中选择“属性”命令，如图 2.26 所示。

② 将弹出属性对话框，对“颜色”选项卡中的“屏幕文字”和“屏幕背景”进行修改，如图 2.27 所示。还可以根据自己的喜好设定颜色并显示。

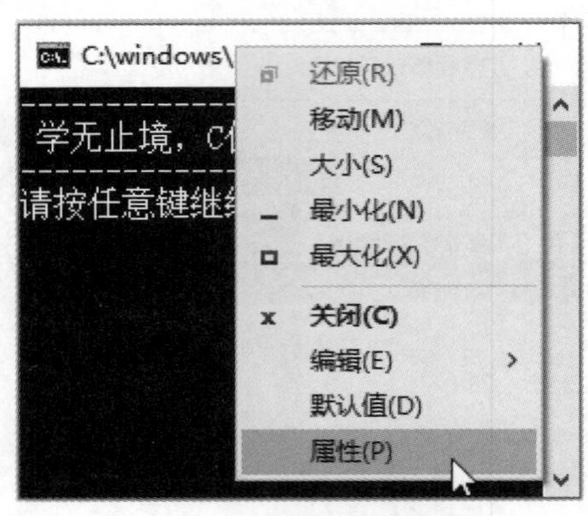

图 2.26　选择“属性”命令

图 2.27　“颜色”选项卡

2.2.2　熟悉开发环境

（1）菜单栏

菜单栏显示了所有可用的 Visual Studio 2019 命令，除了“文件”“编辑”“视图”“窗口”和“帮助”菜单之外，还提供编程专用的功能菜单，如“项目”“生成”“调试”“工具”和“测试”等，如图 2.28 所示。

图 2.28　Visual Studio 2019 菜单栏

每个菜单项中都包含若干个菜单命令，分别执行不同的操作。例如，“调试”菜单包括调试程序的各种命令，如“开始调试”“开始执行（不调试）”和“新建断点”等，如图 2.29 所示。

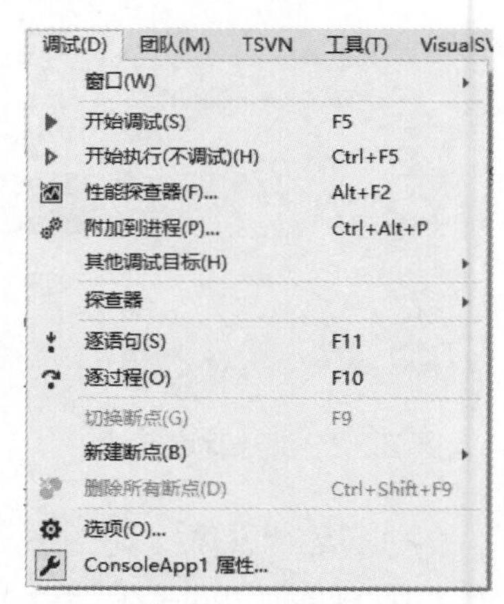

图 2.29　“调试”菜单

（2）工具栏

为了操作更方便、快捷，系统将菜单项中常用的命令按功能分组分别放入相应的工具栏中。通过工具栏可以快速地访问常用的菜单命令。常用的工具栏有标准工具栏和调试工具栏，下面分别介绍。

① 标准工具栏。标准工具栏包括大多数常用的命令按钮，如“新建项目”“添加新项”“打开文件”“保存”和“全部保存”等。标准工具栏如图 2.30 所示。

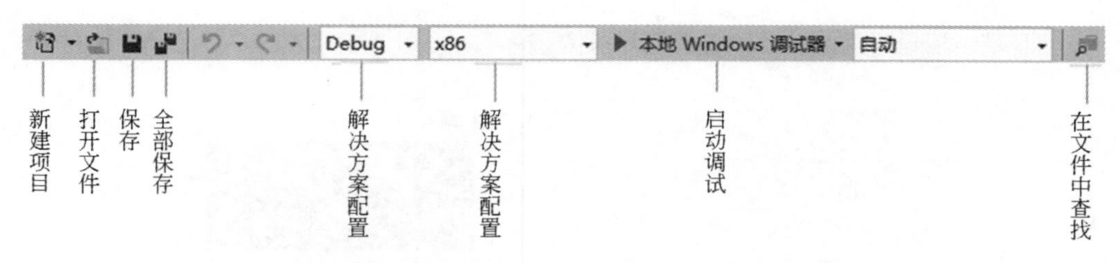

图 2.30　Visual Studio 2019 的标准工具栏

② 调试工具栏。调试工具栏包括对应用程序进行调试的快捷按钮，如图 2.31 所示。

说明

在调试程序或运行程序的过程中，通常可用以下 4 种快捷键来操作。

① 按 F5 功能键实现调试运行程序。

② 按 Ctrl+F5 快捷键实现不调试运行程序。

③ 按 F11 功能键实现逐语句调试程序。

④ 按 F10 功能键实现逐过程调试程序。

(3) 解决方案资源管理器

解决方案资源管理器（如图 2.32 所示）提供了项目及文件的视图，并且提供对项目和文件相关命令的便捷访问。与此窗口关联的工具栏提供了适用于列表中突出显示项的常用命令。若要访问解决方案资源管理器，可以选择“视图”→“解决方案资源管理器”命令打开。

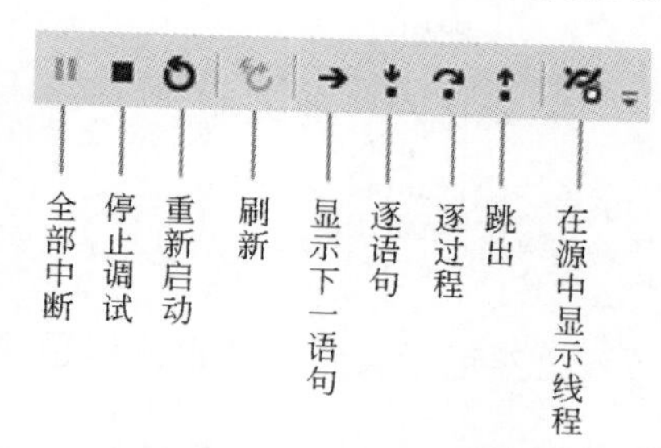

图 2.31 Visual Studio 2019 的调试工具栏

(4) “选项”窗口

选择菜单栏中的“工具”→“选项”命令，就能打开如图 2.33 所示的“选项”窗口，可以在这里设置开发环境主题等其他设置。

(5) “输出”窗口

“输出”窗口为代码中的错误提供了即时的提示和可能的解决方法。例如，当程序员在某句代码结束时忘记了输入分号，错误列表中会显示如图 2.34 所示的错误。错误列表就好像是一个错误提示器，它可以将程序中的错误代码及时地显示给程序员，并通过提示信息找到相应的错误代码。

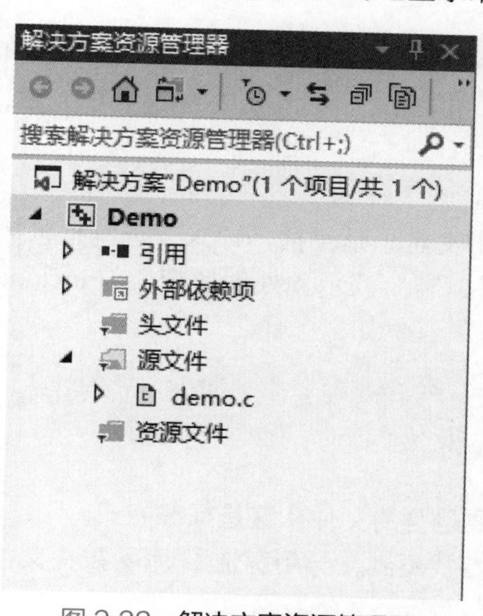

图 2.32 解决方案资源管理器

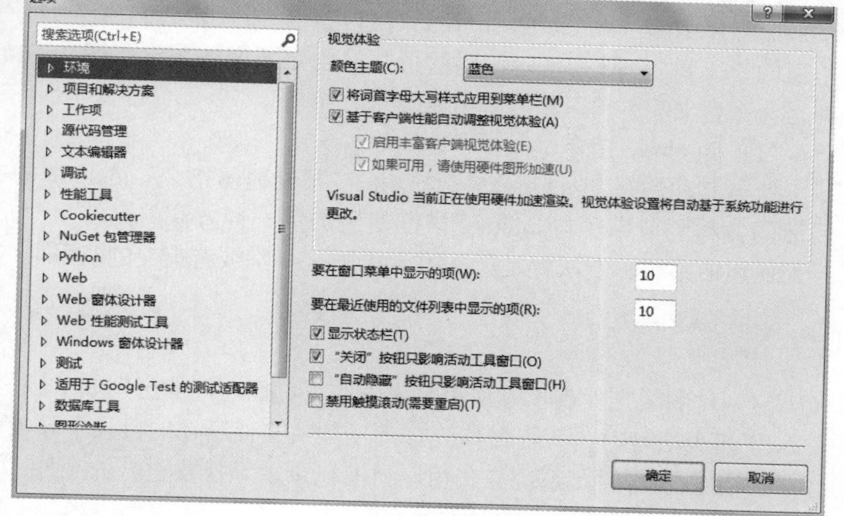

图 2.33 “选项”窗口

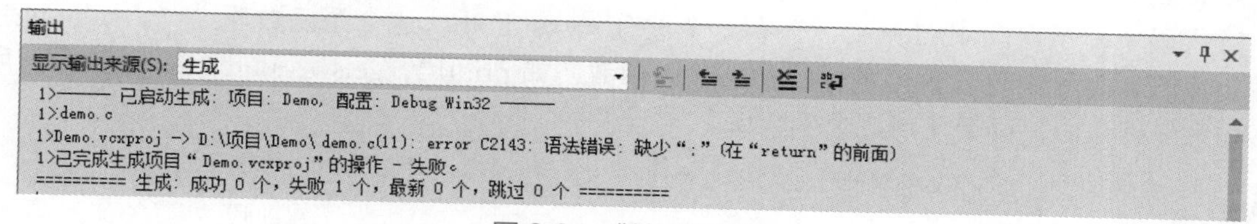

图 2.34 “输出”窗口

双击错误列表中的某项，Visual Studio 2019 开发环境会自动定位到发生错误的代码。

2.3 第一个 C 程序

在第 2.2.1 小节中，已经在开发环境中编写了如下代码。

```
1 #include <stdio.h>                              // 头文件
2 int main()
3 {
4     printf("------------------------\n");
5     printf("    学无止境, C 位出道 \n");         // 输出要显示的字符串
6     printf("------------------------\n");
7     return 0;                                   // 程序返回 0
8 }
```

虽然运行看到了结果，但是并不知道每行代码代表什么意思，本节就来剖析一下这段代码。

2.3.1 #include 指令

代码中的第 1 行代码如下。

```
1 #include <stdio.h>
```

它的含义就是包含 stdio.h 函数库，这样才可以在下面的程序中使用 stdio.h 中的函数，就像个五金工具箱，只有我们拥有它，才可以使用工具箱里的工具。

而程序中的“#include<stdio.h>”这行代码就代表我们已经“拥有”stdio.h“工具箱”，可以任意使用里面的“工具”。那么这句代码的形式是固定不变的吗？代码中有 #、include、<>、stdio.h 这么多元素，都是什么含义呢？接下来我们就来详细介绍。

（1）#include 指令

首当其冲的是 #include，它是一条 C 预处理器指令。include 的中文意思是包括、计入，也就是包括后面的各种函数库。与 include 搭配使用的第一种方法就是符号“#”，“#”表示预处理命令；与 include 搭配使用的第二种方法就是英文的尖括号“<>”或者英文的双引号“""”。例如：

```
#include<stdio.h>                        // 头文件
#include "stdio.h"                       // 头文件
```

这两种的头文件表示方法都是正确的。它们之间的区别如下。

① 用尖括号时，系统到存放 C 库函数头文件所在的目录中寻找要包含的文件，这是标准方式。

② 用双引号时，系统先在用户当前目录中寻找要包含的文件，若找不到，再到存放 C 库函数头文件所在的目录中寻找要包含的文件。

（2）stdio.h 函数库

第一行代码中除了“#include<>”，还有一个成分——stdio.h，这个是函数库之一。stdio.h 是 C 程序的输入输出库，stdio.h 中包含各种各样的输入输出函数，如 printf()、gets()、putchar() 函数等。所以想要输出或者输入任何东西，都要使用这个函数库。

说明

stdio.h 函数库中具体包含哪些输入输出函数，可以参考函数手册。

当然，如果不需要输入输出函数，是不需要写这个函数库的。也就是说，这个函数库的位置可以换成其他的函数库名称，程序中使用什么函数，在函数库的位置就添加对应的名称。例如，要想使用printf() 函数，就必须添加 stdio.h 头文件；如果想用 rand() 函数，就必须添加 stdlib.h 头文件。

注意

省略必要的头文件可能会影响某一特定程序，所以建议不要这么做。

2.3.2 main() 函数

代码中的第 2 行如下。

```
2 int main()
```

在 C 程序中，main() 函数是可执行程序的入口函数，又称为“函数头”。简单地说，就是 C 程序一定是从 main() 函数开始执行的（目前不考虑例外情况）。就像房间的门，想要进入房间，就必须从房间门进入。而程序要想执行，就必须从 main() 函数中进入。

在 C 代码中，常见的主函数有 3 种形式，下面分别进行介绍。

（1）int main()

代码中，除了 main() 之外，还有 int 这个英文字。int 表明 main() 函数返回的值是整数，使用这种方法时，通常会在程序结束时加上一句“return 0：”。例如：

```
int main()
{
    语句；
    return 0;    // 会在后面讲解
}
```

说明

本章的代码选择此种形式的主函数。

（2）void main()

main() 函数除了上面的有返回值的类型之外，还可以定义为无返回值类型，形式如下。

```
void main()
{
    语句；
}
```

这种形式在编译器编译程序时，不会报错误信息，但是所有的标准都未曾认可过这种写法，因此，有的编译器不接受这种形式，建议不要这样书写主函数。需要强调的是，坚持使用标准形式。

（3）带参数的 main()

以上两种的 main() 都是不带参数的主函数，而还有一种形式是带参数的主函数，这种形式也常常会见到，代码如下。

```
int main(int argc,char* argv[])                    // 带参数形式
{
    语句；
    return 0;
}
```

带参数形式的 main() 通常需要有两个参数：第一个参数是 int 类型，表示命令行中的字符串数，按照习惯（不是必须），将参数名称定义成 argc(Argument Count)；第二个参数是字符串类型，表示一个指向字符串的指针数组，按照习惯（不是必须），将参数名称定义为 argv(Argument Value)。

2.3.3 函数体

在介绍 main() 函数时，提到了一个名词——函数头。一个函数分为两个部分：一部分是函数头；另一部分是函数体。

示例代码中的第 3 行和第 8 行的两个大括号就构成了函数体，代码如右。

```
3 {
4     printf("------------------------\n ");
5     printf("    学无止境，C 位出道 \n ");
6     printf("------------------------\n ");
7     return 0;
8 }
```

函数体也可以称为函数的语句块。在函数体中，第 4 行至第 7 行就是函数体中要执行的内容。

2.3.4 执行语句

示例代码中的第 4 行至第 6 行就是函数体中的执行语句，代码如下。

```
4 printf("------------------------\n ");
5 printf("    学无止境，C 位出道 \n ");            // 输出要显示的字符串
6 printf("------------------------\n ");
```

执行语句就是函数体中要执行的内容。printf() 函数是输出字符串，可以简单理解为向控制台进行输出文字或符号。小括号中的内容称为函数的参数，小括号内可以看到输出的字符串“------------------------”以及“学无止境，C 位出道”。具体的输出函数会在后续章节讲解。

2.3.5 return 语句

示例代码中的第 7 行同样也是函数体中的执行语句，代码如下。

```
7 return 0;                                    // 程序返回 0
```

这行语句使 main() 函数终止运行，并向操作系统返回一个整型常量 0。介绍 main() 函数时，说过返回一个整型返回值，此时 0 就是要返回的整型值。在此处可以将 return 理解成 main() 函数的结束标志。

2.3.6 注释

在示例代码的第 5 行和第 7 行后面都可以看到一段关于该行代码的文字描述，如下所示。

```
5 printf("    学无止境，C 位出道 \n ");            // 输出要显示的字符串
7 return 0;                                    // 程序返回 0
```

这两行对代码的解释称为代码的注释。注释的作用就是对代码进行解释和说明，便于以后自己阅读或者他人阅读源程序时，容易理解程序代码的含义和设计思想。

例如，对比图 2.35 左边和右边的两个程序，阅读没有注释的代码，不容易理解代码的含义；而代码加上注释后，阅读时可以很清晰地理解代码的意思。

```
#include<stdio.h>
int main()
{
    signed int iNumber;
    iNumber=1314;
    printf("%d\n",iNumber);
    return 0;
}
```

```
#include<stdio.h>
int main()
{
    signed int iNumber;          /*定义一个整型变量*/
    iNumber=1314;                /*为整型变量进行赋值*/
    printf("%d\n",iNumber);      /*显示整型变量*/
    return 0;                    /*程序结束*/
}
```

图 2.35 比较加注释的效果

C 语言主要提供了 3 种注释，分别为单行注释、多行注释和文档注释，下面分别进行介绍。

（1）单行注释

单行注释有两种形式。

① 第一种

格式如下。

```
// 这里是注释
```

这里的“//”为单行注释标记，从符号“//”开始直到换行为止的所有内容均作为注释而被编译器忽略。例如，以下代码为每行 printf() 语句添加注释。

```
printf("    学无止境，C 位出道 \n ");  // 输出要显示的字符串
```

或

```
// 输出要显示的字符串
  printf("    学无止境，C 位出道 \n ");
```

② 第二种

格式如下。

```
/* 这里是注释 */
```

符号“/*”与“*/”之间的所有内容均为注释内容。例如，以下代码为每行 printf() 语句添加注释。

```
printf("    学无止境，C 位出道 \n ");  /* 输出要显示的字符串 */
```

或

```
  /* 输出要显示的字符串 */
  printf("    学无止境，C 位出道 \n ");
```

注意

> 注释可以出现在代码的任意位置，但是不能分隔关键字和标识符。例如，下面的注释是错误的。

```
  int  // 错误注释 main(){}
```

（2）多行注释

还可能会看到如下注释。

```
/*
    注释内容 1
    注释内容 2
    …
*/
```

符号“/*”与“*/”之间的所有内容均为注释内容，并且。注释中的内容可以换行。

例如，利用多行注释可以为代码添加版权、作者信息等信息，如开篇代码中的注释。

```
/*
 * 版权所有：吉林省明日科技有限公司
 * 文件名：demo.c
 * 文件功能描述：输出字符画
 * 创建日期：2018 年 11 月
 * 创建人：mrkj
*/
```

（3）文档注释

C 语言中，还有文档注释。它的格式如下。

```
/**
注释声明
*/
```


“/**……*/”为文档注释标记，符号“/**”与“*/”之间的内容均为文档注释内容。文档注释与一般注释的最大区别在于起始符号是“/**”而不是“/*”或“//”。与多行注释作用相似，文档注释的作用是可以标注代码的基本信息，如作者、日期、功能等。

例如，下面使用文档注释对 main() 函数进行注释。

```
1 /**
2  * 主方法，程序入口
3  * args、argv- 主函数参数
4  */
5 int main()
6 {
7     语句；
8     return 0
9 }
```

注释的原则是有助于对程序的阅读和理解，注释不宜太多也不能太少，太多会对阅读产生干扰，太少则不利于代码理解，因此只在必要的地方才加注释，而且注释要准确、易懂、尽可能简洁。

说明

虽然没有强行规定程序中一定要写注释，但是为程序代码写注释是一个良好的习惯，便于以后查看代码，并且如果将程序交给他人阅读，他人便可以快速地掌握程序思想与代码作用。因此，编写格式规范的代码和添加详细的注释，是一个优秀程序员应该具备的好习惯。

2.4 实战练习

（1）输出“Go Big Or Go Home”

世界知名互联网公司都有比较独特的企业文化，如 Facebook 花了特别多的时间教新人练胆量，培养新人具有野心。因为 Facebook 认为没有野心，就没有办法改变世界。在 Facebook 的办公室中，也挂着这样一条充满野心和奋斗的标语“Go Big Or Go Home”（要么出众，要么出局！），旁边还配上了哥斯拉的照片，让这条标语显得格外的炫酷。运行结果如图 2.36 所示。

（2）输出李白的《静夜思》诗句

运行结果如图 2.37 所示。

```
----------------------
| Go Big Or Go Home! |
----------------------
```

图 2.36 运行结果

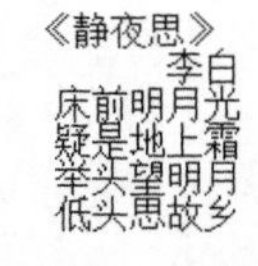

图 2.37 运行结果

小结

本章首先介绍了下载和安装 Visual Studio 2019 的详细步骤；然后用 Visual Studio 2019 编写了第一个 C 程序，并且介绍了 Visual Studio 2019 开发环境中的一些常用的菜单项；最后剖析了在 Visual Studio 2019 开发环境中编写的第一个程序，让大家了解简单的 C 程序都包含哪些内容。

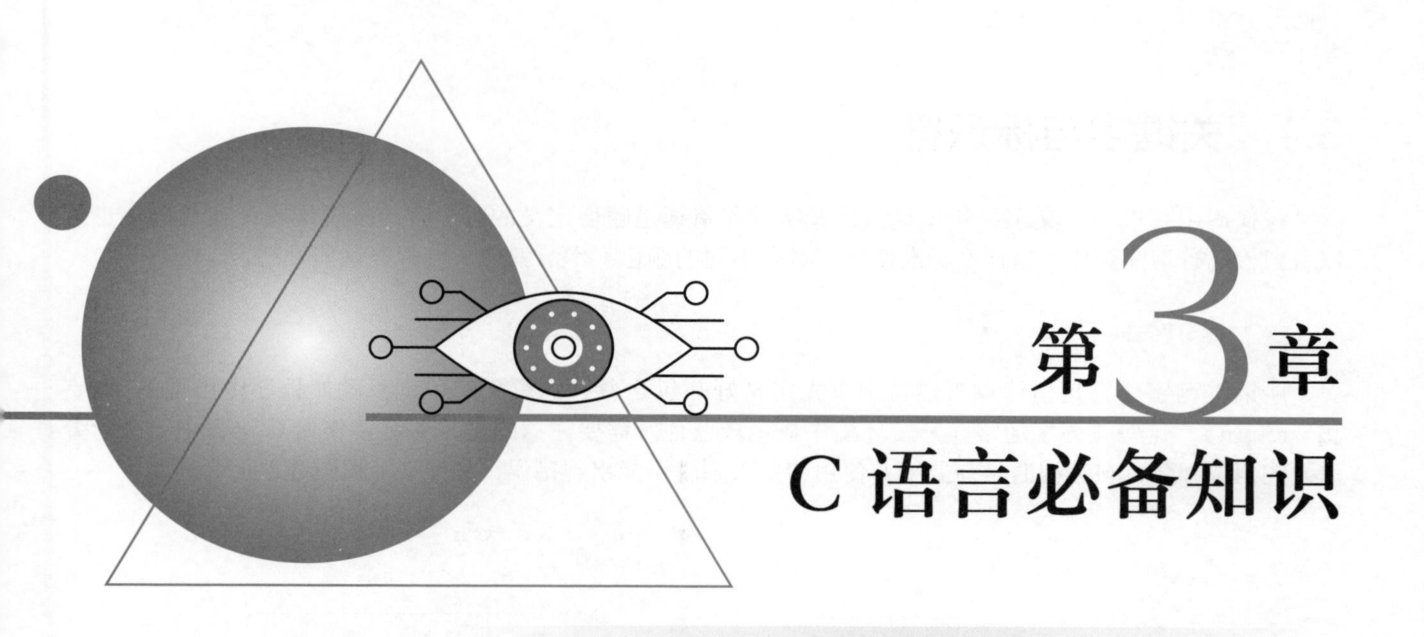

第3章 C语言必备知识

程序离不开数据，将数字、字母等输入到计算机内，就是希望计算机能利用这些数据做点什么，如要计算双十一的成交金额。那么，本章就来讲解 C 程序的数据，介绍 C 程序中有哪些数据类型，同时还介绍了各种数据类型的常量和变量，算术运算符以及赋值运算符。通过本章的学习，读者能够合理使用数据。

本章知识架构如下。

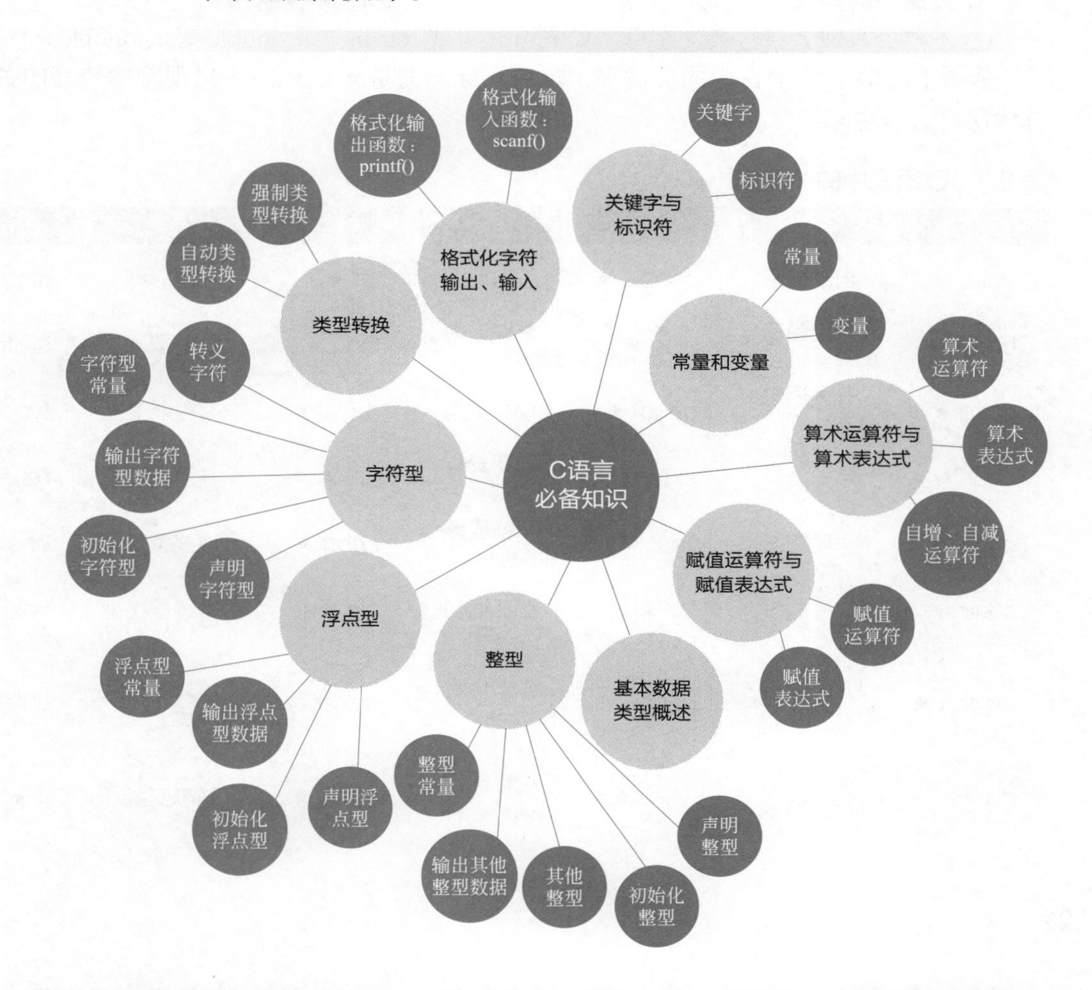

3.1 关键字与标识符

在代码中有很多英文字母和单词，这些字母和单词是随便定义的吗？有什么规则吗？在代码中也可以看到代码有不同颜色，是什么标准使它们具有不同的颜色？本节就来一一解答这些疑惑。

3.1.1 关键字

所谓关键字，它是指计算机语言中事先定义好并包含着特殊意义的单词，就如程序中出现的“int”和“return”，这些关键字通常在开发环境中显示成蓝色。需要注意的是，关键字作为 C 语言中一个十分重要的组成部分，在编程时是需要细心使用的，否则就可能出现错误，如图 3.1 和图 3.2 所示。

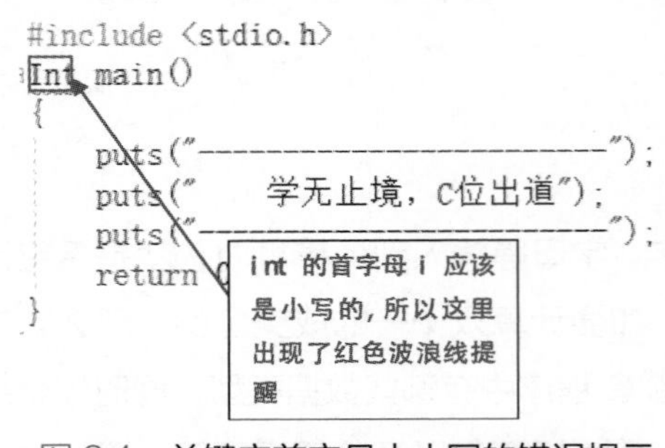

图 3.1　关键字首字母大小写的错误提示

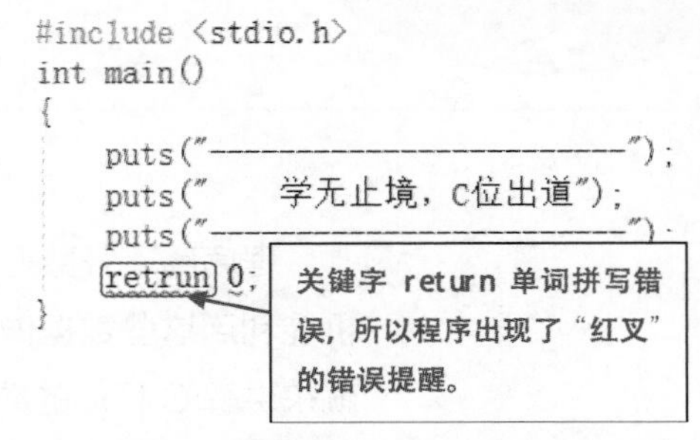

图 3.2　关键字英文拼写的错误提示

因此在使用关键字时，以下两点要多多留意，避免程序报错而找不到原因。

① 关键字的英文单词都是小写的，尤其是首字母也需要小写。

② 不要少写或者错写英文字母，如 return 写成 retrun，或 double 写成 duoble。

表 3.1 列举了 C 语言中的关键字，带有★标志的是★ C 程序中出现频率较高的关键字，大家可以在具体使用时再逐渐学习。

表 3.1　C 语言中的关键字

关键字	含义	关键字	含义	关键字	含义	关键字	含义
auto	自动变量	double ★	双精度浮点类型	int ★	整型	struct ★	结构体类型
break ★	跳出当前循环	else ★	条件语句否分支	long ★	长整型	switch ★	开关语句
case ★	开关语句分支	enum ★	枚举类型	register	寄存器变量	typedef	给数据类型取别名
char ★	字符型	extern	外部变量或函数	union ★	共用体类型	return ★	返回语句
const ★	声明常量	float ★	单精度浮点类型	short ★	短整型	unsigned	无符号类型
continue ★	结束当前循环	for ★	循环语句	signed	有符号类型	void ★	无返回值类型
default ★	开关语句默认分支	goto	无条件跳转语句	sizeof	计算数据类型长度	volatile	变量在程序执行中可被隐含地改变
do ★	循环语句的循环体	while ★	循环语句的循环条件	static ★	静态变量	if ★	条件语句

说明

在开发环境中编写代码，所有关键字都会显示为特殊字体（如变成蓝色）。今后的学习中将会逐渐接触到这些关键字的具体使用方法，不需要死记硬背这些关键字，可以在以后的学习中慢慢积累。

3.1.2 标识符

什么是标识符呢？举例来说，生活中当我们需要某件物品时，会想到它的名字，如喝水时要拿起水杯，“水杯”就是人们赋给这个物体的名称；再如，在乘坐地铁的时候，偶遇到了某位同事，喊出她的名字，这个名字就是她的“标识”。而在计算机语言中，标识符是开发者在编程时需要使用的名字，如函数名、变量名及数组名等，都属于标识符。简单来说，标识符可以理解为一个名字。

既然标识符是名字，就不能随意起名字，得有些规则。标识符的基本规则如下。

① 所有标识符必须以字母或下划线开头，而不能以数字或者符号开头。例如：

```
// 错误标识符
4a / 361day                          // 不能以数字开头
// 正确标识符
a / B / name / c18 / _column3        // 由字母、下画线、数字组成，没有以数字开头
```

② 在设定标识符时，除开头外，其他位置可以由字母、下画线或数字组成。例如：

```
// 错误标识符
hi! / ^left< /@name                  // 不能有 !、@、^
// 正确标识符
hello / _B / m_love                  // 除开头外，其他位置由字母、下画线、数字组成
```

③ 英文字母的大小写代表不同的标识符。例如，下面 3 个变量完全独立，是不同的标识符。

```
int book=0;
int Book=1;
int Book=2;
```

④ 标识符不能是关键字。例如：

```
// 错误标识符
int / double / char                  // 不能是关键字
// 正确标识符
Int / Double / Char                  // 不是关键字，将首字母改为大写
```

⑤ 标识符的命名最好具有相关的含义。例如：

```
// 有意义的标识符
userName / errorMessage              // 名字具有相关的含义
```

⑥ 标识符中间不能有空格。例如：

```
// 错误标识符
User Name / game Over                // 标识符中间有空格
// 正确标识符
UserName / gameOver                  // 标识符中间不加空格
```

注意

只要标识符中的字符有一项是不同的，它们所代表的就是不同的名称。例如，Name 和 name 是不同的标识符。

3.2 常量和变量

到目前为止，已经掌握了 C 语言的基本组成部分，本节将为大家介绍 C 语言中另外两个重量级的内容——常量和变量。例如，1min 有 60s、12 生肖……这些不会更改的值都属于常量，而一美元约等于 6.7 元、体重为 60kg……这些可以改变的值属于变量。下面我们就来说说变量和常量的含义和区别。

3.2.1 常量

所谓常量，就是值永远不允许改变的量，如一年中有 12 个月、一天有 24 小时等。

（1）定义常量

定义常量的语法格式如下。

```
const 数据类型 常量名 = 值;
```

其中，const 是定义常量的关键字。定义常量时，一定要为它赋初值，而一旦这个常量名被赋上初值，就不能改变。例如:

```
const int HEIGHT=5;
```

表示 HEIGHT 这个常量是一个整型常量，它的数值是 5。在程序中 HEIGHT 的值一直不能改变。

说明

> 定义常量名标识符时，标识符尽量采用大写。

（2）同时定义多个常量

语法格式如下。

```
const 数据类型 常量名1 = 值1, 常量名2 = 值2, 常量名3 = 值3;
```

例如，同时定义 3 个常量，分别表示一天的 24h、1min 的 60s、生肖一共有 12 个。代码如下。

```
const int DAY = 24, MINUTE = 60, ANIMAL = 12;
```

要注意的是，常量的值不允许修改。例如，如图 3.3 所示将定义的 DAY 值修改了，就会提示错误。

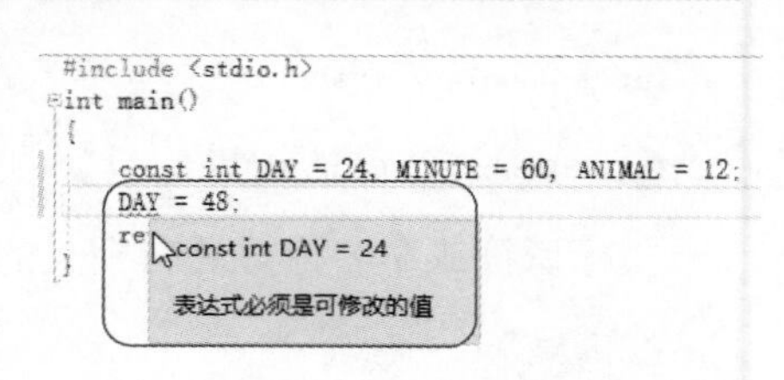

图 3.3 常量示例

3.2.2 变量

所谓变量，就是值可以改变的量，如体重值是 50kg、房屋单价为 11000/m^2 等，这些都是变量。

（1）定义变量

定义变量的语法格式如下。

```
数据类型 变量名;
```

例如，定义一个表示体重的整型变量，代码如下。

```
int weight;
```

这行代码表示定义了一个变量名是 weight 的整型变量。

（2）为变量赋值

变量赋值的语法格式如下。

```
数据类型 变量名 = 值;
```

例如，定义表示体重的整型变量并赋值，代码如下。

```
int weight=100;
```

这行代码表示定义了一个变量名为 weight 的整型变量，并为这个变量赋值为 100。

（3）同时定义多个变量并赋值

语法格式如下。

```
数据类型 变量名1 = 值1, 变量名2 = 值2, 变量名3 = 值3;
```

例如，同时定义 3 个整型变量，分别代表体重、年龄以及眼睛的度数，代码如下。

```
int weight = 129, age = 29,eyes= 200;
```

这里的变量 weight、age、eyes 的值是可以改变的。例如，如图 3.4 所示改变变量 weight 的值，编译器不会提示错误。

3.3 算术运算符与算术表达式

生活中，常常会遇到各种各样的计算。例如，如图 3.5 所示，某超市老板每天需要计算本日的销售金额，他就会将每种产品的销售额相加，来计算本日的总销售额，而此处的“相加”即为数学运算符的“+”，“+”在 C 语言中称为算术运算符。

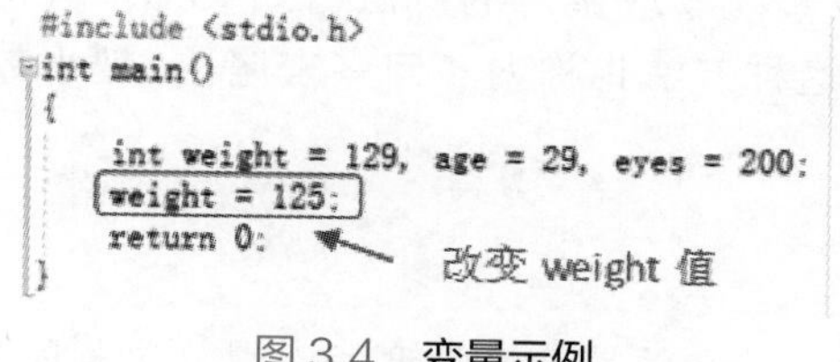

图 3.4 变量示例

日期	销售商品类别	销售数量	销售金额
2019.4.24	水类	54	270
2019.4.24	方便面类	38	95
2019.4.24	面包类	63	378
2019.4.24	香肠类	49	171.5
2019.4.24	薯片类	27	135
2019.4.24	纸类	42	210
2019.4.24	生活用品类		480
	合计:	273	1739.5

销售总计

图 3.5 超市销售表

除图 3.5 中用到的“+”，我们还可以看到“*”，它也是 C 语言中的算术运算符之一。那么，在 C 语言中除了这两种运算符，还有其他运算符吗？其实，C 语言中有 2 个单目算术运算符、5 个双目算术运算符。下面进行详细介绍。

3.3.1 算术运算符

C 语言中的算术运算符包括 2 个单目运算符（正和负）和 5 个双目运算符（乘法、除法、取模、加法和减法）。具体符号和对应的功能如表 3.2 所示。

表 3.2 算术运算符

符号	功能	符号	功能
+	单目正	%	取模
-	单目负	+	加法
*	乘法	-	减法
/	除法		

在表 3.2 中，取模运算符“%”用于计算两个整数相除得到的余数，并且取模运算符的两侧均为整数，

如 7%4 的结果是 3。

说明

> 其中的单目正运算符是冗余的，也就是为了与单目负运算符构成一对而存在的。单目正运算符不会改变任何数值，如不会将一个负值表达式改为正。

注意

> 运算符“–”可作为减法运算符，此时为双目运算符，如 5–3。“–”也可作为负值运算符，此时为单目运算符，如 –5 等；运算符“+”也是如此，当“+”作为加法运算符时，它为双目运算符，为正值运算符时，它为单目运算符。

3.3.2 算术表达式

如果在表达式中使用的是算术运算符，则将表达式称为“算术表达式”。下面是一些算术表达式的例子，其中使用的运算符就是表 3.2 中所列出的算术运算符，代码如下。

```
Number=(3+5)/Rate
Height=Top-Bottom+1
Area=Height * Width
```

需要说明的是，两个整数相除的结果为整数，如 7/4 的结果为 1，舍去的是小数部分。但是，如果其中的一个数是负数时会出现什么情况呢？此时机器会采取“向零取整”的方法，如 -5.8，取正后是 5.8，取整之后是 5 或者 6，采用向 0 靠拢，那么就要取 5。这种方法也称为“向零去尾”，把小数点后的尾去掉。

注意

> 如果用 +、–、*、/ 运算的两个数中有一个为实数，那么结果是双精度浮点型，这是因为所有实数都按双精度浮点型进行运算。

3.3.3 自增、自减运算符

在C语言中还有两个特殊的运算符，即自增运算符“++”和自减运算符“–”，就像公交车的乘客数量，每上来一位乘客，乘客的数量就会增加一个，此时的乘客数量就可以使用自增运算符，而自增运算符的作用就是使变量值增加 1。同样，自减运算符的作用就是使变量值减少 1。例如，客车的座位，每上来一位乘客，客车的座位就会减少一个，此时座位这个变量就可以使用自减运算符。

注意

> 在表达式内部，作为运算的一部分，两者的用法会因为位置的不同而有所不同。如果运算符放在变量前面（前缀），那么变量在参加表达式运算之前完成自增或者自减运算；如果运算符放在变量后面（后缀），那么变量的自增或者自减运算在变量参加了表达式运算之后完成，如图 3.6 所示。

常见错误：自增、自减是单目运算符，因此表达式和常量不可以进行自增、自减运算，如 5++ 和（a+5）++ 都是不合法的。

3.4 赋值运算符与赋值表达式

在定义常量、变量时，使用了“=”这个运算符，在数学中，它的含义是“等于”，而在C语言中，与数学中的含义不同，它有另外的含义——赋值。这节就来介绍“=”在C语言中的意义。

3.4.1 赋值运算符

在C语言中，“=”就是赋值运算符，作用就是将一个数值赋给一个变量，如图3.7所示。

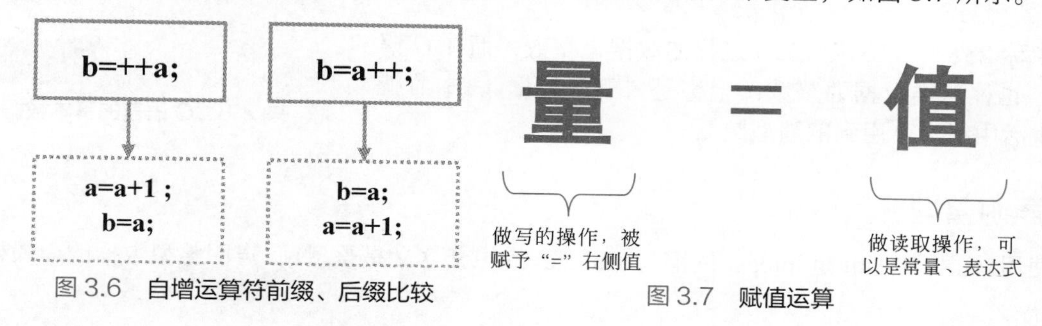

图3.6 自增运算符前缀、后缀比较

图3.7 赋值运算

3.4.2 赋值表达式

赋值表达式就是为变量赋值的表达式。在声明变量时，可以为其赋一个值，就是将一个常量或者表达式的结果赋值给一个变量，变量中保存的内容就是这个常量或者表达式的值。

为变量赋值为常量的一般形式如下。

```
类型 变量名 = 常量；
```

例如:

```
char cChar = 'A';
int  iFirst = 100;
float fPlace= 1450.78f;
```

赋值表达式把一个表达式的结果赋值给一个变量。一般形式如下。

```
类型 变量名 = 表达式 ；
```

例如:

```
float fPrice=fBase+Day*3;
```

这句代码得到赋值的变量fPrice称为左值，因为它出现的位置在赋值语句的左侧。产生值的表达式称为右值，因为它出现的位置在表达式的右侧。

注意

这是一个重要的区别，并不是所有的表达式都可以作为左值，如常量只可以作为右值。

3.5 基本数据类型概述

生活中，我们会有很多的收纳箱，如装围巾的、装上衣的以及装裤子的等不同大小的箱子，为了不占柜子的位置，所以按照东西的大小使用相应容积的收纳箱。在C 语言中是同样的道理，存储什么样的数据，就用什么样的数据类型。C 语言中有多种不同的基本数据类型，如图 3.8 所示。

接下来分别介绍基本数据类型中包含的数据类型（除枚举类型，枚举类型会在本书的后续章节进行详细讲解）。

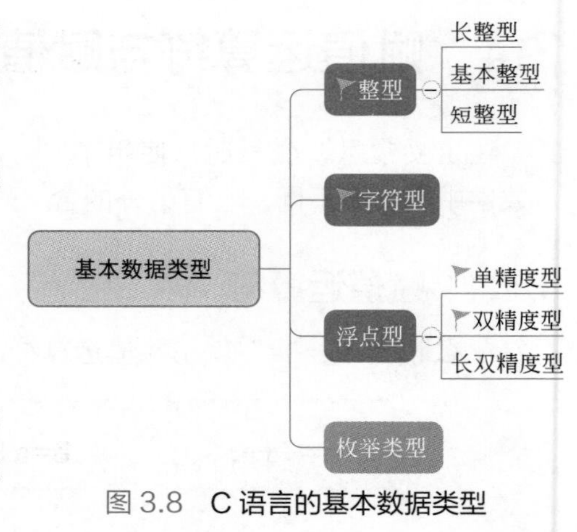

图 3.8　C 语言的基本数据类型

3.6　整型

数学中称 23、0、1314、520 这样的数据是整数，而在 C 语言编程中，也称这类数据为整数，全称是“整型数据”。本节就介绍我们生活中经常会用到的整型数据。

3.6.1　声明整型

整型使用 int 声明，int 是 integer 的缩写（integer 的中文含义是整型），声明整型数据的一般格式如下。

```
int 标识符 ;
```

标识符可以按照标识符的规则，根据自己的需要起名字，上面的语法表示的意思就是该标识符是整型。例如：

```
int age;                    // 定义整型变量 age
```

如果要声明多个整型变量，可以单独声明每个变量。例如：

```
int age;                    // 定义整型变量 age，表示年龄
int high;                   // 定义整型变量 high，表示身高
int weight;                 // 定义整型变量 weight，表示体重
```

也可以在 int 后面列出多个变量名，变量名之间用逗号隔开。例如：

```
int age, high, weight;      // 定义整型变量 age, high, weight
```

单独声明变量和同时列出多个变量名，这两种方法的效果是相同的，都是声明一个 int 类型的变量。

注意

如果同时声明多个变量，那么这些变量的类型都必须一样。

3.6.2　初始化整型

初始化整型，就是为整型变量赋值。初始化整型变量有以下几种形式，第一种是直接在声明时初始化变量。例如：

```
int year=2019;              // 定义整型变量 year 并赋值
int month=6;                // 定义整型变量 month 并赋值
int day =1;                 // 定义整型变量 day 并赋值
```

另一种是先声明变量，然后再赋值。例如：

```
int year, month, day;       // 定义整型变量 year, month, day
year =2019;                 // 给变量 year 赋值
month =6;                   // 给变量 month 赋值
day=1;                      // 给变量 day 赋值
```

或者可以这样初始化变量值。

```
int year, month, day;           // 定义整型变量 year, month, day
year =2019, month =6,day=1;     // 给变量 year, month, day 赋值
```

以上赋值方式效果都是一样的。

3.6.3 其他整型

整型默认的是 int 类型，但是整型不仅有 int 类型，还有长整型、短整型、符号整型和无符号整型。如表 3.3 所示。

表 3.3 其他整型

数据类型	含义	长度	取值范围
unsigned short	无符号短整型	16 位	0 ～ 65535
signed short	有符号短整型	16 位	-32768 ～ 32767
unsigned int	无符号整型	32 位	0 ～ 4294967295
signed int	有符号整型	32 位	-2147483648 ～ 2147483647
signed long	有符号长整型	64 位	-9223372036854775808 ～ 9223372036854775807
unsigned long	无符号长整型	64 位	0 ～ 18446744073709551615

说明

根据不同的编译器，整型的取值范围是不一样的。例如，在 16 位的计算机中，整型就为 16 位；在 32 位的计算机中，整型就为 32 位。合理地选择声明类型，可以避免造成存储空间浪费。

在编写整型变量时，可以在变量的后面加上符号 L 或者 U 进行修饰。L 表示该变量是长整型，U 表示该变量为无符号整型，例如：

```
long LongNum= 2000L;                    //L 表示长整型
unsigned long UnsignLongNum=1234U;      //U 表示无符号整型
```

说明

表示长整型和无符号整型的后缀字母 L 和 U 可以使用大写，也可以使用小写。

注意

如果不在后面加上后缀，在默认状态下，整型为 int 类型。

3.6.4 输出其他整型数据

输出数据同样要使用 printf() 函数，输出不同整型数据采用不同格式，如表 3.4 所示。

表 3.4 利用 printf() 函数输出不同整型格式

格式字符	功能说明	例子
h	用于短整型数据，可加在格式字符 d、o、x、u 前面	%hd、%ho、%hx、%hu
l	用于长整型数据，可加在格式字符 d、o、x、u 前面	%ld、%lo、%lx、%lu

输出不同整型数据

实例位置：资源包 \Code\03\01

本实例要求定义不同的整型数据，并利用 printf() 函数输出，具体代码如下。

```
1 #include<stdio.h>
2 int main()
3 {
4     short sh = 200;                          // 定义短整型数据
5     long lo = 65537;                         // 定义长整型数据
6     int in=30000;                            // 定义整型数据
7     printf(" 短整型是: %hd\n",sh);           // 输出短整型数据
8     printf(" 整型是: %d\n", in);             // 输出整型数据
9     printf(" 长整型是: %ld\n", lo);          // 输出长整型数据
10    return 0;
11 }
```

运行结果如图 3.9 所示。

```
短整型是: 200
整型是: 30000
长整型是: 65537
按任意键关闭此窗口...
```

图 3.9　不同整型数据的输出

3.6.5　整型常量

定义常量需要使用 const 关键字，定义整型常量的格式如下。

```
const 整型 常量名 = 值;
```

例如：

```
const int NUM=1314;
```

表示 NUM 是一个整型常量，且它的值为 1314，NUM 被 const 修饰，就不能再为它赋值。例如，如图 3.10 所示的代码，定义 NUM 常量之后，再为它赋值，编译不能通过。

如果将第 4 行代码改为

```
int NUM;
```

这行定义 NUM 是一个变量，在第 6 行为 NUM 赋值，编译就会通过。

3.7　浮点型

生活中，常常会收到购物小票，如图 3.11 所示，购物小票上的数字如 11.97、0.238 等都是带小数点的数字，数学中称这类数字为小数。在 C 语言中，称这样的数的类型为浮点型，也称实型。本节将对浮点型进行讲解。

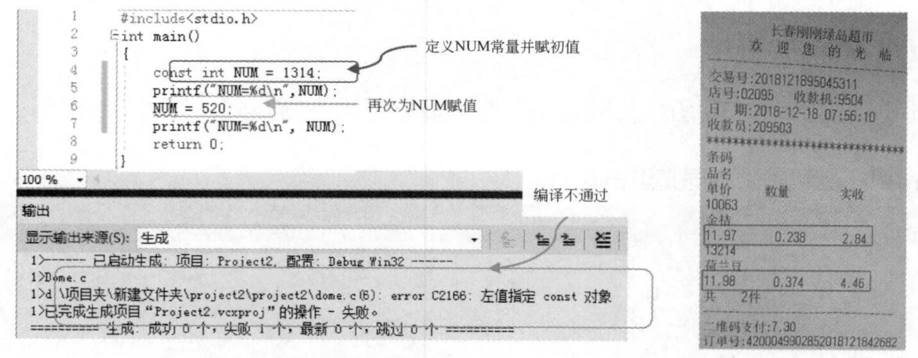

图 3.10　整型常量赋值错误示例　　图 3.11　购物小票中的小数

3.7.1 声明浮点型

C 语言中将浮点型分为单精度浮点型、双精度浮点型以及长双精度浮点型，下面分别介绍。

（1）单精度浮点型

单精度浮点型使用的关键字是 float，它在内存中占 4 个字节，取值范围是 $-3.4\times10^{-38}\sim3.4\times10^{38}$。声明单精度浮点型的格式为

```
float 标识符；
```

表示该标识符的类型是单精度浮点型的。例如，要定义一个变量 fruit：

```
float fruit;                    // 定义单精度浮点型变量
```

定义多个单精度浮点型变量的示例代码如下。

```
float apple;                    // 定义多个单精度浮点型变量
float vagetable;
float row;
```

或者

```
float apple, vagetable, row;    // 定义多个单精度浮点型变量
```

（2）双精度浮点型

双精度浮点型使用的关键字是 double，它在内存中占 8 个字节，取值范围是 $-1.7\times10^{-308}\sim1.7\times10^{308}$。声明双精度浮点型的格式为

```
double 标识符；
```

表示该标识符的类型是双精度浮点型的。例如，要定义一个变量 dDouble：

```
double dDouble;                 // 定义双精度浮点型变量
```

定义多个双精度浮点型变量的示例代码如下。

```
double apple;                   // 定义多个双精度浮点型变量
double vagetable;
double row;
```

或者

```
double apple, vagetable, row;   // 定义多个双精度浮点型变量
```

（3）长双精度浮点型

长双精度浮点型使用的关键字是 long double，声明长双精度浮点型的格式为

```
long double 标识符；
```

表示该标识符的类型是长双精度浮点型的。例如，要定义一个变量 ldDouble：

```
long double ldDouble;           // 定义长双精度浮点型变量
```

定义多个长双精度浮点型变量的示例代码如下。

```
long double apple;              // 定义多个长双精度浮点型变量
long double vagetable;
long double row;
```

或者

```
long double apple, vagetable, row;    // 定义多个长双精度浮点型变量
```

说明

float 是单精度浮点数，double 是双精度浮点数，double 可以精确到小数点后 16 位。在精确度方面上来说，double 的精度要比 float 的精度更高。开发者可以根据自己的需要，合理选择这两种类型。

3.7.2 初始化浮点型

初始化浮点型，就是为浮点型变量赋值。初始化浮点型变量有两种形式，第一种是直接在声明时初始化变量。例如：

```
float fFloat=8.88f;                  // 定义单精度浮点型变量 fFloat 并赋值
double dDouble=99.9;                 // 定义双精度浮点型变量 dDouble 并赋值
long double ldDouble=5.21e-3L;       // 定义长双精度浮点型变量 ldDouble 并赋值
```

另一种是先声明变量，然后再赋值。例如：

```
float fFloat;                        // 定义单精度浮点型变量 fFloat
double dDouble;                      // 定义双精度浮点型变量 dDouble
long double ldDouble;                // 定义长双精度浮点型变量 ldDouble
fFloat=8.88f;                        // 给变量 fFloat 赋值
dDouble=99.9;                        // 给变量 dDouble 赋值
ldDouble=5.21e-3L;                   // 给变量 ldDouble 赋值
```

以上赋值方式效果都是一样的。

在编写浮点型常量时，可以在常量的后面加上符号 F 或者 L 进行修饰。F 表示该常量是单精度类型，L 表示该常量为长双精度类型。例如：

```
float fFloat=5.19e2F;                // 单精度类型
long double LdDouble=3.354e-3L;      // 长双精度类型
```

注意

如果不在后面加上后缀，在默认状态下，浮点型常量为双精度类型。在常量后面添加的后缀不分大小写，大小写是通用的。

3.7.3 输出浮点型数据

想要输出浮点型数据，修改 printf() 函数的格式字符即可。输出浮点型数据的格式字符如表 3.5 所示。

表 3.5 printf() 函数的浮点型格式字符

格式字符	功能说明
f	以小数形式输出（单精度和双精度）
lf	以长双精度形式输出

例如，输出不同浮点型数据，主要代码如下。

```
float fFloat = 8.88f;                          // 定义单精度变量 fFloat 并赋值
double dDouble = 9.99;                         // 定义双精度变量 dDouble 并赋值
long double ldDouble = 5.12e-2;                // 定义长双精度变量 ldDouble 并赋值
printf("单精度数是：%f\n",fFloat);             // 输出单精度变量值
printf("双精度数是：%f\n", dDouble);           // 输出双精度变量值
printf("长双精度数是：%lf\n", ldDouble);       // 输出长双精度变量值
```

运行结果如下。

```
单精度数是: 8.880000
双精度数是: 9.990000
长双精度数是: 0.051200
```

在运行结果来看，double 和 float 类型没有什么区别，但是在计算机分配内存上，两者是有区别的，因为这两种类型的取值范围是不同的，所占的字节数也不同。

3.7.4 浮点型常量

5.21、9.84 等是由整数部分和小数部分组成的浮点型数据，在 C 语言中，定义浮点型常量的格式如下。

```
const 浮点型 常量名 = 值;
```

例如:

```
const float FLO=5.21f;
```

表示 FLO 是一个单精度浮点型常量，且它的值为 5.21，FLO 被 const 修饰，就不能再为它赋值。

在 C 语言中，用两种形式表示浮点型常量，下面分别介绍。

（1）小数表示法

小数表示法就是使用十进制的小数方法描述浮点型。例如:

```
const float FF1 = 784.45f;                    //小数表示法
const float FF2 = 0.368f;                     //小数表示法
```

（2）指数方式（科学计数方式）

有时浮点型常量非常大或者非常小，使用小数表示法不利于观察，这时可以使用指数方法显示浮点型常量。其中，使用字母 e 或者 E 进行指数显示。例如:

```
const double FF3=514e2;              //指数方式显示,514e2=514×10²=51400
const double FF4=0.514e-3;           //指数方式显示,0.514e-3=0.514×10⁻³=0.000514
```

注意

不要在浮点型常量之间加空格。例如，下面的写法是错误的。

```
const double FF5=1.45 E-3
```

3.8 字符型

在 C 语言中，将单个的字母、数字、符号用英文单引号括起来，如' a'、' b'、' 0' 和' !'，这样的数据被称为“字符型数据”。字符型数据在内存空间中占一个字节。声明字符型数据使用的关键字是 char。

3.8.1 声明字符型

char 是 character 的缩写，character 的中文含义是字符，因此使用 char 来修饰字符型数据，定义字符型数据的格式如下。

```
char 标识符;
```

表示这个标识符是字符型的。例如，要定义一个字符型的变量 name，代码如下。

```
char name;                                     // 定义一个字符型变量
```

定义多个字符型变量的示例代码如下。

```
char name;                                     // 定义多个字符型变量
char sex;
char address;
```

或者

```
char name, sex, address;                       // 定义多个字符型变量
```

3

3.8.2 初始化字符型

3.8.1 小节已经介绍怎样声明字符型，本小节介绍怎么初始化字符型。其实，形式和前面介绍的整型和浮点型数据初始化类似。例如：

（1）为一个字符型变量赋值

第一种是直接在声明中初始化变量。例如：

```
char name='g';                                 // 定义浮点型变量 name 并赋值
```

另一种是先声明变量，然后再赋值。例如：

```
char name;                                     // 定义字符型变量 name
name= 'g';                                     // 给变量 name 赋值
```

（2）为多个字符型变量赋值

第一种形式。例如：

```
char alpha='e', number='3', symbol='*';        // 定义多个字符型变量并赋值
```

第二种形式。例如：

```
char alpha;                                    // 定义多个字符型变量并赋值
char number;
char symbol;
alpha ='e';
number ='3';
symbol ='*';
```

或者

```
char alpha;                                    // 定义多个字符型变量并赋值
char number;
char symbol;
alpha='e', number ='3', symbol ='*';
```

3.8.3 输出字符型数据

输出语句依然使用 printf() 函数，想要输出字符型数据，修改 printf() 的格式字符即可。输出字符型数据的格式字符如表 3.6 所示。

表 3.6 printf() 函数的字符型格式字符

格式字符	功能说明
c	以字符形式输出
s	以字符串形式输出

说明

字符串形式会在本书的第 9 章详细讲解，此处重点介绍“%c”格式输出。

例如，输出字符的主要代码如下。

```
char cChar1 = 'h',cChar2 = '2';                    // 定义字符型变量
printf("%c%c\n", cChar1, cChar2);                  // 输出字符
```

运行结果如下。

```
h2
```

说明

字符型数据在内存中存储的是字符的 ASCII（美国国家交换标准码）码，即一个无符号整数，其形式与整数的存储形式一样，因此 C 语言允许字符型数据与整型数据之间通用。例如：

```
char cChar1;                        // 字符型变量 cChar1
char cChar2;                        // 字符型变量 cChar2
cChar1='a';                         // 为变量赋值
cChar2=97;
printf("%c\n",cChar1);              // 显示结果为 a，此处的 %c 是格式说明，表示按照字符型格式进行输出
printf("%c\n",cChar2);              // 显示结果为 a
```

从上面的代码中可以看到，首先定义两个字符型变量，在为两个变量进行赋值时，一个变量赋值为’a’，而另一个赋值为 97，最后显示结果都是 a。

3.8.4 字符型常量

字符型常量与之前所介绍的常量有所不同，即要对其字符型常量使用指定的定界符进行限制。字符型常量可以分成两种：一种是字符常量；另一种是字符串常量。下面分别对这两种字符型常量进行介绍。

（1）字符常量

使用一对英文单引号括起来的一个字符，这种形式就是字符常量。例如，'B'、'#'、'h' 和 '1' 等都是正确的字符常量。

定义字符常量的格式如下。

```
const 字符型 常量名 = 值;
```

例如：

```
const char CH='a';
```

表示 CH 是一个字符常量，且它的值为 a，CH 被 const 修饰，就不能再为它赋值。

注意

① 字符常量中只能包括一个字符，不是字符串。例如，'b' 是正确的，但是用 'AB' 来表示字符常量就是错误的。

② 字符常量是区分大小写的。例如，'B' 字符和 'b' 字符是不一样的，这两个字符代表着不同的字符常量。

③ 单引号代表着定界符，不属于字符常量中的一部分。

常见错误

给 char 型赋值时不可以使用三个单引号，因为这样写编译器会不知道从哪里开始，到哪里结束。例如：

```
char CHA='A'';                    //使用三个单引号为字符型赋值
```

会出现错误。

（2）字符串常量

字符串常量是用一对英文双引号括起来的若干字符序列，如 "ABC"、"abc"、"1314" 和 " 您好 " 等都是正确的字符串常量。

如果在字符串中一个字符都没有，将其称作“空字符串”，此时字符串的长度为 0，如 ""。

C 语言中存储字符串常量时，系统会在字符串的末尾自动加一个“\0”作为字符串的结束标志。例如，字符串 "advance" 在内存中的存储形式如图 3.12 所示。

a	d	v	a	n	c	e	\0

图 3.12　结束标志“\0”为系统自动添加

注意

在程序中编写字符串常量时，不必在一个字符串的结尾处加上“\0”结束字符，系统会自动添加结束字符。

通常定义字符串常量使用 #define，它被称为“宏定义”。根据宏定义中是否有参数，可以将宏定义分为不带参数的宏定义和带参数的宏定义两种。

① 不带参数的宏定义。不带参数的宏定义的一般形式如下。

```
#define 宏名 字符序列
```

- #：表示这是一条预处理命令。
- 宏名：是一个标识符，必须符合 C 语言标识符的规定。
- 字符序列：可以是常量、表达式、格式字符串等。

例如，语句如下。

```
#define PI 3.14159
```

该语句的作用是用 PI 替代 3.14159，在编译预处理时，每当在源程序中遇到 PI 就自动用 3.14159 代替。

说明

使用 #define 进行宏定义的好处是需要改变一个常量时只需改变 #define 命令行，整个程序的常量都会改变，大大提高了程序的灵活性。宏名要简单且意义明确，一般习惯用大写字母表示以便与变量名相区别。

注意

宏定义不是 C 语句，不需要在行末加分号。

宏名定义后，即可成为其他宏名定义中的一部分。例如，下面代码定义了正方形的边长 SIDE、周长 PERIMETER 及面积 AREA 的值。

```
#define SIDE 6
#define PERIMETER 4*SIDE
#define AREA SIDE*SIDE
```

宏替换是以字符串代替标识符。因此，如果希望定义一个标准的邀请语，可编写如下代码。

```
#define STANDARD "Come on baby, join us."
printf(STANDARD);
```

编译程序遇到标识符 STANDARD 时，就用“You are welcome to join us.”替换。

关于不带参数的宏定义有以下几点需要强调。

a. 如果在字符串中含有宏名，则不进行替换。例如：

```
1 #include<stdio.h>
2 #define TEST " Come on baby, join us."
3 void main()
4 {
5     char exp[30] = "This TEST is not that TEST";              // 定义字符数组并赋初值
6     printf("%s\n", exp);
7 }
```

运行结果如下。

```
This TEST is not that TEST
```

注意上面程序字符串中的 TEST 并没有用“Come on baby, join us.”来替换，因为如果字符串中含有宏名（这里的宏名是 TEST），则不进行替换。

b. 如果字符串长于一行，可以在该行末尾用一反斜杠“\”续行。

c. # define 命令出现在程序中函数的外面，宏名的有效范围为定义命令之后到此源文件结束。

注意

在编写程序时通常将所有的 #define 放到文件的开始处或独立的文件中，而不是将它们分散到整个程序中。

d. 可以用 #undef 命令终止宏定义的作用域。例如：

```
1 #include<stdio.h>
2 #define TEST " Come on baby, join us."
3 void main()
4 {
5     printf(TEST);
6 #undef TEST
7 }
```

e. 宏定义用于预处理命令，它不同于定义的变量，只作字符替换，不分配内存空间。

② 带参数的宏定义。带参数的宏定义不只是简单的字符串替换，还要进行参数替换。其一般形式如下。

```
#define 宏名 ( 参数表 ) 字符序列
```

例如，定义一个带参数的宏，实现的功能是比较 15 和 9 这两个数值，并且返回较小值，具体代码如下。

```
1  #include<stdio.h>                                  // 包含头文件
2 #define MIX(x,y) (x<y?x:y)                          // 定义一个宏
3 int main()                                          // 主函数 main()
4 {
5     int x = 15, y = 9;                              // 定义变量
6     printf("x,y 为 :\n");                            // 提示输出
7     printf("%d,%d\n", x, y);                        // 显示输出
8     printf("the min number is:%d\n", MIX(x, y));    // 宏定义调用
9     return 0;                                       // 程序结束
10 }
```

运行结果如下。

```
x,y 为:
15,9
the min number is:9
```

说明

用宏替换代替实在的函数的一个好处是宏替换增加了代码的速度，因为不存在函数调用。但增加速度也有代价：由于重复编码而增加了程序长度。

对于带参数的宏定义有以下几点需要强调。

a．宏定义时参数要加小括号，如不加小括号，则有时结果是正确的，有时结果却是错误的，下面具体介绍。

例如，定义一个宏定义 SUM(x,y)，实现参数相加的功能，代码如下。

```
#define SUM(x,y) x+y
```

在参数加小括号的情况下调用 SUM(x,y)，可以正确地输出结果；在参数不加小括号的情况下调用 SUM(x,y)，则输出的结果是错误的。

b．宏扩展必须使用小括号来保护表达式中低优先级的操作符，以确保调用时达到想要的效果。例如，如果每个参数不加小括号，这样调用:

```
5*SUM(x,y)
```

则会被扩展为

```
5*x+y
```

而本意是希望得到:

```
5*((x)+(y))
```

解决的办法就是将 SUM(x,y) 宏扩展时加上小括号，就能避免这种错误发生。

c．对带参数的宏的展开，只是将语句中的宏名后面小括号内的实参字符串代替 #define 命令行中的形参。

d．在宏定义时，宏名与带参数的小括号之间不可以加空格，否则会将空格以后的字符都作为替代字符串的一部分。

e．在带参数的宏定义中，形参不分配内存单元，因此不必作类型定义。

（3）字符常量和字符串常量的区别

前面介绍了有关字符常量和字符串常量的内容，那么它们之间的有什么区别呢？具体体现在以下几方面。

① 定界符的使用不同

字符常量使用的是英文单引号，而字符串常量使用的是英文双引号。

② 长度不同

上面提到过字符常量只能有一个字符，也就是说字符常量的长度就是 1。字符串常量的长度可以是 0，但是需要注意的是，即使字符串常量中的字符数量只有 1 个，长度却不是 1。例如，字符串常量“W”，其长度为 2。通过图 3.13 可以体会到，字符串常量“W”的长度为 2 的原因。

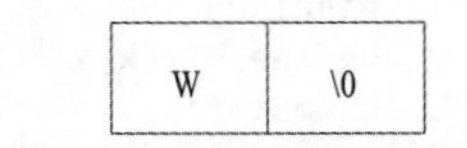

图 3.13　字符串常量 "W" 在内存中的存储方式

③ 存储的方式不同

在字符常量中存储的是字符的 ASCII 码值，如’A’为 65,’a’为 97,；而在字符串常量中，不仅要存储有效的字符，还要存储结尾处的结束标志“\0”。

说明

系统会自动在字符串的尾部添加一个字符串的结束字符“\0”，这也就是 W 的长度是 2 的原因。

说明

ASCII 码表在附录中，可以参考。

3.8.5 转义字符

在前文的代码段中的 printf() 函数中能看到“\n”符号，输出结果中却不显示该符号，只是进行了换行操作，这种符号称为“转义符号”。

转义符号在字符常量中是一种特殊的字符。转义字符是以反斜杠“\”开头的字符，后面跟一个或几个字符。常用的转义字符及其含义和 ASCII 值如表 3.7 所示。

表 3.7 **常用的转义字符表**

转义字符	含义	ASCII 值	转义字符	含义	ASCII 值
\n	回车换行	10	\\	反斜杠“\”	47
\t	横向跳到下一制表位置	9	\'	单引号符	39
\v	竖向跳格	0x0b	\a	鸣铃	7
\b	退格	8	\ddd	1～3 位八进制数所代表的字符	
\r	回车	13	\xhh	一两位十六进制数所代表的字符	
\f	走纸换页	12			

3.9 类型转换

数值类型有很多种，如字符型、整型、长整型和浮点型等，因为这些类型的长度和符号特性都不同，所以取值范围也不同。类型之间可以互相转换，转换的过程就像倒水，如图 3.14 所示，小杯的水倒进大杯，水就不会流失。但是，如果大杯的水向小杯里倒，如图 3.15 所示，那么水就会溢出来。数据也是一样，较长的数据就像是大杯里的水，较短的数据就像小杯里的水，如果把较长的数据类型变量的值赋给比较短的数据类型变量，那么数据就会降低级别表示。当数据大小超过比较短的数据类型的可表示范围时，就会发生数据截断，就如同溢出的水。

图 3.14 **小杯向大杯里倒水**

图 3.15 **大杯向小杯里倒水**

3.9.1 自动类型转换

在 C 语言中，如果把比较短的数据类型变量的值赋给比较长的数据类型变量，那么比较短的数据类型变量中的值会升级表示为比较长的数据类型，数据信息不会丢失。这类转换被称为自动类型转换，转换的过程如图 3.14 所示，水不会流出，也就是数据不会丢失。

例如：

```
float i=10.1f;
int j=i;
```

3.9.2 强制类型转换

强制类型转换是将比较长的数据类型变量的值赋给比较短的数据类型变量，转换的过程如图 3.15 所示，大杯向小杯倒水，会有水溢出，也就是数据会丢失。如果程序需要进行强制类型转换，就会提示如图 3.16 所示的警告。当进行类型的强制转换之后，警告就会消失。

```
warning C4244: 'initializing' : conversion from 'float ' to 'int ', possible loss of data
```

图 3.16 程序警告

强制类型转换的一般形式为

```
(类型名)(表达式)
```

例如，在不同变量类型转换时使用强制类型转换的方法：

```
int secret1=103;
char answer1= (char) secret1;          //进行强制类型转换
```

在代码中可以看到，在变量前使用包含要转换类型的括号，这样就对变量进行了强制类型转换。

常见错误

如果要对某个表达式进行强制类型转换，需要将表达式用括号括起来，否则只对第一个变量或常量进行强制类型转换。例如：

```
double x=3.1415926,y=5.79865;     //定义 2 个 double 型变量并赋值
int z=(int)(x+y);                 //将表达式 x+y 的结果强制转换为 int 型
```

接下来用一个实例介绍强制类型转换的应用。

实例 3.2　换季买鞋

实例位置：资源包 \Code\03\02

模拟场景：换季了，一个女生去买鞋，她试了一双鞋，37 码的鞋子小，38 码的鞋子大，她的脚适合 37.5 码的鞋子，然而没有这种号码的鞋子，所以卖家建议她买 38 码的鞋子。利用强制类型转换来模拟此场景。实现代码如下。

```
1 #include<stdio.h>                            //头文件
2 int main()                                   //主函数
3 {
4         double foot = 37.5f;                 //定义双精度变量，用来表示脚的大小
5  int size = (int)foot+1;                     //强制类型转换，表示鞋码的大小
6  printf("您的脚是 %.1f 码的尺寸 \n", foot);   //输出脚的大小
7  printf("您应该买 %d 码的鞋子 \n",size);      //输出鞋码的大小
8         return 0;                            //程序结束
9 }
```

运行程序，显示结果如图 3.17 所示。

图 3.17　选择鞋码

3.10　格式化字符输出、输入函数

有时候代码要求输出十进制、十六进制、八进制数或者小数时，这时就需要使用格式化函数了，这节就来介绍格式化输出、输入函数——printf() 函数和 scanf() 函数。

3.10.1　格式化输出函数：printf()

printf() 函数是格式化输出函数，它不仅能输出字符串，还能输出整型、浮点型数据，接下来我们详细介绍 printf() 函数。

（1）printf() 的一般形式

在 C 语言中，printf() 函数的作用是向终端（输出设备）输出若干任意类型的数据，其语法格式如下。

```
printf( 格式控制 , 输出列表 );
```

① 格式控制。格式控制是用双引号括起来的字符串，此处也称为转换控制字符串。其中包括格式字符和普通字符两种字符。

格式字符用来进行格式说明，作用是将输出的数据转换为指定的格式输出。格式字符以“%”字符开头。

普通字符是需要原样输出的字符，其中包括双引号内的逗号、空格和换行符。

② 输出列表。输出列表中列出的是要进行输出的一些数据，可以是变量或表达式。例如，要输出一个整型变量的语句如下。

```
int iInt=521;
printf("%d I Love You",iInt);
```

执行上面的语句显示出来的字符是“521 I Love You”。在格式控制双引号中的是“%d I Love You”，其中的“I Love You”是普通字符，而“%d”是格式字符，表示输出的是后面 iInt 的数据。

由于 printf() 是函数，“格式控制”和“输出列表”这两个位置都是函数的参数，因此 printf() 函数的一般形式也可以表示为

```
printf( 参数 1, 参数 2,…, 参数 n)
```

（2）printf() 的格式字符

函数中的每一个参数按照给定的格式和顺序依次输出。例如，显示一个字符型变量和整型变量的语句如下。

```
int iInt=666;char cChar='A';
printf("the Int is %d,the Char is %c",iInt,cChar);
```

如表 3.8 所示列出了有关 printf() 函数的格式字符。

表 3.8　printf() 函数的格式字符

格式字符	功能说明
d,i	以带符号的十进制形式输出整数（整数不输出符号）
o	以八进制无符号形式输出整数
x,X	以十六进制无符号形式输出整数。用 x 时，输出十六进制数的 a ～ f 时以小写字母形式输出；用 X 时，则以大写字母形式输出
u	以无符号十进制形式输出整数

续表

格式字符	功能说明
c	以字符形式输出，只输出一个字符
s	输出字符串
f	以小数形式输出
e,E	以指数形式输出实数，用 e 时指数以“e”表示，用 E 时指数以“E”表示
g,G	选用“%f”或“%e”格式中输出宽度较短的一种格式，不输出无意义的 0。若以指数形式输出，则指数以大写表示

实例 3.3 printf() 按照格式输出不同类型数据

实例位置：资源包 \Code\03\03

本实例分别定义整型、字符型、浮点型变量，使用对应的格式输出函数 printf() 输出这三种类型的变量。

```
1 #include<stdio.h>
2 int main()
3 {
4     int iInt = 10;                                      // 定义整型变量
5     char cChar = 'A';                                   // 定义字符型变量
6     float fFloat = 12.34f;                              // 定义单精度浮点型变量
7     printf("the int is: %d\n", iInt);                   // 使用 printf() 函数输出整型
8     printf("the char is: %c\n", cChar);                 // 输出字符型
9     printf("the float is: %f\n", fFloat);               // 输出浮点型
10    printf("the string is: %s\n", "I LOVE YOU");        // 输出字符串
11    return 0;
12 }
```

运行结果如图 3.18 所示。

(3) printf() 附加格式字符

在格式说明中，在“%”符号和表 3.8 中的格式字符间可以插入几种附加符号，如表 3.9 所示。

图 3.18 使用 printf() 输出

表 3.9 printf() 函数的附加格式字符

字符	功能说明
l	用于长整型整数，可加在格式字符 d、o、x、u 前面
m（代表一个整数）	数据最小宽度
.n（代表一个整数）	对实数，表示输出 *n* 位小数；对字符串，表示截取的字符个数
-	输出的数字或字符在域内向左靠

注意

在使用 printf() 函数时，除 X、E、G 外其他格式字符必须用小写字母，如“%d”不能写成“%D”。如果想输出“%”符号，则在格式控制处使用“%%”进行输出即可。

实例 3.4 printf() 附加格式输出数据

实例位置：资源包 \Code\03\04

利用输出“MingRiKeJi”来观察 printf() 函数附加格式字符的意义，具体代码如下。

```
1 #include<stdio.h>
2 int main()
3 {
4     long iLong = 100000;                              // 定义长整型变量，为其赋值
5     printf("the Long is %ld\n", iLong);               // 输出长整型变量
6     printf("the string is: %sKeJi\n", "MingRi");      // 输出字符串
7     printf("the string is: %10sKeJi\n", " MingRi");   // 使用 10 控制输出列
8     printf("the string is: %-10sKeJi\n", " MingRi");  // 使用 - 表示向左靠拢
9     printf("the string is: %10.3sKeJi\n", " MingRi"); // 使用 3 表示取字符数
10    printf("the string is: %-10.3sKeJi\n", " MingRi");
11    return 0;
12 }
```

运行结果如图 3.19 所示。

3.10.2 格式化输入函数：scanf()

第 3.10.1 小节介绍了格式化输出函数，那么对应的就是格式化输入函数，本小节我们就来介绍格式化输入函数——scanf() 函数。

（1）使用 scanf()

格式化输入函数，就像写汉字一样，写出什么样的字体，就会看到什么样的字体。

在 C 语言中，格式化输入使用 scanf() 函数。该函数的功能是指定固定的格式，并且按照指定的格式接收用户在键盘上输入的数据，最后将数据存储在指定的变量中。

scanf() 函数的一般格式如下。

```
scanf( 格式控制 , 地址列表 )
```

通过 scanf() 函数的一般格式可以看出，参数位置中的格式控制与 printf() 函数相同。如“%d”表示十进制的整型，“%c”表示单字符。而在地址列表中，此处应该给出用来接收数据变量的地址。例如，得到一个整型数据的操作语句如下。

```
scanf("%d",&iInt);                                   // 得到一个整型数据
```

计算圆的周长和球的体积

实例位置：资源包 \Code\03\05

本实例使用 scanf() 函数输入圆的半径，计算圆的周长以及按此半径构成的球的体积，具体代码如下。

```
1 #define  _CRT_SECURE_NO_WARNINGS
2 #include<stdio.h>
3 int main()
4 {
5     float Pie = 3.14f;                                // 定义圆周率
6     float fArea;                                      // 定义变量
7     float fRadius;
8     puts(" 请输入半径 :");
9     scanf("%f", &fRadius);                            // 输入圆的半径
10    fArea = 2 * fRadius*Pie;                          // 计算圆的周长
11    printf(" 周长是 : %.2f\n", fArea);                 // 输出计算的结果
12    fArea = 4 / 3 * (fRadius*fRadius*fRadius*Pie);    // 计算球的体积
13    printf(" 体积是 : %.2f\n", fArea);                 // 输出计算的结果
14    return 0;                                         // 程序结束
15 }
```

运行结果如图 3.20 所示。

图 3.19　附加格式字符运行结果

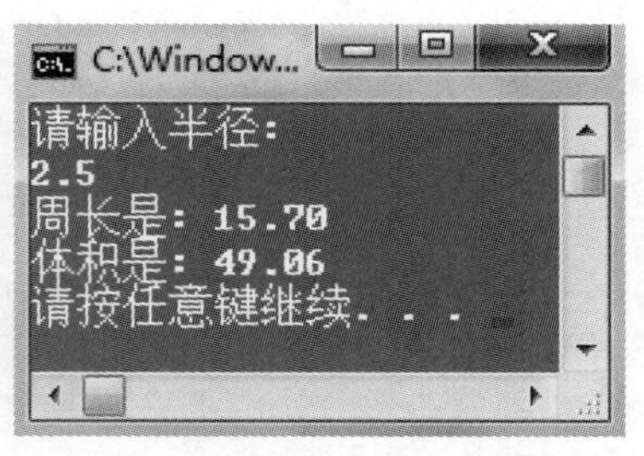

图 3.20　圆的周长和球的体积

说明

> scanf() 函数是标准 C 中提供的输入函数，但是它在读取数据时不检查边界，所以 Visual Studio 工具就提供了 scanf_s() 函数，它的功能与 scanf() 函数相同，但 Visual Studio 开发工具认为 scanf_s() 函数更安全。

或者在代码最开始位置加一句代码：

```
#define _CRT_SECURE_NO_WARNINGS                    // 解除安全性问题
```

（2）scanf() 的 “&” 修饰符及格式字符

通常我们会看到这样一句代码：

```
scanf("%d",&iInt);                                 // 得到一个整型数据
```

在这一行代码中，“&” 符号表示取 iInt 变量的地址，因此不用关心变量的地址具体是多少，只要在代码中变量的标识符前加 “&”，就表示取变量的地址。

注意

> 编写程序时，在 scanf() 函数参数的地址列表处，一定要使用变量的地址，而不是变量的标识符，否则编译器会提示出现错误。

如表 3.10 所示列出了 scanf() 函数中常用的格式字符。

表 3.10　scanf() 函数中常用的格式字符

格式字符	功能说明
d,i	用来输入有符号的十进制整数
u	用来输入无符号的十进制整数
o	用来输入无符号的八进制整数
x,X	用来输入无符号的十六进制整数（大小写作用是相同的）
c	用来输入单个字符
s	用来输入字符串
f	用来输入实型，可以用小数形式或指数形式输入
e,E,g,G	与 f 作用相同，e 与 f、g 之间可以相互替换（大小写作用相同）

说明

格式字符“%s”用来输入字符串。将字符串送到一个字符数组中，在输入时以非空白字符开始，以第一个空白字符结束。字符串以字符串结束标志“\0”作为最后一个字符。

3.11 综合案例——计算无人机往返A、B两地的次数

某企业使用编程无人机定时从大榄郊野公园附近的A地运送快递到大帽山附近的B地，然后返回A地。两地距离为10 km，无人机飞行高度为0.5 km，如图3.21所示。无人机电池充满状态下可以飞行80 km。如果使用一台无人机往返A、B两地，在不更换电池或充电的情况下，最多可以往返几次？

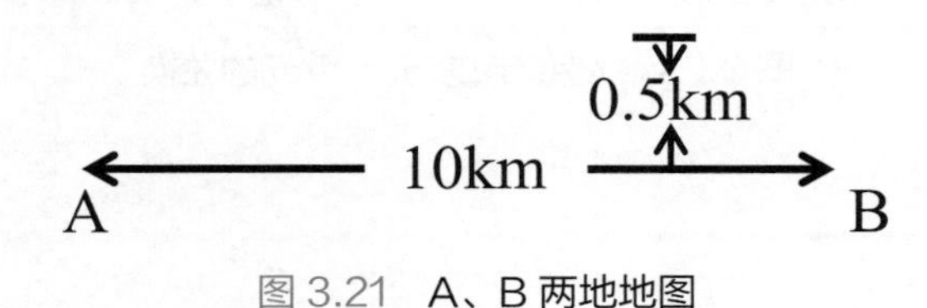

图3.21 A、B两地地图

实现的过程如下。

① 导入函数库。

```
1 #include<stdio.h>
```

② 定义上升、下降、直线飞行、次数、A地、B地这几个变量，再利用算术运算符输出结果，具体代码如下。

```
2 int main()
3 {
4     float rise= 0.5f;                          //定义变量并赋值，表示上升 0.5 km
5     float decline = 0.5f;                      //定义变量并赋值，表示下降 0.5 km
6     int line = 10;                             //定义变量并赋值，表示直线飞行 10 km
7     float distent;                             //定义变量，用来保存计算单次往返路程
8     int num;                                   //定义变量，用来保存计算求得往返次数
9     char place1 = 'A';                         //定义变量赋值，表示 A 地
10    char place2 = 'B';                         //定义变量赋值，表示 B 地
11    distent = (rise + decline + line) * 2;     //计算单次往返距离
12    num = 80 / distent;                        //计算不换电池情况下，可以往返的次数
13    printf("从%c地到%c地单次往返距离:%f\n", place1, place2,distent);  //输出结果
14    printf("在不更换电池或充电的情况下无人机可以往返%d次\n", num);       //输出结果
15    return 0;
16 }
```

运行结果如下。

```
从A地到B地单次往返距离:22.000000
在不更换电池或充电的情况下无人机可以往返3次
```

3.12 实战练习

练习1：模拟输出中国联通流量提醒 定义两个浮点型变量，分别表示已用流量（3.592GB）和剩余流量（3.408GB），定义一个字符型变量，用来表示网址（http://u.10010.cn/tAE3v），编写一个程序，

输出中国联通流量提醒。实现效果如图 3.22 所示。

```
中国联通流量提醒：
截至10月21日24时，
您当月共享国内通用流量已用3.592GB，剩余3.408GB；
其他流量使用情况请点击进入http://u.10010.cn/tAE3v查询详解。
```

图 3.22　中国联通流量提醒实现效果

练习 2：人民币与美元、欧元兑换　输入人民币金额后，输出对应的美元和欧元金额（保留整数）。人民币和美元、欧元的兑换效果如图 3.23 所示。

货币兑换
1人民币=0.1440美元
1美元=6.946人民币

货币兑换
1人民币=0.1262欧元
1欧元=7.9233人民币

图 3.23　人民币和美元、欧元的兑换

小结

本章首先介绍了关键字和标识符，让大家掌握如何定义常量、变量，了解在开发环境中，蓝色的字代表的是 C 语言的关键字；再介绍了常量和变量，通过举例认识什么是常量，什么是变量；接着介绍了算术运算符和赋值运算符，这两种运算符在数学中有点联系，比较好理解；然后介绍了整型、浮点型、字符型，将各种常用的基本数据类型通过实例进行详解讲解，还介绍了两种类型转换；最后介绍了格式化输入、输出函数，即 scanf()、printf() 函数，这两种函数会在后续章节频繁出现。本章介绍的内容是 C 语言必备知识，因此每小节内容都要求掌握，为后续编写代码夯实基础。

扫码领取
· 视频讲解
· 源码下载
· 配套答案
· 闯关练习
· 拓展资源

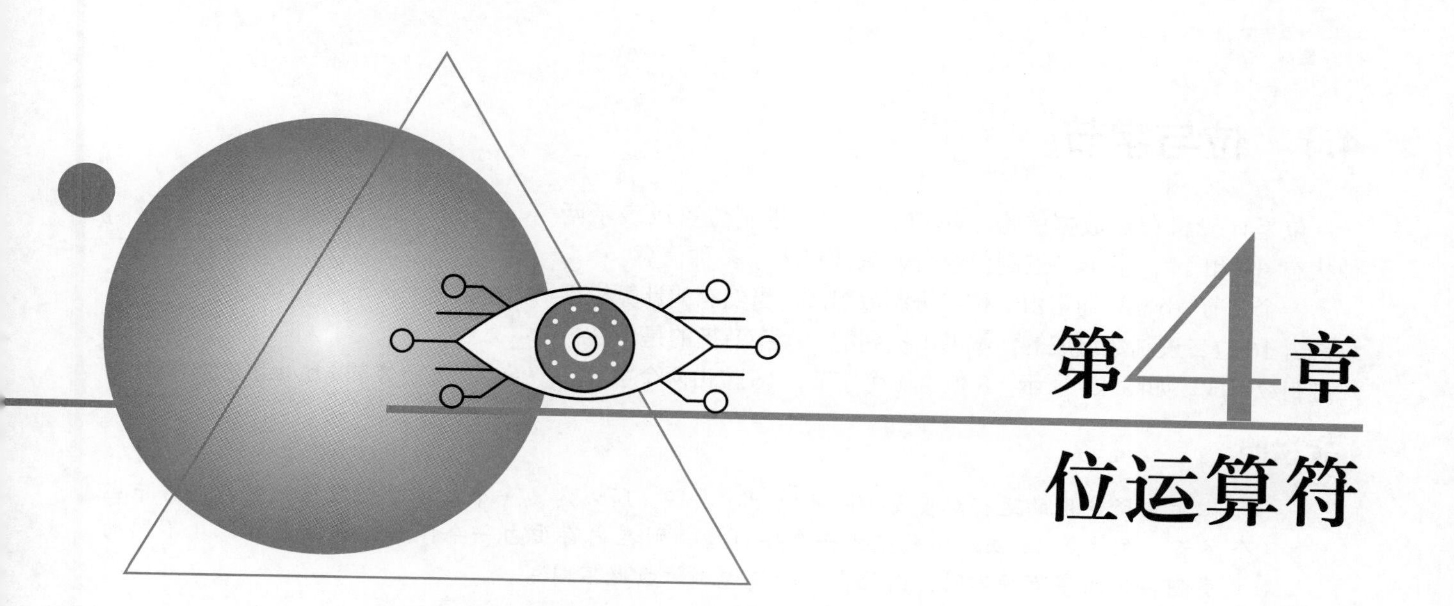

第4章 位运算符

C 语言可用来代替汇编语言完成大部分编程工作，也就是说 C 语言能支持汇编语言进行大部分的运算，因此 C 语言完全支持按位运算，这也是 C 语言的一个特点，正是这个特点使 C 语言的应用更加广泛。

本章知识架构如下。

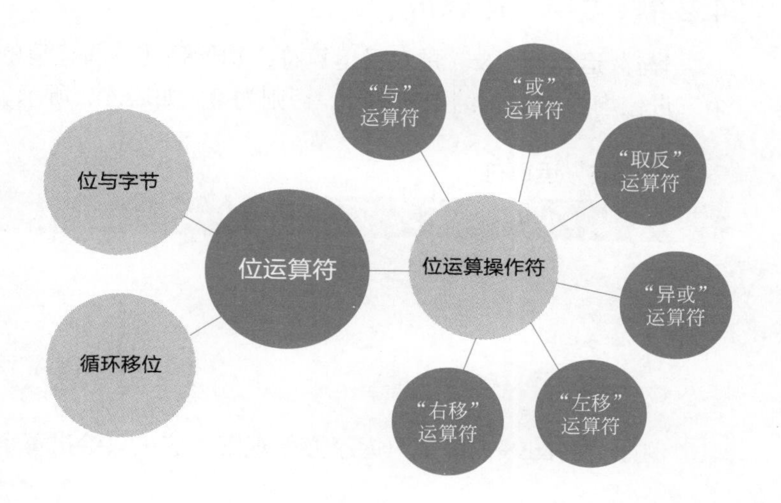

4.1 位与字节

位是计算机存储数据的最小单位。一个二进制位可以表示两种状态（0 和 1），多个二进制位组合起来便可表示多种信息。

一个字节（byte）通常由 8 位二进制数组成，当然有的计算机系统是由 16 位二进制数组成的，本书中提到的一个字节指的是由 8 位二进制数组成。如图 4.1 所示，8 位占 1 个字节，16 位占两个字节。

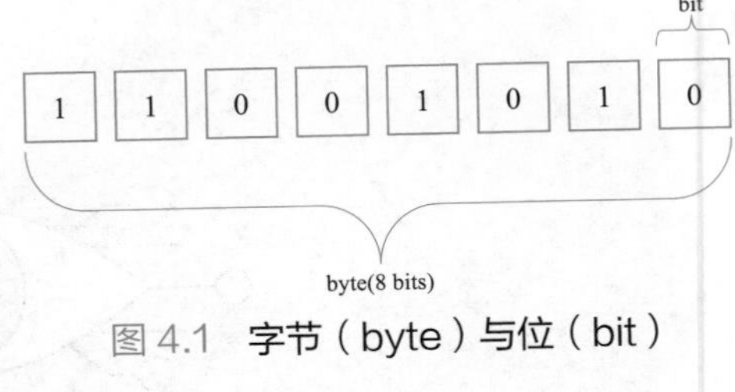

图 4.1　字节（byte）与位（bit）

说明

本书中所使用的运行环境是 Visual Studio 2019，所以定义一个基本整型数据，它在内存中占 4 个字节，也就是 32 位；如果定义一个字符型，则在内存中占一个字节，也就是 8 位。不同的数据类型占用的字节数不同，因此占用的二进制位数也不同。

4.2 位运算操作符

C 语言既具有高级语言的特点，又具有低级语言的功能，C 语言和其他语言的区别是完全支持按位运算，而且也能像汇编语言一样用来编写系统程序。前面讲过的都是以字节为基本单位进行运算的，本节将介绍如何在位一级进行运算。按位运算也就是对字节或字中的实际位进行检测、设置或移位。如表 4.1 所示为 C 语言提供的位运算符。

表 4.1　位运算符

运算符	含义
&	按位与
|	按位或
~	取反
^	按位异或
<<	左移
>>	右移

4.2.1 “与”运算符

“与”运算符“&”是双目运算符，功能是使参与运算的两数各对应的二进位相“与”。只有对应的两个二进位均为 1 时，结果才为 1，否则为 0，如表 4.2 所示。

表 4.2　“与”运算符

a	b	a&b
0	0	0
0	1	0
1	0	0
1	1	1

例如，89&38 的算式（为了方便观察，这里只给出每个数据的后 16 位）：

```
     0000000001011001      十进制数89
(&)  0000000000100110      十进制数38
-----------------------
     0000000000000000      十进制数0
```

通过上面的运算会发现按位“与”的一个用途就是清零，要将原数中为 1 的位置为 0，只需使与其进行“与”操作的数所对应的位置为 0 便可实现清零操作。

“与”操作的另一个用途就是取特定位，可以通过“与”的方式取一个数中的某些指定位，如果取 22 的后 5 位则要与后 5 位均是 1 的数相“与”，同样，要取后 4 位就与后 4 位都是 1 的数相“与”即可。

实例 4.1 编写程序，把两个人的年龄做一个“与”运算

实例位置：资源包 \Code\04\01

在本实例中，定义两个变量，分别代表两个人的年龄，将这两个变量进行“与”运算，具体代码如下。

```
1 #define _CRT_SECURE_NO_WARNINGS
2 #include<stdio.h>                          // 包含头文件
3 int main()                                 // 主函数 main()
4 {
5     unsigned result;                       // 定义无符号变量
6     int age1, age2;                        // 定义变量
7     printf("please input age1:");          // 提示输入年龄 1
8     scanf("%d", &age1);                    // 输入年龄 1
9     printf("please input age2:");          // 提示输入年龄 2
10    scanf("%d", &age2);                    // 输入年龄 2
11    printf("age1=%d, age2=%d", age1, age2); // 显示年龄
12    result = age1 & age2;                  // 计算 " 与 " 运算的结果
13    printf("\n age1&age2=%u\n", result);   // 输出计算结果
14    return 0;
15 }
```

程序运行结果如图 4.2 所示。

实例 4.1 的计算过程如下。

```
     0000000000011001      十进制数25
(&)  0000000000011101      十进制数29
-----------------------
     0000000000011001      十进制数25
```

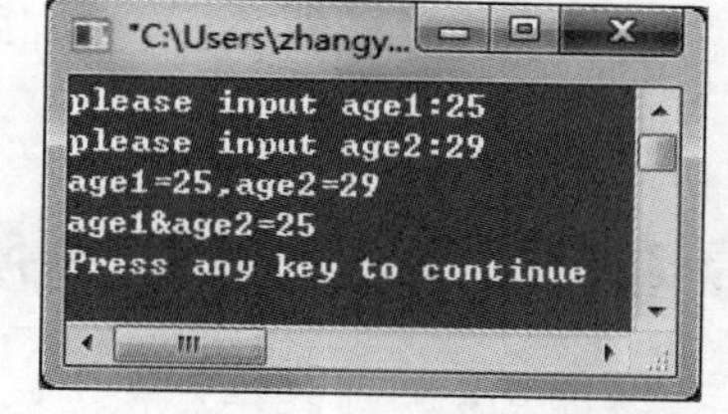

图 4.2　将两个年龄进行“与”运算

4.2.2　“或”运算符

“或”运算符“|”是双目运算符，功能是使参与运算的两数各对应的二进位相“或”，只要对应的两个二进位有一个为 1，结果位就为 1，如表 4.3 所示。

表 4.3 “或”运算符

a	b	a|b
0	0	0
0	1	1
1	0	1
1	1	1

例如，17|31 的算式如下。

```
     0000000000010001    十进制数17
(|)  0000000000011111    十进制数31
─────────────────────
     0000000000011111    十进制数31
```

从上式可以发现，十进制数 17 的二进制数的后 5 位是 10001，而十进制数 31 对应的二进制数的后 5 位是 11111，将这两个数执行数“或”运算之后得到的结果是 31，也就是将 17 的二进制数的后 5 位中是 0 的位变成了 1，因此可以总结出这样一个规律，即要想使一个数的后 6 位全为 1，只需和数据 63 的二进制数按位“或”；同理，若要使一个数的后 5 位全为 1，只需和数据 31 的二进制数按位“或”即可，其他以此类推。

说明

如果要将某几位置 1，只需与这几位是 1 的数执行“或”操作便可。

实例 4.2 将数字 0xEFCA 与本身进行“或”运算

实例位置：资源包 \Code\04\02

本实例中，定义一个变量，将其赋值 0xEFCA，再与本身进行“或”运算，具体代码如下。

```
1 #include<stdio.h>                    //包含头文件
2 int main()                           //主函数 main()
3 {
4     int a=0xEFCA,result;             //定义变量
5     result = a|a;                    //计算 " 或 " 运算的结果
6     printf("a|a=%X\n", result);      //输出结果
7     return 0;                        //程序结束
8 }
```

程序运行结果如图 4.3 所示。

实例 4.2 的计算过程如下。

```
     1110111111001010    十六进制数EFCA
(|)  1110111111001010    十六进制数EFCA
─────────────────────
     1110111111001010    十六进制数EFCA
```

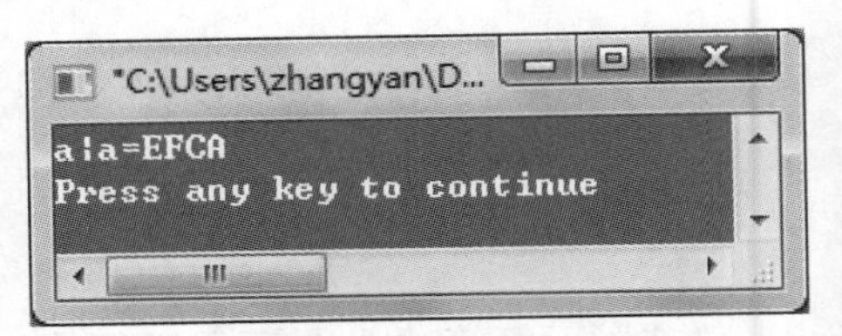

图 4.3 0xEFCA 与本身进行“或”运算

4.2.3 “取反”运算符

“取反”运算符“～”为单目运算符，具有右结合性。其功能是对参与运算的数的各二进位按位求反，即将 0 变成 1，1 变成 0。例如，～ 86 是对 86 进行按位求反，即

```
(～) 00000000000000000000000001010011
     11111111111111111111111110101100
```

注意

在进行“取反”运算的过程中，切不可简单地认为一个数取反后的结果就是该数的相反数（即～ 25 的值是 -25），这是错误的。

实例 4.3 实例位置：资源包 \Code\04\03

自己年龄的取反输出

在控制台输入自己的年龄，将输入的年龄进行“取反”运算，具体代码如下。

```
1 #define _CRT_SECURE_NO_WARNINGS        // 程序中需要使用 scanf 函数，需要加此句解除安全性问题
2 #include<stdio.h>                     // 包含头文件
3 int main()                            // 主函数 main()
4 {
5     unsigned result;                  // 定义无符号变量
6     int a;                            // 定义变量
7     printf("please input a:");        // 提示输入一个数
8     scanf("%d", &a);                  // 输入数据
9     printf("a=%d", a);                // 显示输入的数据
10    result = ~a;                      // 求 a 的反
11    printf("\n~a=%o\n", result);      // 显示结果
12    return 0;
13 }
```

程序运行结果如图 4.4 所示。

实例 4.3 的执行过程如下。

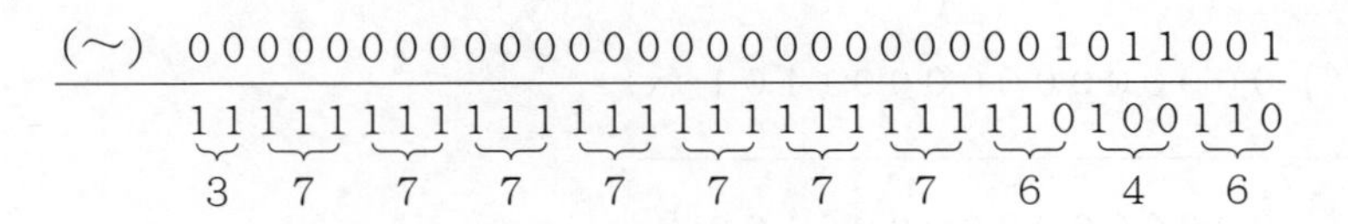

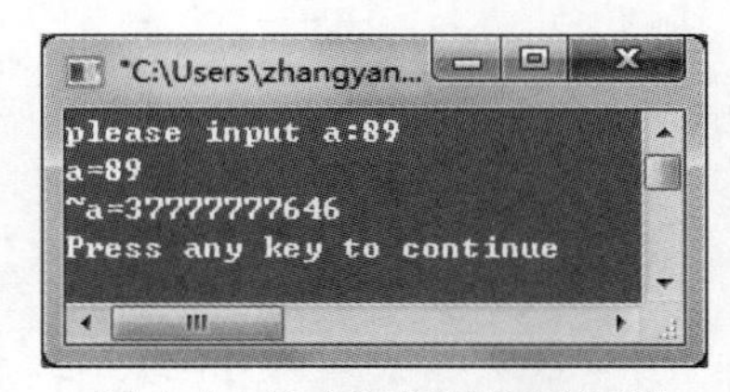

图 4.4 将自己年龄取反运算

注意

实例 4.3 最后是以八进制的形式输出的。

4.2.4 “异或”运算符

“异或”运算符“^”是双目运算符，其功能是使参与运算的两数各对应的二进位相“异或”，当对应的两个二进位数相异时结果为 1，否则结果为 0，如表 4.4 所示。

表 4.4 “异或”运算符

a	b	a^b
0	0	0
0	1	1
1	0	1
1	1	0

例如，107^127 的算式如下。

```
    0000000001101011
(^) 0000000001111111
--------------------
    0000000000010100
```

从上面算式可以看出，“异或”操作的一个主要用途就是能使特定的位翻转，如果要将 107 的后 7 位翻转，只需与一个后 7 位都是 1 的数进行“异或”操作即可。

“异或”操作的另一个主要用途，就是在不使用临时变量的情况下实现两个变量值的互换。

例如，x=9，y=4，将 x 和 y 的值互换可用如下方法实现。

```
x=x^y;
y=y^x;
x=x^y;
```

其具体运算过程如下。

```
    0000000000001001 (x)
(^) 0000000000000100 (y)
------------------------
    0000000000001101 (x)
(^) 0000000000000100 (y)
------------------------
    0000000000001001 (y)
(^) 0000000000001101 (x)
------------------------
    0000000000000100 (x)
```

计算 a^b 的值

实例位置：资源包 \Code\04\04

在控制台上输入两个数分别赋给变量 a 和 b，将 a 与 b 进行“异或”运算，具体代码如下。

```
1 #define _CRT_SECURE_NO_WARNINGS
2 #include<stdio.h>                    // 包含头文件
```

```
3 int main()                                    //主函数 main()
4 {
5     unsigned result;                          //定义无符号数
6     int a, b;                                 //定义变量
7     printf("please input a:");                //提示输入数据 a
8     scanf("%d", &a);                          //输入数据 a
9     printf("please input b:");                //提示输入数据 b
10     scanf("%d", &b);                         //输入数据 b
11     printf("a=%d,b=%d", a, b);               //显示数据 a,b
12     result = a ^ b;                          //求 a 与 b" 异或 " 的结果
13     printf("\na^b=%u\n", result);            //输出结果
14     return 0;
15 }
```

程序运行结果如图 4.5 所示。

实例 4.4 的执行过程如下。

```
     0000000000111000      十进制数56
(^)  0000000001001000      十进制数72
--------------------
     0000000001110000      十进制数112
```

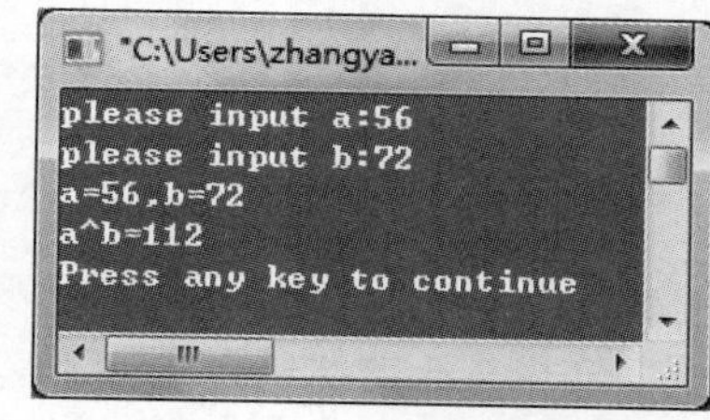

图 4.5　*a* 与 *b*“异或”运算结果运行图

说明

“异或”运算经常被用到一些比较简单的加密算法中。

4.2.5　“左移”运算符

“左移”运算符“<<”是双目运算符，其功能是把“<<”左边的运算数的各二进位全部左移若干位，由“<<”右边的数指定移动的位数，高位丢弃，低位补 0。

例如，a<<2 即把 *a* 的各二进位向左移动两位。假设 *a*=39，那么 *a* 在内存中的存放情况如图 4.6 所示。

0	0	0	0	0	0	0	0	0	0	0	0	0	0	0	0	0	0	0	0	0	0	0	0	0	0	1	0	0	1	1	1

图 4.6　39 在内存中的存储情况

若将 *a* 左移两位，则在内存中的存储情况如图 4.7 所示。*a* 左移两位后由原来的 39 变成了 156。

0	0	0	0	0	0	0	0	0	0	0	0	0	0	0	0	0	0	0	0	0	0	0	0	1	0	0	1	1	1	0	0

图 4.7　39 左移两位

说明

实际上左移一位相当于该数乘以 2，将 *a* 左移两位相当于 *a* 乘以 4，即 39 乘以 4，但这种情况只限于移出位不含 1 的情况。若是将十进制数 64 左移两位则移位后的结果将为 0（01000000->00000000），这里因为 64 在左移两位时将 1 移出了（注意这里的 64 是假设以一个字节存储的）。

实例 4.5　将 15 进行“左移”运算

实例位置：资源包 \Code\04\05

本实例首先将 15 先左移两位，再将这个结果基础上再左移三位，输出结果。具体代码如下。

```
1 #include<stdio.h>                              // 包含头文件
2 void main()                                    // 主函数 main()
3 {
4     int x=15;                                  // 定义变量
5     x=x<<2;                                    //x 左移两位
6     printf("the result1 is:%d\n",x);
7     x=x<<3;                                    //x 左移三位
8     printf("the result2 is:%d\n",x);           // 显示结果
9 }
```

程序运行结果如图 4.8 所示。

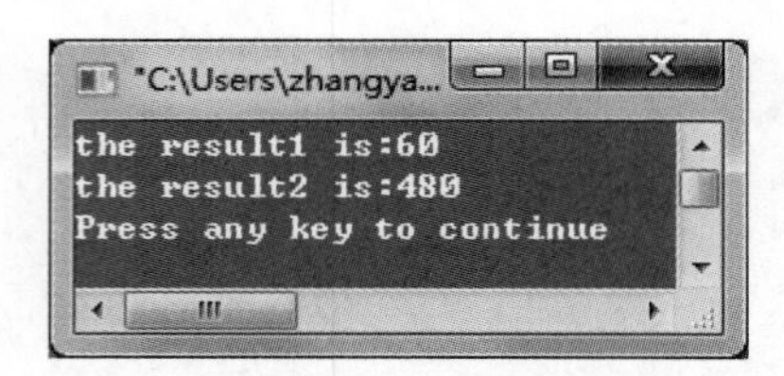

图 4.8　15“左移”运算结果运行图

实例 4.5 的执行过程如下。

15 在内存中的存储情况如图 4.9 所示。

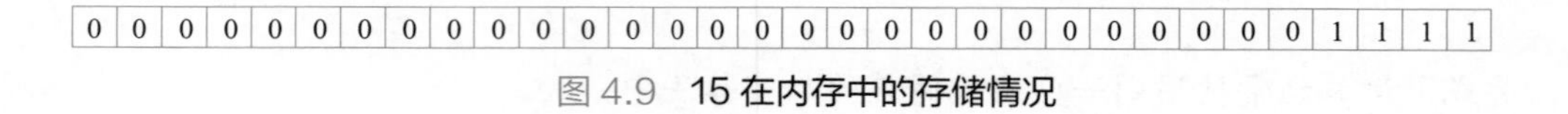

0	0	0	0	0	0	0	0	0	0	0	0	0	0	0	0	0	0	0	0	0	0	0	0	0	0	0	0	1	1	1	1

图 4.9　15 在内存中的存储情况

15 左移两位后变为 60，其存储情况如图 4.10 所示。

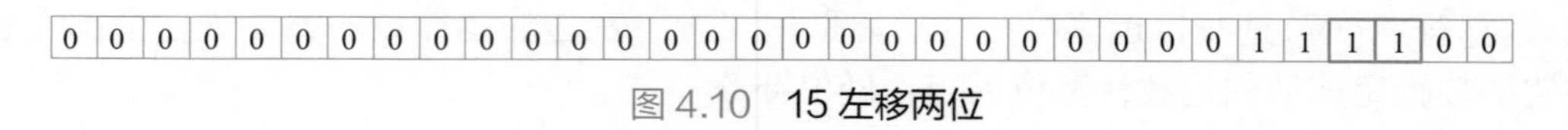

0	0	0	0	0	0	0	0	0	0	0	0	0	0	0	0	0	0	0	0	0	0	0	0	0	0	1	1	1	1	0	0

图 4.10　15 左移两位

60 左移 3 位变成 480，其存储情况如图 4.11 所示。

0	0	0	0	0	0	0	0	0	0	0	0	0	0	0	0	0	0	0	0	0	0	0	1	1	1	1	0	0	0	0	0

图 4.11　60 左移 3 位

4.2.6　“右移”运算符

“右移”运算符“>>”是双目运算符，其功能是把“>>”左边的运算数的各二进位全部右移若干位，“>>”右边的数指定移动的位数。

例如，a>>2 即把 *a* 的各二进位向右移动两位，假设 *a*=00000110，右移两位后为 00000001，a 由原来的 6 变成了 1。

说明

在进行“右移”运算时对于有符号数需要注意符号位问题，当为正数时，最高位补 0；而为负数时，最高位是补 0 还是补 1 取决于编译系统的规定。移入 0 的称为“逻辑右移”，移入 1 的称为“算术右移”。

将 15 进行“右移”运算

实例位置：资源包 \Code\04\06

将 30 和 −30 分别右移三位，将所得结果分别输出，在所得结果的基础上再分别右移两位，并将结果输出。具体代码如下。

```
1 #include<stdio.h>                              // 包含头文件
2 void main()                                   // 主函数 main()
3 {
4     int x=30,y=-30;                           // 定义变量
5     x=x>>3;                                   //x 右移三位
6     y=y>>3;                                   //y 右移三位
7     printf("the result1 is:%d,%d\n",x,y);     // 显示结果
8     x=x>>2;                                   //x 右移两位
9     y=y>>2;                                   //y 右移两位
10    printf("the result2 is:%d,%d\n",x,y);     // 显示结果
11 }
```

程序运行结果如图 4.12 所示。

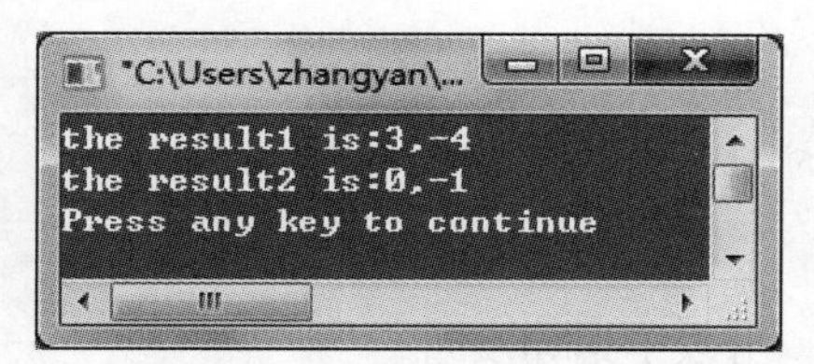

图 4.12　30 与 −30“右移”运算结果运行图

实例 4.6 的执行过程如下。

30 在内存中的存储情况如图 4.13 所示。

0	0	0	0	0	0	0	0	0	0	0	0	0	0	0	0	0	0	0	0	0	0	0	0	0	0	0	1	1	1	1	0

图 4.13　30 在内存中的存储情况

30 右移三位变成 3，其存储情况如图 4.14 所示

0	0	0	0	0	0	0	0	0	0	0	0	0	0	0	0	0	0	0	0	0	0	0	0	0	0	0	0	0	0	1	1

图 4.14　30 右移三位

−30 在内存中的存储情况如图 4.15 所示。

1	1	1	1	1	1	1	1	1	1	1	1	1	1	1	1	1	1	1	1	1	1	1	1	1	1	1	0	0	0	1	0

图 4.15　−30 在内存中的存储情况

−30 右移三位变成 −4，其存储情况如图 4.16 所示。

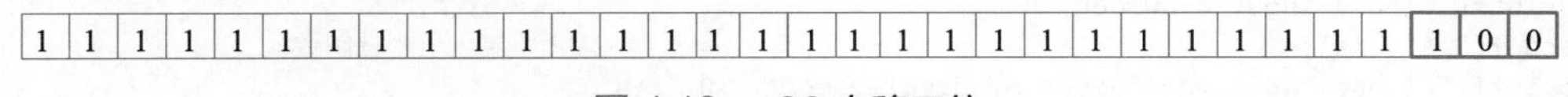

1	1	1	1	1	1	1	1	1	1	1	1	1	1	1	1	1	1	1	1	1	1	1	1	1	1	1	1	1	1	0	0

图 4.16　−30 右移三位

3 右移两位变成 0，而 −4 右移两位则变成 −1。

从上面的过程中可以发现在 Visual studio 2019 中，负数进行的“右移”运算实质上就是算术右移。

4.3 循环移位

前面讲过了向左移位和向右移位，这里将介绍循环移位的相关内容。什么是循环移位呢？循环移位就是将移出的低位放到该数的高位或者将移出的高位放到该数的低位。那么该如何来实现这个过程呢？

（1）循环左移

循环左移的过程如图 4.17 所示。

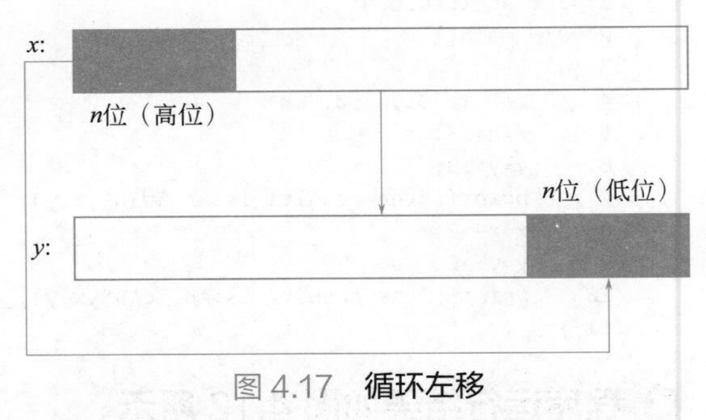

图 4.17　循环左移

实现循环左移的过程如下。

如图 4.17 所示将 x 的左端 n 位先放到 z 中的低 n 位中。由以下语句实现。

```
z=x>>(32-n);
```

将 x 左移 n 位，其右面低 n 位补 0。由以下语句实现。

```
y=x<<n;
```

将 y 与 z 进行按位“或”运算。由以下语句实现。

```
y=y|z;
```

实例 4.7　编程实现循环左移

实例位置：资源包 \Code\04\07

实现循环左移具体要求如下：首先从键盘中输入一个八进制数，然后输入要移位的位数，最后将移位的结果显示在屏幕上。具体代码如下。

```
1 #define _CRT_SECURE_NO_WARNINGS
2 #include <stdio.h>                                          // 包含头文件
3 left(unsigned value, int n)                                 // 自定义左移函数
4 {
5     unsigned z;
6     z = (value >> (32-n)) | (value << n);                   // 循环左移的实现过程
7     return z;
8 }
9 void main()                                                 // 主函数 main()
10 {
11     unsigned a;                                            // 定义无符号型变量
12     int n;                                                 // 定义变量
13     printf("please input a number:\n");                    // 输出提示信息
14     scanf("%o", &a);                                       // 输入一个八进制数
15     printf("please input the number of displacement (>0) :\n");
16     scanf("%d", &n);                                       // 输入要移位的位数
17     printf("the result is %o\n", left(a, n));              // 将左移后的结果输出
18 }
```

程序运行结果如图 4.18 所示。

（2）循环右移

循环右移的过程如图 4.19 所示。

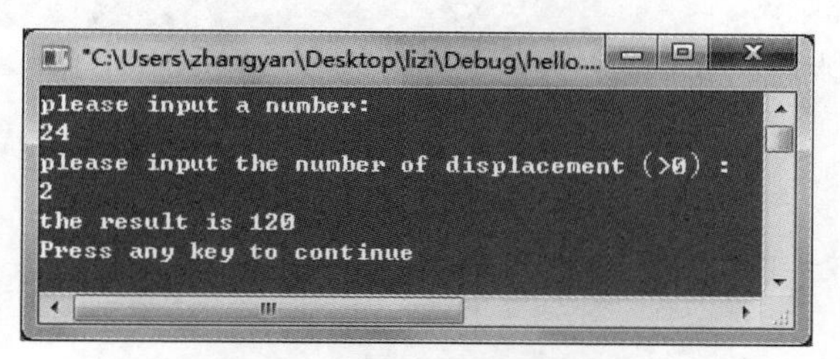

图 4.18　循环左移结果运行图

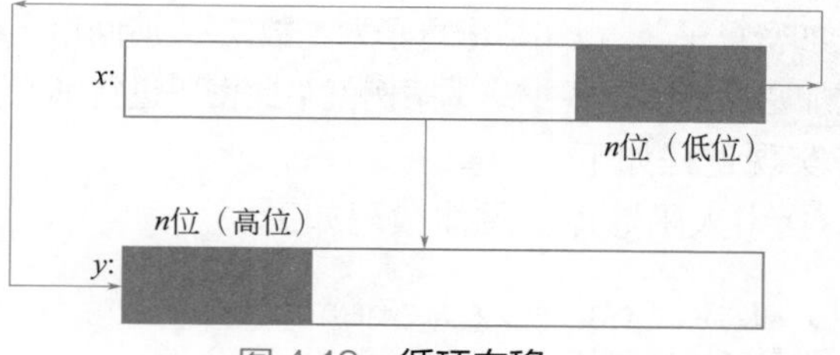

图 4.19　循环右移

如图 4.19 所示将 x 的右端 n 位先放到 z 中的高 n 位中。由以下语句实现。

```
z=x<<(32-n);
```

将 x 右移 n 位，其左端高 n 位补 0。由以下语句实现。

```
y=x>>n;
```

将 y 与 z 进行按位“或”运算。由以下语句实现。

```
y=y|z;
```

实例 4.8　编程实现循环右移

实例位置：资源包 \Code\04\08

实现循环右移的具体要求如下：首先从键盘中输入一个八进制数，然后输入要移位的位数，最后将移位的结果显示在屏幕上。具体代码如下。

```
1 #define _CRT_SECURE_NO_WARNINGS
2 #include <stdio.h>// 包含头文件
3 right(unsigned value, int n)                              // 自定义右移函数
4 {
5     unsigned z;
6     z = (value << (32-n)) | (value >> n);                 // 循环右移的实现过程
7     return z;
8 }
9 void main()                                               // 主函数 main()
10 {
11     unsigned a;                                          // 定义变量
12     int n;
13     printf("please input a number:\n");                  // 输出提示信息
14     scanf("%o", &a);                                     // 输入一个八进制数
15     printf("please input the number of displacement (>0) :\n");
16     scanf("%d", &n);                                     // 输入要移位的位数
17     printf("the result is %o\n", right(a, n));           // 将右移后的结果输出
18 }
```

程序运行结果如图 4.20 所示。

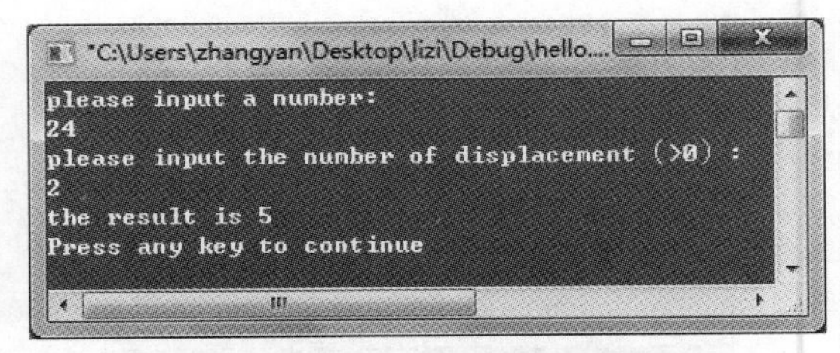

图 4.20 **循环右移结果运行图**

4.4 综合案例——密码二次加密

用户创建完新账户后，服务器为保护用户隐私，使用“异或”运算对用户密码进行二次加密，计算公式为“加密数据 = 原始密码 ^ 加密算子”，已知加密算子为整数 79，请问用户密码 459137 经过加密后的值是多少？本案例就给此密码进行加密。

实现过程如下。

① 引入函数库，具体代码如下。

```
1 #define  _CRT_SECURE_NO_WARNINGS
2 #include <stdio.h>
```

② 实现加密过程，具体代码如下。

```
3 int main()
4 {
5     int num1, num2;
6     printf(" 请输入原始密码和加密算子: \n");
7     scanf("%d %d", &num1, &num2);
8     printf("------ 经过加密后的值是 :%d----\n", num1 ^ num2);
9     return 0;
10 }
```

运行结果如下。

```
请输入原始密码和加密算子:
79 459137
------ 经过加密后的值是 :459214----
```

4.5 实战练习

练习 1：计算“1028 % 8” 使用位移运算和算数运算符，计算“1028 % 8”的结果，运行结果如图 4.21 所示。

练习 2：将身高数值循环右移 在控制台上输入自己的身高，然后将该数循环右移三位并输出结果。运行结果如图 4.22 所示。

```
------------------------
计算的结果等于4
------------------------
```

图 4.21 **计算结果**

```
输入自己身高:
168
输入要移位的位数:
3
结果是 25
```

图 4.22 **运行结果**

小结

位运算是 C 语言的一种特殊运算功能，它是以二进位为单位进行运算的。本章主要介绍了与（&）、或（|）、取反（～）、异或（^）、左移（<<）、右移（>>）6 种位运算符，利用位运算可以完成汇编语言的某些功能，如置位、位清零、移位等；最后介绍了循环移位，利用位运算符，实现循环左移和循环右移。

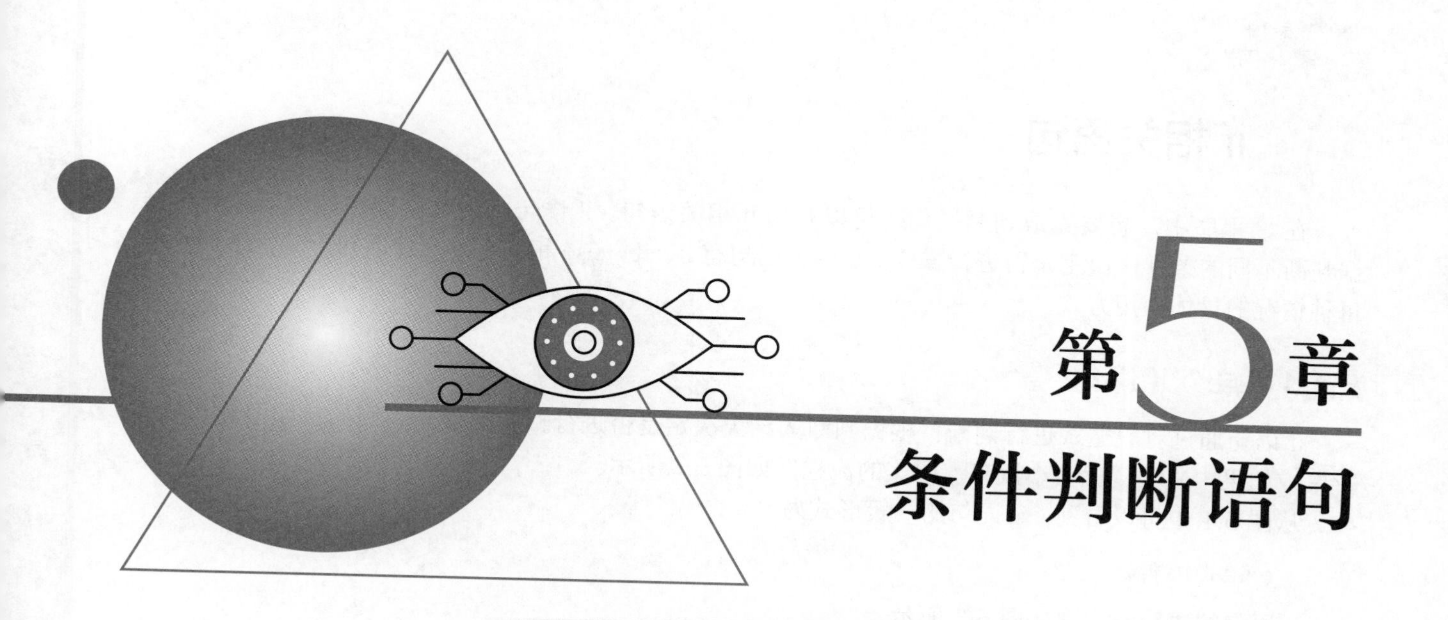

第5章 条件判断语句

做任何事情都要遵循一定的原则。例如，到图书馆去借书，就必须要有借书证，并且借书证不能过期，这两个条件缺一不可。程序设计也是如此，需要利用流程控制实现与用户的交流，并根据用户的需求决定程序“做什么”和“怎么做”。

流程控制对于任何一门编程语言来说都是至关重要的，它提供了控制程序如何执行的方法。如果没有流程控制语句，整个程序将按照线性顺序来执行，而不能根据用户的需求决定程序执行的顺序。本章将对C语言中的流程控制语句进行详细讲解。

本章知识架构如下。

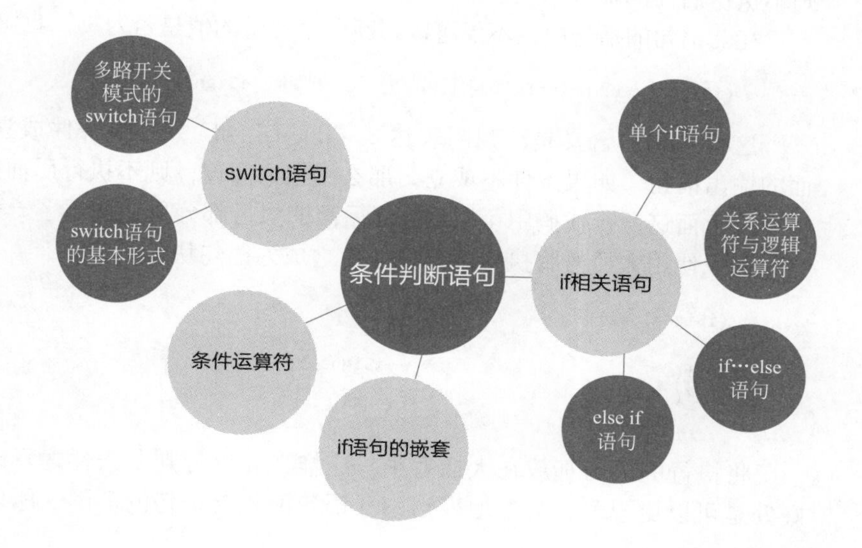

5.1 if 相关语句

在 C 程序中，想要完成判断操作，可以利用 if 相关语句。if 语句的功能就像路口的信号灯一样，根据判断不同的条件，决定是否进行操作。if 相关语句有 if、if…else 和 else if 三种语句形式，下面一起学习每种情况的具体使用方式。

5.1.1 单个 if 语句

if 语句通过对表达式进行判断，根据判断的结果决定是否进行相应的操作。例如，如图 5.1 所示，买彩票，如果中奖了，就买小汽车。中奖的流程图如图 5.2 所示。

从图 5.1 中可以看到，if 语句的一般形式为

```
if( 表达式 )  语句
```

if 语句的执行流程图如图 5.3 所示。

if (中了500万元)

图 5.1　中奖示意图

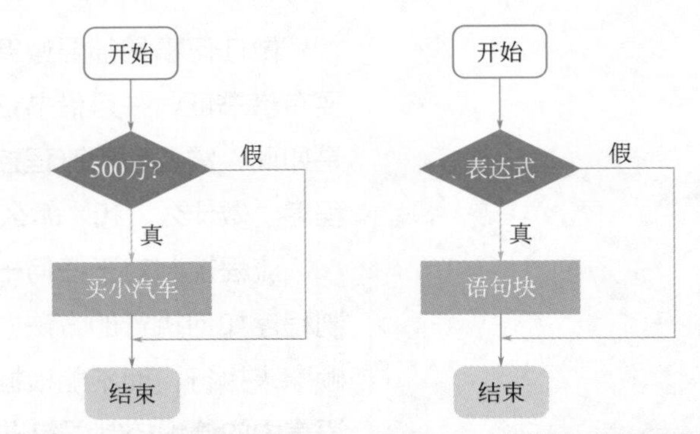

图 5.2　买彩票中奖流程图　　图 5.3　if 语句的执行流程图

例如，下面的这行代码。

```
if(iNum) printf(" 这是真值 ");
```

代码中判断变量 iNum 的值，如果变量 iNum 为真值，则执行后面的输入语句；如果变量的值为假，则不执行后面的输入语句。

在 if 语句的括号中，不仅可以判断一个变量的值是否为真，也可以判断表达式的结果是否为真。例如：

```
if(iSignal==1) printf(" 当前信号灯的状态是: %d:",iSignal);
```

这行代码的含义是：判断表达式 “iSignal==1”，如果条件成立，那么判断的结果是真值，则执行后面的输出语句；如果条件不成立，那么结果为假值，则不执行后面的输出语句。

从上面这两行代码中可以看到 if 后面的执行部分只是调用了一条语句，如果是两条语句时怎么办呢？这时可以使用大括号将执行部分括住使之成为语句块。例如：

```
if(iSignal==1)
{
printf(" 当前信号灯的状态是: %d:\n",iSignal);
printf(" 车需要停止 ");
}
```

将执行的语句都放在大括号中，这样当 if 语句判断条件为真时，就可以全部执行。使用这种方式的好处是可以更规范、清楚地表达出 if 语句所包含语句的范围，所以建议大家使用 if 语句时都使用大括号

将执行语句包括在内。

常见错误

利用选择结构处理问题时一定要把条件描述清楚。例如，下面的这行语句是错误的。

```
if(i/6< >0){}
```

初学编程的人在程序中使用 if 语句时，常常会将下面的两个判断弄混。

```
if(value){……}                    // 判断变量值
if(value==0){……}                 // 判断表达式的值
```

这两行代码中都有 value 变量，value 值虽然相同，但是判断的结果却不同。第一行代码表示判断的是 value 的值，第二行代码表示判断 value 等于 0 这个表达式是否成立。假定其中 value 的值为 0，那么在第一个 if 语句中，value 值为 0 即说明判断的结果为假，所以不会执行 if 后的语句。但是在第二个 if 语句中，判断的是 value 是否等于 0，因为设定 value 的值为 0，所以表达式成立，那么判断的结果就为真，执行 if 后的语句。

5.1.2　关系运算符与逻辑运算符

从 if 语句的一般形式来看：

```
if( 表达式 ) 语句
```

其中，括号中的表达式会使用到关系运算符和逻辑运算符，接下来就来介绍这两种运算符。

（1）关系运算符

在 5.1.1 小节中，举的例子中会看到“==”“<”和“>”，它们被称为“关系运算符”。关系运算符不仅有这三种，还有其他的符号，如表 5.1 所示。

表 5.1　关系运算符

符号	功能	符号	功能
>	大于	<=	小于等于
>=	大于等于	==	等于
<	小于	!=	不等于

注意

符号“>=”（大于等于）与“<=”（小于等于）的意思分别是大于或等于、小于或等于。在 C 语言中不存在“≥”或者“≤”。

这些关系运算符与数学中所学的含义是一样的，只是在 C 语言中，通过关系运算符计算得到的结果只有两种情况：true（真）和 false（假），true 表示关系成立，false 表示关系不成立。例如：

```
7>5        // 因为 7 大于 5，所以该关系成立，表达式的结果为真值
7>=5       // 因为 7 大于 5，所以该关系成立，表达式的结果为真值
7<5        // 因为 7 大于 5，所以该关系不成立，表达式的结果为假值
7<=5       // 因为 7 大于 5，所以该关系不成立，表达式的结果为假值
7==5       // 因为 7 不等于 5，所以该关系不成立，表达式的结果为假值
7!=5       // 因为 7 不等于 5，所以该关系成立，表达式的结果为真值
```

说明

在 C 语言中，1 为真，0 为假，也就是 true 是 1，false 是 0。

（2）逻辑运算符

在 C 语言中，不仅用到关系运算符，还会用到逻辑运算符，如表 5.2 所示。

表 5.2 逻辑运算符

符号	功能	含义
&&	逻辑与	对应数学中的“且”
||	逻辑或	对应数学中的“或”
!	单目逻辑非	对应数学中的“非”

注意

表 5.2 中的逻辑与运算符“&&”和逻辑或运算符“||”都是双目运算符。

逻辑运算符一般会与关系运算符连用。关系运算符可用于对两个操作数进行比较，但是使用逻辑运算符可以将多个关系表达式的结果合并在一起进行判断。其一般形式如下。

```
关系表达式 1    逻辑运算符    关系表达式 2
```

例如：

```
age > 18 && age < 70;                  // 逻辑与运算，表示年龄大于 18 岁并且小于 70 岁
height > 155 || height < 190;          // 逻辑或运算，表示身高大于 155cm 或者小于 190cm
!weight ;                              // 逻辑非运算，表示体重的非值
```

逻辑运算结果如表 5.3 所示。

表 5.3 逻辑运算结果

A	B	A&&B	A||B	!A
0	0	0	0	1
0	1	0	1	1
1	0	0	1	0
1	1	1	1	0

逻辑与运算符和逻辑或运算符可以用于相当复杂的表达式中。一般来说，这些运算符用来构造判断条件，多用在选择语句和循环语句中。例如，本章的 if 相关语句以及下章的 for、while 语句等。

5.1.3 if…else 语句

除了可以指定在条件为真时执行某些语句外，还可以在条件为假时执行另外一段代码。这在 C 语言中是利用 else 语句来完成的。例如，买彩票，如果中奖了，那就买小汽车，否则就买自行车，如图 5.4 所示。所对应的流程图如图 5.5 所示。

从图 5.4 可以看出，if…else 语句的一般形式为

```
if( 表达式 )
        语句块 1;
else
        语句块 2;
```

图 5.4 中奖示意图

if…else 语句的执行流程图如图 5.6 所示。

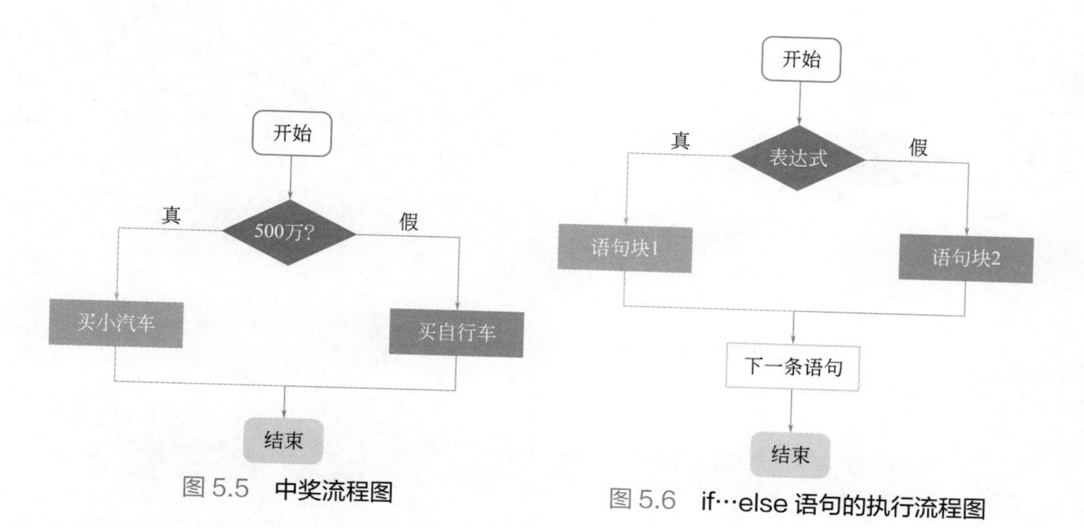

图 5.5　**中奖流程图**　　图 5.6　**if…else 语句的执行流程图**

在 if 后的括号中判断表达式的结果，如果判断的结果为真值，则执行紧跟 if 后的语句块中的内容；如果判断的结果为假值，则执行 else 语句后的语句块内容。例如：

```
if(value)
{
        printf(" 这个值为真 ");
}
else
{
        printf(" 这个值为假 ");
}
```

在上面的代码中，如果判断变量 value 的值为真，则执行 if 后面的语句块进行输出；如果判断 value 的值为假，则执行 else 下面的语句块。

注意

一个 else 语句必须跟在一个 if 语句的后面。

5.1.4　else if 语句

利用 if 和 else 关键字的组合可以实现 else if 语句，这是对一系列互斥的条件进行检验。例如，某 4S 店进行大转轮抽奖活动，根据中奖的金额来获得不同类型的车，中奖的金额段之间是互斥的，每次抽奖结果都只能出现一个金额段，如图 5.7 所示。要实现这个抽奖过程，就可以使用 else if 语句来实现。对应的流程图如图 5.8 所示。

```
if (中了>500万)
        买兰博基尼;
else if (中了200万~500万)
        买卡宴;
else if (中了50万~200万)
        买奔驰;
else if (中了0~50万)
        买奥迪;
else
        再接再厉;
```

图 5.7　**抽奖活动奖品**

从图 5.7 来看，else if 语句的一般形式如下。

```
if( 表达式 1) 语句块 1
else if( 表达式 2) 语句块 2
else if( 表达式 3) 语句块 3
    ……
else if( 表达式 m) 语句块 m
else 语句块 n
```

else if 语句的执行流程图如图 5.9 所示。

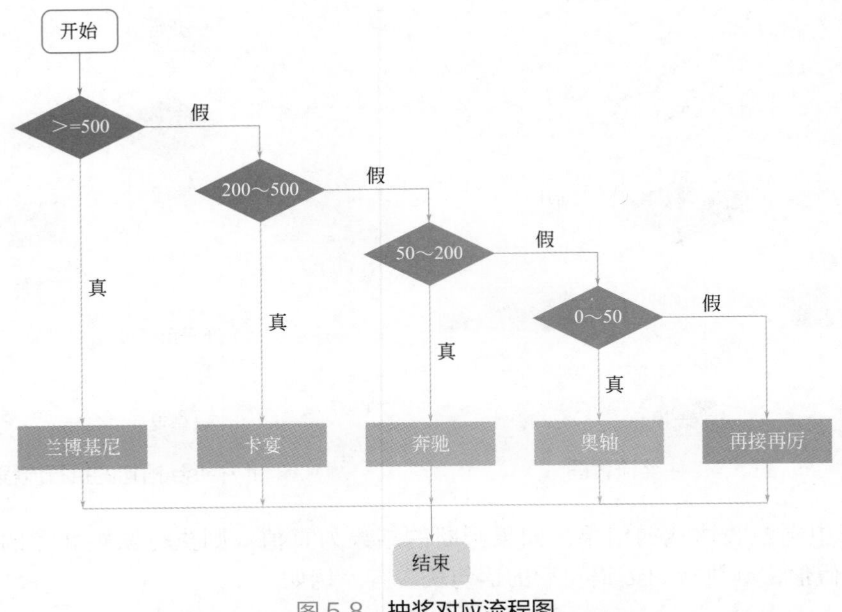

图 5.8　抽奖对应流程图

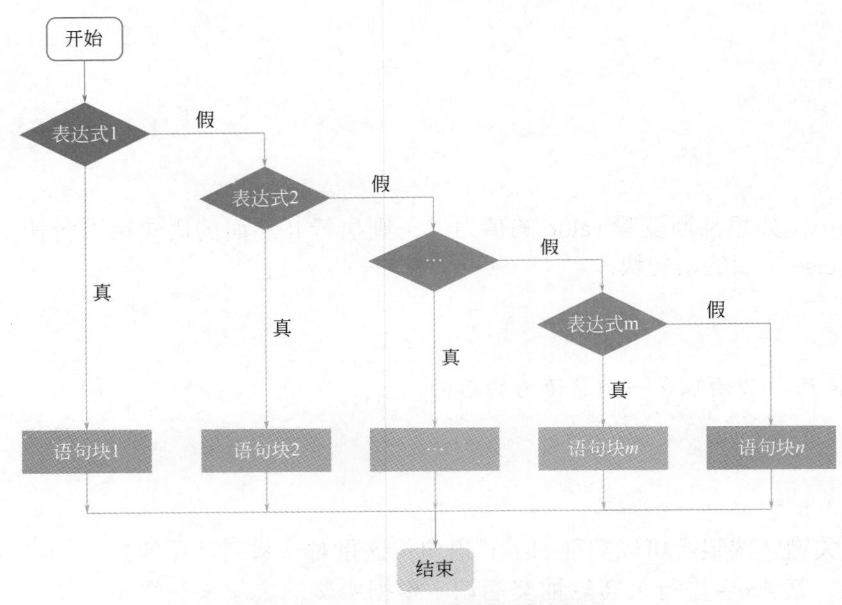

图 5.9　else if 语句的执行流程图

根据流程图 5.9 可知，首先对 if 语句中的表达式 1 进行判断，如果结果为真值，则执行后面跟着的语句块 1，然后跳过 else if 语句和 else 语句；如果结果为假，那么判断 else if 语句中的表达式 2。如果表达式 2 为真值，那么执行语句块 2 而不会执行后面的 else if 语句或者 else 语句。当所有的判断都不成立，也就是表达式都为假值时，执行 else 后的语句块。例如：

```
if(iSelection==1)
      {……}
else if(iSelection==2)
      {……}
else if(iSelection==3)
      {……}
else
      {……}
```

上述代码的含义如下。

① 使用 if 语句判断变量 iSelection 的值是否为 1，如果为 1 则执行后面语句块中的内容，然后跳过后面的 else if 语句和 else 语句的执行。

② 如果 iSelection 的值不为 1，那么 else if 语句判断 iSelection 的值是否为 2，如果值为 2，则条件为真，执行后面紧跟着的语句块，执行完后跳过后面 else if 语句和 else 语句的操作。

③ 如果 iSelection 的值也不为 2，那么接下来的 else if 语句判断 iSelection 是否等于数值 3，如果等于 3，则执行后面语句块中的内容，否则执行 else 语句块中的内容。也就是说，当前面所有的判断都不成立（为假值）时，执行 else 语句块中的内容。

常见错误

使用选择语句和其他的复合语句时，复合语句的大括号的使用不匹配。

5.2 if 语句的嵌套

嵌套可以理解为镶嵌、套用，如我们熟悉的俄罗斯套娃，一层套着一层。那么，if 嵌套就是在 if 语句中可以包含一个或多个 if 语句。一般形式如下。

```
if( 表达式 1)
        if( 表达式 2) 语句块 1
        else     语句块 2
else
        if( 表达式 3) 语句块 3
        else     语句块 4
```

使用 if 语句嵌套的功能是对判断的条件进行细化，然后进行相应的操作。

实例 5.1 日程安排

实例位置：资源包 \Code\05\01

人们在生活中，每天早上醒来的时候想一下今天是星期几，如果是周末就是休息日，如果不是周末就要上班；同时，休息日可能是星期六或者是星期日，星期六就和朋友去逛街，星期日就陪家人在家。具体代码如下。

```
1 #define _CRT_SECURE_NO_WARNINGS
2 #include<stdio.h>
3
4 int main()
5 {
6     int iDay;                                    // 定义变量表示输入的星期几
7     // 定义变量代表一周中的每一天
8     int Monday = 1, Tuesday = 2, Wednesday = 3, Thursday = 4,
9         Friday = 5, Saturday = 6, Sunday = 7;
10
11    printf(" 请选择星期几 :\n");                   // 提示信息
12    scanf("%d", &iDay);                          // 输入星期
13
14    if (iDay>Friday)                             // 休息日的情况
15    {
16        if (iDay == Saturday)                    // 为周六时
17        {
18      printf(" 和朋友去逛街 \n");
19        }
20        else                                     // 为周日时
21        {
```

```
22              printf(" 在家陪家人 \n");
23      }
24      }
25      else                                    // 工作日的情况
26      {
27          if (iDay == Monday)                 // 为周一时
28      {
29              printf(" 开会 \n");
30          }
31          else                                // 为其他星期时
32          {
33                  printf(" 工作 \n");
34      }
35      }
36      return 0;                               // 程序结束
37  }
```

运行程序，结果如图 5.10 所示。

图 5.10　日期选择程序

整段代码表示了整个 if 语句嵌套的操作过程，首先判断为休息日的情况，然后根据判断的结果选择相应的具体判断或者操作。过程如下。

① if语句判断表达式1，假设判断结果为真，则用if语句判断表达式2。

② 例如，判断出今天是休息日，然后去判断今天是不是周六。如果 if 语句判断 iDay==Saturday 为真，那么执行语句 1；如果不为真，那么执行语句 2。

③ 例如，如果为周六就和朋友逛街，如果为周日就陪家人在家。外面的 else 语句表示不为休息日时的相应操作。

注意

在使用 if 语句嵌套时，应注意 if 语句与 else 语句的配对情况。else 语句总是与其上面的最近的未配对的 if 语句进行配对。

说明

嵌套的形式其实就是多分支选择。

5.3　条件运算符

自增、自减运算符都是 C 语言提供的精简运算符，那条件选择也提供了一个精简的运算符——条件运算符(又称三目运算符)。条件运算符是将 3 个表达式连接在一起组成的条件表达式。条件运算符的语法格式如下。

```
返回值 = 表达式 1？ 表达式 2： 表达式 3;
```

以上语句的含义是：先对表达式 1 的值进行检验，如果值为真，则返回值是表达式 2 的结果值；如果值为假，则返回值是表达式 3 的结果值。例如，代码：

```
b=a>2?2:3;
```

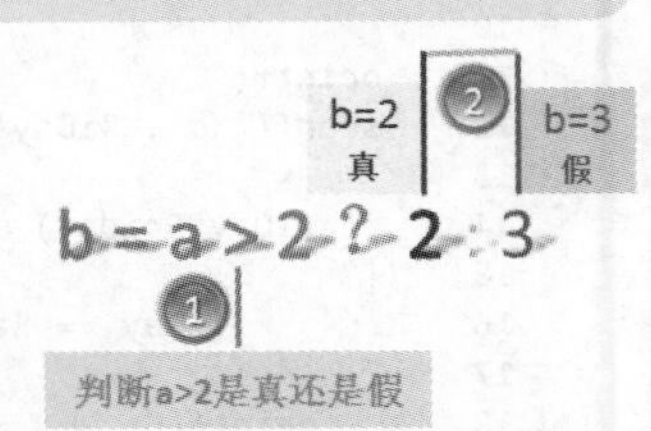

图 5.11　条件运算符运算过程

这条语句的运算过程如图 5.11 所示。

这句代码等价于：

```
if(a>2)
{
    b = 2;
}
else
{
    b = 3;
}
```

实例 5.2

模拟美团送餐

实例位置：资源包 \Code\05\02

模拟条件运算符实现美团送餐情况，假设满足 15 元就免费配送，否则就要加上 5 元的配送费，实现代码如下。

```
1 #include<stdio.h>
2 int main()
3 {
4     int food, fee;                                  // 定义变量存储餐费、总共费用
5     printf(" 您的订单餐费是: \n");                    // 提示信息
6     scanf("%d", &food);                             // 输入餐费
7     fee = food >= 15 ? food : (food + 5);          // 利用三目运算符计算总共费用
8     printf(" 您的订单共计 %d 元, 请支付 \n", fee);     // 输出总共费用
9     return 0;                                       // 程序结束
10 }
```

运行程序，如图 5.12 所示是餐费小于 15 元的运行图，如图 5.13 所示是餐费大于 15 元如运行图。

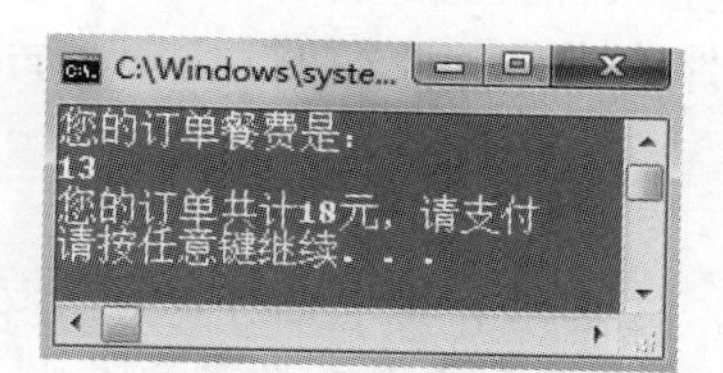

图 5.12　小于 15 元费用

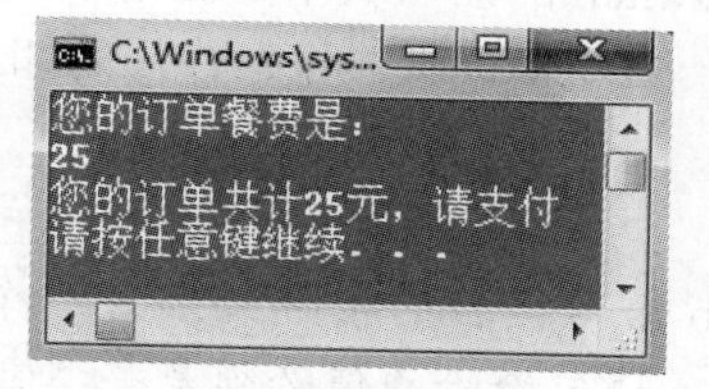

图 5.13　大于 15 元费用

5.4　switch 语句

从 5.1 节介绍可知，if 语句只有两个分支可供选择，而在实际问题中常需要用到多分支的选择。就像买衣服，可以有多种选择。当然，使用嵌套的 if 语句也可以采用多分支实现买衣服的选择，但是如果分支较多，就会使得嵌套的 if 语句层数较多，程序冗余并且可读性不好。在 C 语言中，可以使用 switch 语句直接处理像买衣服这种多分支选择的情况，提高程序代码的可读性。

5.4.1　switch 语句的基本形式

switch 语句是多分支选择语句，它的一般形式如下。

```
switch( 表达式 )
{
    case 值1:
        语句块1;
    case 值2:
```

```
        语句块 2;
    ……
    case 值n:
        语句块n;
    default:
        都不符合语句块;
}
```

switch 语句的程序流程如图 5.14 所示。

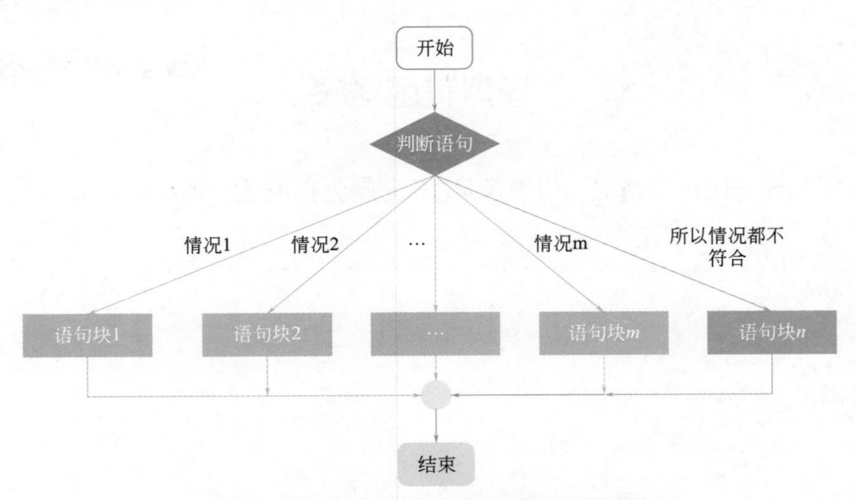

图 5.14　switch 多分支选择语句流程图

通过如图 5.14 所示的流程图分析 switch 语句的一般形式：switch 语句后面括号中的表达式就是要进行判断的条件；在 switch 的语句块中，使用 case 关键字表示检验条件符合的各种情况，其后的语句是相应的操作；其中还有一个 default 关键字，作用是如果没有符合条件的情况，那么执行 default 后的默认情况语句。

说明

switch 语句检验的条件必须是一个整型表达式，这意味着其中也可以包含运算符和函数调用。而 case 语句检验的值必须是整型常量，也即可以是常量表达式或者常量运算。

通过如下代码来分析 switch 语句的使用方法。

```
switch(selection)
    {
      case 1:
            printf("选择矿泉水\n");
            break;
      case 2:
            printf("选择旺仔\n");
            break;
      case 3:
            printf("选择脉动\n");
            break;
      default:
            printf("输入错啦!\n");
            break;
}
```

其中，switch 判断 selection 变量的值，利用 case 语句检验 selection 值的不同情况。假设 selection 的值为 1，那么执行 case 为 1 时的情况，就会输出“选择矿泉水”，执行后 break 跳出 switch 语句；假设 selection 的值为 2，就会输出“选择旺仔”，执行后 break 跳出 switch 语句；假设 selection 的值为 3，就会输出“选择脉动”，执行后 break 跳出 switch 语句；如果 selection 的值不是 case 中所检验列出的情况，那么执行 default 中的语句，就会输出“输入错啦！”。在每一个 case 或 default 语句后都有一个 break 语句。break 语句用于跳出 switch 结构，不再执行 switch 下面的代码。

注意

> 在使用 switch 语句时，如果没有一个 case 语句后面的值能匹配 switch 语句的条件，就执行 default 语句后面的代码。其中任意两个 case 语句都不能使用相同的常量值，并且每一个 switch 结构只能有一个 default 语句，而且 default 可以省略。

在使用 switch 语句时，每一个 case 情况中都要使用 break 语句，break 语句使得执行完 case 语句后跳出 switch 语句。如果没有 break 语句，程序会执行后面的内容。例如，下面代码中的 case 语句结束后不加 break 语句。

```
printf("请查看口袋剩多少元钱? \n");
    scanf("%d", &money);
    switch (money)
    {
    case 7:
        printf("还剩 %d 元，吃米饭套餐 \n", money);
        // 没有 break 语句
    case :
        printf("还剩 %d 元，吃米线 \n", money);
        // 没有 break 语句
    case :
        printf("还剩 %d 元，吃披萨 \n", money);
        // 没有 break 语句
    default:
        printf("没钱了，你可别吃了 !!!\n");
}
```

运行结果如图 5.15 所示。

从图 5.15 可以看出，去掉 break 语句后，将 case 检验相符情况后的所有语句进行输出。因此，在这种情况下，break 语句在 case 语句中是不能缺少的。

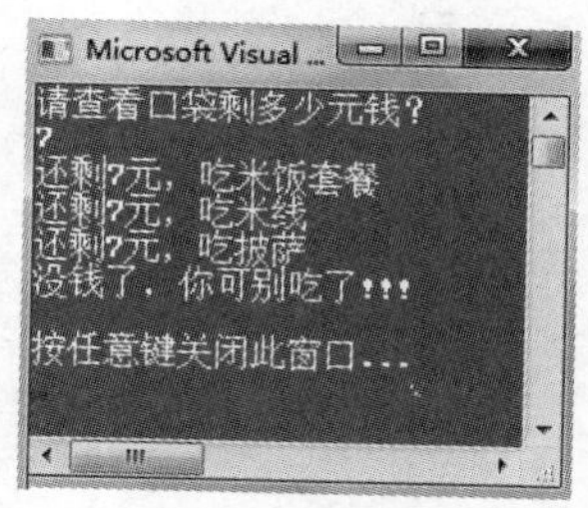

图 5.15 switch 省略 break 语句结果

5.4.2 多路开关模式的 switch 语句

在前面的实例中，将 break 语句去掉之后，会将符合检验条件后的所有语句都输出。利用这个特点，可以设计多路开关模式的 switch 语句，它的形式如下。

```
switch(表达式)
{
    case 1:
        语句 1
        break;
    case 2:
    case 3:
        语句 2
        break;
    ……
    default:
        默认语句
        break;
}
```

从形式中可以看到如果在 case 2 后不使用 break 语句，那么符合检验时与符合 case 3 检验时的效果是一样的。也就是说，使用多路开关模式，可以使多种检验条件用一个语句块输出。

每个月有多少天

实例位置：资源包 \Code\05\03

在平年的 12 个月中，1、3、5、7、8、10、12 月是 31 天，4、6、9、11 月是 30 天，2 月是 28 天，如果在控制台上输入任意月份，就可以知道这个月有多少天。具体代码如下。

```
1 #define _CRT_SECURE_NO_WARNINGS                          // 解决安全性问题
2 #include<stdio.h>
3 int main()
4 {
5     int month;
6     printf(" 请输入月份: \n");                          // 提示信息
7     scanf("%d", &month);                                // 输出月份
8     switch (month)                                      // 判断月份是几月
9     {
10        // 多路开关模式，如果输入的月份是 1,3,5,7,8,10,12
11    case 1:
12    case 3:
13    case 5:
14    case 7:
15    case 8:
16    case 10:
17    case 12:
18        printf("%d 个月有 31 天 \n", month);              // 则输出一共有 31 天
19        break;
20    // 多路开关模式，如果输入的月份是 4,6,9,11
21    case 4:
22    case 6:
23    case 9:
24    case 11:
25        printf("%d 个月有 30 天 \n", month);              // 则输出一共有 30 天
26        break;
27    case 2:
28        printf("%d 个月有 28 天 \n", month);              // 则输出一共有 28 天
29        break;
30    default:
31        printf(" 输入错啦，没有这个月份 \n");              // 如果都不是，提示输入错啦
32    }
33    return 0;                                           // 程序结束
34 }
```

运行结果如图 5.16 所示。

图 5.16　多路开关模式

5.5　综合案例——模拟高考填报志愿

高考是我们人生中最重要的考试之一，志愿填报是高中录取之前的一个项目，是考生进入大学的一个必经项目，关系到广大学子的命运。不同的分数选择不同的大学。本案例将根据分数分等级，然后再根据等级填报志愿。

如表 5.4 所示是等级分类。

说明

分数段、等级纯属虚构，切勿在意。

表 5.4　**等级分类**

分数段	等级
>600	A
500 ～ 600	B
400 ～ 500	C
<400	D

如表 5.5 所示是等级对应的学校名称。

表 5.5　**学校名称**

等级	学校名称
A	北京理工大学
B	北京第二外国语学院
C	哈尔滨师范大学
D	其他

从描述来看，分等级需要使用 if…else if…else 语句，根据等级报志愿可以使用 switch 语句。

实现的过程如下。

① 导入函数库，代码如下。

```
1 #define _CRT_SECURE_NO_WARNINGS
2 #include<stdio.h>
```

② 判断分数处于哪个等级，需要在主函数中使用 if…else if…else 语句编写，具体代码如下。

```
3 int main()
4 {
5     int grade;
6     printf(" 请输入您的高考成绩 :\n");
7     scanf("%d",&grade);
8     if (grade > 600)                      // 考试成绩分等级，大于 600 分
9     {
10         rank = 'A';                      //A 级
11         printf(" 您的成绩在 %c 等级 \n",rank);
12    }
13    else if (grade <= 600 && grade >=500)  //500~600 分
14    {
15        rank = 'B';                       //B 级
16        printf(" 您的成绩在 %c 等级 \n", rank);
17    }
18    else if (grade < 500 && grade >= 400)  //400~500 分
19    {
20        rank = 'C';                       //C 级
21        printf(" 您的成绩在 %c 等级 \n", rank);
22    }
23    else                                  // 小于 400 分
24    {
25        rank = 'D';                       //D 级
26        printf(" 您的成绩在 %c 等级 \n", rank);
27    }
28    return 0;
29 }
```

③ 接下来根据等级来建议填报的志愿，依然在主函数中继续编写代码，实现的具体代码如下。

```
30 char rank;
31 switch (rank)                             // 根据等级报志愿
32    {
```

```
33      case 'A':                                    //A 级
34          printf(" 您可以报北京理工大学 \n");          // 报北京理工大学
35          break;
36      case 'B':                                    //B 级
37          printf(" 您可以报北京第二外国语学院 \n");     // 报北京第二外国语学院
38          break;
39      case 'C':                                    //C 级
40          printf(" 您可以报哈尔滨师范大学 \n");        // 报哈尔滨师范大学
41          break;
42      case 'D':                                    //D 级
43          printf(" 您可以报其他学校 \n");             // 报其他学校
44          break;
45      default:
46          printf(" 信息有误 !!!!\n");
47          break;
48      }
```

运行结果如下。

```
请输入您的高考成绩：
668
您的成绩在 A 等级
您可以报北京理工大学
```

5.6 实战练习

练习 1：用户拨打 10086 李四给 10086 移动客服中心打电话，如果李四不是移动电话的用户，则提示“暂时无法提供服务”，如果李四是移动的用户，客服中心则会提示“查询话费请拨 1，人工服务请拨 0”，在李四输入 1 之后，显示话费余额。运行结果如图 5.17 所示。

```
你好，欢迎致电中国移动.客服为您提供以下服务:查询话费请拨1、人工服务请拨0:
1
您的话费余额为9.89元
```

图 5.17 拨打 10086

练习 2：输出玫瑰花语 女生都喜欢玫瑰花，因为每种玫瑰花都代表着不同的含义，例如：红玫瑰代表“我爱你、热恋，希望与你泛起激情的爱”；白色的玫瑰代表“纯洁、谦卑。尊敬，我们的爱情是纯洁的”；粉玫瑰代表“初恋，喜欢你那灿烂的笑容，年轻漂亮”；蓝色的玫瑰代表“憨厚、善良”。本实战的功能是选择对应的玫瑰，输出对应的花语。运行结果如图 5.18 和图 5.19 所示。

图 5.18 输出白玫瑰花语　　图 5.19 输出粉玫瑰花语

小结

本章介绍了条件判断语句，首先弹个 if 语句；然后对 if…else 语句和 else if 语句的形式也进行了介绍，为条件判断结构程序提供了更多的控制方式；最后介绍了 switch 语句，switch 语句用在检验的条件较多的情况，虽然使用 if 语句进行嵌套也是可以实现的，但是其程序的可读性会降低。掌握条件判断结构的程序设计方法是必要的，这是程序设计中的重点部分之一。

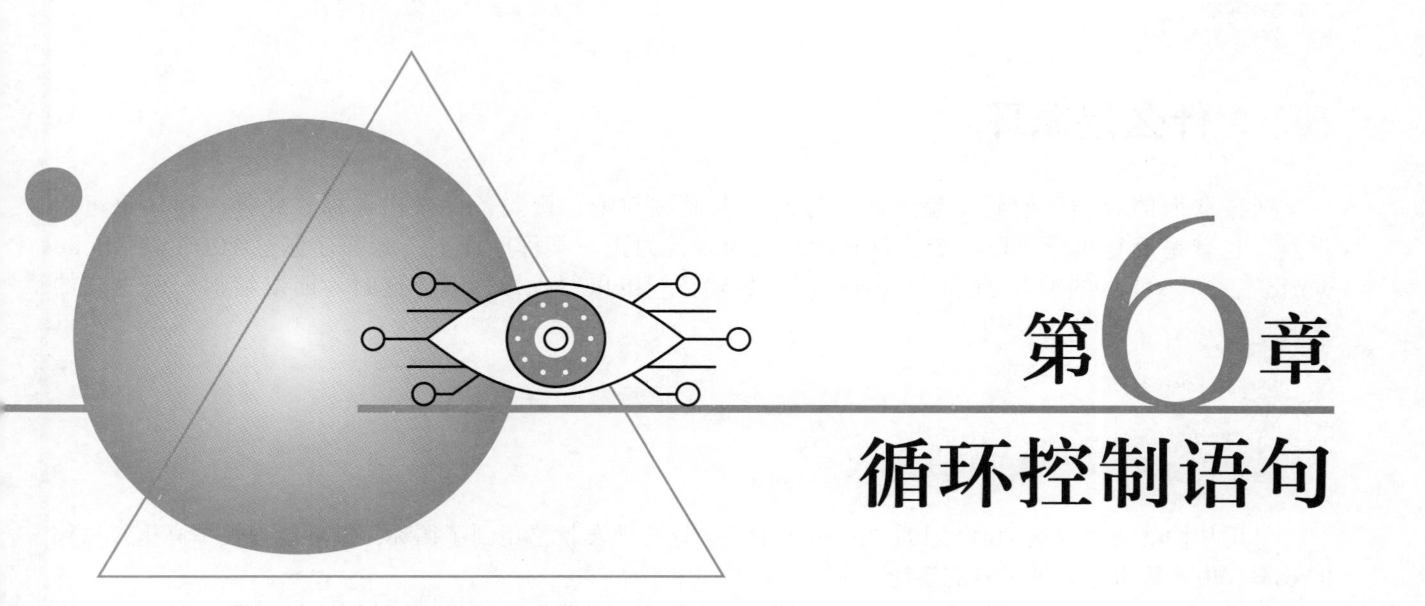

第6章 循环控制语句

日常生活中总会有许多简单而重复的工作，为完成这些必要的工作需要花费很多时间，而编写程序的目的就是使用计算机来处理这些重复的工作，从而使工作变得简单。

本章致力于使读者了解循环语句的特点，分别介绍了 while 语句结构、do…while 语句结构和 for 语句结构 3 种循环结构，并且对这 3 种循环结构进行区分讲解，最后帮助读者掌握转移语句的相关内容。

本章知识架构如下。

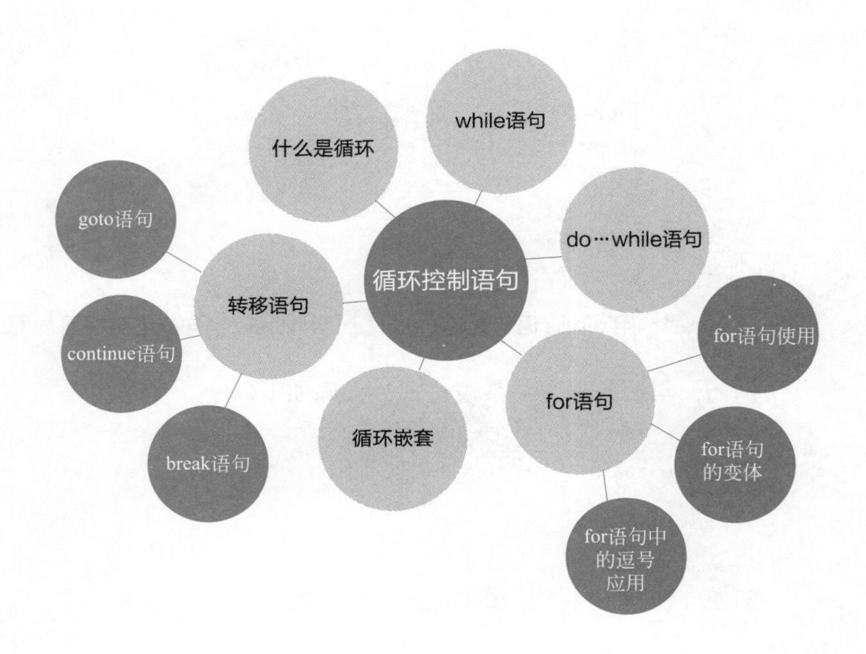

6.1 什么是循环

通过前面的介绍了解到，程序在运行时可以通过判断、检验条件做出选择。此外，程序也可以重复，也就是反复执行一段指令，直到满足某个条件为止。某程序课上，老师让你写 1000 遍“hello world”，总不能真的编写 1000 个 printf() 函数输出“hello world”吧，这时，朋友给你一段这样的代码：

```
while(i<=1000)
{
    printf("hello world\n");
    i++;
}
```

只用几秒就能完成这 1000 遍的“hello world”。这位朋友就是用到了循环，循环能很快提高重复操作的效率，由计算机帮助做重复的事情。

C 语言中有 3 种循环语句，即 while、do…while 和 for 循环语句，接下来分别进行介绍。

6.2 while 语句

我们来举个生活中的例子，我们给手机充电，当手机充到 100 时，就不用充电了。如图 6.1 所示是手机电量从 1 充到 100 的代码段，对应的流程图如图 6.2 所示。

从图 6.1 中可以看到，使用了 while 语句，while 语句可以执行循环结构，它的一般形式如下。

```
while( 判断条件 )
{
循环体语句 ;
}
```

从图 6.2 中可以看出 while 语句的执行流程，如图 6.3 所示。

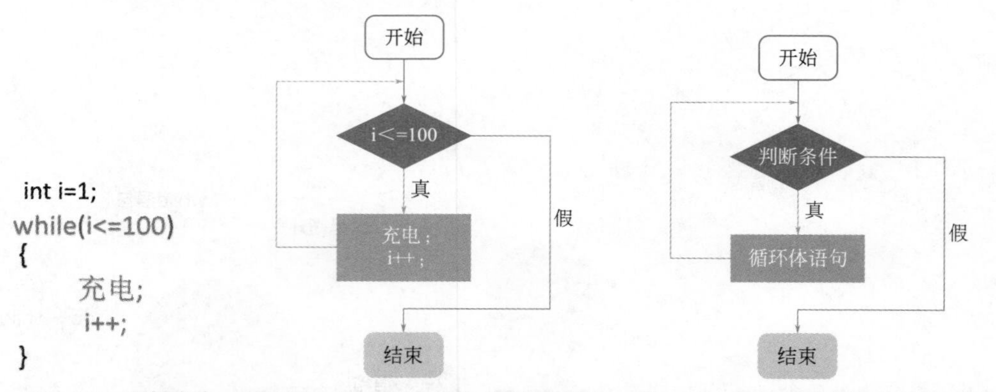

图 6.1 用 while 语句充电　图 6.2 用 while 语句充电流程图　图 6.3 while 语句的执行流程图

例如，判断条件为关系表达式，代码如下。

```
int num=1;
while(num>100)                    //判断条件为关系表达式（num 与 100 进行比较）
{
    num+=1;
}
```

例如，判断条件为逻辑表达式，代码如下。

```
int num1, num2;
while(num1&&num2)                    // 判断条件为逻辑表达式（num1 和 num2 进行逻辑与运算）
{
  num+=1;
}
```

例如，判断条件为计算表达式之后，又经过关系运算，代码如下。

```
int num=2;
while(num+2>100)                     // 判断条件为计算表达式后，再进行比较（计算 num+2 的值再与 100 进行比较）
{
  num+=1;
}
```

例如，判断条件为单个变量，代码如下。

```
int num=1
while(num)                           // 判断条件为单个变量（判断 num 的值是否为真）
{
  num+=1;
}
```

从这段代码中可以看到，判断条件 num 永远为真，那么这个循环将会无终止地循环下去，这样的循环被称为“死循环”或者“无限循环”。常见的死循环还有一种形式，代码如下。

```
int num=1;
while(1)                             // 判断条件为 1，永远为真
{
  num+=1;
}
```

从这段代码可以看出，判断条件为 1，永远为真，同样这段代码也称为“无限循环”。

6.3 do…while 语句

第 6.2 节介绍了 while 语句，而本节介绍的循环语句比 while 语句多一个单词 do。而正因为 do 的存在，从而使 do…while 语句和 while 语句有差别。do…while 语句的作用是：不论条件是否满足，循环过程必须至少执行一次。而 do…while 语句的特点就是先执行循环体语句的内容，然后判断循环条件是否成立。do…while 语句的一般形式为

```
do
{
    循环体语句
}while( 条件表达式 );
```

do…while 语句首先执行一次循环体语句，然后判断条件，当条件的值为真时，返回重新执行循环体语句。执行循环，直到条件的判断结果为假时为止，此时循环结束。do…while 语句的执行流程图如图 6.4 所示。

比较流程图 6.3 和图 6.4 可以得出 while 与 do…while 语句的区别：do…while 的循环体语句至少无条件执行一次，简单地说，do…while 语句要比 while 语句多循环一次。

例如，判断条件为关系表达式，代码如下。

```
int num=1;
do
{
        num+=1;
} while(num>100);                    // 判断条件为关系表达式（num 与 100 进行比较）
```

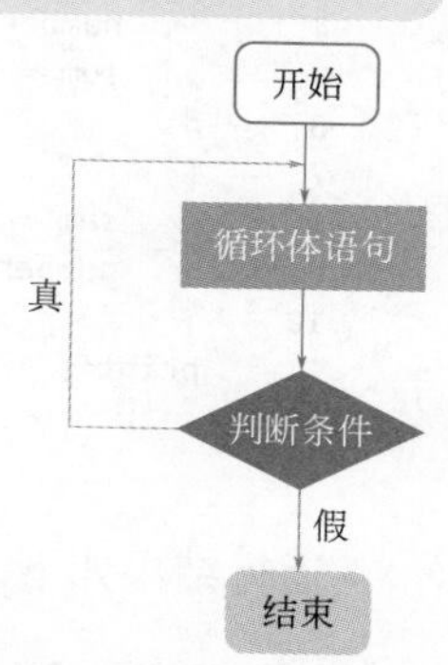

图 6.4 do…while 语句的执行流程图

例如，判断条件为逻辑表达式，代码如下。

```
int num1, num2;
do
{
  num+=1;
} while(num1&&num2);            //判断条件为逻辑表达式（num1 与 num2 进行逻辑与运算）
```

例如，判断条件为计算表达式之后，又经过关系运算，代码如下。

```
int num=2;
do
{
  num+=1;
} while(num+2>100);             //判断条件为计算表达式之后，再进行比较（计算 num+2 的值再与 100 进行比较）
```

例如，判断条件为单个变量，代码如下。

```
int num=1
do
{
  num+=1;
}while(num);                    //判断条件为单个变量（判断 num 的值是否为真）
```

同样这段循环也被称为“死循环”或者“无限循环”。

判断条件为 1，代码如下。

```
int num=1;
do
{
  num+=1;
} while(1);                              //判断条件为 1，永远为真
```

这段代码也称为“无限循环”。

比较 while 语句和 do…while 语句可以看出，这两种语句是可以相互转换的。

实例 6.1 用 do…while 语句计算 1 ～ 20 之和

实例位置：资源包 \Code\06\01

现用 do…while 语句编写一个程序，计算 1 ～ 20 的和，代码如下。

```
1 #include<stdio.h>
2 int main()
3 {
4     int number = 1;                 // 起始数字为 1
5     int sum = 0;                    // 初始时，和为 0
6     do
7     {
8         sum = sum + number;         // 从 1 开始求和
9         number++;                   // 等价于 "number = number + 1"
10    } while (number <= 20);         // 如果 number 的值超过 20，do…while 语句被终止
11    printf("1~20 的和等于 %d\n",sum);
12    return 0;                       // 程序结束
13 }
```

运行结果如下。

```
1~20 的和等于 210
```

实例 6.2 用 while 语句计算 1 ～ 20 之和

实例位置：资源包 \Code\06\02

现用 while 语句编写一个程序，计算 1 ～ 20 的和，代码如下。

```
1 #include<stdio.h>
2 int main()
3 {
4     int number = 1;                     // 起始数字为 1
5     int sum = 0;                        // 初始时，和为 0
6     while (number <= 20)                // 如果 number 的值超过 20，循环被终止
7     {
8         sum = sum + number;             // 从 1 开始求和
9         number++;                       // 等价于 "number = number + 1"
10    }
11    printf("1~20 的和等于 %d\n",sum);
12    return 0;                           // 程序结束
13 }
```

运行结果如下。

```
1~20 的和等于 210
```

从这两个例子可以看出，运行结果是相同的，判断条件也是相同的，只不过用的循环语句不同。由此可以看出，while 语句和 do…while 语句是可以互换的。

注意

在使用 do…while 语句时，判断条件要放在 while 关键字后面的括号中，最后必须加上一个分号，这是许多初学者容易忘记的。

6.4 for 语 句

C 语言中，使用 for 语句也可以控制一个循环，并且在每一次循环时修改循环变量。在循环语句中，for 语句的应用最为灵活，不仅可以用于循环次数已经确定的情况，而且可以用于循环次数不确定而只给出循环结束条件的情况。下面对 for 语句的循环结构进行详细的介绍。

6.4.1 for 语句使用

同样使用给手机充电的例子，使用 for 语句充电的代码段如图 6.5 所示。对应的流程图如图 6.6 所示。

```
int i;
for(i=1;i<=100; i++)
{
    充电;
}
```

图 6.5 for 语句充电代码段

从图 6.5 可以看出，for 语句的一般形式为

```
for( 表达式 1; 表达式 2; 表达式 3)
{
    循环体语句 ;
}
```

从一般形式来看，每条 for 语句包含 3 个用分号隔开的表达式。这 3 个表达式用一对小括号括起来，其后紧跟着循环体语句。当执行到 for 语句时，程序首先计算第一个表达式的值，接着计算第二个表达式的值。如果第二个表达式的值为真，程序就执行循环体语句，并计算第三个表达式；然后检验第二个表达式，执行循环，如此反复，直到第二个表达式的值为假，退出循环。从图 6.6 可以看出 for 语句的执行

流程如图 6.7 所示。

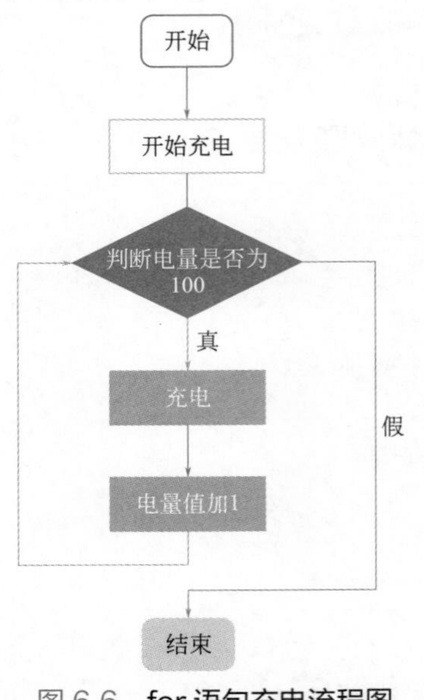

图 6.6　for 语句充电流程图

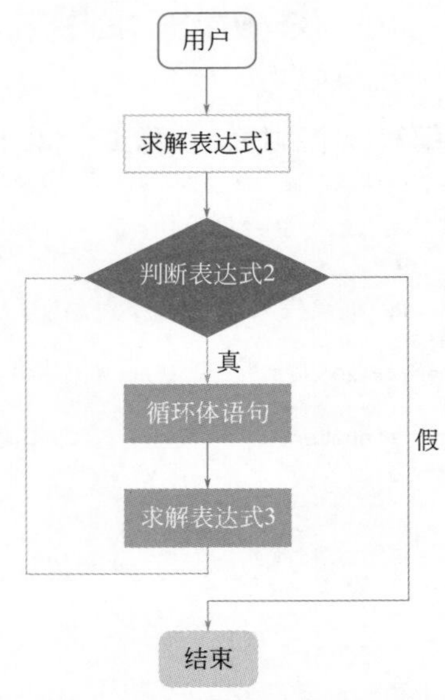

图 6.7　for 语句的执行流程图

通过上面的流程图和对 for 语句的介绍，总结其执行过程如下。

① 求解表达式 1。

② 求解表达式 2，若其值为真，则执行 for 语句中的循环体语句，然后执行步骤③；若为假，则结束循环，转到步骤⑤。

③ 求解表达式 3。

④ 回到上面的步骤②继续执行。

⑤ 循环结束，执行 for 语句下面的语句。

for 语句简单的应用形式如下。

```
for( 循环变量赋初值 ; 循环条件 ; 循环变量 ) { 循环体语句 ;}
```

实例 6.3　用 for 语句计算 1 ～ 20 之和

实例位置：资源包 \Code\06\03

实现一个 for 语句循环操作，计算 1 ～ 20 的和，具体代码如下。

```
1 #include<stdio.h>
2 int main()
3 {
4     int number;                                  // 起始数字为 1
5     int sum = 0;                                 // 初始时，和为 0
6     for (number = 1; number <= 20; number++)     // 循环 1~20 个数字
7     {
8         sum = sum + number;                      // 从 1 开始求和
9     }
10    printf("1~20 的和等于 %d\n", sum);            // 输出最后相加的结果
11    return 0;                                    // 程序结束
12 }
```

运行结果如下。

```
1~20 的和等于 210
```

从运行结果来看，这 3 个例子的结果都是一样的，也就是说 for 语句、while 语句、do…while 语句只要正确使用判断条件，它们之间是可以相互转换的。

常见错误

> 使用 for 语句时，常常犯的错误是将 for 语句括号内的表达式用逗号隔开。

6.4.2 for 语句的变体

通过 6.4.1 小节的学习可知，for 语句的一般形式中有 3 个表达式。在实际程序的编写过程中，对这 3 个表达式可以根据情况进行省略，接下来对不同情况进行讲解。

（1）for 语句中省略表达式 1

for 语句中表达式 1 的作用是对循环变量设置初值。如果省略 for 语句中的表达式 1，就需要在 for 语句之前给循环变量赋值。for 语句中省略表达式 1 的示例代码如下。

```
int number=1;
for(;number<=20; number++)  // 省略表达式 1
{
      sum = sum + number;
}
```

注意

> 省略表达式 1 时，其后的分号不能省略。

（2）for 语句中省略表达式 2

如果省略表达式 2，即不判断循环条件，则循环将无终止地进行下去，即默认表达式 2 始终为真。例如：

```
int number;
for(number=1;; number++) // 省略表达式 2
{
  sum = sum + number;
}
```

上述 for 语句中表达式 2 是空缺的，这样就相当于使用 while 语句，代码如下。

```
int number=1;
while(1)
{
 sum = sum + number;
 number++;
}
```

从 while 语句的判断条件可以看出，如果 for 语句中的表达式 2 为空缺，则程序将无限循环。

（3）for 语句中省略表达式 3

表达式 3 也可以省略。例如：

```
int number;
for(number=1; number<=20;)  // 省略表达式 3
{
 sum=sum+ number;
 }
```

这段代码中没有改变 number 变量值的代码，循环将会无终止地进行。如果想要程序循环能正常结束，就将代码改为如下形式。

```
int number;
for(number=1; number<=20;)  // 省略表达式 3
{
 sum=sum+ number;
     number++;
}
```

经过修改之后，循环就能正常运行。

6.4.3 for 语句中的逗号应用

在 for 语句中的表达式 1 和表达式 3 处，除了可以使用简单的表达式外，还可以使用逗号表达式，即包含一个以上的简单表达式，中间用逗号间隔。例如，在表达式 1 处为变量 iCount 和 iSum 设置初始值，代码如下。

```
for(iSum=0,iCount=1; iCount<100; iCount++)
{
 iSum=iSum+iCount;
}
```

或者执行循环变量自增操作两次，代码如下。

```
for(iCount=1;iCount<100;iCount++,iCount++)
{
 iSum=iSum+iCount;
}
```

表达式 1 和表达式 3 是逗号表达式时，在逗号表达式内按照自左至右的顺序求解，整个逗号表达式的值为其中最右边的表达式的值。例如：

```
for(iCount=1;iCount<100;iCount++,iCount++)
```

就相当于：

```
for(iCount=1;iCount<100;iCount+=2)
```

6.5 循环嵌套

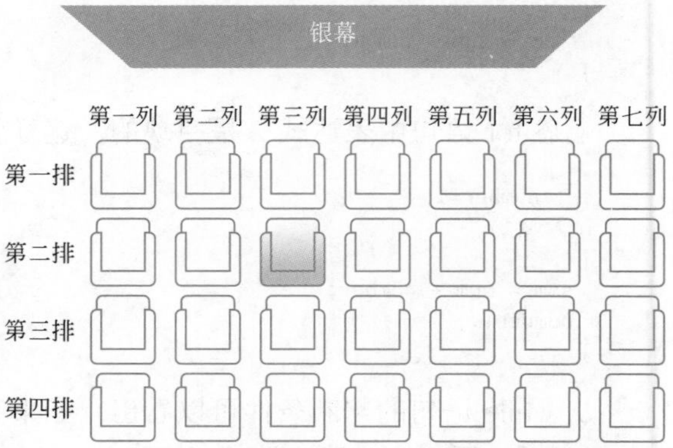

嵌套这个词并不陌生，在第 5 章已经介绍过，条件嵌套是条件语句里又包含另一个条件语句，同样的道理，那么循环嵌套就是一个循环体内又包含另一个完整的循环结构。内嵌的循环中还可以嵌套循环，这就是多层循环。例如，在电影院寻找座位，需要知道第几排第几列才能准确地找到自己的座位，比如寻找如图 6.8 所示的座位，首先寻找第二排，然后在第二排再寻找第三列，这个寻找座位的过程就类似循环嵌套。

图 6.8 寻找座位的过程就类似循环嵌套

while 语句、do…while 语句和 for 语句之间可以互相嵌套。下面几种嵌套方式都是正确的。

① while 语句中嵌套 while 语句。例如：

```
while( 条件 )
{
  循环体语句
  while( 条件 )
  {
```

```
      循环体语句
  }
}
```

② do…while 语句中嵌套 do…while 语句。例如:

```
do
{
  循环体语句
  do
  {
      循环体语句
  }while( 条件 );
  }while( 条件 );
```

③ for 语句中嵌套 for 语句。例如:

```
for( 表达式 1; 表达式 2; 表达式 3)
{
  循环体语句
  for( 表达式 1; 表达式 2; 表达式 3)
  {
      循环体语句
  }
}
```

④ do…while 语句中嵌套 while 语句。例如:

```
do
{
  循环体语句
  while( 条件 )
  {
      循环体语句
  }
}while( 条件 );
```

⑤ do…while 语句中嵌套 for 语句。例如:

```
do
{
  循环体语句
  for( 表达式 1; 表达式 2; 表达式 3)
  {
      循环体语句
  }
}while( 条件 );
```

以上是一些循环嵌套的结构方式，当然还有不同结构的循环嵌套，在此不对每一种都进行列举，只要将每种循环结构的方式把握好，就可以正确写出循环嵌套。

输出金字塔形状

实例位置：资源包 \Code\06\04

利用循环嵌套输出金字塔形状。显示一个三角形要考虑 3 点：首先要控制输出三角形的行数，其次控制三角形的空白位置，最后是显示三角形。具体代码如下。

```
1 #include<stdio.h>
2 int main()
```

```
3 {
4     int i, j, k;                           /* 定义变量 i、j、k 为基本整型 */
5     for (i = 1; i <= 5; i++)               /* 控制行数 */
6     {
7         for (j = 1; j <= 5 - i; j++)       /* 空格数 */
8             printf(" ");
9         for (k = 1; k <= 2 * i - 1; k++)   /* 显示 "*" 的数量 */
10             printf("*");
11        printf("\n");
12    }
13    return 0;
14 }
```

运行结果如图 6.9 所示。

6.6 转移语句

转移语句包括 break 语句、continue 语句和 goto 语句。这 3 种语句使程序可以按照这 3 种转移语句的使用方式转移执行流程。下面将对这 3 种语句的使用方式进行详细介绍。

6.6.1 break 语句

依然用手机充电的例子来模拟 break 语句的作用。例如，某人想把手机充满电，可是在电量充到 73 的时候，有人找他出去吃饭，这时，他就拔掉充电器，结束了给手机充电，拿着手机和朋友去吃饭，这个过程的代码段如图 6.10 所示。对应的流程图如图 6.11 所示。

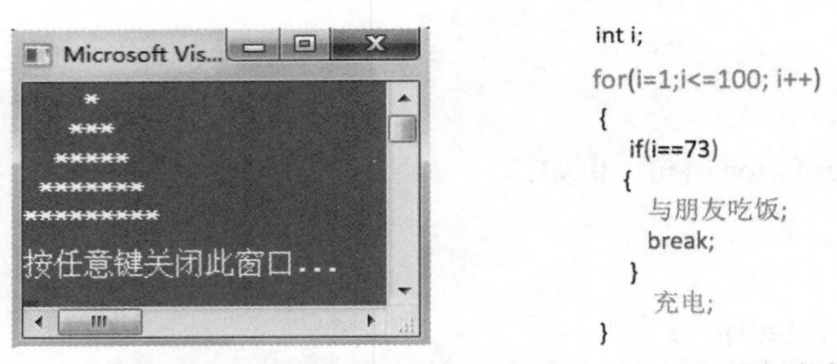

图 6.9 使用循环嵌套输出金字塔形状　图 6.10 break 语句充电代码

从例子可以看出，break 语句的作用是终止并跳出循环。break 语句的一般形式为

```
break;
```

使用 break 语句的流程图如图 6.12 所示。

在 C 语言中，break 语句只能用于循环语句和 switch 语句中。

例如，在 while 语句中使用 break 语句，代码如下。

```
while(1)
{
 printf("Break");
 break;
}
```

这段代码中，虽然 while 语句是一个条件永远为真的循环，但是在其中使用 break 语句使得程序流程跳出循环。

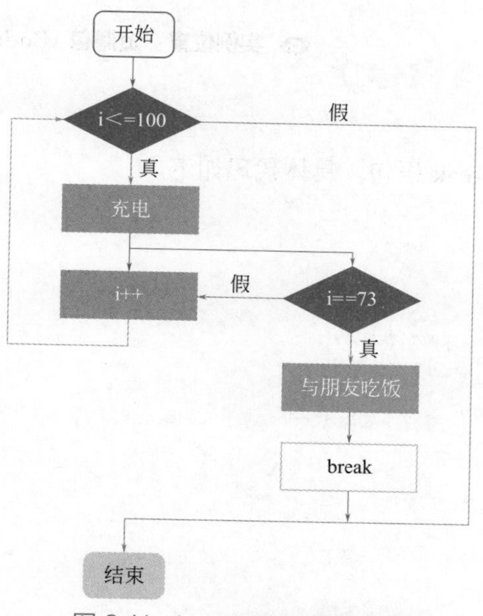

图 6.11　break 语句充电流程图

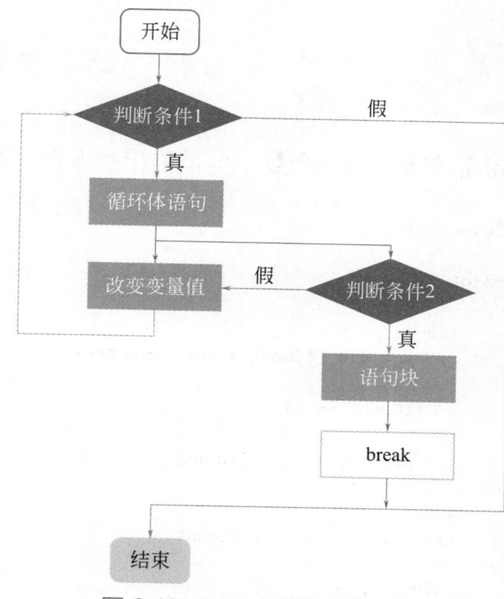

图 6.12　break 语句流程图

例如，在 do…while 语句中使用 break 语句，代码如下。

```
do
{
 printf("Break");
 break;
} while(1);
```

例如，在 for 语句中使用 break 语句，代码如下。

```
for(i=0;i<20;i++)
{
     if(i==10)
    {
  printf("Break");
  break;
    }
   printf("%d\n",i);
}
```

例如，在 switch 语句中使用 break 语句，代码如下。

```
switch(i)
{
    case 'a':
         printf(" 字母 a\n");
         break;
    case 'b':
         printf(" 字母 b\n");
         break;
    case 'c':
         printf(" 字母 c\n");
         break;
    default:
  printf(" 字母无效 \n");
      break;
}
```

从 0 开始查数，遇到 5 就停止

实例位置：资源包 \Code\06\05

使用 for 语句输出 10 个数，但是输出到 5 时，使用 break 语句，具体代码如下。

```
1 #include<stdio.h>
2
3 int main()
4 {
5     int iCount;                               /* 循环控制变量 */
6     for (iCount = 0; iCount < 10; iCount++)   /* 执行 10 次循环 */
7     {
8         if (iCount == 5)                      /* 判断条件，如果 iCount 等于 5 则跳出 */
9         {
10            printf("%d\n", iCount);
11            break;                            /* 跳出循环 */
12        }
13        printf(" 数字 %d\n", iCount);         /* 输出循环的次数 */
14    }
15    return 0;
16 }
```

运行结果如下。

```
数字 0
数字 1
数字 2
数字 3
数字 4
5
```

从运行结果来看，当数字等于 5 时，就执行 break 语句，直接跳出了循环，终止继续循环。这就是 break 语句的作用。

注意

如果遇到循环嵌套的情况，break 语句将只会使程序流程跳出包含它的最内层的循环结构，只跳出一层循环。

6.6.2 continue 语句

依然使用手机充电的情景，当某人手机的充电电量到 73% 的时候，他想要去超市买东西，但是需要用手机微信支付，于是他拔掉充电器拿着手机去买东西，不久之后，从超市回来又给手机继续充电，这个过程实现的代码段如图 6.13 所示。对应的流程图如图 6.14 所示。

```
int i;
for(i=1;i<=100; i++)
{
  if(i==73)
  {
    微信支付;
    continue;
  }
   充电;
}
```

图 6.13 continue 语句充电代码

从图 6.13 所示的代码段中可以看到，使用了 continue 语句，它的作用是结束本次循环，也就是跳过循环体语句中尚未执行的部分，接着执行下一次的循环操作。

continue 语句的一般形式为

```
continue;
```

对照图 6.14 中的流程图，continue 语句的流程图如图 6.15 所示。

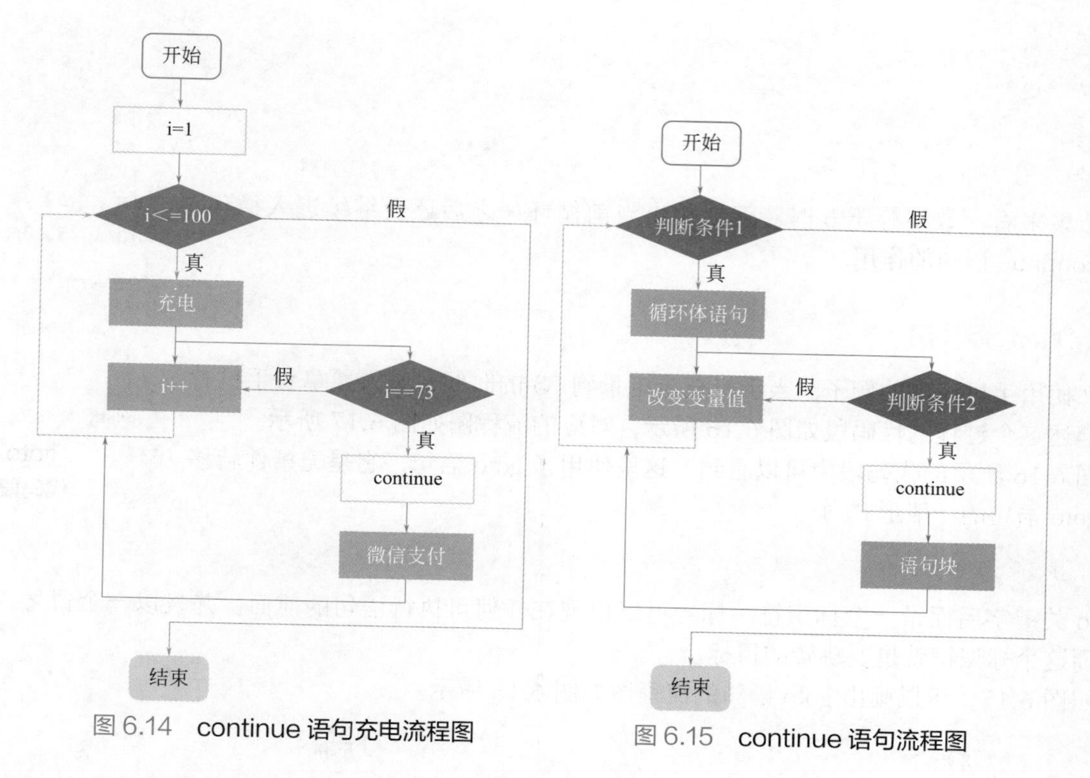

图 6.14　continue 语句充电流程图　　　图 6.15　continue 语句流程图

我们用一个实例来看一下 continue 语句的作用。

实例 6.6　从 0 开始查数，遇到 5 停顿

实例位置：资源包 \Code\06\06

使用 for 语句输出 10 个数字，在数字等于 5 时，使用 continue 语句，具体代码如下。

```
1 #include<stdio.h>
2
3 int main()
4 {
5     int iCount;                               /* 循环控制变量 */
6     for (iCount = 0; iCount < 10; iCount++)   /* 执行 10 次循环 */
7     {
8         if (iCount == 5)                      /* 判断条件，如果 iCount 等于 5 则跳出当前循环 */
9         {
10            printf("%d\n", iCount);
11            continue;                         /* 跳出循环 */
12        }
13        printf(" 数字 %d\n", iCount);          /* 输出循环的次数 */
14    }
15    return 0;
16 }
```

运行结果如下。

```
数字 0
数字 1
数字 2
数字 3
数字 4
```

```
5
数字 6
数字 7
数字 8
数字 9
```

从结果来看，数字等于 5 时，就会跳出当前循环，之后还会继续进入循环，这就是 continue 语句的作用。

6.6.3 goto 语句

依然使用手机充电的例子，当手机充电电量到 73 的时候，某人要拿着手机看电影，描述这个过程的代码段如图 6.16 所示，对应的流程图如图 6.17 所示。

```
int i;
for(i=1;i<=100; i++)
{
  if(i==73)
  {
    goto Shaking;
  }
}
Shaking :
  printf(" 拿去看电影\n");
```

图 6.16 goto 语句充电代码段

从图 6.16 所示的代码段中可以看到，这里使用了 goto 语句，它是无条件转移语句，goto 语句的一般形式为

```
goto 标识符；
```

goto 关键字后面带一个标识符。标号可以出现在任何可执行语句的前面，并且以一个冒号“:”作为后缀，而这个标识符就是要跳转的目标。

对照图 6.17，可以画出 goto 语句的流程图如图 6.18 所示。

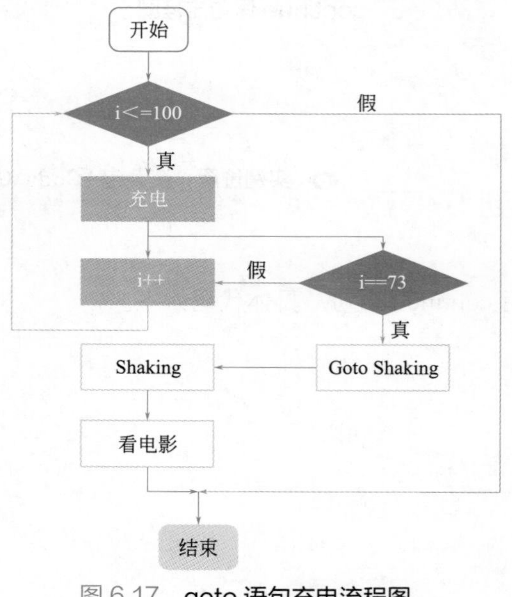

图 6.17 goto 语句充电流程图

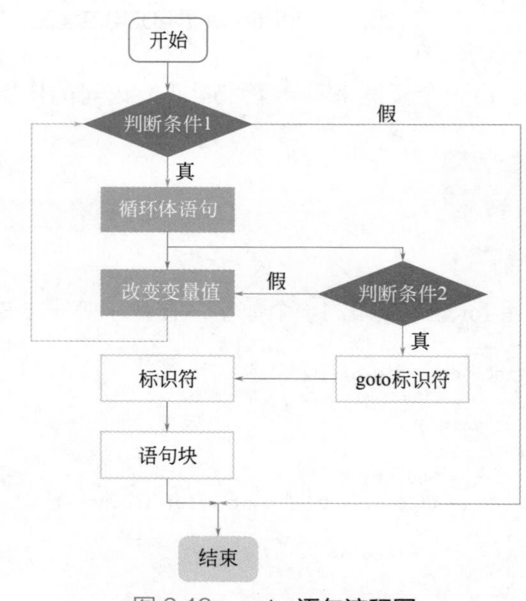

图 6.18 goto 语句流程图

接下来用一个实例来看一下 goto 语句的作用。

实例 6.7 从 1 开始查数，遇到 5 输出字母 a

实例位置：资源包 \Code\06\07

使用 for 语句输出 10 个数，当数字等于 5 时，开始输出字母 a，具体代码如下。

```
1 #include<stdio.h>
2
```

```
 3 int main()
 4 {
 5     int iCount;                                    /* 循环控制变量 */
 6     for (iCount = 0; iCount < 10; iCount++)        /* 执行 10 次循环 */
 7     {
 8         if (iCount == 5)                           /* 判断条件，如果 iCount 等于 5 则跳出 */
 9         {
10             goto alphabet;                         /* 跳到 alphabet*/
11         }
12         printf(" 数字 %d\n", iCount);              /* 输出循环的数字 */
13     }
14 alphabet:
15    printf(" 字母 a\n");
16    return 0;
17 }
```

运行结果如下。

```
数字 0
数字 1
数字 2
数字 3
数字 4
字母 a
```

从运行的结果来看，当数字等于 5 时，goto 语句使程序无条件地跳转到了 alphabet 标识符下的代码，这就是 goto 语句的作用。

注意

> 跳转的方向可以向前，也可以向后；可以跳出一个循环，也可以跳入一个循环。

6.7 综合案例——请小心！冻结账户

人生有太多密码，如登录微信要密码、登录 QQ 要密码、登录明日学院要密码、用银行卡取钱要密码……这么多密码，很容易错记或者记不住。为了防止这种情况，微信、QQ 等都可以用手机号登录，但是用银行卡取钱则需要手动输入正确密码才能顺利取钱。银行也很体恤客户，每张银行卡有 3 次输入密码的机会，当然，这 3 次中有一次输入正确，就能取到钱，如果 3 次都输入的是错误密码，银行卡就会被冻结。模拟 3 次输入账户密码。

实现的过程如下。

① 导入函数库，具体代码如下。

```
1 #define _CRT_SECURE_NO_WARNINGS
2 #include<stdio.h>
```

② 模拟 3 次输入账户密码，使用到 while 和 for 循环嵌套，需要在主函数中编写，实现的具体代码如下。

```
3 int main()
4 {
5     int i=1, password=0;                          // 定义变量
6      while(password != 123456)                    // 循环判断输入的密码
7      {
8         for (i=1;i<=3;i++)                        // 循环 3 次输入密码
9         {
```

```
10          printf(" 请输入密码: ");
11          scanf("%d", &password);
12          if (i == 3 && password != 123456)        // 如果连续输入 3 次错误密码
13          {
14              printf(" 输错 3 次密码, 账户被冻结 \n 请拿身份证和银行卡去营业厅办理 ...\n");
                        // 则输出提示冻结账户
15          }
16      }
17  }
18  printf(" 密码正确, 请选择您下一步操作 ...\n");       // 密码正确的提示
19  return 0;
20 }
```

运行结果如下。

```
请输入密码: 145287
请输入密码: 125892
请输入密码: 145698
输错 3 次密码, 账户被冻结
请拿身份证和银行卡去营业厅办理 ...
```

再次运行程序，结果如下。

```
请输入密码: 123456
请输入密码: 123456
请输入密码: 123456
密码正确, 请选择您下一步操作 ...
```

6.8 实战练习

练习 1：模拟手机分期付款 用户输入自己买的手机钱数，减掉首付 300 元，剩下的钱分 6 个月分期付款，已知6个月分期付每个月的利息是0.6%，计算每个月需要还多少钱？运行程序，结果如图6.19所示。

练习 2：猜数字游戏 编写一个猜数字的小游戏，随机生成一个 1 到 10 之间（包括 1 和 10）的数字作为基准数，玩家每次通过键盘输入一个数字，如果输入的数字和基准数相同，则成功过关，否则重新输入。效果如图 6.20 所示。

```
请输入你想买的手机价格: 2699
手机的总价格是: 2699.0元.
首付300元之后还剩2399.0元
将所剩2399.0元进行分6期付款:
从我买手机开始, 接下来的6个月每月需要还414.4元钱
```

图 6.19 分期付每个月要还的钱数

```
请输入一个数字:
200
你猜大了,请重新输入:
150
你猜大了,请重新输入:
140
你猜小了,请重新输入:
145
你猜小了,请重新输入:
146
你猜小了,请重新输入:
147
恭喜你,猜对了!!
```

图 6.20 猜数字游戏

小结

本章介绍了有关循环语句的内容，其中包括 while 语句、do…while 语句和 for 语句的使用。了解这些循环语句的使用方法，可以在程序功能上节约很多时间，无须再一条一条地进行操作。通过对 3 种循环语句的比较，可以了解到不同语句的使用区别，也可以发现三者的共同之处。本章最后介绍了有关转移语句的内容。学习转移语句使得程序设计更为灵活，使用 continue 语句可以结束本次循环操作而不终止整个循环，使用 break 语句可以结束整个循环过程，使用 goto 语句可以跳转到程序体内的任何位置。

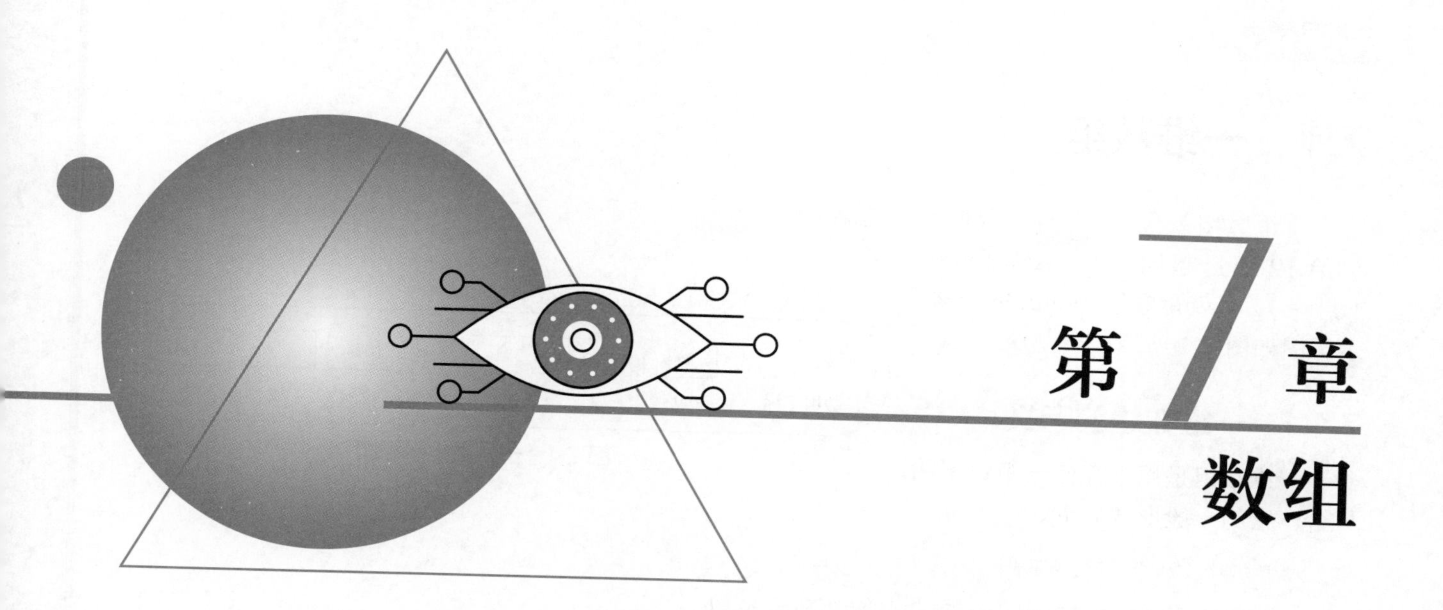

第7章 数组

在编写程序的过程中，经常会遇到使用很多数据的情况，处理每一个数据都要有一个相对应的变量，如果每一个变量都要单独进行定义则很烦琐，使用数组就可以解决这种问题。

数组是一个由若干同类型变量组成的集合，引用这些变量可以使用同一个名字。数组由连续的存储单元组成，最低地址对应于数组的第一个元素，最高地址对应于最后一个元素。数组可以是一维的，也可以是多维的。

本章致力于使读者掌握一维数组和二维数组的使用，并且能利用所学知识解决一些实际问题；掌握字符数组的使用及其相关操作；通过一维数组和二维数组了解有关多维数组的内容。

本章知识架构如下。

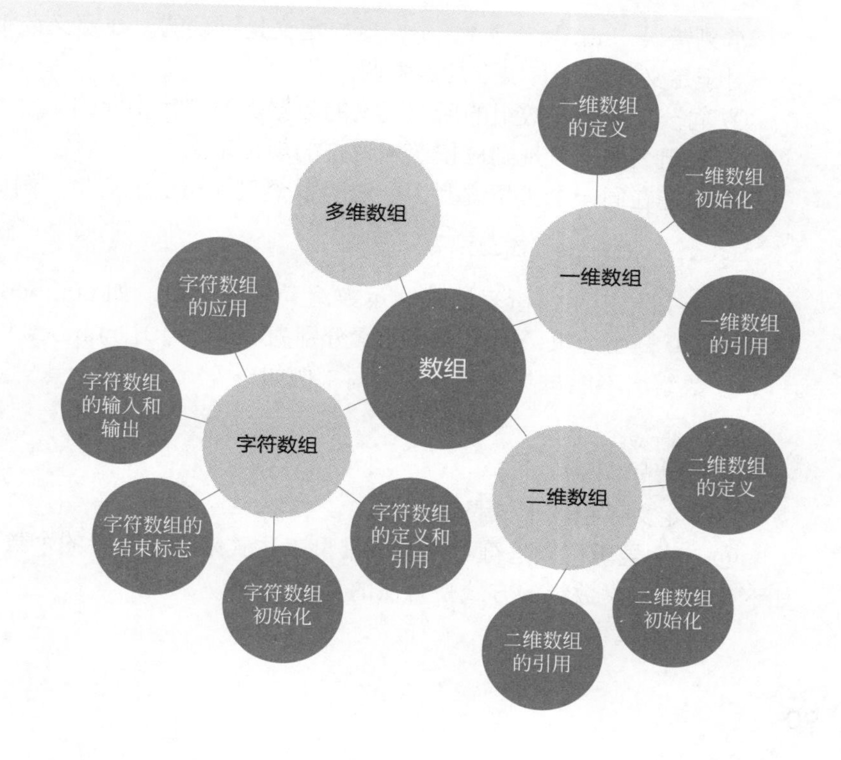

7.1 一维数组

一维数组就像 12 个月，我们可以给 12 个月起同一个名字 month，1 月～ 12 月就是数组 month 的元素，示意图如图 7.1 所示。

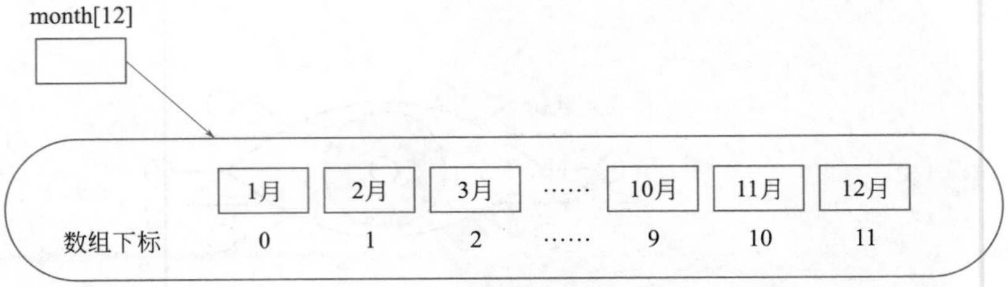

month[12]

	1月	2月	3月	……	10月	11月	12月
数组下标	0	1	2	……	9	10	11

图 7.1 一维数组示意图

7.1.1 一维数组的定义

一维数组是用于存储一组数据的集合，它的一般形式如下。

```
类型说明符 数组标识符 [ 常量表达式 ];
```

- 类型说明符表示数组中的所有元素的数据类型。
- 数组标识符又称为“数组名”，表示该数组型变量的名称，命名规则与变量名一致。
- 常量表达式定义了数组中存放的数组元素的个数，即数组长度。例如，对于数组 cArray[10]，10 表示数组中有 10 个元素，下标从 0 开始，到 9 结束。

例如，定义一个长度为 10 的字符型数组，代码如下。

```
char cArray[10];
```

代码中的 char 为数组元素的类型，而 cArray 表示的是数组变量名，括号中的 10 表示的是数组中包含的元素个数。

例如，定义一个长度为 5 的整型数组，代码如下。

```
int number[5];
```

例如，定义一个长度为 20 的浮点型数组，代码如下。

```
float decimal[20];
```

常见错误：int[5]={1,3,4,2,6}，这样定义是错误的。在定义数组时必须要有数组标识符。

对于定义数组还有以下几点强调。

① 同一个数组，数组的所有元素的数据类型都是相同的。

② 数组名的书写规则应按照标识符的规定定义。

③ 允许在同一个类型说明中，说明多个数组和多个变量。例如：

```
int i,j,k,n,m1[10],m2[20];
```

④ 方括号中用常量表达式表示数组元素的个数，如 number[5] 表示数组 number 有 5 个元素。但是其下标从 0 开始计算，因此 5 个元素分别为 number[0], number[1], number[2], number[3], number[4]。

⑤ 数组名不能与其他变量名相同。例如：

```
int cArray;
float cArray[10];
```

这种定义数组的形式是错误的。

⑥ 方括号里可以是符号常量或常量表达式来表示元素的个数，不能用变量来表示元素的个数。例如，如下代码中定义数组的方式是合法的。

```
#define AI 3                    // 定义符号常量
int cArray[1+2];                // 定义数组
int number[8+AI];               // 定义数组
```

但是，如下代码中定义数组是错误的。

```
int i=5;
int number[i];
```

7.1.2 一维数组初始化

一维数组初始化就是给一维数组赋予初值。初始化的一般格式如下。

```
类型说明符 数组标识符 [ 常量表达式 ]={ 值 1, 值 2, 值 3, 值 4…};
```

其中的大括号中间的各个值就是各元素的初值，各值之间用英文逗号隔开，定义结束后，用英文分号结束此句代码。例如：

```
int number[5]={1,2,3,4,5};
```

上述代码表示：number[0]=1, number[1]=2, number[2]=3, number[3]=4, number[4]=5。

在 C 语言中，一维数组的初始化可以用以下几种方法实现。

① 在定义数组时直接对数组元素赋初值。例如：

```
int iArray[8]={1,2,3,4,5,6,7,8};
```

该方法是将数组中的元素值依次放在一对大括号中。经过上面的定义和初始化之后，数组中的元素 iArray[0]=1，iArray[1]=2，iArray[2]=3，iArray[3]=4，iArray[4]=5，iArray[5]=6，iArray[6]=7，iArray[7]=8。

② 只给一部分元素赋值，未赋值的元素值为 0。

第二种为数组初始化的方式是对其中一部分元素进行赋值。例如：

```
int iArray[8]={1,2,3};
```

数组变量 iArray 包含 8 个元素，不过在初始化时只给出了 3 个值。于是数组中前 3 个元素的值对应大括号中给出的值，在数组中没有得到值的元素被默认赋值为 0。即数组中的元素 iArray[0]=1，iArray[1]=2，iArray[2]=3，iArray[3]=0，iArray[4]=0，iArray[5]=0，iArray[6]=0，iArray[7]=0。

③ 在对全部数组元素赋初值时可以不指定数组长度。

上述例子在定义数组时，都在数组变量后指定了数组的元素个数。C 语言还允许在定义数组时不必指定长度。例如：

```
int iArray[]={1,2,3,4};
```

这一行代码的大括号中有 4 个元素，系统就会根据给定的初始化元素值的个数来定义数组的长度，因此该数组变量的长度为 4。

注意

如果在定义数组时规定定义的长度为 10，就不能使用省略数组长度的定义方式，而必须写成如下形式。

```
int iArray[10]={1,2,3,4};
```

7

7.1.3 一维数组的引用

数组定义完成后就要使用该数组，可以通过引用数组元素的方式使用该数组中的元素。数组元素表示的一般形式如下。

```
数组标识符 [ 下标 ]
```

其中的下标可以是整型常量和整型表达式。如果为小数时，C 编译器会自动取整。例如:

```
int iArray[8]={1,2,3,4,5,6,7,8};                    //定义数组
iArray[2];                                          //引用数组
```

这段代码的第 2 行是引用数组，其中 iArray 是数组变量的名称，2 为数组元素的下标。前面介绍过数组元素的下标是从 0 开始的，也就是说下标为 0 表示的是第一个数组元素。因此第 3 个元素下标是 2，所以这句引用的是数组 iArray 的第 3 个元素。

在 C 语言中只能逐个地使用下标变量，而不能一次引用整个数组。例如，逐个输出数组元素，代码如下。

```
int i;
int iArray[8]={1,2,3,4,5,6,7,8};
for(i=0;i<8;i++)
printf("%d\n", iArray[i]);
```

这段代码实现的功能是输出数组 iArray 的各个元素，使用 iArray[i] 引用数组是合法的。但是:

```
int iArray[8]={1,2,3,4,5,6,7,8};
printf("%d\n", iArray);
```

这段代码也是想要输出数组各元素，但是它不是逐个输出，而是用一条语句输出数组，这样就是不合法的，不能实现输出数组各个元素值。

实例 7.1 输出成绩

实例位置：资源包 \Code\07\01

使用一维数组输出某高中班级前 5 名学生的成绩，代码如下。

```
1 #define _CRT_SECURE_NO_WARNINGS
2 #include<stdio.h>                                      //包含头文件
3 int main()                                             //main()函数
4 {
5     int i;
6     int grade[5];                                      //定义数组
7     printf(" 请输入前 5 名各学生成绩：\n");
8     for (i = 0; i < 5; i++)                            //输入学生成绩
9     {
10        printf(" 第 %d 名成绩：",i+1);
11        scanf("%d",&grade[i]);
12    }
13    printf(" 前 5 名各学生成绩如下：\n");                //输出学生成绩
14    for (i = 0; i < 5; i++)
15    {
16        printf(" 第 %d 个成绩是：%d\n", i + 1, grade[i]);
17    }
18    return 0;
19 }
```

运行结果如图 7.2 所示。

7.2 二维数组

在 7.2 节讲解了一维数组，一维数组的下标只有一个，而如果下标是两个呢？在 C 语言中，将下标是两个的称为“二维数组”。例如，一个书柜布局如图 7.3 所示，利用书柜的行、列能够快速找到书的位置，而二维数组就类似于行和列。

7.2.1 二维数组的定义

二维数组本质上是以一维数组作为数组元素的数组，即“数组的数组”。二维数组的第一维就是数据的起始地址，第二维就是某个数据中的某个值。例如，在图 7.3 所示的书柜索引图上找 4104 书柜，此时需要定义二维数组 iArray [3][3]，先找第一维的第 4 行，再找第二维的第 4 列，就可以准确找到书柜。

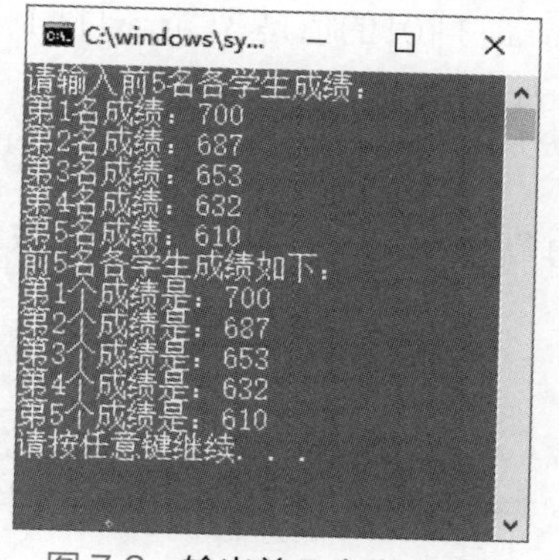

图 7.2　输出前 5 名学生成绩

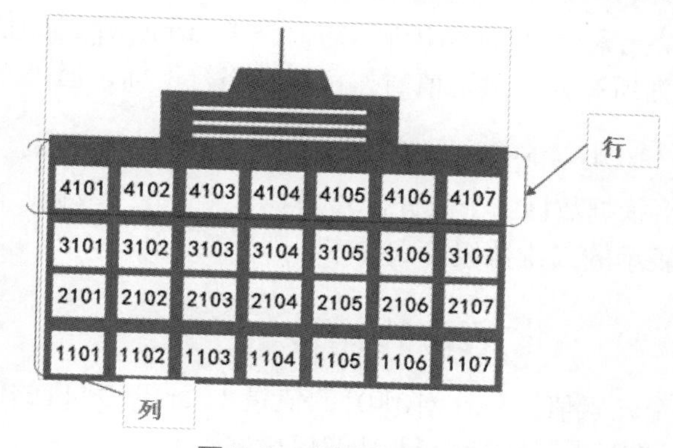

图 7.3　书柜索引示意

二维数组的声明与一维数组类似，一般形式如下。

```
数据类型 数组名[常量表达式1][常量表达式2];
```

其中，“常量表达式 1”被称为“行下标”，“常量表达式 2”被称为“列下标”。如果有二维数组 array[n][m]，则二维数组的下标取值范围如下。

- 行下标的取值范围为 0 ～ *n*-1。
- 列下标的取值范围为 0 ～ *m*-1。
- 二维数组的最大下标元素是 array[n-1][m-1]。

例如，定义一个 3 行 5 列的整型数组，代码如下。

```
int array[3][5];
```

这一行代码说明了一个 3 行 5 列的数组，数组名为 array，其下标变量的类型为整型。该数组的下标变量共有 3×5 个，即 array[0][0]、array[0][1]、array[0][2]、array[0][3]、array[0][4]、array[1][0]、array[1][1]、array[1][2]、array[1][3]、array[1][4]、array[2][0]、array[2][1]、array[2][2]、array[2][3]、array[2][4]。

在 C 语言中，二维数组是按行排列的，即按行顺次存放，先存放 array[0] 行，再存放 array[1] 行。每行中的 5 个元素，也是依次存放的。

7.2.2 二维数组初始化

二维数组初始化同样也是为二维数组各元素赋予初值。例如，如下代码。

```
int array[2][2]={{5,2},{5,4}};
```

表示的二维数组形式如下。

```
5 2
5 4
```

即各个元素值为: array[0][0] 的值是 5; array[0][1] 的值是 2; array[1][0] 的值是 5; array[1][1] 的值是 4。

在 C 语言中，对二维数组的初始化可以用以下几种方法实现。

① 可以将所有数据写在一个大括号内，按照数组元素排列顺序对元素赋值。例如:

```
int array[2][2]={1,2,3,4};
```

表示的二维数组形式如下。

```
1 2
3 4
```

即各个元素值为: array[0][0] 的值是 1; array[0][1] 的值是 2; array[1][0] 的值是 3; array[1][1] 的值是 4。

② 在为所有元素赋初值时，可以省略行下标，但是不能省略列下标。例如:

```
int array[][3]={1,2,3,4,5,6};
```

系统会根据数据的个数进行分配，一共有 6 个数据，而数组每行分为 3 列，当然可以确定数组为 2 行。所以表示的二维数组形式如下。

```
1 2 3
4 5 6
```

即各个元素值为: array[0][0] 的值是 1; array[0][1] 的值是 2; array[0][2] 的值是 3; array[1][0] 的值是 4; array[1][1] 的值是 5; array[1][2] 的值是 6。

③ 也可以分行给数组元素赋值。例如:

```
int array[2][3]={{1,2,3},{4,5,6}};
```

表示的二维数组形式如下。

```
1 2 3
4 5 6
```

即各个元素值为: array[0][0] 的值是 1; array[0][1] 的值是 2; array[0][2] 的值是 3; array[1][0] 的值是 4; array[1][1] 的值是 5; array[1][2] 的值是 6。

④ 在分行赋值时，可以只对部分元素赋值，未被赋值的元素系统默认的值为 0。例如:

```
int array[2][3]={{1,2},{4,5}};
```

表示的二维数组形式如下。

```
1 2 0
4 5 0
```

即各个元素的值为: array[0][0] 的值是 1; array[0][1] 的值是 2; array[0][2] 的值是 0; array[1][0] 的值是 4; array[1][1] 的值是 5; array[1][2] 的值是 0。

⑤ 二维数组也可以直接对数组元素赋值。例如:

```
1 int array[2][2];
2 array[0][0] = 1;
3 array[0][1] = 2;
4 array[1][0] = 1;
5 array[1][1] = 2;
```

表示的二维数组形式如下。

```
1 2
1 2
```

即各个元素的值为：array[0][0] 的值是 1；array[0][1] 的值是 2；array[1][0] 的值是 1；array[1][1] 的值是 2。这种赋值的方式就是使用数组的引用（引用下一节具体介绍）。

7.2.3 二维数组的引用

二维数组元素的引用的一般形式为

```
数组名 [ 下标 ][ 下标 ];
```

说明

二维数组的下标可以是整型常量或整型表达式。

例如：

```
int array[2][2]={{5,2},{5,4}};          // 定义二维数组
array[1][1];                            // 引用二维数组元素
```

代码的第 2 行表示的是对 array 数组中第 2 行的第 2 个元素进行引用。

这段代码表示的二维数组形式如下。

```
5 2
5 4
```

注意

不管是行下标还是列下标，其索引都是从 0 开始的。

这里和一维数组一样要注意下标越界的问题。例如：

```
int array[3][5];
……                                      // 对数组元素进行赋值
array[3][5]=19;                         // 错误的引用！
```

这段代码的表示是错误的。标识符 array 为 3 行 5 列的数组，它的行下标的最大值为 2，列下标的最大值为 4，所以 array[3][5] 超过了数组的范围，下标越界。

实例 7.2 计算各科的平均成绩

实例位置：资源包 \Code\07\02

用二维数组求表 7.1 中各科的平均成绩。具体代码如下。

表 7.1 **成绩表**

科目 \ 姓名	宋小美	张大宝	高心心	彭果	邓丽
数学	93	87	90	76	70
语文	90	76	60	80	81
英语	70	88	72	77	96

```
1 #include <stdio.h>
2 int main()
3 {
4     int i, j, s = 0, average, course[3], array[3][5];          // 定义变量和二维数组
5     printf(" 请输入成绩: \n");
6     for (i = 0; i < 3; i++)                                     // 遍历二维数组行
7     {
8         for (j = 0; j < 5; j++)                                 // 遍历二维数组列
9         {
10            printf("array[%d][%d]=",i,j);                       // 输出成绩
11            scanf("%d", &array[i][j]);                          // 计算成绩
12            s = s + array[i][j];
13        }
14        course[i] = s / 5;                                      // 求各科的平均成绩
15        s = 0;                                                  // 重新赋值
16    }
17    printf(" 数学的平均成绩是（取整数）:%d\n 语文的平均成绩是（取整数）:%d\n 英语的平均成绩是（取整数）:%d\n",
        course[0], course[1], course[2]);
18    return 0;
19 }
```

运行结果如图 7.4 所示。

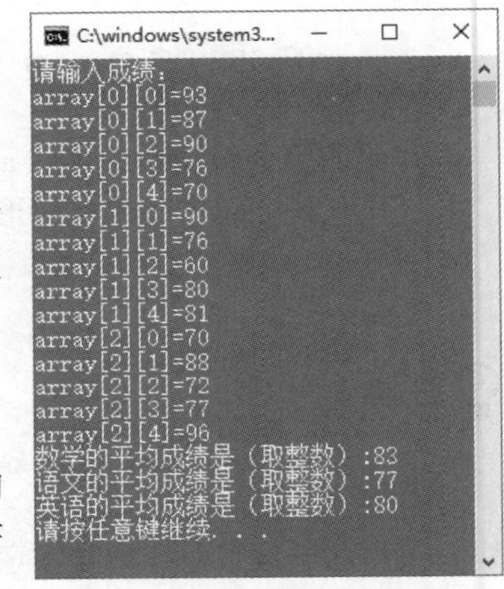

图 7.4　各科的平均成绩

7.3　字符数组

数组中的元素类型为字符型时称为“字符数组”。字符数组中的每一个元素可以存放一个字符。字符数组的定义和使用方法与其他基本数据类型的数组基本相似。

7.3.1　字符数组的定义和引用

如图 7.5 所示的字符串该如何用数组输出？在 C 语言中，没有专门的字符串变量，没有 string 类型，通常就使用一个字符数组来存放一个字符串。字符数组实际上是一系列的字符集合，不严谨地说就相当于字符串。定义一个字符数组 iArray[6]，按照如图 7.5 所示的初始化形式，将会在控制台上输出“MingRi”。

char iArray[6]

M	i	n	g	R	i
iArray[0]	iArray[1]	iArray[2]	iArray[3]	iArray[4]	iArray[5]

图 7.5　字符串

（1）字符数组的定义

字符数组的定义与其他数据类型的数组的定义类似，一般形式如下。

```
char 数组名 [ 常量表达式 ]
```

因为要定义的是字符型数据，所以在数组标识符前所用的类型是 char，后面括号中表示的是数组元素的数量。

例如，定义字符数组 cArray 的语句如下。

```
char cArray[5];
```

其中，cArray 表示数组标识符，5 表示数组中包含 5 个字符型的数组元素。

（2）字符数组的引用

字符数组的引用与其他数据类型的数组的引用一样，也是使用下标的形式。例如，引用上文定义的数组 cArray[5] 中的元素，代码如下。

```
cArray[0]='H';
cArray[1]='e';
cArray[2]='l';
cArray[3]='l';
cArray[4]='o';
```

上面的代码依次引用数组中的元素为其赋值。

7.3.2 字符数组初始化

在对字符数组进行初始化操作时有以下几种方法。

① 逐个字符赋给数组中的各元素。

这是最容易理解的初始化字符数组的方式。例如，初始化一个字符数组，代码如下。

```
char cArray[5]={'H','e','l','l','o'};
```

表示定义包含5个元素的字符数组，在初始化的大括号中，每一个字符被赋值给一个对应的数组元素。例如本行代码是使用字符数组输出hello。

实例7.3 输出字符串“Park”

实例位置：资源包\Code\07\03

某停车场在角落写着“Park”的字样，利用字符数组输出“Park”。在本实例中，定义一个字符数组，通过初始化操作保存一个字符串，然后通过循环引用对每一个数组元素进行输出操作。

```
1 #include<stdio.h>                                //包含头文件
2 int main()                                       //main()函数
3 {
4         char cArray[5]={'P','a','r','k'};        //定义字符数组并初始化
5         int i;                                   //循环控制变量
6         for(i=0;i<5;i++)                         //进行循环
7         {
8             printf("%c",cArray[i]);              //输出字符数组元素
9         }
10        printf("\n");                            //输出换行
11        return 0;                                //程序结束
12 }
```

运行结果如图7.6所示。

从该实例的代码和运行结果可以看出：在初始化字符数组时要注意，每一个元素的字符都是使用一对单引号表示的。在循环中，因为输出的类型是字符型，所以在printf()函数中使用的是“%c”。通过循环变量*i*，cArray[i]表示对数组中每一个元素的引用。

图7.6 输出字符串“Park”

② 如果在定义字符数组时进行初始化，可以省略数组长度。

如果初值个数与预定的数组长度相同，在定义时可以省略数组长度，系统会自动根据初值个数来确定数组长度。例如，前文中的初始化字符数组的代码可以写成如下形式。

```
char cArray[]={'H','e','l','l','o'};
```

可见，代码中定义的cArray[]中没有给出数组的大小，但是根据初值的个数可以确定数组的长度为5。

③ 利用字符串给字符数组赋初值。

通常用一个字符数组来存放一个字符串。例如，用字符串的方式对数组作初始化赋值的示例代码

如下。

```
char cArray[]={"Hello"};
```

或者将大括号去掉，写成如下形式。

```
char cArray[]="Hello";
```

实例 7.4 输出一个钻石形状

实例位置：资源包 \Code\07\04

在本实例中定义一个二维数组，并且利用数组的初始化赋值设置钻石形状。具体代码如下。

```
1 #include<stdio.h>
2 int main()
3 {
4           int iRow,iColumn;                                          // 用来控制循环的变量
5           char cDiamond[][5]={{' ',' ','*'},                         // 初始化二维字符数组
6                      {' ','*',' ','*'},
7                      {'*',' ',' ',' ','*'},
8                      {' ','*',' ','*'},
9                      {' ',' ','*'} };
10          for(iRow=0;iRow<5;iRow++)                                  // 利用循环输出数组
11          {
12              for(iColumn=0;iColumn<5;iColumn++)
13              {
14                  printf("%c",cDiamond[iRow][iColumn]);              // 输出数组元素
15              }
16              printf("\n");                                          // 进行换行
17          }
18          return 0;
19 }
```

运行结果如图 7.7 所示。

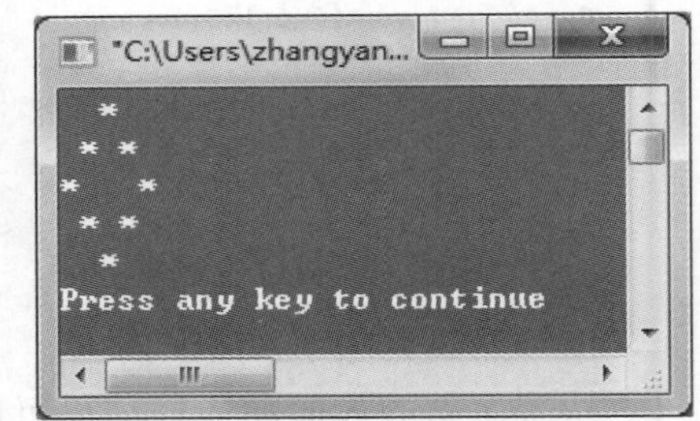

图 7.7 输出一个钻石形状

从该实例的代码和运行结果可以看出：为了方便观察字符数组的初始化，这里将其进行对齐。在初始化时，虽然没有给出一行中具体的元素个数，但是通过初始化赋值可以确定其大小为 5，最后通过双重循环将所有数组元素输出显示。

7.3.3 字符数组的结束标志

在 C 语言中，使用字符数组保存字符串，也就是使用一个一维数组保存字符串中的每一个字符，此时系统会自动为其添加“\0”作为结束符。例如，初始化一个字符数组如下。

```
char cArray[]="Hello";
```

字符串总是以“\0”作为结束符，因此当把一个字符串存入一个字符数组时，也要把结束符“\0”存入数组，并以此作为该字符串结束的标志。

注意

有了“\0”标志后，字符数组的长度就显得不那么重要了。当然在定义字符数组时应估计实际字符串长度，保证数组长度始终大于字符串的实际长度。如果在一个字符数组中先后存放多个不同长度的字符串，则应使数组长度大于最长的字符串的长度。

用字符串方式赋值比用字符逐个赋值要多占一个字节，多占的这个字节用于存放字符串结束标志“\0”。上面的字符数组 cArray 在内存中的实际存放情况如图 7.8 所示。

H	e	l	l	o	\0

图 7.8　cArray 在内存中的存放情况

“\0”是由 C 编译系统自动加上的。因此上面的赋值语句等价于：

```
char cArray[]={'H','e','l','l','o','\0'};
```

字符数组并不要求最后一个字符为“\0”，甚至可以不包含“\0”。例如，下面的写法也是合法的。

```
char cArray[5]={'H','e','l','l','o'};
```

是否加“\0”，完全根据需要决定。但是由于系统对字符串常量自动加一个“\0”，因此，为了使处理方法一致，且便于测定字符串的实际长度以及在程序中作相应的处理，在字符数组中也常常人为地加上一个“\0”。例如：

```
char cArray[6]={'H','e','l','l','o','\0'};
```

7.3.4　字符数组的输入和输出

字符数组的输入和输出有两种方法。

（1）使用格式符“%c”

格式符“%c”用于实现字符数组中字符的逐个输入与输出。例如，循环输出字符数组中的元素的代码如下。

```
for(i=0;i<5;i++)                                        //进行循环
{
        printf("%c",cArray[i]);                         //输出字符数组元素
}
```

其中变量为循环的控制变量，并且在循环中作为数组的下标进行循环输出。

（2）使用格式符“%s”

使用格式符“%s”将整个字符串依次输入或输出。例如，输出一个字符串的代码如下。

```
char cArray[]="GoodDay!";                               //初始化字符数组
printf("%s",cArray);                                    //输出字符串
```

其中使用格式符“%s”以字符串输出。此时需注意以下几种情况。

① 输出字符不包括结束符“\0”。

② 用“%s”格式符输出字符串时，printf() 函数中的输出项是字符数组名 cArray，而不是数组中的元素名，如 cArray[0] 等。

③ 如果数组长度大于字符串实际长度，则也只输出到“\0”为止。

④ 如果一个字符数组中包含多个“\0”结束符，则在遇到第一个“\0”时输出就结束。

实例 7.5

输出“MingRi KeJi”

实例位置：资源包 \Code\07\05

在本实例中为定义的字符数组进行初始化操作，在输出字符数组中保存的数据时，可以逐个输出数组中的元素，或者直接以字符串输出。具体代码如下。

```
1 #include<stdio.h>
2 int main()
```

```
 3 {
 4         int iIndex;                              // 循环控制变量
 5         char cArray[12]="MingRi KeJi";           // 定义字符数组用于保存字符串
 6         for(iIndex=0;iIndex<12;iIndex++)
 7         {
 8             printf("%c",cArray[iIndex]);         // 逐个输出字符数组中的字符
 9         }
10         printf("\n%s\n",cArray);                 // 直接以字符串输出
11         return 0;
12 }
```

运行结果如图 7.9 所示。

从该实例的代码和运行结果可以看出：在代码中，使用两种方式输出字符串“MingRi KeJi”，一种方法是对数组中的元素逐个输出，使用的是循环的方式，而另一种方法是直接输出字符串，利用 printf() 函数中的格式符“%s”进行输出。要注意直接输出字符串时不能使用格式符“%c”。

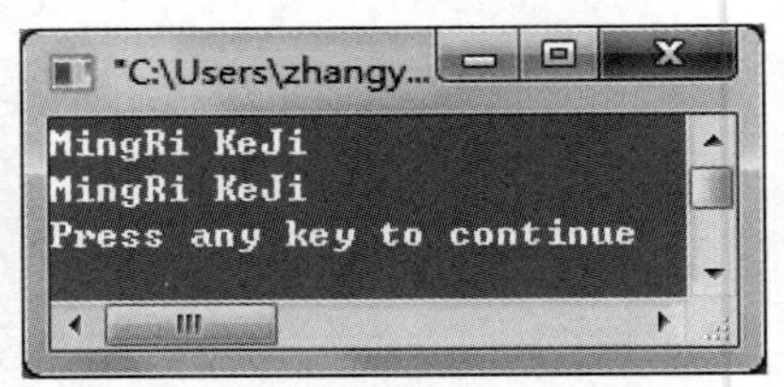

图 7.9　输出“MingRi KeJi”

7.3.5　字符数组的应用

字符数组在生活中有很多应用，如统计一篇文章的字符数等。下面通过实例 7.6 介绍字符数组的具体应用。

统计字符串中单词的个数

实例位置：资源包 \Code\07\06

在本实例中输入一行字符，然后统计其中有多少个单词，要求每个单词之间用空格分隔开，且最后的字符不能为空格。具体代码如下。

```
 1 #include<stdio.h>
 2 int main()
 3 {
 4         char cString[100];                             // 定义保存字符串的数组
 5         int iIndex, iWord=1;                           //iWord 表示单词的个数
 6         char cBlank;                                   // 表示空格
 7         gets(cString);                                 // 输入字符串
 8         if(cString[0]=='\0')                           // 判断字符串为空的情况
 9         {
10             printf("There is no char!\n");
11         }
12         else if(cString[0]==' ')                       // 判断第一个字符为空格的情况
13         {
14             printf("First char just is a blank!\n");
15         }
16         else
17         {
18             for(iIndex=0;cString[iIndex]!='\0';iIndex++)   // 循环判断每一个字符
19             {
20                 cBlank=cString[iIndex];                // 得到数组中的字符元素
21                 if(cBlank==' ')                        // 判断是不是空格
22                 {
23                     iWord++;                           // 如果是，则加 1
24                 }
25             }
26             printf("%d\n",iWord);
27         }
28         return 0;
29 }
```

运行结果如图 7.10 所示。

图 7.10　**统计单词个数**

从该实例的代码和运行结果可以看出：

① 按照要求使用 gets() 函数将输入的字符串保存在 cString 字符数组中。首先对输入的字符进行判断，数组中的第一个输入字符如果是结束符或空格，那么进行消息提示；如果不是，则说明输入的字符串是正常的，这样就在 else 语句中进行处理。

② 使用 for 循环判断每一个数组中的字符是否为结束符，如果是，则循环结束；如果不是，则在循环语句中判断是否为空格，遇到一个空格则对单词计数变量 iWord 进行自增操作。

7.4　多维数组

多维数组的声明和二维数组相同，只是下标更多，一般形式如下。

```
数据类型 数组名[常量表达式1][常量表达式2]…[常量表达式n];
```

例如，声明多维数组的代码如下。

```
int iArray1[3][4][5];
int iArray2[4][5][7][8];
```

在上面的代码中分别定义了一个三维数组 iArray1 和一个四维数组 iArray2。

由于数组元素的位置都可以通过偏移量计算，因此对于三维数组 a[m][n][p] 来说，元素 a[i][j][k] 所在的地址是从 a[0][0][0] 算起到（i×n×p+j×p+k）个单位的位置。

多维数组和二维数组的引用方法一样，只不过多了几个“[]”。

7.5　综合案例——十二生肖

本任务就是利用数组，输出十二生肖。实现的具体步骤如下。

① 导入函数库，实现代码如下。

```
1 #include<stdio.h>
```

② 在主函数中，定义一维数组，并用 for 循环输出数组的内容，实现的具体代码如下。

```
2 int main()
3 {
4     int i;                                              //定义变量用来循环
5     char zodiac[40] = {"虎 羊 马 猪 鸡 猴 狗 兔 龙 牛 蛇 鼠"};  //定义数组并初始化
6     printf("十二生肖争霸赛获胜的动物有:\n");                 //提示信息
7     for ( i = 0; i < 40; i++)                           //for 循环
8     {
9         printf("%c",zodiac[i]);                         //输出每个数组元素
10     }
11     printf("\n");                                      //换行输出
12     return 0;
13 }
```

运行结果如下。

```
十二生肖争霸赛获胜的动物有:
虎 羊 马 猪 鸡 猴 狗 兔 龙 牛 蛇 鼠
```

7.6 实战练习

统计各数字出现的次数 用户可以输入 0 ～ 9 任意的 10 个元素，然后统计这 10 个元素各数字出现的次数。运行程序，显示结果如图 7.11 所示。

```
请输入10个0~9的数组元素：
1 5 6 8 2 1 4 5 8 5
---------------------------
|    0出现的次数0          |
|    1出现的次数2          |
|    2出现的次数1          |
|    3出现的次数0          |
|    4出现的次数1          |
|    5出现的次数3          |
|    6出现的次数1          |
|    7出现的次数0          |
|    8出现的次数2          |
|    9出现的次数0          |
---------------------------
```

图 7.11 **数组数字次数统计**

小结

数组类型是构造类型的一种，数组中的每一个元素都属于同一种类型。本章首先介绍了有关一维数组、二维数组、字符数组及多维数组的定义和引用，使读者对数组有个充分的认识，最后结合实例介绍了数组的应用，加深对数组的理解。

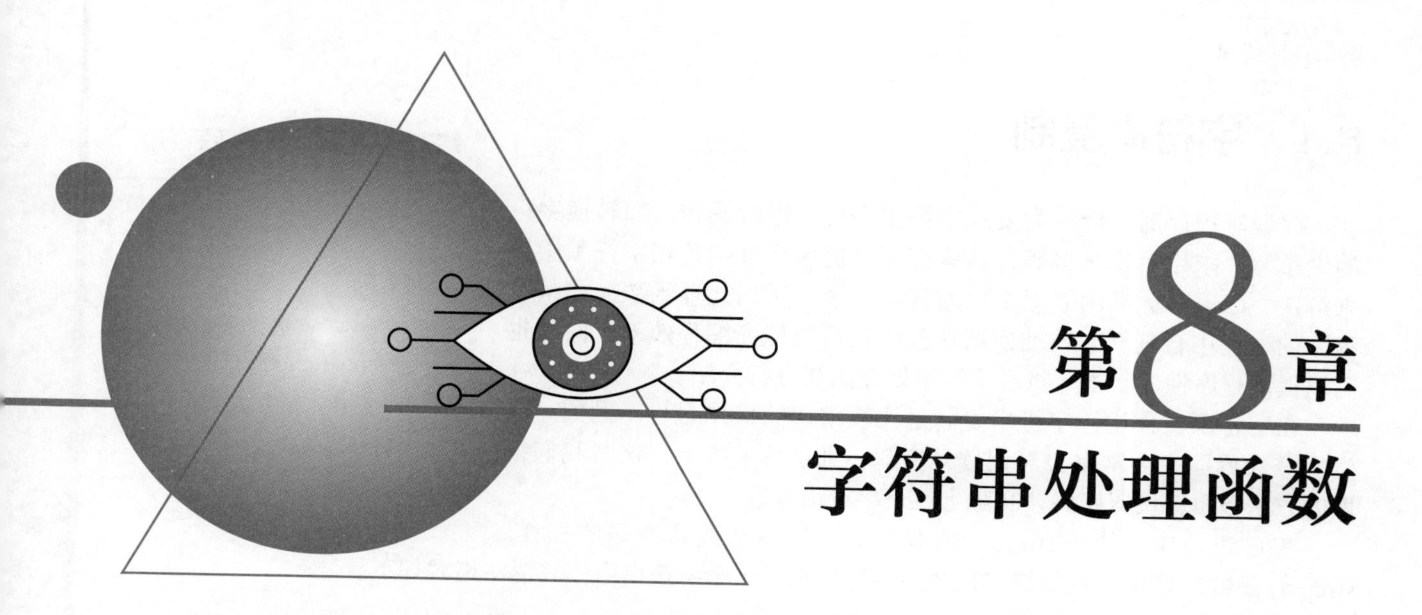

第8章 字符串处理函数

我们每天都在计算机上撰写文字，经常选择使用 Word 工具，因为 Word 工具有很多快捷方式。例如，为了减少文字的重复输入，Word 提供了复制、粘贴的功能；在修改某些词语时，Word 提供了查找、替换功能；想要统计自己撰写了多少字，Word 提供了统计字数的功能。除此之外，Word 还有其他功能，如将输入的小写字母自动转换为大写字母等。其实，Word 这些功能都是在对字符串进行处理。在 C 语言中，同样提供了字符串处理函数，用于处理字符串。本章将详细讲解有关的字符串处理函数，这些字符串处理函数都在 string.h 函数库里。

本章知识架构如下。

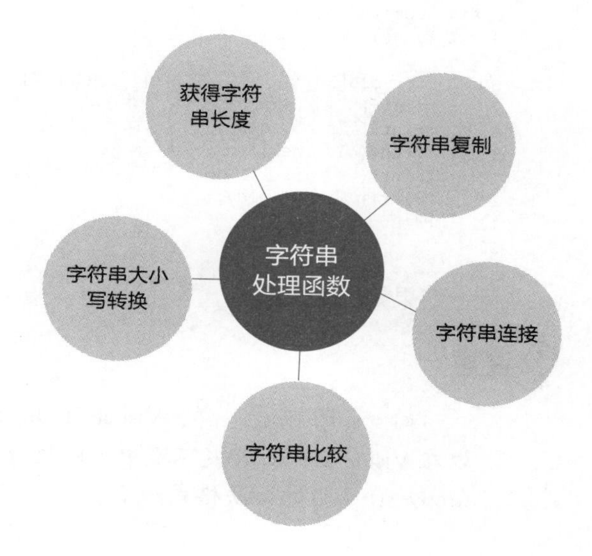

8.1 字符串复制

图 8.1 忘记淘宝登录密码

在编写程序时，经常需要对字符和字符串进行操作，如转换字符的大小写、求字符串长度等，这些都可以使用字符函数和字符串函数来解决。C 语言标准函数库专门为其提供了一系列处理函数，在编写程序的过程中合理、有效地使用这些函数可以提高编程效率，同时也可以提高程序性能。本节将对字符串处理函数进行介绍。

在字符串操作中，字符串复制是比较常用的操作之一。例如，在淘宝登录界面中，常常会忘记登录密码，如图 8.1 所示，这时我们采取的方法是重新设置密码，实际上就是字符串复制。

在 C 语言中，使用 strcpy() 函数完成上述重新设置密码的操作。strcpy() 函数的作用是复制特定长度的字符串到另一个字符串中，其语法格式如下。

```
strcpy( 目的字符数组名, 源字符数组名 )
```

功能：把源字符数组中的字符串复制到目的字符数组中，字符串结束标志“\0”也一同复制。

说明

① 目的字符数组应该有足够的长度，否则不能全部装入所复制的字符串。

② “目的字符数组名”必须写成数组名形式，而“源字符数组名”可以是字符数组名，也可以是一个字符串常量，这时相当于把一个字符串赋予一个字符数组。

③ 不能用赋值语句将一个字符串常量或字符数组直接赋给一个字符数组。

实例 8.1 更新招牌

实例位置：资源包 \Code\08\01

使用 strcpy() 函数更新公告，将原来招牌的“包子一元一个”修改为“包子壹圆壹个”，具体代码如下。

```
1 #define _CRT_SECURE_NO_WARNINGS
2 #include<stdio.h>                                  // 包含输入输出函数库
3 #include<string.h>                                 // 包含字符串复制函数库
4 int main()                                         //main() 函数
5 {                                                  // 定义字符数组用来存储招牌的新旧内容
6     char old[30] = " 包子一元一个 ", new[30] = " 包子壹圆壹个 ";
7     printf(" 原来的招牌的内容是: \n");              // 输出招牌旧内容提示信息
8     printf("%s\n", old);                           // 输出招牌旧的内容
9     strcpy(old, new);                              // 利用 strcpy() 函数将新招牌内容复制到旧招牌上
10    printf(" 经过处理之后的招牌的内容是 :\n");      // 输出招牌新内容提示信息
11    printf("%s\n", old);                           // 输出招牌新的内容
12    return 0;                                      // 程序结束
13 }
```

运行结果如图 8.2 所示。

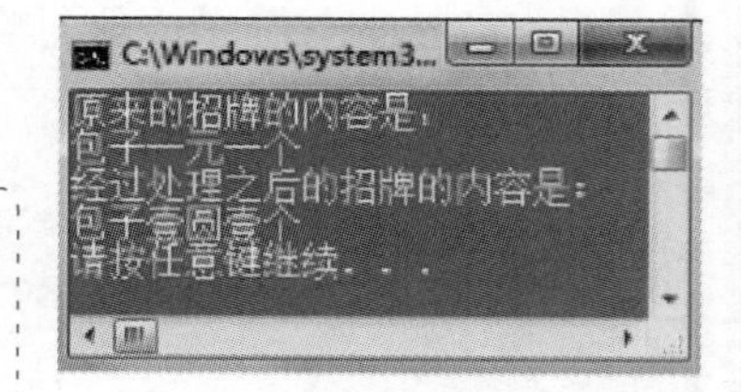

图 8.2 更新公告的内容

注意

同 scanf() 函数一样，Visual Studio 认为 strcpy() 函数不安全，所以在 Visual Studio 开发环境中可以把 strcpy() 函数写成 strcpy_s 函数。strcpy_s() 函数的语法格式如下。

```
strcpy_s(目的字符数组名,字符串长度,源字符数组名)
```

其中的字符串长度可用后续小节讲的strlen()函数求得。切记，在使用这个函数求长度时，不要忘记加结束符“\0”的位置，也就是在求得的长度的基础上加1。

或者加一句：

```
#define _CRT_SECURE_NO_WARNINGS   //解除安全性问题
```

8.2 字符串连接

字符串连接就是将一个字符串连接到另一个字符串的末尾，使其组合成一个新的字符串。在字符串处理函数中，strcat()函数就具有字符串连接的功能，其语法格式如下：

```
strcat(目的字符数组名,源字符数组名)
```

功能：把源字符数组中的字符串连接到目的字符数组中字符串的后面，并删去目的字符数组中原有的结束符“\0”。

说明

要求目的字符数组应有足够的长度，否则不能装下连接后的字符串。字符串复制实质上是用源字符数组中的字符串覆盖目的字符数组中的字符串，而字符串连接则不存在覆盖的问题，只是单纯地将源字符数组中的字符串连接到目的字符数组中的字符串的后面。

实例 8.2 制作课程表

实例位置：资源包\Code\08\02

下面通过strcat()函数将课程名称和上课时间连接起来制作某一天的课程表，具体代码如下。

```
1 #define _CRT_SECURE_NO_WARNINGS
2 #include<stdio.h>                              //包含头文件
3 #include<string.h>                             //包含字符串连接函数头文件
4 int main()                                     //main()函数
5 {
6     //定义字符数组保存课程名称
7     char course1[30] = "    物理", course2[30] = "  数学", course3[30] = "  英语", course4[30] = "  语文";
8     //定义字符数组保存上课时间
9     char time1[30] = "8:00-9:40", time2[30] = "10:00-11:40";
10    char time3[30] = "13:00-14:40", time4[30] = "15:00-16:00";
11    strcat(time1, course1);                    //分别调用strcat()函数将时间和课程连接起来
12    strcat(time2, course2);
13    strcat(time3, course3);
14    strcat(time4, course4);
15    printf("今天课程如下:\n");                  //输出提示信息
16    puts(time1);                               //输出连接后的课程表
17    puts(time2);
18    puts(time3);
19    puts(time4);
20    return 0;                                  //程序结束
21 }
```

运行结果如图8.3所示。

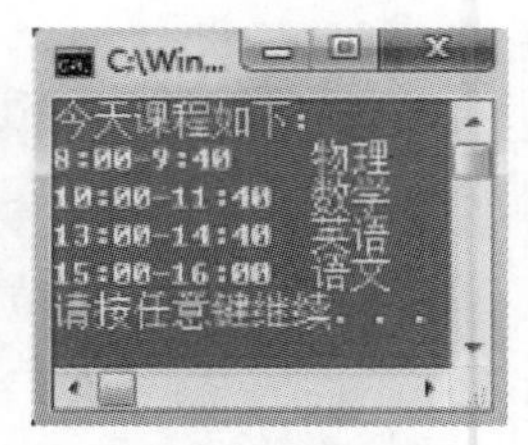

图 8.3　显示课程表

注意

同 scanf() 函数一样，Visual Studio 认为 strcat() 函数不安全，所以在 Visual Studio 开发环境中可以把 strcat() 函数写成 strcat_s() 函数。strcat_s() 函数的语法格式如下。

```
strcat_s( 目的字符数组名 , 字符串长度 , 源字符数组名 )
```

或者加一句：

```
#define _CRT_SECURE_NO_WARNINGS   // 解除安全性问题
```

8.3　字符串比较

字符串比较就是将一个字符串与另一个字符串从首字母开始，按照 ASCII 码的顺序进行逐个比较。在 C 语言中，使用 strcmp() 函数来完成字符串的比较功能。strcmp() 函数的语法格式如下。

```
strcmp( 字符数组名 1, 字符数组名 2)
```

功能：按照 ASCII 码顺序比较两个数组中的字符串，并由函数返回值返回比较结果。

返回值如下。

- 字符数组名 1= 字符数组名 2，返回值为 0。
- 字符数组名 1> 字符数组名 2，返回值为正数。
- 字符数组名 1< 字符数组名 2，返回值为负数。

说明

当两个字符串进行比较时，若出现不同的字符，则以第一个不同的字符的比较结果作为整个比较的结果。

常见错误

字符串比较绝对不能使用关系运算符，也不能使用赋值运算符进行赋值得到数据。例如，下面的两行语句都是错误的。

```
if(str[2]==mingri) ……
str[2]=mingri; ……
```

实例 8.3　模拟登录明日学院的账号

实例位置：资源包 \Code\08\03

使用 strcmp() 函数来模拟登录明日学院的账号，如果输入的账号是“mingrikeji”，则提示登录成功，否则提示失败，具体代码如下。

```
1 #include<stdio.h>                                   // 包含头文件
2 #include<string.h>                                  // 包含 strcmp() 函数头文件
3 int main()                                          //main() 函数
4 {
5     char shezhimima[20] = "mingrikeji";             // 定义字符数组存储账号
```

```
6     char mima[20];                                  // 定义登录时写的账号
7     printf(" 请输入你的明日学院 VIP 账号: \n");        // 提示信息
8     gets(mima);                                     // 登录时写的账号
9     printf(" 你的明日学院 VIP 账号是: \n");            // 提示信息
10    puts(mima);                                     // 输出登录时写的账号
11    if (strcmp(shezhimima, mima) == 0)              // 如果登录时写的账号与注册的账号相同
12    {
13        printf(" 你登录成功了 !^_^\n");               // 输出登录成功信息
14    }
15    else                                            // 如果登录时写的账号与注册的账号不相同
16    {
17        printf(" 你登录失败 !!-_-\n");                // 输出登录失败的信息
18    }
19    return 0;                                       // 程序结束
20 }
```

运行结果如图 8.4 所示。

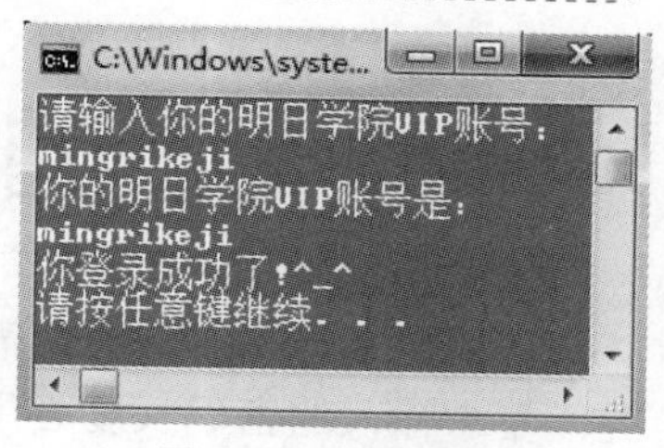

图 8.4　登录账号

8.4　字符串大小写转换

我们常常会注册一些账号，其中有一项是输入验证码，如图 8.5 所示，这时会遇到字符串的大小写转换的情况。在注册时，会将验证码大小写自动转换，因此输入“yynd”或“YYND”都是可以注册的。在 C 语言中，也有相应的函数能够完成字符串的大小写转换，那就是 strupr() 和 strlwr() 函数。

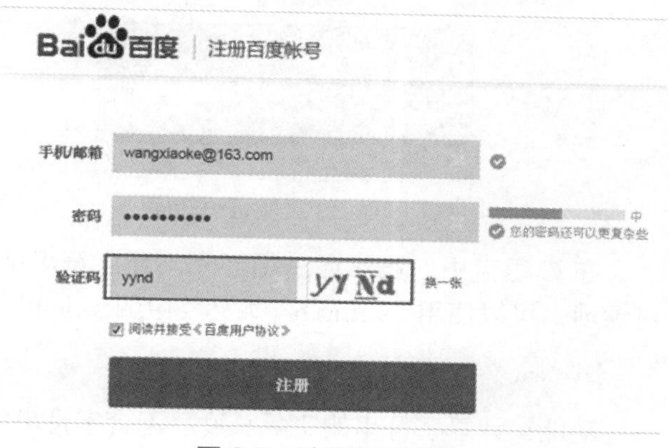

图 8.5　注册百度账号

strupr() 函数的语法格式如下。

```
strupr( 字符串 )
```

功能：将字符串中的小写字母转换成大写字母，其他字母不变。

strlwr() 函数的语法格式如下。

```
strlwr( 字符串 )
```

功能：将字符串中的大写字母转换成小写字母，其他字母不变。

实例 8.4　验证码大小写转换

实例位置：资源包 \Code\08\04

例如，使用字符串大小写转换函数来实现验证码“yyNd”的大小写自动转换，具体代码如下。

```
1 #define  _CRT_SECURE_NO_WARNINGS
2 #include<stdio.h>                                      // 包含头文件
3 #include<string.h>                                     // 包含 strupr() 和 strlwr() 函数库
4 int main()                                             //main() 函数
5 {
6     char verification[5] = "yyNd";                    // 定义字符数组存储验证码
7     printf(" 验证码是 %s:\n", verification);           // 显示输入的验证码
8     _strupr(verification);                            // 将验证码转换为大写字母
9     printf(" 验证码转换成大写为: %s\n", verification);  // 输出转换后的大写字母
10    _strlwr(verification);                            // 将验证码转换为小写字母
11    printf(" 验证码转换成小写为: %s\n", verification);  // 输出转换后的小写字母
12    return 0;                                         // 程序结束
13 }
```

运行结果如图 8.6 所示。

注意

同 scanf() 函数一样，Visual Studio 认为 strlwr()、strupr() 函数不安全，所以在 Visual Studio 开发环境中可以把 strlwr()、strupr() 函数分别写成 _strlwr_s()、_strupr_s() 函数，其语法格式分别如下。

```
strupr_s( 字符数组名 , 字符串长度 )
strlwr_s( 字符数组名 , 字符串长度 )
```

或者加一句：

```
#define _CRT_SECURE_NO_WARNINGS  // 解除安全性问题
```

8.5 获得字符串长度

在使用字符串时，有时需要动态获得字符串的长度。例如，注册账号时常常会遇到如图 8.7 所示的情况，要求输入的密码长度必须为 6 ～ 16 个字符。那么我们如何才能获取字符串长度？

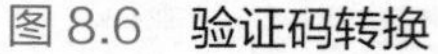
图 8.6 验证码转换

图 8.7 注册账号

在 C 语言中，虽然通过循环来判断字符串结束标志“\0”也能获得字符串的长度，但是实现起来相对烦琐，可以使用“string.h”头文件中的 strlen() 函数来计算字符串的长度。strlen() 函数的语法格式如下。

```
strlen( 字符数组名 )
```

功能：计算字符串的实际长度（不含字符串结束标志“\0”），函数返回值为字符串的实际长度。

实例 8.5 　**模拟注册明日学院账号**　　实例位置：资源包 \Code\08\05

使用 strlen() 来判断注册的明日学院账号是否符合要求，明日学院账号的长度要求是 4 ～ 12 位，如果满足长度，则提示注册成功，否则提示注册失败。具体代码如下。

```
1 #include <stdio.h>                                        // 包含输入输出函数库
2 #include <string.h>                                       // 包含 strlen() 函数库
3 int main()
4 {
5     char text[20];                                        // 定义字符数组保存账号
6     printf(" 请输入您想注册的明日学院账号 :\n");              // 输出信息提示
7     scanf("%s", &text);                                   // 输入注册的账号
8     if (strlen(text) >= 4 && strlen(text) <= 12)          // 比较字符串的长度，要求长度为 4~12 个字符
9         printf(" 注册成功 \n");                            // 输出成功提示
10     else
11         printf(" 您输入的账号不符合要求，请重新输入 !\n");    // 输出失败提示
12     return 0;                                            // 程序结束
13 }
```

运行结果如图 8.8 所示。

8.6 综合案例——谁被 @ 啦

微信、QQ 相信大家都十分熟悉，为了沟通方便，人们会在微信、QQ 中选择创建群聊。如果在群聊里被艾特（@），即使用户把群屏蔽了，微信和 QQ 也一样会有显示，如图 8.9 所示（上是微信，下是 QQ），这样可以防止错过重要的信息。

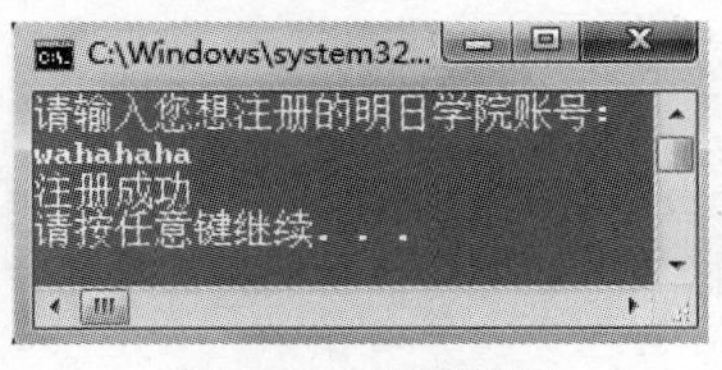

图 8.8 **注册账号**

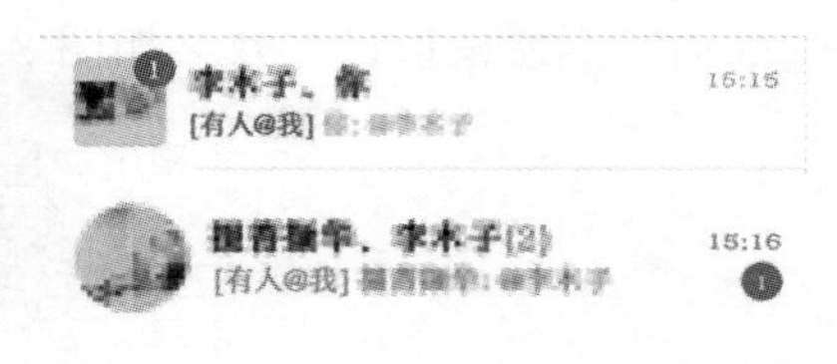

图 8.9 **微信、QQ 艾特显示情况**

当然，如果想在群里对谁“喊话”，就可以直接艾特某人，即使不加对方的微信或者 QQ 也一样可以对话。本案例就模拟艾特某人，实现的步骤如下。

① 导入函数库，具体代码如下。

```
1 #define _CRT_SECURE_NO_WARNINGS
2 #include<stdio.h>
3 #include<string.h>                                        // 包含字符串函数
```

② 在主函数中，创建几个数组，然后利用字符串连接函数、字符串复制函数模拟艾特某人，实现的具体代码如下。

```
1 int main()
2 {
3 // 定义字符数组并赋值
4     char str1[30] = "明日科技", str2[30] = "扎克伯格", str3[30] = "比尔盖茨";
5     char str4[10] = "  你被@了", str5[30] = "明日网课";        // 定义字符数组并赋值
6     strcat(str1,str4);                                    // 连接字符串
7     strcat(str2, str4);
8     strcat(str3, str4);
9     printf("被@的列表: \n");
10    printf("%s\n", str1);                                 // 输出连接后的字符串
11    printf("%s\n", str2);
12    printf("%s\n\n", str3);
13    strcpy(str1, str5);                                   // 复制字符串，将 str5 内容复制给 str1
14    // 输出复制后的字符串
15    printf("不对不对，@错了，不是明日科技\n应该是 %s 你被@啦！\n",str1);
16    return 0;
17 }
```

运行结果如下。

```
被@的列表:
明日科技  你被@了
扎克伯格  你被@了
比尔盖茨  你被@了

不对不对，@错了，不是明日科技
应该是 明日网课 你被@啦！
```

8.7 实战练习

练习 1：打印象棋口诀 下象棋需要先了解一下象棋口诀：

- 马走日，象走田
- 车走直路炮翻山
- 士走斜线护将边
- 小卒一去不回还

利用字符串拼接函数输出下象棋口诀。效果如图 8.10 所示。

```
象棋口诀是:
马走日,象走田
车走直路炮翻山
士走斜线护将边
小卒一去不回还
```

图 8.10 **打印象棋口诀**

练习 2：判断车牌的归属地 根据车牌号可以知道这辆车的归属地，利用字符串比较函数判断车牌的归属地，效果如图 8.11 所示。

```
车牌号归属地查询:

津 A · 12345 这个车牌号的归属地是: 天津
沪 A · 23456 这个车牌号的归属地是: 上海
京 A · 34567 这个车牌号的归属地是: 北京
```

图 8.11 **车牌号归属地查询**

小结

本章介绍了 string.h 函数库中的五种常用的字符串处理函数，包括字符串复制（strcpy）、字符串连接（strcat）、字符串比较（strcmp）、字符串大小写转换（strupr 和 strlwr）、获取字符串长度函数（strlen），分别利用实例介绍了这五种函数的实现效果。使用字符串处理函数进行字符串的相关操作比较友好，希望大家掌握这五种函数。

扫码领取
- 视频讲解
- 源码下载
- 配套答案
- 闯关练习
- 拓展资源

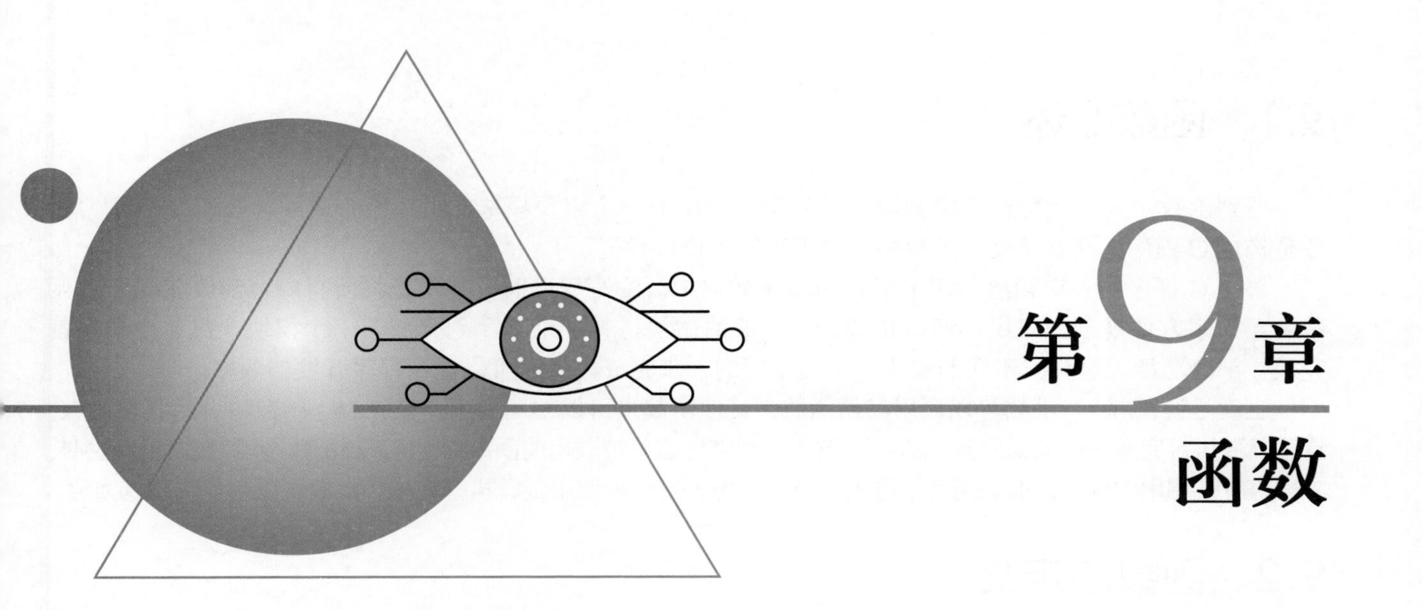

第9章 函数

一个较大的程序一般应分为若干个模块，每一个模块用来实现一个特定的功能。所有的高级语言中都有子程序的概念，用来实现模块的功能。在 C 语言中，子程序的作用是由函数完成的。

本章致力于使读者了解关于函数的概念，掌握函数的定义及其组成部分；熟悉函数的调用方式；了解内部函数和外部函数的作用范围，区分局部变量和全局变量的不同；最后能将函数应用于程序中，将程序分成模块。

本章知识架构如下。

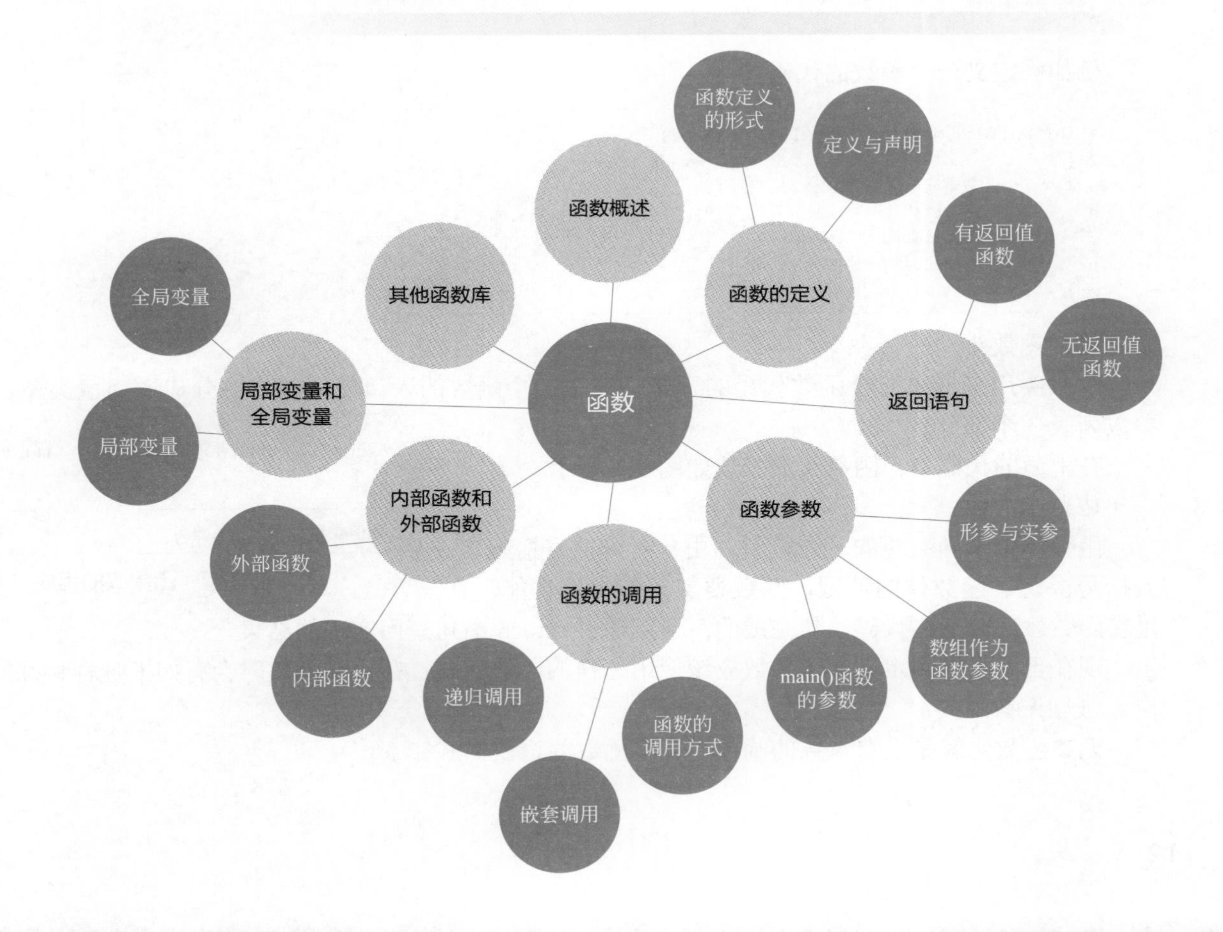

9.1 函数概述

提到函数，大家会想到数学函数，函数是数学中的一个重要模块，贯穿整个数学。在 C 语言中，函数是构成 C 程序的基本单元。函数中包含程序的可执行代码。

每个 C 程序的入口和出口都位于 main() 函数之中。编写程序时，并不是将所有内容都放在 main() 函数中。为了方便规划、组织、编写和调试，一般的做法是将一个程序划分成若干个模块，每一个模块都完成一部分功能。这样，不同的模块可以由不同的人来完成，从而可以提高程序开发的效率。

也就是说，main() 函数可以调用其他函数，其他函数也可以相互调用。在 main() 函数中调用其他函数，这些函数执行完毕之后又返回到 main() 函数中。通常把这些被调用的函数称为“下层函数”。函数调用发生时，立即执行被调用的函数，而调用者则进入等待的状态，直到被调用函数执行完毕。函数可以有参数和返回值。

9.2 函数的定义

在程序中编写函数时，函数的定义是让编译器知道函数的功能。定义的函数包括函数头和函数体两部分。

9.2.1 函数定义的形式

在编写程序时，C 语言的库函数是可以直接调用的，如 printf() 函数。而自定义函数则必须由用户对其进行定义，在函数定义中完成函数特定的功能，这样才能被其他函数调用。

一个函数的定义分为函数头和函数体两个部分。函数定义的语法格式如下。

```
返回值类型  函数名 ( 参数列表 )
{
函数体 ( 函数实现特定功能的过程 );
}
```

例如，定义一个函数的代码如下。

```
1 int MulTwoNumber(int iNum1, int iNum2)      // 函数头部分
2 {
3     // 函数体部分，实现函数的功能
4     int result;                             // 定义整型变量
5     result = iNum1 * iNum2;                 // 进行乘法操作
6     return result;                          // 返回操作结果，结束
7 }
```

（1）函数头

函数头用来标志一个函数代码的开始，这是一个函数的入口处。函数头分成返回值类型、函数名和参数列表 3 个部分。

在上面的代码中，函数头的组成如图 9.1 所示。

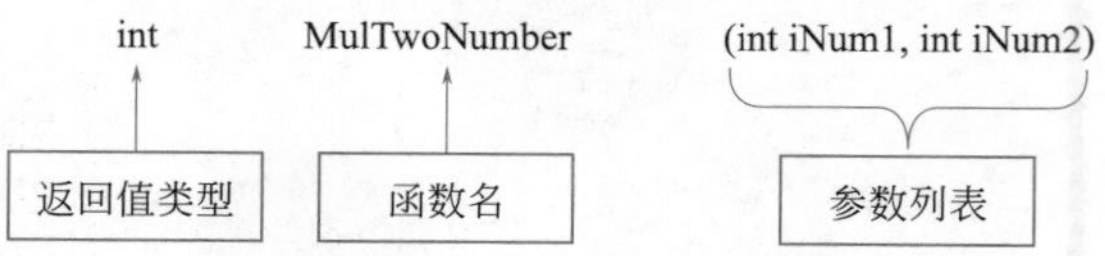

int　　MulTwoNumber　　(int iNum1, int iNum2)

返回值类型　　函数名　　参数列表

图 9.1　函数头的组成

（2）函数体

函数体位于函数头的下方位置，由一对大括号括起来，大括号决定了函数体的范围。函数要实现的特定功能，都是在函数体部分通过代码语句完成的，最后通过 return 语句返回实现的结果。

现在已经了解到定义一个函数应该使用怎样的语法格式，在定义函数时会有如下几种特殊的情况。

（1）无参函数

无参函数也就是没有参数的函数。无参函数的语法格式如下。

```
返回值类型 函数名()
{
    函数体
}
```

例如，使用上面的语法定义一个无参函数的代码如下。

```
1 void Show ()                                        // 函数头
2 {
3     printf("Nothing is impossible!");              // 显示一条信息
4 }
```

（2）空函数

顾名思义，空函数就是没有任何内容的函数，也没有什么实际作用。在实际的开发工程中，程序员们往往使用空函数进行占位，以后再用编好的函数取代它。空函数的形式如下。

```
类型说明符 函数名()
{
}
```

9.2.2 定义与声明

在程序中编写函数时，要先对函数进行声明，再对函数进行定义。函数的声明是让编译器知道函数的名称、参数、返回值类型等信息。就像请假一样，一定要告诉上级领导一声，他才知道你为什么没来上班，这就相当于声明。而函数的定义是让编译器知道函数的功能，就像请假要做的事情一样。

函数声明的格式由函数返回值类型、函数名、参数列表和分号4部分组成，其形式如下。

```
返回值类型  函数名(参数列表);
```

注意

在声明的最后要有分号作为语句的结尾。例如，声明一个函数的代码如下。

```
int ShowNum (int iNumber1, int iNumber2);
```

9.3 返回语句

返回就像主管向下级职员下达命令，职员去做，最后将结果报告给主管。怎样将结果返回呢？在C程序的函数体中常会看到这样一句代码：

```
return 0;
```

这就是返回语句之一。返回语句有如下两种形式。

```
return 表达式;
```

或者

```
return;
```

返回语句有以下两个主要用途。

① 利用返回语句能立即从所在的函数中退出，即返回到调用的程序中去。

② 返回语句能返回值，将函数值赋给调用的表达式中。当然有些函数也可以没有返回值。例如，返回值类型为 void 的函数就没有返回值。

9.3.1 有返回值函数

通常程序最终希望能调用其他函数得到一个确定的值，而最后得到的值就是函数的返回值。例如：

```
1 int Add(int iNumber1, int iNumber2)
2 {
3     int iResult;                    // 定义一个整型变量用来存储返回的结果
4     iResult = iNumber1 + iNumber2;  // 进行加法计算，得到计算结果
5     return iResult;                 // return 语句返回计算结果
6 }
7 int main()
8 {
9     int iResult;                    // 定义一个整型变量
10    iResult = Add (521, 520);       // 进行 521+520 的加法计算，并将结果赋值给变量 iResult
11    return 0;                       // 程序结束
12 }
```

从上面的代码中可以看到，首先定义了一个进行加法操作的函数 Add()，在 main() 函数中通过调用 Add() 函数将计算的加法结果赋值给在 main() 函数中定义的变量 iResult。

下面对函数进行说明。

① 函数的返回值都通过函数中的 return 语句获得，return 语句将被调用函数中的一个确定值返回到调用函数中。例如，上面代码中自定义函数 Add() 的最后就是使用 return 语句将计算的结果返回到 main() 函数中的调用位置。

说明

return 语句后面的括号是可以省略的，如 return 0 和 return(0) 是相同的，在本书的实例中都对括号进行了省略。

② 函数返回值的类型。既然函数有返回值，这个值当然应该是属于某一种确定的类型，因此应当在定义函数时明确指出函数返回值的类型。

③ 如果函数返回值的类型和 return 语句中表达式的值的类型不一致，则以函数返回值的类型为准，即函数定义的返回值类型决定最终返回值的类型。数值型数据可以自动进行类型转换。

常见错误：函数需要返回同一个类型的数据，在编写程序的最后忘记使用 return 语句返回一个对应类型的数据。

9.3.2 无返回值函数

从函数返回就是返回语句的第一个主要用途。在程序中，有两种方法可以终止函数的执行，并返回到调用函数的位置。第一种方法就是使用跳转语句或者使用程序终止函数，第二种方法是在函数体中，从第一句一直执行到最后一句，当所有语句都执行完，程序遇到结束符号“}”后返回。

例如，下面代码定义一个无返回值函数。

```
1 void Post();               // 声明函数
2 void Post()                // 自定义函数输出
3 {
4     printf(" 静夜思 \n");
```

```
5       printf("     李白 \n");
6       printf(" 床前明月光 \n");
7    printf(" 疑是地上霜 \n")
8    printf(" 举头望明月 \n")
9    printf(" 低头思故乡 \n")
10 }
```

当程序员不需要函数返回一个值时，此时就可以定义为无返回值函数。

9.4 函数参数

函数参数的作用是传递数据给函数使用，函数利用接收的数据进行具体的操作处理。如图 9.2 所示，定义函数时，函数参数位于函数名的后面。

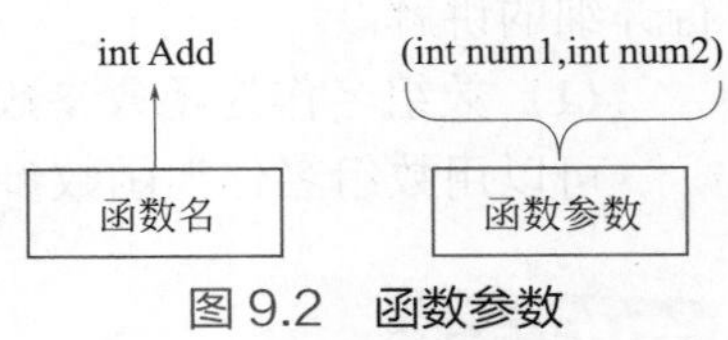

图 9.2　**函数参数**

9.4.1 形参与实参

在使用函数时，经常会用到形参和实参。两者都叫作参数，二者之间的区别将通过形参与实参的名称和作用来进行讲解，再通过一个比喻和实例进行深入理解。

（1）通过名称理解

- 形参：按照名称进行理解就是形式上存在的参数。
- 实参：按照名称进行理解就是实际存在的参数。

（2）通过作用理解

- 形参：在定义函数时，函数名后面括号中的变量名称为"形参"。在函数调用之前，传递给函数的值将被复制到这些形参中。
- 实参：在调用一个函数时，也就是真正使用一个函数时，函数名后面括号中的参数为"实参"。

例如，我们定义一个午餐选择吃什么的函数，如图 9.3 所示，自定义的函数中的 lunch 是形参，而 main() 函数中的 eat1 和 eat2 是实参。

（3）通过一个比喻来理解形参和实参

函数定义时参数列表中的参数就是形参，而函数调用时传递进来的参数就是实参。就像剧本选主角一样，剧本的角色相当于形参，而演角色的演员就相当于实参。

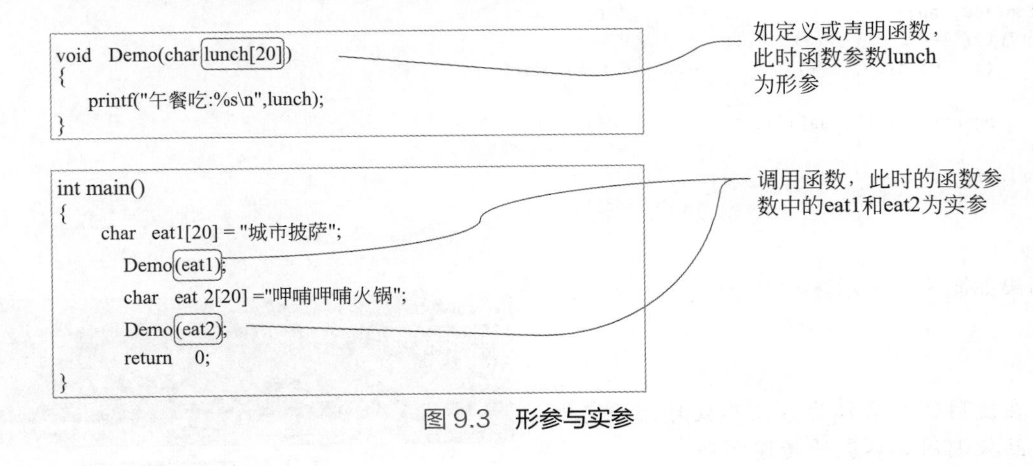

图 9.3　**形参与实参**

说明

实参可以是常量、变量、数组、指针等，也可以是表达式。

9.4.2 数组作为函数参数

本小节将讨论数组作为实参传递给函数的这种特殊情况。将数组作为函数参数进行传递，不同于标准的赋值调用的参数传递方法。

① 当数组作为函数的实参时，只传递数组的地址，而不是将整个数组赋值到函数中。

② 当用数组名作为实参调用函数时，指向该数组的第一个元素的指针就被传递到函数中。

声明函数参数时必须具有相同的类型，根据这一点，下面将对使用数组作为函数参数的各种情况进行详细的讲解。

（1）数组名作为函数参数

可以用数组名作为函数参数。

求素数

实例位置：资源包 \Code\09\01

下面代码编写函数 int fun(int lim,int aa[])，函数功能是求出小于或等于 lim 的所有素数，并放在 aa 数组里，显示所有素数。在本实例中，通过使用数组名作为函数的实参和形参。代码如下。

```
1 #include <stdio.h>                        // 包含头文件
2 int fun(int lim, int aa[])               // 自定义函数
3     int i, j = 0, k = 0;                  // 定义数组下标循环控制
4     for (i = 2; i<lim; i++)               // 判断素数
5     {
6         for (j = 2; j<i; j++)
7             if (i%j == 0)
8                 break;
9         if (j == i)
10            aa[k++] = i;
11    }
12    return k;                             // 程序结束
13 }
14 int main()                               // main() 函数
15 {
16    int aa[100], i;                       // 定义变量
17    fun(100, aa);                         // 调用 fun() 函数
18    printf("100 以内的素数有: \n");        // 显示信息
19    for (i = 0; i<25; i++)                // 循环数组所有素数
20    {
21        printf("%d\t", aa[i]);            // 输出满足条件的数
22    }
23    printf("\n");                         // 换行输出
24    return 0;                             // 程序结束
25 }
```

运行结果如图 9.4 所示。

注意

在使用数组名作为函数参数时，一定要注意函数调用时参数的传递顺序。

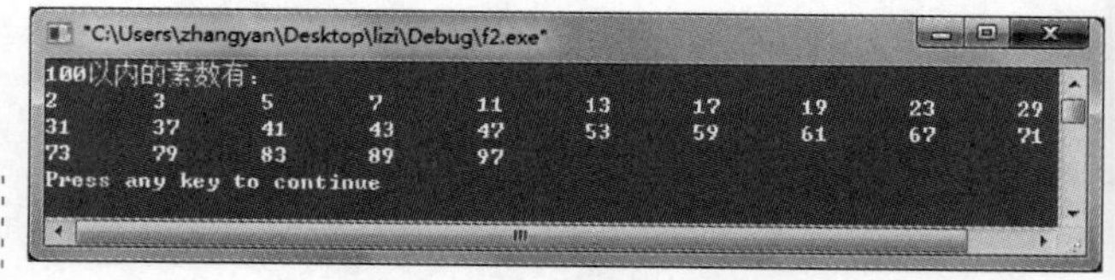

图 9.4 **所有素数运行图**

（2）可变长度数组作为函数参数

可以将函数的参数声明成长度可变的数组。例如，声明方式的代码如下。

```
void  Fun(char Name[]);                    // 声明函数
char CName[10];                            // 定义整型数组
Fun(CName);                                // 将数组名作为实参进行传递
```

从上面的代码中可以看到，在定义和声明一个函数时将数组作为函数参数，并且没有指明数组此时的大小，这样就将函数参数声明为数组长度可变的数组。

（3）使用指针作为函数参数

最后一种方式是将函数参数声明为一个指针。用指针作参数和数组作参数起同样的作用。

说明

将函数参数声明为一个指针的方法，也是C程序比较专业的写法。关于指针的详细知识点，在第10章。

例如，声明一个函数参数为指针时，传递数组方法如下。

```
void  Fun(int* p);                         // 声明函数
int iArray[10];                            // 定义整型数组
Fun(iArray);                               // 将数组名作为实参进行传递
```

从上面的代码中可以看到，指针在声明Fun()函数时作为函数参数。在调用函数时，可以将数组名作为函数的实参进行传递。

9.4.3　main()函数的参数

在前面介绍函数定义的内容中，在讲解函数体时提到过main()函数的有关内容，下面在此基础上对main()函数的参数进行介绍。

在运行程序时，有时需要将必要的参数传递给main()函数。main()函数的形参如下。

```
main(int argc, char* argv[])
```

两个特殊的内部形参argc和argv是用来接收命令行实参的，这是只有main()函数才具有的参数。

（1）argc参数

argc参数保存命令行的参数个数，是整型变量。这个参数的值至少是1，因为至少程序名就是第一个实参。

（2）argv参数

argv参数是一个指向字符数组的指针，这个数组中的每一个元素都指向命令行实参。所有命令行实参都是字符串，任何数字都必须由程序转变成为适当的格式。

9.5　函数的调用

在生活中，为了能完成某项特殊的工作，需要使用特定功能的工具。那么首先就要去制作这个工具，工具制作完成后，才可以进行使用。函数就像要完成某项功能的工具，而使用函数的过程就是函数的调用。

9.5.1　函数的调用方式

一种工具不止有一种使用方式，就像雨伞一样，它既可以遮雨也可以遮阳，函数的调用也是如此。函数的调用方式有3种，包括函数语句调用、函数表达式调用和函数参数调用。下面分别对这3种情况进行介绍。

（1）函数语句调用

把函数的调用作为一个语句就称为“函数语句调用”。函数语句调用是最常使用的调用函数的方式。

实例 9.2 《论语》一则

实例位置：资源包 \Code\09\02

例如，定义一个函数，使用函数语句调用方式，通过调用函数完成显示一条信息的功能，进而观察函数语句调用的使用方式。代码如下。

```
1 #include<stdio.h>                          // 包含头文件
2 void Display()                             // 定义函数
3 {
4     printf("三人行，必有我师焉；择其善者而从之，其不善者而改之\n");    // 实现显示一条信息功能
5 }
6
7 int main()                                 // main() 函数
8 {
9     Display();                             // 函数语句调用
10    return 0;                              // 程序结束
11 }
```

说明

在介绍定义与声明函数时曾进行说明，如果在使用函数之前定义函数，那么此时的函数定义包含函数声明。

运行结果如图 9.5 所示。

图 9.5　输出一则《论语》运行图

（2）函数表达式调用

函数出现在一个表达式中，这时要求函数必须返回一个确定的值，而这个值则作为参加表达式运算的一部分。

实例 9.3 用欧姆定律求电阻值

实例位置：资源包 \Code\09\03

定义一个函数，其功能是利用欧姆定律（$R=U/I$）计算电阻值，并在表达式中调用该函数，使得函数的返回值参加运算得到新的结果。代码如下。

```
1 #include<stdio.h>                                     // 包含头文件
2 // 声明函数，函数进行计算
3 void TwoNum(float iNum1, float iNum2);
4
5 int main()
6 {
7     TwoNum(5, 10);                                    // 调用函数
8     return 0;                                         // 程序结束
9 }
10
11 void TwoNum(float iNum1, float iNum2)                 // 定义函数
12 {
13    float iTempResult;                                // 定义整型变量
14    iTempResult = iNum1 / iNum2;                      // 进行计算，并将结果赋值给 iTempResult
15    printf("电阻值是 %f\n", iTempResult);              // 显示输出电阻值
16 }
```

运行结果如图 9.6 所示。

图 9.6 实现欧姆定律功能

（3）函数参数调用

函数调用作为一个函数的实参，这样将函数返回值作为实参传递到函数中使用。函数出现在一个表达式中，这时要求函数返回一个确定的值，这个值用作参加表达式的运算。

判断体温是否正常

实例位置：资源包 \Code\09\04

编写 getTemperature() 函数返回体温值，将其返回的结果传递给 judgeTemperature() 函数。把函数作为参数使用，程序中定义 getTemperature() 函数，又定义 judgeTemperature() 函数，而 judgeTemperature() 函数的参数是 getTemperature() 函数。代码如下。

```
1 #include<stdio.h>                                          // 包含头文件
2 
3 void judgeTemperature(int temperature);                    // 声明函数
4 int getTemperature();                                      // 声明函数
5 
6 int main()                                                 // main() 函数
7 {
8     judgeTemperature(getTemperature());                    // 调用函数
9     return 0;                                              // 程序结束
10 }
11 int getTemperature()                                       // 定义体温函数
12 {
13     int temperature;                                       // 定义整型变量
14     printf("please input a temperature:\n");               // 输出提示信息
15     scanf("%d", &temperature);                             // 输入体温
16     printf(" 当前体温是: %d\n", temperature);               // 输出当前体温值
17     return temperature;                                    // 返回体温值
18 }
19 
20 void judgeTemperature(int temperature)                     // 自定义体温判断函数
21 {
22     if (temperature <= 39.3f&& temperature >= 36)          // 判断体温值是否正常
23         printf(" 体温正常 \n");
24     else
25         printf(" 体温不正常 \n");
26 }
```

运行结果如图 9.7 所示。

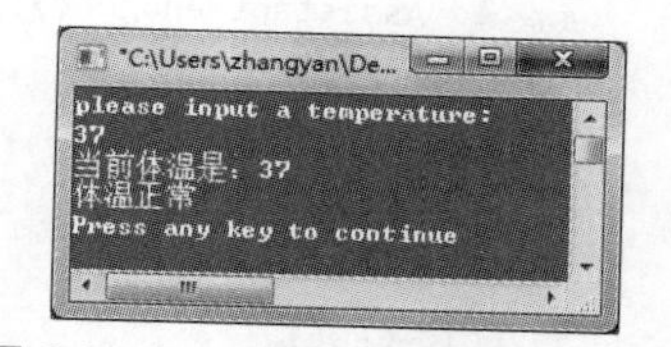

图 9.7 判断体温是否正常运行图

9.5.2 嵌套调用

在 C 语言中，函数的定义都是互相平行、独立的，也就是说在定义函数时，一个函数体内不能包含另一个函数的定义。例如，下面的代码是错误的。

```
1 int main()
2 {
3     void Display()                      // 错误 !!! 不能在函数内定义函数
4     {
5         printf("I want to show the Nesting function");
6     }
7     return 0;
8 }
```

从上面的代码中可以看到，在 main() 函数中定义了一个 Display() 函数，目的是输出一句提示。但 C 语言是不允许进行函数嵌套定义的，因此进行编译时就会出现如图 9.8 所示的错误提示。

```
error C2143: syntax error : missing ';' before '{'
```

图 9.8　错误提示

虽然 C 语言不允许进行函数嵌套定义，但是可以嵌套调用函数，也就是说，在一个函数体内可以调用另外一个函数。例如，使用下面代码进行函数的嵌套调用。

```
1 void ShowMessage()                          // 定义函数
2 {
3     printf("The ShowMessage function");
4 }
5
6 void Display()
7 {
8     ShowMessage();                          // 正确，在函数体内进行函数的嵌套调用
9 }
```

用一个比喻来理解，某公司的 CEO 决定该公司要完成一个方向的目标，但是要完成这个目标就需要将其讲给公司的经理们听，公司中的经理们要做的就是将要做的内容再传递给下级的副经理们听，副经理们再讲给下属的职员听，职员按照上级的指示进行工作，最终完成目标。其过程如图 9.9 所示。

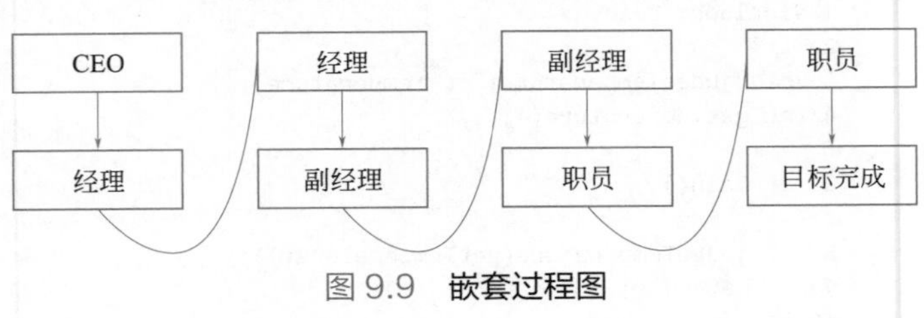

图 9.9　嵌套过程图

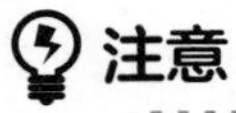

注意

在函数嵌套调用时，一定要在使用前进行原型声明。

实例 9.5　CEO 安排工作任务

实例位置：资源包 \Code\09\05

利用函数嵌套调用模拟上述比喻中描述的过程，其中将每一个位置的人要做的事情封装成一个函数，通过调用函数完成最终目标。具体代码如下。

```
1 #include<stdio.h>
2 void CEO();                                   // 声明函数
3 void Manager();
4 void AssistantManager();
5 void Clerk();
6 int main()
7 {
8     CEO();                                    // 调用 CEO() 函数
9     return 0;
10 }
11 void CEO()
12 {
13     // 输出信息，表示调用 CEO 函数进行相应的操作
14     printf("CEO 下达命令给经理 \n");
15     Manager();                                // 调用 Manager() 函数
16 }
17 void Manager()
18 {
19     // 输出信息，表示调用 Manager 函数进行相应的操作
20     printf(" 经理下达命令给副经理 \n");
21     AssistantManager();                       // 调用 AssistantManager() 函数
22 }
23 void AssistantManager()
```

```
24 {
25     // 输出信息，表示调用 AssistantManager() 函数进行相应的操作
26     printf(" 副经理下达命令给职员 \n");
27     Clerk();                                        // 调用 Clerk() 函数
28 }
29 void Clerk()
30 {
31     // 输出信息，表示调用 Clerk() 函数进行相应的操作
32     printf(" 职员执行命令 \n");
33 }
```

运行结果如图 9.10 所示。

9.5.3 递归调用

C 语言的函数都支持递归，也就是说，每个函数都可以直接或者间接地调用自己。所谓的间接调用，是指在递归函数调用的下层函数中再调用自己。递归关系如图 9.11 所示。

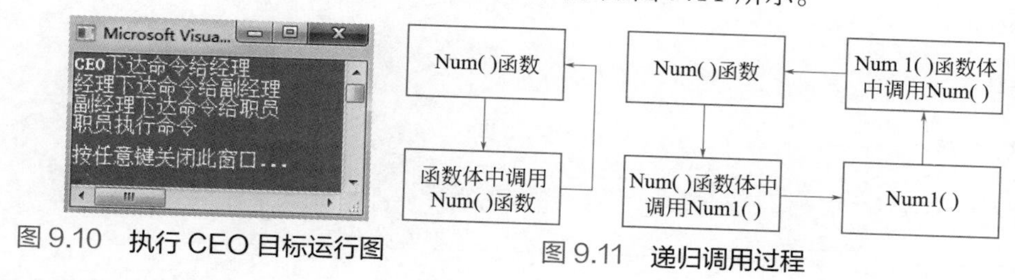

图 9.10 执行 CEO 目标运行图

图 9.11 递归调用过程

递归之所以能实现，是因为函数的每个执行过程在栈中都有自己的形参和局部变量的副本，这些副本和该函数的其他执行过程不发生关系。

说明

计算机中的“栈”是一种内存的数据结构，采用“后进先出”的特性存储数据。

这种机制是当代大多数计算机语言实现子程序结构的基础，也使得递归成为可能。假定某个调用函数调用了一个被调用函数，再假定被调用函数又反过来调用了调用函数，那么第二个调用就称为调用函数的递归，因为它发生在调用函数的当前执行过程运行完毕之前。而且，因为原先的调用函数、现在的被调用函数在栈中较低的位置有它独立的一组参数和自变量，原先的参数和变量将不受任何影响，所以递归能正常工作。

例如，有甲、乙、丙、丁、戊 5 个人坐在一起，猜戊的年龄。戊说比丁大 2 岁，问丁的岁数，丁说比丙大 2 岁，问丙的岁数，他说比乙大 2 岁，问乙的岁数，他说比甲大 2 岁，问甲的岁数，甲说他 10 岁，如图 9.12 所示是岁数的示意图，一层调用一层。

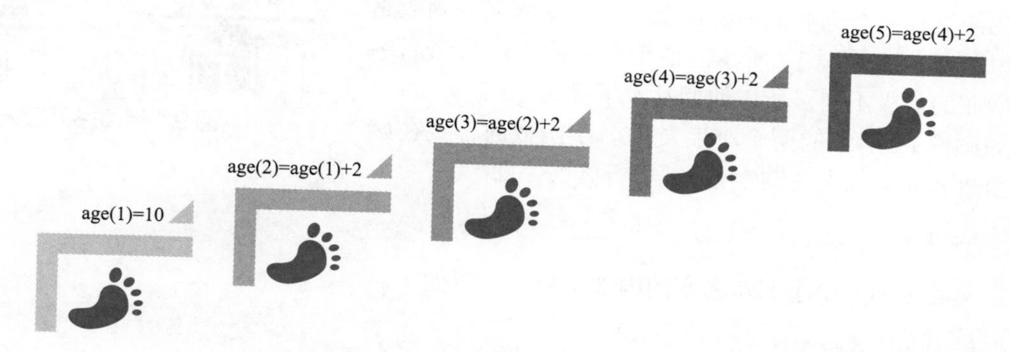

图 9.12 递归调用示意

递归求年龄

👁 实例位置：资源包 \Code\09\06

用递归求上述的戊的年龄，代码如下。

```
1 #include<stdio.h>
2 int getage(int n);                          // 声明函数
3 int main()
4 {
5     int age;                                // 定义整型变量，存储年龄
6     age = getage(5);                        // 调用函数计算年龄
7     printf(" 戊的年龄是: %d 岁 \n", age);     // 输出戊的年龄
8     return 0;                               // 程序结束
9 }
10 int getage(int n)                          // 自定义函数
11 {
12     if (n==1)                              // 如果是甲
13     {
14         return 10;                         // 返回 10 岁
15     }
16     return 2 + getage(n-1);                // 递归调用，调用 getage() 本身函数同时加 2
17 }
```

运行结果如图 9.13 所示。

C:\Windows\s...
戊的年龄是：18岁
请按任意键继续. . .

图 9.13　求戊的年龄的运行图

9.6　内部函数和外部函数

函数是 C 程序中的最小单位，往往把一个函数或多个函数保存为一个文件，这个文件称为“源文件”。函数本质上是全局的，因为一个函数要被另外的函数调用，但是，也可以指定函数只能被本源文件调用，而不能被其他源文件调用。根据函数能否被其他源文件调用，将函数分为内部函数和外部函数。

9.6.1　内部函数

定义一个函数，如果希望这个函数只被所在的源文件使用，那么就称这样的函数为“内部函数”。内部函数又称为“静态函数”。使用内部函数，可以使函数只局限在函数所在的源文件中，如果在不同的源文件中有同名的内部函数，则这些同名的函数是互不干扰的。例如，如图 9.14 所示的两个重名的人，虽然名字相同，但是所在的班级不同，所以他们互不干扰。

图 9.14　重名小朋友

在定义如图 9.14 所示的两个小朋友的名字函数时，要在函数返回值和函数名前面加上关键字 static 进行修饰，即

```
static  返回值类型  函数名 ( 参数列表 );
```

例如，定义其中的一个小朋友名字的内部函数，代码如下。

```
static char  *Name1(char *str1);
```

在函数的返回值类型 char* 前加上关键字 static，就将原来的函数修饰成内部函数。

说明

使用内部函数的好处是，不同的开发者可以分别编写不同的函数，而不必担心所使用的函数是否会与其他源文件中的函数同名，因为内部函数只可以在所在的源文件中进行使用，所以即使不同的源文件中有相同的函数名也没有关系。

实例 9.7 输出“Hello MingRi!”

实例位置：资源包 \Code\09\07

使用内部函数，通过一个函数对字符串进行赋值，再通过一个函数对字符串进行输出显示。代码如下。

```
1 #include<stdio.h>
2
3  static char* GetString(char* pString)            // 定义赋值函数
4  {
5      return pString;                              // 返回字符串
6  }
7
8  static void ShowString(char* pString)            // 定义输出函数
9  {
10     printf("%s\n", pString);                     // 显示字符串
11 }
12
13 int main()
14 {
15     char* pMyString;                             // 定义字符串变量
16     pMyString = GetString("Hello MingRi!");      // 调用函数为字符串赋值
17     ShowString(pMyString);                       // 显示字符串
18
19     return 0;
20 }
```

运行结果如图 9.15 所示。

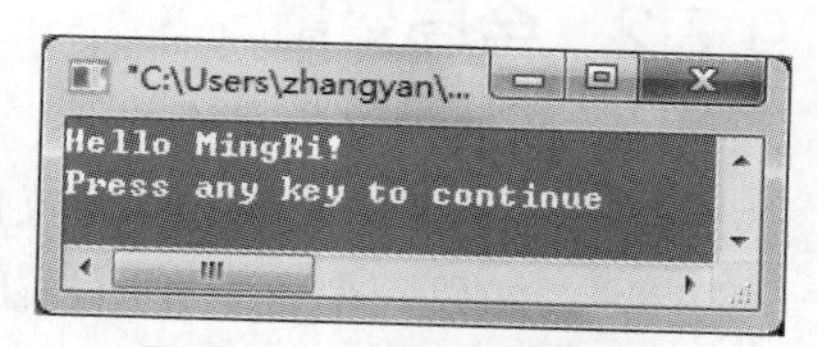

图 9.15 内部函数运行图

9.6.2 外部函数

与内部函数相对的就是外部函数，外部函数是可以被其他源文件调用的函数。定义外部函数使用关键字 extern 进行修饰。在使用一个外部函数时，要先用 extern 声明所用的函数是外部函数。

例如，函数头可以写成下面的形式。

```
extern int Add(int iNum1, int iNum2);
```

这样，Add 函数就可以被其他源文件调用。

注意

在 C 语言中定义函数时，如果不指明函数是内部函数还是外部函数，那么默认将函数指定为外部函数。也就是说，定义外部函数时可以省略关键字“extern”。书中的多数实例所使用的函数都为外部函数。

9.7 局部变量和全局变量

在讲解有关局部变量和全局变量的知识之前，先来了解一些有关作用域方面的内容。作用域的作用就是决定程序中的哪些语句是可用的，换句话说，就是在程序中的可见性。作用域包括局部作用域和全局作用域，局部变量具有局部作用域，而全局变量具有全局作用域。接下来具体介绍有关局部变量和全局变量的内容。

9.7.1 局部变量

在一个函数的内部定义的变量是局部变量。上述实例中绝大多数的变量都是局部变量，这些变量声明在函数内部，无法被其他函数所使用，作用范围仅限于函数内部的所有语句块。局部变量的作用域就像我们连的无线 WiFi，只有在 WiFi 的覆盖范围内才可以成功连接 WiFi。

说明

在语句块内声明的变量仅在该语句块内部起作用，当然也包括嵌套在其中的子语句块。

图 9.16 表示的是不同情况下局部变量的作用范围。

在 C 语言中，位于不同作用域的变量可以使用相同的标识符，也就是可以为不同作用域的变量起相同的名称。如果内层作用域中定义的变量和已经声明的某个外层作用域中的变量有相同的名称，在内层中使用该变量名时，内层作用域中的变量将屏蔽外层作用域中的变量，直到结束内层作用域为止。这就是局部变量的屏蔽作用。

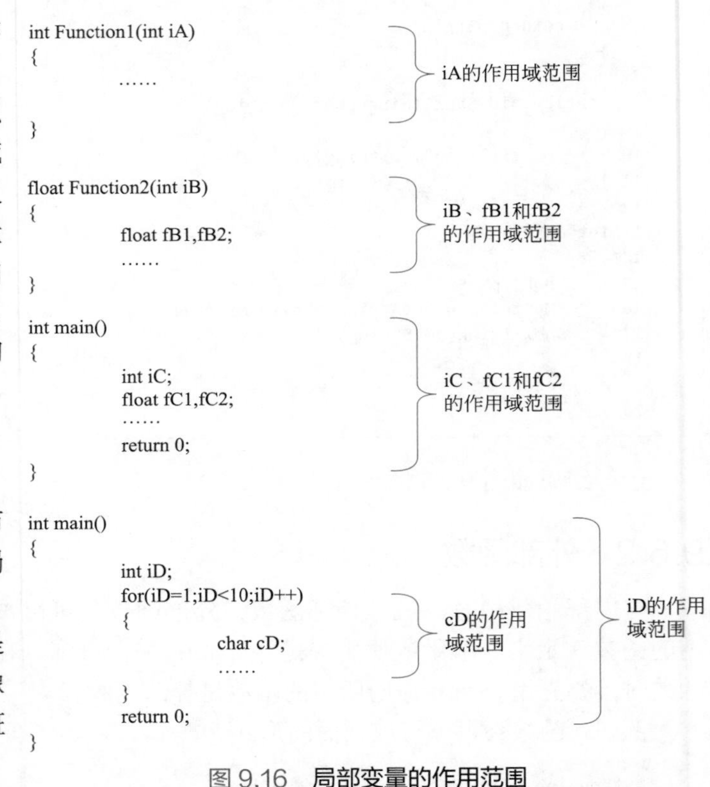

图 9.16 局部变量的作用范围

9.7.2 全局变量

程序的编译单位是源文件，通过 9.7.1 小节的介绍可以了解到在函数中定义的变量称为“局部变量”。如果一个变量在所有函数的外部声明，这个变量就是全局变量。顾名思义，全局变量是可以在程序中的任何位置进行访问的变量。就像某学校的校长，他可以管理这个学校的每个班级，他就相当于一个全局变量。

注意

全局变量不属于某个函数，而属于整个源文件。但是如果外部源文件要使用该变量，则要用 extern 关键字进行引用修饰。

定义全局变量的作用是增加函数间数据联系的渠道。由于同一个源文件中的所有函数都能引用全局变量的值，因此如果在一个函数中改变了全局变量的值，就能影响到其他函数，相当于各个函数间有直接传递通道。

9.8 其他函数库

为了快速编写程序，编译系统提供了一些库函数。不同的编译系统所提供的库函数可能不完全相同，其中可能函数名称相同但是实现的功能不同，也有可能实现统一功能但是函数的名称却不同。ANSI C 标准建议提供的标准库函数包括了目前多数 C 编译系统所提供的库函数，下面就介绍常用的数学库函数。

在程序中经常会使用一些数学的运算或者公式，这里首先介绍有关数学的常用函数。

注意

在使用数学函数时，要为程序添加头文件“math.h”（下列的 1 ～ 6 都是数学函数）；在使用判断字符类型函数时，要添加头文件“ctype.h”（下列的 7 ～ 9 都是字符检测函数）。

（1）abs() 函数

该函数的功能是求整数的绝对值。函数定义如下。

```
int abs(int i);
```

例如，求一个整数的绝对值的方法如下。

```
int iAbsolute;                    // 定义整数
int iNumber=-15;                  // 定义整数，为其赋值为 -15
iAbsolute=abs(iNumber);           // 将 iNumber 的绝对值赋给 iAbsolute 变量
```

（2）labs() 函数

该函数的功能是求长整数的绝对值。函数定义如下。

```
long labs(long n);
```

例如，求一个长整数的绝对值的方法如下。

```
long iResult;                     // 定义长整型
long lNumber=-8764837893L;        // 定义长整型，为其赋值为 -8764837893
iResult=labs(lNumber);            // 将 lNumber 的绝对值赋给 iResult 变量
```

（3）fabs() 函数

该函数的功能是返回浮点数的绝对值。函数定义如下。

```
double fabs(double x);
```

例如，求一个浮点数的绝对值的方法如下。

```
double fResult;                   // 定义浮点型变量
double fNumber=-6438.0;           // 定义浮点型变量，为其赋值为 -6438.0
fResult=fabs(fNumber);            // 将 fNumber 的绝对值赋给 fResult 变量
```

（4）sin() 函数

该函数的功能是求正弦值。函数定义如下。

```
double  sin(double x);
```

例如，求正弦值的方法如下。

```
double fSin;                      // 定义浮点型变量
double fsin = 0.5;                // 定义浮点型变量，并进行赋值
fSin = sin(fsin);                 // 使用正弦函数
```

（5）cos() 函数

该函数的功能是求余弦值。函数定义如下。

```
double cos(double x);
```

例如，求余弦值的方法如下。

```
double fCos;                          // 定义浮点型变量
double fcos = 0.5;                    // 定义浮点型变量，并进行赋值
fCos = cos(fcos);                     // 使用余弦函数
```

（6）tan() 函数

该函数的功能是求正切值。函数定义如下。

```
double tan(double x);
```

例如，求正切值的方法如下。

```
double fTan;                          // 定义浮点型变量
double ftan = 0.5;                    // 定义浮点型变量，并进行赋值
fTan = tan(ftan);                     // 使用正切函数
```

（7）isalpha 函数

该函数的功能是检测字母，如果参数（ch）是字母表中的字母（大写或小写），则返回非零值。函数定义如下。

```
int isalpha(int ch);
```

例如，判断输入的字符是否为字母的方法如下。

```
char c;                               // 定义字符型变量
scanf("%c",&c);                       // 输入字符
isalpha(c);                           // 调用 isalpha() 函数判断输入的字符
```

（8）isdigit 函数

该函数的功能是检测数字，如果参数是数字则函数返回非零值，否则返回零。函数定义如下。

```
int isdigit( int ch );
```

例如，判断输入的字符是否为数字的方法如下。

```
char c;                               // 定义字符型变量
scanf("%c",&c);                       // 输入字符
isdigit(c);                           // 调用 isdigit() 函数判断输入的字符
```

（9）isalnum 函数

该函数的功能是检测字母或数字，如果参数是字母表中的一个字母（大写或小写），或是一个数字，则函数返回非零值，否则返回零。函数定义如下。

```
int isalnum (int ch);
```

例如，判断输入的字符是否为数字或字母的方法如下。

```
char c;                               // 定义字符型变量
scanf( "%c", &c );                    // 输入字符
isalnum(c);                           // 调用 isalnum() 函数判断输入的字符
```

9.9 综合案例——随机抽奖

某商场举办抽奖游戏，只要在此商场购物满 300 元，就可以免费抽奖一次。在抽奖箱子里，有数字 0 ～ 6，抽到数字 1，奖品是一台微波炉；抽到数字 2，奖品是一台儿童平衡车；抽到数字 3，奖品是一个热水壶；抽到其他数字则没有奖品。

本案例要求自定义一个随机抽奖函数，然后在 main() 函数中根据抽奖结果，输出对应奖品。

实现的具体过程如下。

① 导入函数库，具体代码如下。

```
1 #include<stdio.h>
2 #include<time.h>
3 #include<stdlib.h>                                  // 包含随机函数库
```

② 自定义随机产生数字的函数，并返回随机产生的数字，实现的具体代码如下。

```
4 int Luck_draw()                                      // 自定义函数
5 {
6     srand((unsigned)time(NULL));                     // 随机种子
7     int i = rand() % 5;                              // 随机生成 0~6 数组下标
8     return i;                                        // 返回抽到的结果
9 }
```

③ 在 main() 函数中，根据随机产生的数字，得到对应的奖品情况，使用 if…else if…else 语句，实现的具体代码如下。

```
10 int main()
11 {
12     int i;
13     i = Luck_draw()+1;                              // 调用函数显示结果。因为随机产生 0~5，需要进行加 1 操作
14     printf(" 您抽中了数字 %d\n\n",i);                // 输出中奖结果
15     if (i == 1)                                     // 一等奖情况
16         printf(" 您的奖品是微波炉 \n");
17     else if (i == 2)                                // 二等奖情况
18         printf(" 您的奖品是儿童平衡车 \n");
19     else if (i == 3)                                // 三等奖情况
20         printf(" 您的奖品是热水壶 \n");
21     else
22         printf(" 对不起，您没有奖品 \n");
23     return 0;
24 }
```

运行结果如下。

```
您抽中了数字 3
您的奖品是热水壶
```

9.10 实战练习

练习 1：为“和尚”写诗 自定义一个 poetry 函数，为和尚写一首诗句。效果如图 9.17 所示。

练习 2：一棵松树的梦 在源文件中定义一个全局变量 pinetree，并为它赋值，再定义一个 christmastree() 函数，在这个函数里面定义名称为 pinetree 的局部变量，并输出，最后在主函数中调用 christmastree() 函数，并输出全局变量 pinetree 的值。实现结果如图 9.18 所示。

```
空门有路不知处
头白齿黄犹念经
何年饮着声闻酒
迄至如今醉未醒
```

图 9.17　**为和尚写诗**

```
下雪了……

============开始做梦……==============

挂上彩灯、礼物……我变成一棵圣诞树@^.^@

============梦醒了……================

我身上落满雪花,我是一棵松树 -_-
```

图 9.18　**一棵松树的梦**

小结

本章主要讲解 C 语言中函数的相关内容，包括：函数的定义、函数的返回语句、函数参数、函数调用、内部函数和外部函数、局部变量和外部变量、函数应用。

通过讲解函数定义，帮助学会定义一个函数。返回语句和函数参数的介绍，更深一步了解函数的细节部分。只知道如何定义函数是不够的，通过介绍函数的调用，将函数的各种调用方式与方法进行详细的说明，再利用实例的说明使读者有“不仅看得见并且摸得着”的感觉。接下来讲解内部函数和外部函数，以及局部变量和全局变量的知识，更深入地探讨细节部分。最后讲解一些常用的函数，通过将常用的函数放入实例中进行演示，更便于轻松地了解函数的功能。函数是 C 语言的重点部分，希望对此部分的知识多加理解。

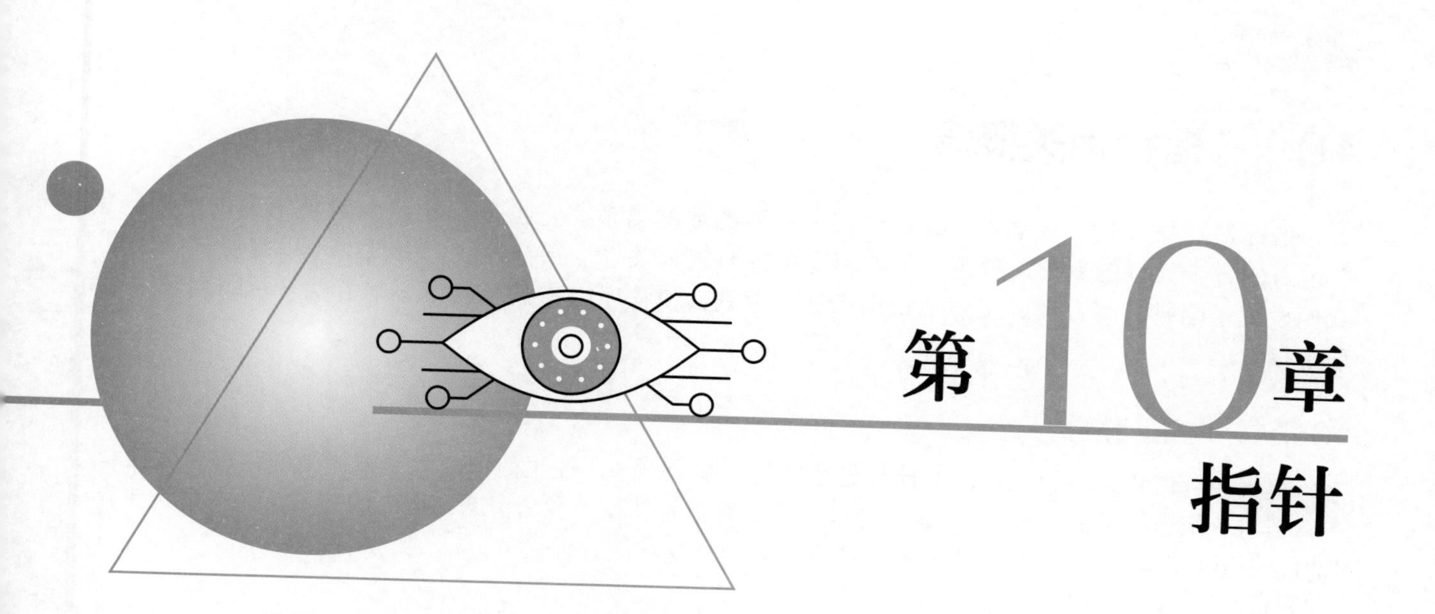

第10章 指针

指针是C语言的一个重要组成部分，是C语言的核心、精髓所在，用好指针可以在C语言编程中起到事半功倍的效果。一方面，可以提高程序的编译效率和执行速度以及实现动态的存储分配；另一方面，使用指针可使程序更灵活，便于表示各种数据结构，编写高质量的程序。

本章知识架构如下。

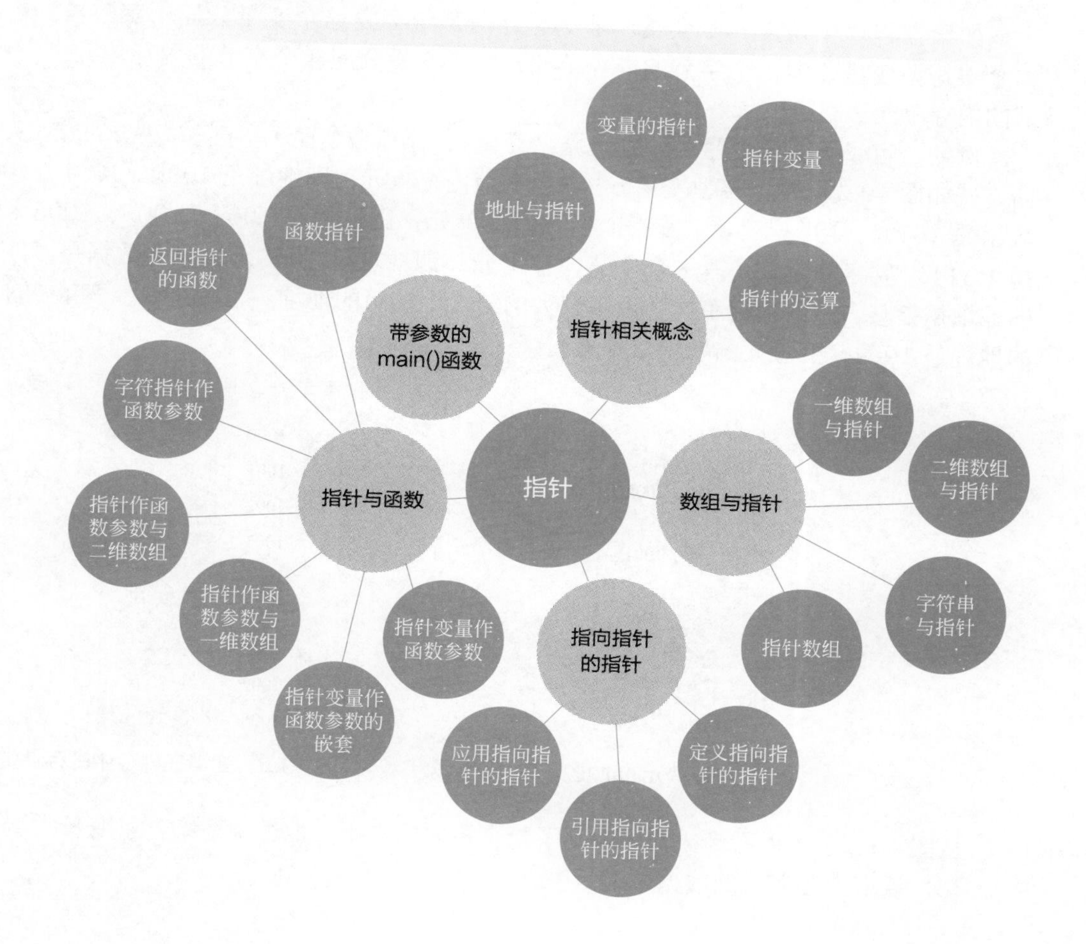

10.1 指针相关概念

指针是C语言的“灵魂”，是C语言最重要的数据类型，它也是C语言与其他语言的重要区别，C语言的各个类型的变量、数组、函数都与指针有很大关系。指针为我们提供了一扇方便之门，也为我们设置了陷阱，要合理、正确地使用指针，否则会使程序出错甚至崩溃。本节就来帮助大家学习和理解指针。

10.1.1 地址与指针

提到指针就不得不提地址，那什么是地址呢？举个例子，在生活中，大家常用微信，每个微信都会有微信号（相当于微信的编号），这里存在一个“微信号”和“微信里的内容”的关系，而本章就要介绍“地址（指针）”和“地址的内容”（指针指向的内容）这样的一种关系。

（1）内存单元的地址

在计算机内，通常用一个字节来表示一个内存单元，为了方便管理，为每个内存单元编号，这个编号就是内存单元的地址。每个内存单元都有一个唯一的地址。如图10.1所示，图中有4个内存单元，它们的编号分别是1000、1001、1002和1003，其中的1000、1001、1002和1003就是相应的内存单元的地址，数据存在地址所对应的内存单元中，图中1000、1001、1002和1003所对应的内存单元就是用来放数据的。我们将它想象为一个个微信，而内存单元的编号（地址）就好比“微信号”，而内存单元中的数据就好比“微信中的内容”。

（2）内存中存储数据

如果在程序中定义一个变量，那么编译时系统会为这个变量分配一定数量的内存单元。在系统中，一个字符型变量分配1个字节的内存单元，整型变量分配4个字节的内存单元，浮点型变量分配4个字节的内存单元。

例如，定义了3个变量，分别是整型变量 *i*、浮点型变量 *j*、字符型变量 *n*，这3个变量在内存中的存储方式如图10.2所示。整型变量 *i* 占4个字节内存单元，即地址是1000、1001、1002和1003，保存的数据是1314；浮点型变量 *j* 占4个字节内存单元，即地址是1004、1005、1006和1007，保存的数据是1.314；字符型变量 *n* 占1个字节内存单元，即地址是1008，保存的数据是“H”C语言规定，变量的地址是指其占用的内存单元中由小到大的第一个字节的地址。也就是说，变量 *i* 的地址是1000；变量 *j* 的地址是1004，变量 *n* 的地址是1008。

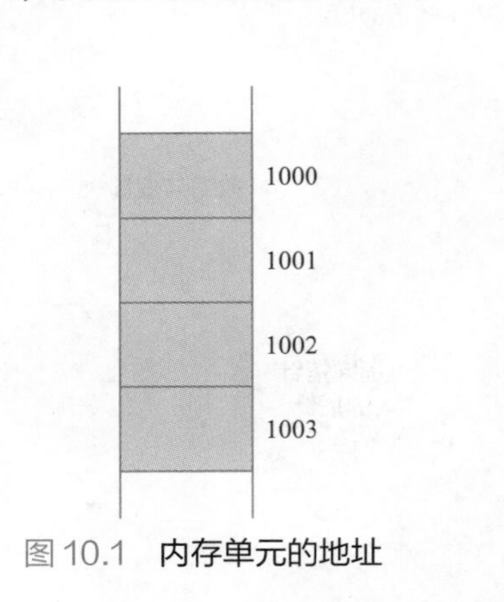

图10.1 内存单元的地址

内存地址	数据	变量名
1000	1314	变量*i*
1001		
1002		
1003		
1004	1.314	变量*j*
1005		
1006		
1007		
1008	'H'	变量*n*

图10.2 变量在内存中的存储情况

从图10.2中可以看到，地址起到了一个指向的作用，地址中还隐含了变量类型这个信息。

（3）读取内存单元的数据

在C语言中，读取数据有两种方式，分别是直接访问内存单元和间接访问内存单元。

① 直接访问内存单元。直接访问内存单元就是直接。根据变量的地址来访问变量的值，地址就是内存单元中对每个字节的编号。例如，取图10.2中变量 i 的值，根据变量名 i 和它的地址1000，从这个地址开始数4个字节，便取出 i 的值1314。

② 间接访问内存单元。间接访问内存单元要借助另一个变量 p，依然用取图10.2中变量 i 的值举例。间接访问内存单元就是将变量 i 的地址放在另一个变量 p 中。也就是说，这个变量 p 的值是 i 的地址，系统也要为这个变量 p 本身分配内存单元。过程如图10.3所示。

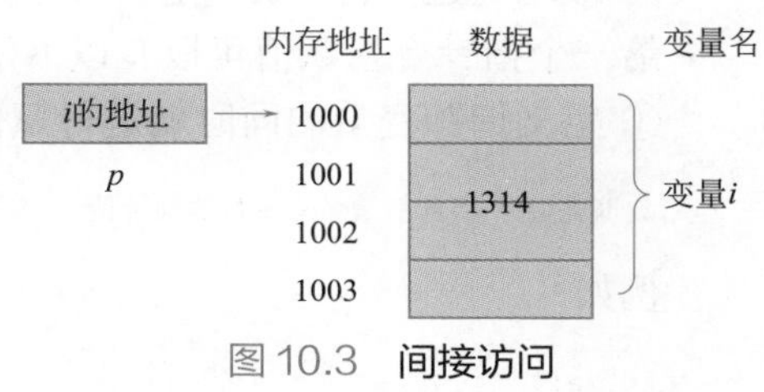

图10.3 **间接访问**

10.1.2 变量的指针

其实，指针就是地址，也就是说，通过指针可以找到以它为地址的内存单元，一个变量的地址（指针）称为“该变量的指针”。如图10.4所示，变量 i 的指针表示 i 的地址是1000。

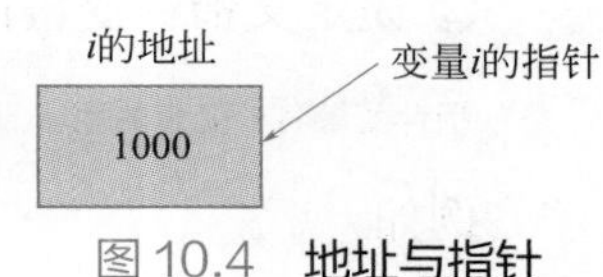

图10.4 **地址与指针**

10.1.3 指针变量

变量的指针最后得到的是一个地址值，地址值也是值，既然是值，就需要一个变量来保存它。在C语言中，专门提供了一种变量用来保存地址值，这种变量叫“指针变量”。由于一个变量的地址（指针）隐含此变量的数据类型，因此不能随意将一个地址放到一个指针变量中，要把它放到相同类型的指针变量中。也就是说，指针变量也得有自己的类型。本小节就来详细介绍指针变量。

（1）指针变量的一般形式

与其他变量类似，要使用变量，就一定要定义变量，系统会根据定义的形式给变量分配内存。定义指针变量的一般形式如下。

```
数据类型 * 变量名1, * 变量名2, …, * 变量名n;
```

与一般变量相比，指针变量就多了一个“*”，其他部分都是一样的。对指针变量的一般形式有以下几点说明。

①“*”是指针变量的标识符，它不能被省略。“*”只起到修饰作用，不是变量名本身的组成部分。

② 变量名可以是任意C语言合法的标识符。

③ 数据类型是指针变量中所存放的变量地址的类型。

例如，定义一个指针变量：

```
int *p;
```

这句代码定义了一个整型指针变量 p，这里只能存放int类型的地址。

（2）指针变量的赋值

指针变量同普通变量一样，使用之前不仅需要定义，而且必须赋予具体的值，未经赋值的指针变量不能使用。给指针变量所赋的值与给其他变量所赋的值不同，给指针变量所赋的值只能是地址，而不能是任何其他数据，否则将引起错误。C语言中提供了地址运算符“&”来表示变量的地址。取变量地址其一般形式为

```
& 变量名;
```

有以下几点说明。

① “&”的功能是取变量的地址，即它将返回操作对象在内存中的存储地址。

② “&”只能用于一个具体的变量或者数组元素，不可以是表达式或者常量，如 &a 表示变量 *a* 的地址，&b 表示变量 *b* 的地址。

③ 取地址运算符“&”是单目运算符，结合性为自右向左。

给一个指针变量赋值可以有以下两种方法。

① 定义指针变量的同时就进行赋值。定义指针变量的同时就进行赋值的一般形式如下。

```
数据类型 * 指针变量名 = 变量的地址值 ;
```

例如:

```
int a;                                  // 定义整型变量
int *p=&a;                              // 定义指针变量并赋值
```

② 先定义指针变量再赋值。先定义指针变量再赋值的一般形式如下。

```
指针变量名 = 变量的地址值 ;
```

例如:

```
int a;                                  // 定义整型变量
int *p;                                 // 定义整型指针变量
p=&a;                                   // 给指针变量赋值
```

注意

在第 2 种赋值形式中，定义完指针变量之后再赋值时不要加“*”。

实例 10.1 输出变量地址

实例位置：资源包 \Code\10\01

本实例定义一个变量，之后以十六进制格式输出变量的地址。具体代码如下。

```
1 #define _CRT_SECURE_NO_WARNINGS
2 #include<stdio.h>                                   // 包含头文件
3 int main()                                          // main() 函数
4 {
5     int a;                                          // 定义整型变量
6     int *ipointer1;                                 // 定义整型指针变量
7     printf(" 请输入数据: \n");                       // 输出提示
8     scanf("%d", &a);                                // 输入数
9     ipointer1 = &a;                                 // 将地址赋给指针变量
10    printf(" 转化十六进制为: %x\n", *ipointer1);     // 以十六进制输出
11    return 0;                                       // 程序结束
12 }
```

程序运行结果如图 10.5 所示。

通过实例 10.1 可以发现，程序中采用的赋值方式是上述第 2 种方法，即先定义指针变量再赋值。

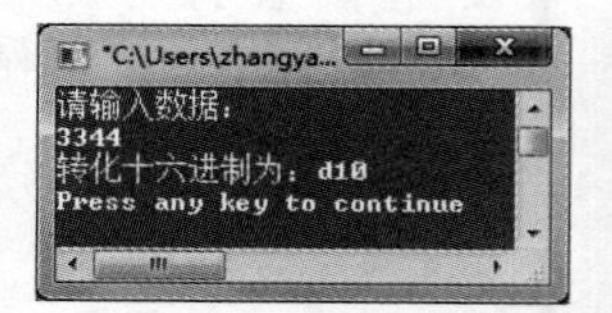

图 10.5 变量地址结果运行图

注意

不允许把一个数值赋予指针变量，错误示例如下。

```
int *p;
p=1002;
```

(3) 指针变量的引用

定义、赋值完指针变量后，就能使用指针变量了，使用指针变量就要引用指针变量。对指针变量的引用形式如下。

```
* 指针变量
```

有以下几点说明。

① 这里的“*”既不是乘号，也不是指针的说明符，它的功能是用来表示取指针变量所指内存单元中的内容。

② “*”运算符之后的变量必须是指针变量。

取内容运算符“*”是单目运算符，结合性为自右向左。

例如：

```
int i,*p;                  // 定义整型变量和整型指针变量
p=&i;                      // 将 i 的地址赋给 p
*p=1;                      // 将 1 存储到 p 内存中
```

*p=1 相当于 i=1 的效果。利用引用指针变量完成实例 10.2。

实例 10.2 利用指针编写程序实现两个数互换

实例位置：资源包 \Code\10\02

本实例定义一个 swap() 函数，要求它的参数是指针类型，所要实现的功能是将两个数进行交换，具体代码如下。

```
1 #define _CRT_SECURE_NO_WARNINGS
2 #include<stdio.h>                            // 包含头文件
3 void swap(int *a, int *b)                    // 自定义交换函数
4 {
5     int t = *a;                              // 实现两数互换
6     *a = *b;
7     *b = t;
8 }
9 int main()                                   // main() 函数
10 {
11     int x = 1, y = 9;                       // 定义变量并初始化
12     swap(&x, &y);                           // 调用函数交换值
13     printf(" 交换数据是：x=%d,y=%d\n", x, y);  // 输出交换后的值
14     return 0;                               // 程序结束
15 }
```

程序运行结果如图 10.6 所示。

图 10.6 两个数互换运行图

(4) “&*”和“*&”的区别

通过运算符“&”和运算符“*”的优先级和结合性，来分析“&*”和“*&”的区别。例如，定义指针变量，代码如下。

```
int a;
p=&a;
```

“&”和“*”运算符的优先级别相同，按自右而左的方向结合，因此“&*p”先进行“*”运算，“*p”

相当于变量 *a*；再进行“&”运算，“&*p”就相当于取变量 *a* 的地址。“*&a”先进行“&”运算，“&a”就是取变量 *a* 的地址，然后执行“*”运算，“*&a”就相当于取变量 *a* 所在地址的值，实际就是变量 *a*。下面通过两个实例来具体介绍。

实例 10.3 输出 *i*、*j*、*c* 的地址

实例位置：资源包 \Code\10\03

本实例定义了 3 个指针变量，并且使用 &* 计算“c=i+j”，计算之后，分别输出变量 *i*、*j*、*c* 的地址值，具体代码如下。

```
1 #define _CRT_SECURE_NO_WARNINGS
2 #include<stdio.h>                                  // 包含头文件
3 int main()                                         // main() 函数
4 {
5     long i, j, c;                                  // 定义变量
6     long *p, *q, *n;                               // 定义指针变量
7     printf("please input the numbers:\n");         // 提示用户输入数据
8     scanf("%ld,ld", &i, &j);                       // 输入数据
9     c = i + j;                                     // 实现两数相加
10    p = &i;                                        // 将地址赋给指针变量
11    q = &j;
12    n = &c;
13    printf("%ld\n", &*p);                          // 输出变量 i 的地址
14    printf("%ld\n", &*q);                          // 输出变量 j 的地址
15    printf("%ld\n", &*n);                          // 输出变量 c 的地址
16    return 0;                                      // 程序结束
17 }
```

程序运行结果如图 10.7 所示。

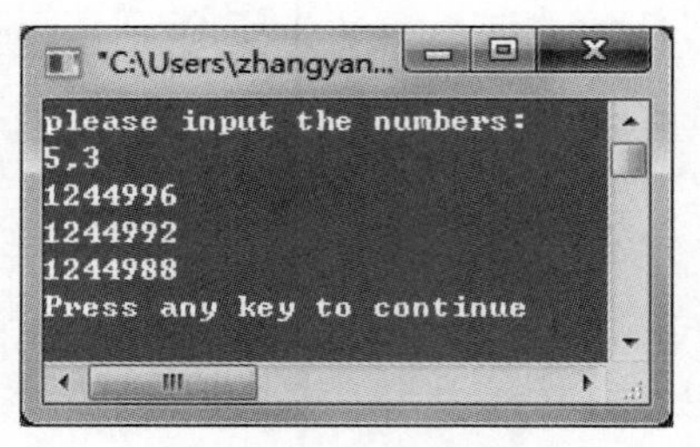

图 10.7　&* 的使用

实例 10.4 *& 的使用

实例位置：资源包 \Code\10\04

9 头小猪渡河，它们找来一支一次能载 3 头猪的木筏，如果只有一头小猪会划木筏，那么至少几次能全部渡过河？利用 *& 输出计算结果。具体代码如下。

```
1 #define _CRT_SECURE_NO_WARNINGS
2 #include<stdio.h>                                  // 包含头文件
3 int main()                                         // main() 函数
4 {
```

```
5      int a = 6 / (3 - 1) + 1;                       // 计算几次能渡过河
6      int *p;                                        // 定义指针变量
7      p = &a;                                        // 将地址赋给指针变量
8      printf(" 至少 %d 次能全部渡过河 \n", *&a);        // 利用 *& 输出次数
9      return 0;                                      // 程序结束
10 }
```

程序运行结果如图 10.8 所示。

图 10.8　*& 的使用

10.1.4　指针的运算

指针变量和其他普通变量一样，也能进行运算，但是与普通变量运算不同，指针变量运算与地址值和字节数有关。

（1）指针的自增、自减运算

指针的自增、自减运算不同于普通变量的自增、自减运算，也就是说并非简单地加 1 或减 1。这里通过实例 10.5 进行具体分析。

实例 10.5　指针自增，地址变化了

实例位置：资源包 \Code\10\05

本实例定义一个 int 型指针变量，对这个指针变量进行自增运算，最后利用 printf() 函数输出地址，具体代码如下。

```
1 #define _CRT_SECURE_NO_WARNINGS
2 #include<stdio.h>                                    // 包含头文件
3 void main()                                          // main() 函数
4 {
5      int i;                                          // 定义整型变量
6      int *p;                                         // 定义指针变量
7      printf("please input the number:\n");           // 提示信息
8      scanf("%d", &i);                                // 输入数据
9      p = &i;                                         // 将变量 i 的地址赋给指针变量
10      printf("the result1 is: %d\n", p);             // 输出 p 的地址
11      p++;                                           // 地址加 1，这里的 1 并不代表一个字节
12      printf("the result2 is: %d\n", p);             // 输出 p++ 后的地址
13 }
```

程序运行结果如图 10.9 所示。

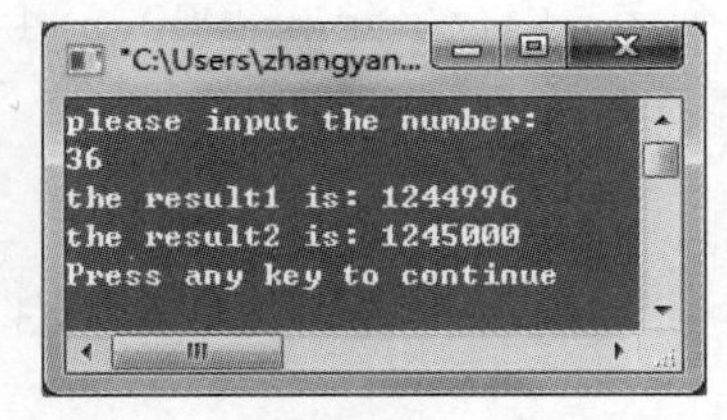

图 10.9　int 型指针变量自增运行图

若将实例 10.5 的代码修改如下。

```
1 #define _CRT_SECURE_NO_WARNINGS
2 #include<stdio.h>
3 void main()
```

```
4 {
5     short i;
6     short *p;
7     printf("please input the number:\n");
8     scanf("%d", &i);
9     p = &i;                                 // 将变量 i 的地址赋给指针变量
10    printf("the result1 is: %d\n", p);
11    p++;                                    // 地址加 1，这里的 1 并不代表一个字节
12    printf("the result2 is: %d\n", p);
13 }
```

程序运行结果如图 10.10 所示。

基本整型变量 *i* 在内存中占 4 个字节，指针变量 *p* 是指向变量 *i* 的地址的，这里的 p++ 不是简单地在地址上加 1，而是指向下一个存放基本整型变量的地址。若 *p* 的地址是 1000，p++ 的地址就是 1004，向下移动了 4 个内存单元。如图 10.11 所示。

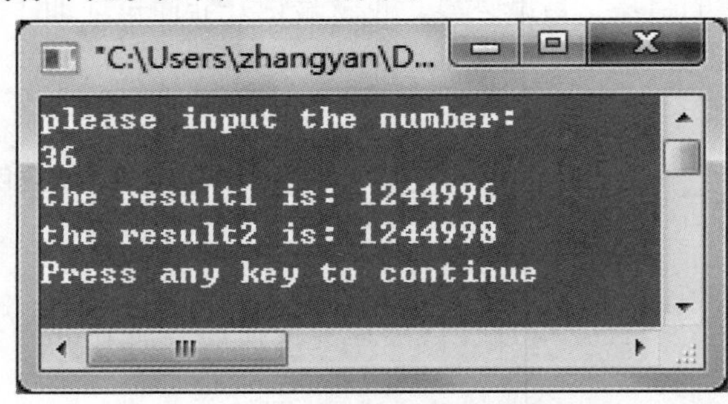

图 10.10　short 类型指针自增自减运行图

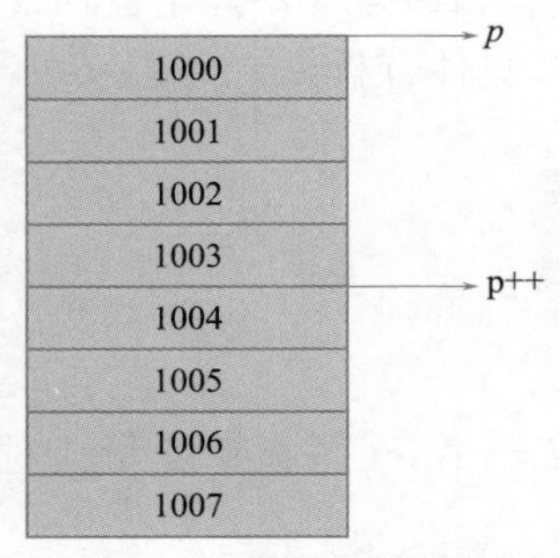

图 10.11　指向整型变量的指针

也就是说，指针的自增会按照它所指向的数据类型的直接长度进行增加，同样自减也是会按照它所指向的数据类型的直接长度进行减小。

（2）指针的加、减运算

已经了解了指针的自增、自减，就知道指针的运算会按照所指向的数据类型的直接长度进行自增或自减。当然指针的运算不只有自增、自减，还有加、减运算。例如：

```
int *p;
float *q;
p+=5;
q-=5;
```

假设 *p* 的初始地址是 1000，*q* 的初始地址是 2000，进行计算。

计算 p+=5 的地址（int 类型占 4 个字节内存单元）：1000+5×4=1020。

计算 q-=5 的地址（float 类型占 4 个字节内存单元）：2000−5×4=1980。

从这个例子可以总结出加、减运算求地址的一般格式为

```
初始地址值 +( - ) 数字 × 字节数
```

这种指针加、减能使指针移动，可以通过移动指针来获取相邻内存单元的值。在使用数组时，移动指针有很大的用处。

（3）两个指针变量相减

如果两个指针指向同一个数组的数组元素，那么两指针相减所得的差就是两个指针所指数组元素之间相差的元素个数。实际上是两个指针值（地址）相减之差再除以该数组元素的长度（字节数）。

（4）两个指针变量比较

如果两个指针指向的是同一个数组的数组元素，通过对两个指针的比较，可以判断相应的数组元素

的位置先后。

10.2 数组与指针

系统需要提供一定量连续的内存来存储数组中的各元素，内存都有地址，指针变量就是存放地址的变量，如果把数组的地址赋给指针变量，就可以通过指针变量来引用数组。下面就介绍如何用指针来引用一维数组、二维数组元素等。

10.2.1 一维数组与指针

当定义一个一维数组时，系统会在内存中为该数组分配一个内存空间，其数组的名称就是数组在内存中的首地址。若再定义一个指针变量，并将数组的首地址传给指针变量，则该指针就指向了这个一维数组。例如：

```
int *p,a[10];
p=a;
```

这里 a 是数组名，也就是数组的首地址，将它赋给指针变量 *p*，也就是将数组 a 的首地址赋给 *p*。也可以写成如下形式。

```
int *p,a[10];
p=&a[0];
```

上面的语句是将数组 a 中的首个元素的地址赋给指针变量 *p*。由于 a[0] 的地址就是数组的首地址，因此两条赋值操作效果完全相同。

实例 10.6 输出数组中的元素

实例位置：资源包 \Code\10\06

本实例是使用指针变量输出数组中的每个元素，具体代码如下。

```
1 #define _CRT_SECURE_NO_WARNINGS
2 #include<stdio.h>                          // 包含头文件
3 void main()                                // main() 函数
4 {
5     int *p, *q, a[5], b[5], i;             // 定义变量
6     p = &a[0];                             // 将数组元素地址（数组首地址）赋给指针
7     q = b;
8     printf("please input array a:\n");     // 提示输入数组 a
9     for (i = 0; i < 5; i++)                // 输入数组 a
10        scanf("%d", &a[i]);
11    printf("please input array b:\n");     // 提示输入数组 b
12    for (i = 0; i < 5; i++)                // 输入数组 b
13        scanf("%d", &b[i]);
14    printf("array a is:\n");               // 提示输出数组 a
15    for (i = 0; i < 5; i++)
16        printf("%5d", *(p + i));           // 利用指针输出数组 a 中的元素
17    printf("\n");
18    printf("array b is:\n");               // 提示输出数组 b
19    for (i = 0; i < 5; i++)
20        printf("%5d", *(q + i));           // 利用指针输出数组 b 中的元素
21    printf("\n");                          // 换行
22 }
```

程序运行结果如图 10.12 所示。

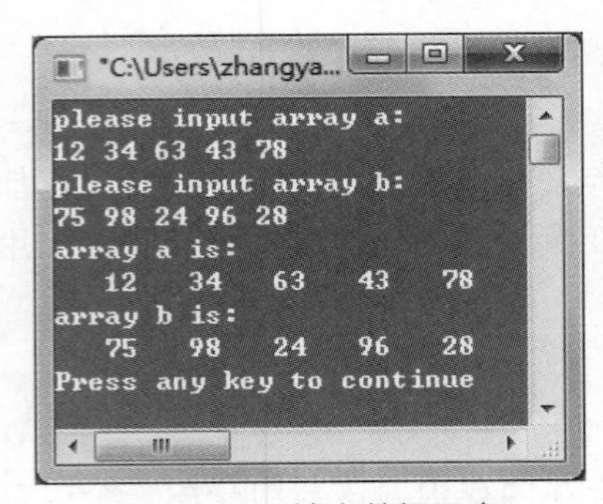

图 10.12　输出数组元素

实例 10.6 中有如下两条语句。

```
6 p=&a[0];
7 q=b;
```

这两种表示方法都是将数组首地址赋给指针变量。

通过指针的方式来引用一维数组中的元素，代码如下。

```
int *p,a[5];
p=&a[0];
```

针对上面的语句将通过以下几方面进行介绍。

① p+n 与 a+n 均表示数组元素 a[n] 的地址，即 &a[n]。对整个 a 数组来说，共有 5 个元素，n 的取值为 0 ～ 4，则数组元素的地址就可以表示为 p+0 ～ p+4 或 a+0 ～ a+4。

② 表示数组中的元素用到了前面介绍的数组元素的地址，用 *(p+n) 和 *(a+n) 来表示数组中的各元素。

实例 10.6 中的语句：

```
16 printf("%5d",*(p+i));
```

和语句：

```
20 printf("%5d",*(q+i));
```

分别表示输出数组 a 和数组 b 中对应的元素。

实例 10.6 中使用指针指向一维数组及通过指针引用数组元素的过程可以通过图 10.13 和图 10.14 来表示。

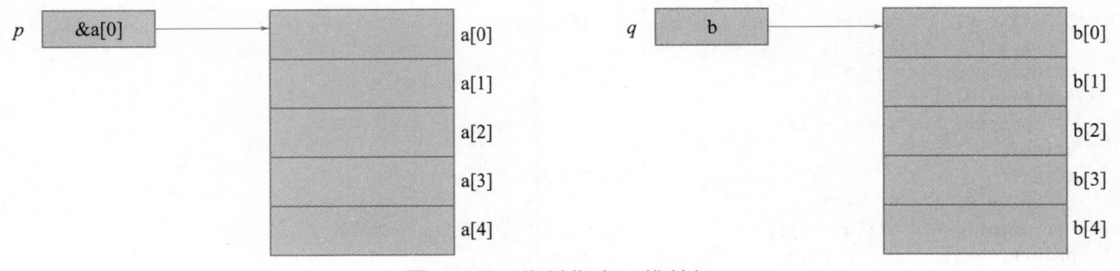

图 10.13　指针指向一维数组

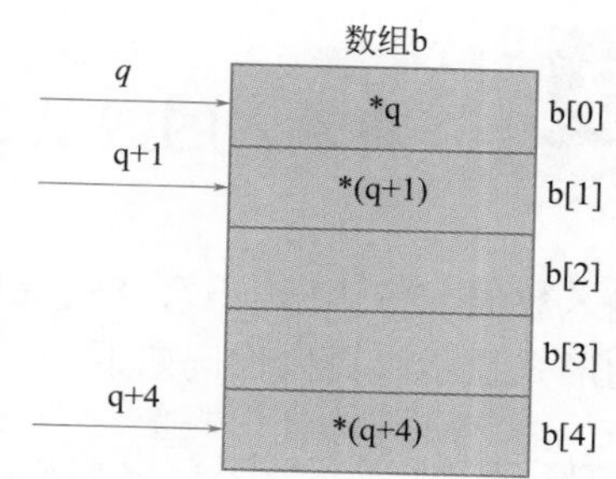

图 10.14 通过指针引用数组元素

在 C 语言中，可以用 a+n 表示数组元素的地址，*(a+n) 表示数组元素，这样就可以将实例 10.6 的程序第 14 ～ 21 行代码改成如图 10.15 所示的形式。

程序运行结果与实例 10.6 的运行结果一样。

表示指针的移动也可以使用“++”和“--”这两个运算符。利用“++”运算符可将程序 14 ～ 21 行的代码改写成如图 10.16 所示的形式。

还可将实例 10.6 的代码再进一步改写，运行结果仍相同，在图 10.16 的基础上修改实例 10.6 程序代码的第 8 ～ 13 行代码，修改后的程序代码如图 10.17 所示。

```
printf("array a is:\n");
for(i=0;i<5;i++)
    printf("%5d",*(a+i));
  printf("\n");
  printf("array b is:\n");
for(i=0;i<5;i++)
  printf("%5d",*(b+i));
    printf("\n");
```

图 10.15 代码段 1

```
printf("array a is:\n");
for(i=0;i<5;i++)
    printf("%5d",*p++);
  printf("\n");
  printf("array b is:\n");
for(i=0;i<5;i++)
  printf("%5d",*q++));
    printf("\n");
```

图 10.16 代码段 2

```
printf("please input array a:\n");
for(i=0;i<5;i++)
    scanf("%d",p++);
printf("please input array b:\n");
for(i=0;i<5;i++)
    scanf("%d",q++);
p=a;
q=b;
```

图 10.17 代码段 3

将如图 10.17 所示的程序代码与实例 10.6 的程序代码相对比，可以看出在输出数组元素时需要使用指针变量，则需加上如下语句。

```
p=a;
q=b;
```

这两条语句的作用是将指针变量 *p* 和 *q* 重新指向数组 a 和数组 b 在内存中的起始位置。若没有这两条语句，而直接使用 *p++ 的方法进行输出，则此时将会产生错误。

10.2.2 二维数组与指针

定义一个 3 行 5 列的二维数组，其在内存中的存储形式如图 10.18 所示。

从图 10.18 中可以看到几种表示二维数组中元素地址的方法，下面逐一进行介绍。

&a[0][0] 可以看作数组的首地址。&a[m][n] 就是第 m 行 n 列元素的地址。a[0]+n 表示第 0 行第 *n* 个元素的地址。

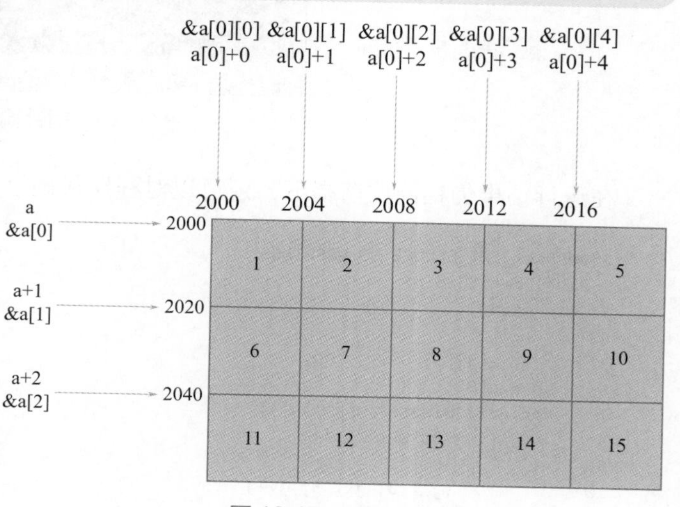

图 10.18 二维数组

实例 10.7 将输入的数以二维数组的形式显示

实例位置：资源包 \Code\10\07

例如，输入数据：23，15，37，89，49，42，44，30，59，10，75，89，29，40，6，将这些数据以二维数组的形式显示。具体代码如下。

```
1 #define _CRT_SECURE_NO_WARNINGS
2 #include<stdio.h>
3 void main()
4 {
5     int a[3][5], i, j;
6     printf("please input:\n");
7     for (i = 0; i < 3; i++)                         // 控制二维数组的行数
8     {
9         for (j = 0; j < 5; j++)                     // 控制二维数组的列数
10        {
11            scanf("%d", a[i] + j);                  // 给二维数组元素赋初值
12        }
13    }
14    printf("the array is:\n");
15    for (i = 0; i < 3; i++)
16    {
17        for (j = 0; j < 5; j++)
18        {
19            printf("%5d", *(a[i] + j));             // 输出数组中的元素
20        }
21        printf("\n");
22     }
23 }
```

程序运行结果如图 10.19 所示。

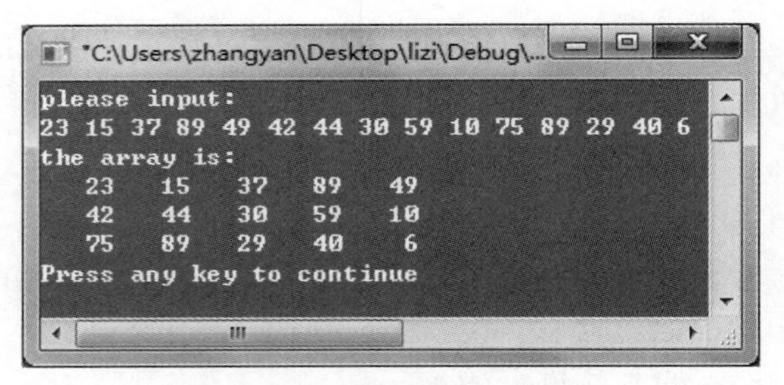

图 10.19 指针输出二维数组

在运行结果仍相同的前提下，还可以对程序代码进行如下修改。

```
1 #define _CRT_SECURE_NO_WARNINGS
2 #include<stdio.h>
3 void main()
4 {
5     int a[3][5], i, j, *p;
6     p = a[0];
7     printf("please input:\n");
8     for (i = 0; i < 3; i++)                         // 控制二维数组的行数
9     {
10        for (j = 0; j < 5; j++)                     // 控制二维数组的列数
11        {
12            scanf("%d", p++);                       // 为二维数组中的元素赋值
```

```
13          }
14      }
15      p = a[0];                                   // p 为第一个元素的地址
16      printf("the array is:\n");
17      for (i = 0; i < 3; i++)
18      {
19          for (j = 0; j < 5; j++)
20          {
21              printf("%5d", *p++);                // 输出二维数组中的元素
22          }
23          printf("\n");
24      }
25 }
```

注意

&a[0] 是第 0 行的首地址，当然 &a[n] 就是第 n 行的首地址。

实例 10.8 输出第 3 行元素

实例位置：资源包 \Code\10\08

本实例定义了一个 3 行 5 列的二维数组，利用指针将这个二维数组的第 3 行元素输出，具体代码如下。

```
1 #define _CRT_SECURE_NO_WARNINGS
2 #include<stdio.h>
3 void main()
4 {
5     int a[3][5], i, j, (*p)[5];
6     p = &a[0];
7     printf("please input:\n");
8     for (i = 0; i < 3; i++)                     // 控制二维数组的行数
9         for (j = 0; j < 5; j++)                 // 控制二维数组的列数
10            scanf("%d", (*(p + i)) + j);        // 为二维数组中的元素赋值
11    p = &a[2];                                  // p 为第一个元素的地址
12    printf("the third line is:\n");
13    for (j = 0; j < 5; j++)
14        printf("%5d", *((*p) + j));             // 输出二维数组中的元素
15    printf("\n");
16 }
```

程序运行结果如图 10.20 所示。

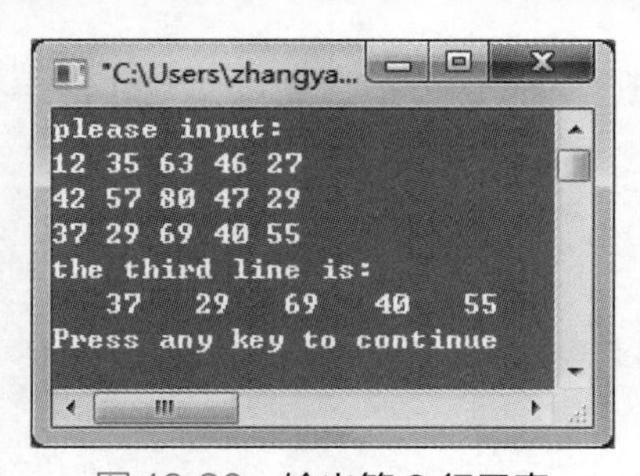

图 10.20 输出第 3 行元素

注意

a+n 表示第 n 行的首地址。

实例 10.9 输出第 2 行的停车号

实例位置：资源包 \Code\10\09

某停车场有 3×3 个停车位，利用指针输出第 2 行的停车号，具体代码如下。

```
1 #define _CRT_SECURE_NO_ WARNINGS
2 #include<stdio.h>
3 void main()
4 {
5     int a[3][3], i, j;
6     printf("please input:\n");
7     for (i = 0; i < 3; i++)                       // 控制二维数组的行数
8         for (j = 0; j < 3; j++)                   // 控制二维数组的列数
9             scanf("%d", *(a + i) + j);            // 为二维数组中的元素赋值
10    printf("the second line is:\n");
11    for (j = 0; j < 5; j++)
12        printf("%5d", *(*(a + 1) + j));           // 输出二维数组中的元素
13    printf("\n");
14 }
```

程序运行结果如图 10.21 所示。

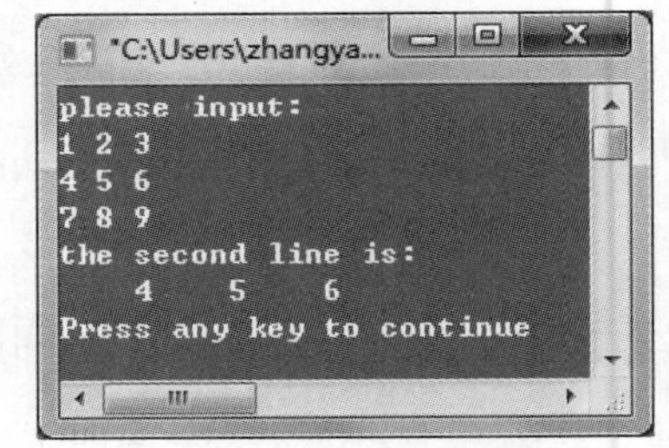

图 10.21　显示第 2 行的停车号

前面讲过了如何利用指针来引用一维数组，这里在一维数组的基础上介绍如何通过指针来引用一个二维数组中的元素。

- *(*(a+n)+m) 表示第 n 行第 m 列元素。
- *(a[n]+m) 表示第 n 行第 m 列元素。

技巧：利用指针引用二维数组关键要记住 *(a+i) 与 a[i] 是等价的。

10.2.3　字符串与指针

访问一个字符串可以通过两种方式：第一种方式是使用字符数组来存放一个字符串，从而实现对字符串的操作；另一种方式是下面将要介绍的使用字符指针指向一个字符串，此时可以不定义数组。

输出“hello mingri”

实例位置：资源包 \Code\10\10

本实例定义一个字符型指针变量，并将这个指针变量初始化，再将初始化内容输出，具体代码如下。

```
1 #define _CRT_SECURE_NO_WARNINGS
2 #include<stdio.h>                                  // 包含头文件
3 int main()                                         // 主函数 main
4 {
5     char *string = "hello mingri";                 // 定义指针并初始化
6     printf("%s", string);                          // 输出字符串
7     printf("\n");                                  // 换行
8     return 0;                                      // 程序结束
9 }
```

程序运行结果如图 10.22 所示。

从该实例代码和运行结果可以看出：程序中定义了字符型指针变量 string，用字符串常量为其赋初值，

注意这里并不是把所有字符存放到 string 中，而是把该字符串中的第一个字符的地址赋给指针变量 string，如图 10.23 所示。

图 10.22 输出“hello mingri”

图 10.23 字符指针

实例 10.10 的第 5 行语句：

```
char *string=" hello mingri";
```

等价于下面两条语句：

```
char *string;
string=" hello mingri";
```

实例 10.11 利用指针实现字符串复制

实例位置：资源包 \Code\10\11

本实例中，在不使用 strcpy() 函数的情况下，利用指针实现字符串复制功能，具体代码如下。

```
1  #define _CRT_SECURE_NO_WARNINGS
2  #include<stdio.h>                                   // 包含头文件
3  void main()                                         // main() 函数
4  {
5      char str1[] = "you are beautiful", str2[30], *p1, *p2; // 定义变量，并为字符数组赋值
6      p1 = str1;                                      // 将字符串 1 第一个字符地址赋值给 p1
7      p2 = str2;                                      // 将字符串 2 第一个字符地址赋值给 p2
8      while (*p1 != '\0')                             // 结束标志
9      {
10     *p2 = *p1;
11     p1++;                                           // 指针移动
12     p2++;
13     }
14     *p2 = '\0';                                     // 在字符串的末尾加结束符
15     printf("Now the string2 is:\n");
16     puts(str1);                                     // 输出字符串
17 }
```

程序运行结果如图 10.24 所示。

从该实例代码和运行结果可以看出:

① 实例 10.11 中定义了两个字符型指针变量。首先让 p1 和 p2 分别指向字符串 str1 和字符串 str2 的第一个字符的地址。将 p1 所指向的内容赋给 p2 所指向的元素，然后 p1 和 p2 分别加 1，指向下一个元素，直到 *p1 的值为 “\0” 为止。

② 这里有一点需要注意，就是 p1 和 p2 的值是同步变化的，如图 10.25 所示。若 p1 处在 p11 的位置，p2 就处在 p21 的位置；若 p1 处在 p12 的位置，p2 就处在 p22 的位置。

图 10.24　利用指针连接字符串运行图

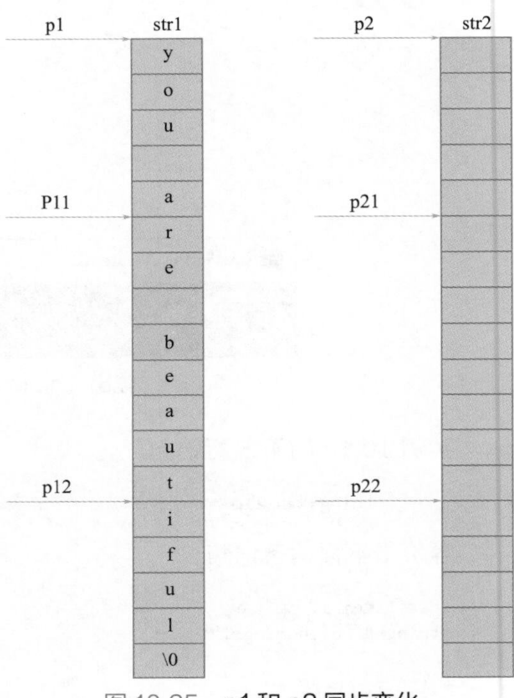

图 10.25　p1 和 p2 同步变化

10.2.4　指针数组

在前面介绍了字符数组，这里提到的字符串数组有别于字符数组。字符数组是一个一维数组，而字符串数组是以字符串作为数组元素的数组，可以将其看成一个二维字符数组。例如，下面定义一个简单的字符串数组，代码如下。

```
char country[5][20]=
{
      "China",
      "Japan",
      "Russia",
      "Germany",
      "Switzerland"
}
```

字符型数组变量 country 被定义为含有 5 个字符串的数组，每个字符串的长度要小于 20(这里要考虑字符串最后的 “\0”)。

通过观察上面定义的字符串数组可以发现，像 "China" 和 "Japan" 这样的字符串的长度仅为 5，加上字符串结束符也仅为 6，而内存中却要给它们分别分配一个 20 个字节的空间，这样就会造成资源浪费。为了解决这个问题，可以使用指针数组，使每个指针指向所需要的字符常量，这种方法虽然需要在数组中保存字符指针，而且也占用空间，但要远少于字符串数组需要的空间。

指针数组就是一个数组，其元素均为指针类型数据。也就是说，指针数组中的每一个元素都相当于一个指针变量。一维指针数组的定义形式如下。

```
类型名 * 数组名 [ 数组长度 ]
```

实例 10.12　输出英文的 12 个月

实例位置：资源包 \Code\10\12

本实例定义了一个指针数组，为这个指针数组赋初值为 12 个月的英文并输出，具体代码如下。

```
1 #define _CRT_SECURE_NO_WARNINGS
2 #include<stdio.h>                          // 包含头文件
3 void main()                                // main() 函数
4 {
5     int i;                                 // 定义循环控制变量
6     char *month[] =
7     {
```

```
8           "January",                  // 给指针数组中的元素赋初值
9           "February",
10           "March",
11           "April",
12           "May",
13           "June",
14           "July",
15           "August",
16           "September",
17           "October",
18           "November",
19           "December"
20     };
21     for (i = 0; i < 12; i++)
22         printf("%s\n", month[i]);          // 输出指针数组中的各元素
23 }
```

程序运行结果如图 10.26 所示。

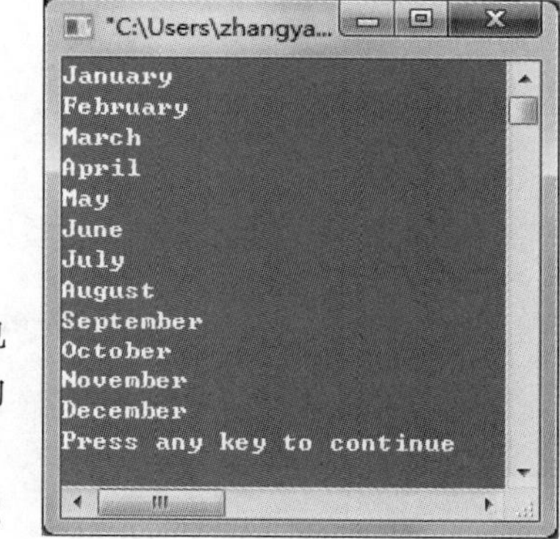

图 10.26　输出 12 个月

10.3　指向指针的指针

10.3.1　定义指向指针的指针

一个指针变量可以指向整型变量、浮点型变量和字符型变量，当然也可以指向指针类型变量。当这种指针变量指向指针类型变量时，称之为“指向指针的指针变量”。这种双重指针如图 10.27 所示。

整型变量 *i* 的地址是 &i，将其值传递给指针变量 p1，则 p1 指向 *i*；同时，将 p1 的地址 &p1 传递给 p2，则 p2 指向 p1。这里的 p2 就是前面讲到的指向指针变量的指针变量，即指针的指针。指向指针变量的指针变量的定义如下。

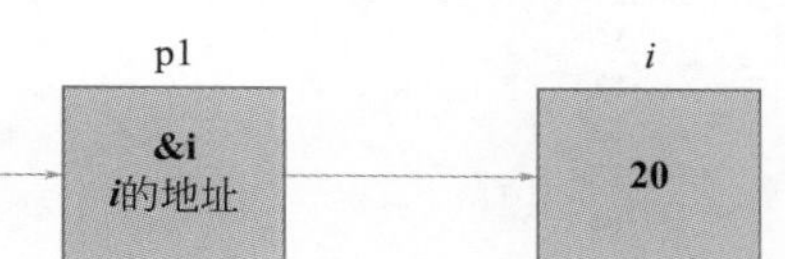

图 10.27　指向指针的指针

```
数据类型 ** 指针变量名;
```

例如：

```
int * *p;
```

其含义为定义一个指针变量 *p*，它指向另一个指针变量，该指针变量又指向一个整型变量。由于指针运算符“*”是自右至左结合的，所以上述定义相当于：

```
int *(*p);
```

10.3.2　引用指向指针的指针

一般的指针变量的引用是用符号“*”，即通过在变量名前加“*”，取得所指向的变量的值。例如，在下述代码中，用到 *p 的值就是变量 *i* 的值 1。

```
int i,*p;                     // 定义整型变量和整型指针变量
p=&i;                         // 将 i 的地址赋给 p
*p=1;                         // 将 1 存储到 p 的内存中
```

同理在 p2 前加指针运算符“*”，即 *p2 的值是 p1 的值（p2 指向指针变量 p1），那么此时 *p2 代表 p1，这时再在 *p2 前加一个“*”，即 **p2，就相当于 *p1，也就是变量 *i* 的值。

那么可以用图 10.28 更形象地表示出来。

例如，p1 的地址值是 2000，*i* 的地址值是 1000, 地址值 1000 所指的内容是 20，那么 **p2 的值在内存中的情况如图 10.29 所示。在 p2 前加指针运算符 “*”，即 *p2 的值是 p1 的值 2000（p2 指向指针变量 p1），这时再在 *p2 前加一个 “*”，即 **p2，也就是变量 *i* 的值。

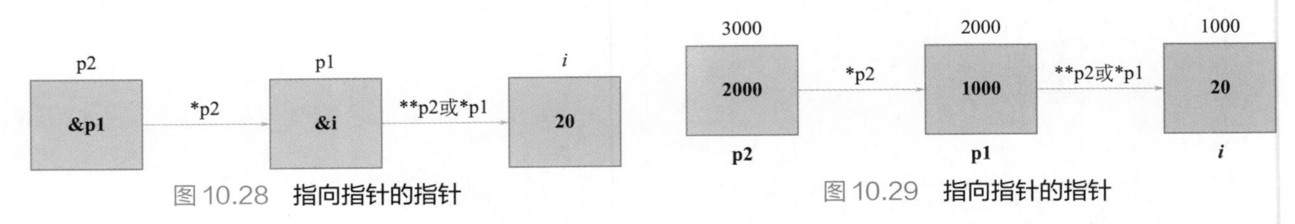

图 10.28　指向指针的指针　　图 10.29　指向指针的指针

10.3.3　应用指向指针的指针

下面看一下指向指针的指针在程序中是如何应用的。

实例 10.13　输出化学周期表中前 20 个元素中的金属元素　实例位置：资源包 \Code\10\13

本实例中，定义了一个指向指针的指针，利用这个指针将指针数组的元素输出，具体代码如下。

```
1 #define _CRT_SECURE_NO_WARNINGS
2 #include<stdio.h>                        // 包含头文件
3 int main()                               // main() 函数
4 {
5     int i;                               // 定义循环控制变量
6     char **p;                            // 定义指针变量
7     char *element[] =
8     {
9             " 锂 ",                       // 给指针数组中的元素赋初值
10            " 铍 ",
11            " 钠 ",
12            " 镁 ",
13            " 铝 ",
14            " 钾 ",
15            " 钙 "
16     };
17     for (i = 0; i < 7; i++)             // 输出指针数组中的各元素
18     {
19         p = element + i;
20         printf("%s\n", *p);
21     }
22     return 0;
23 }
```

程序运行结果如图 10.30 所示。

10.4　指针与函数

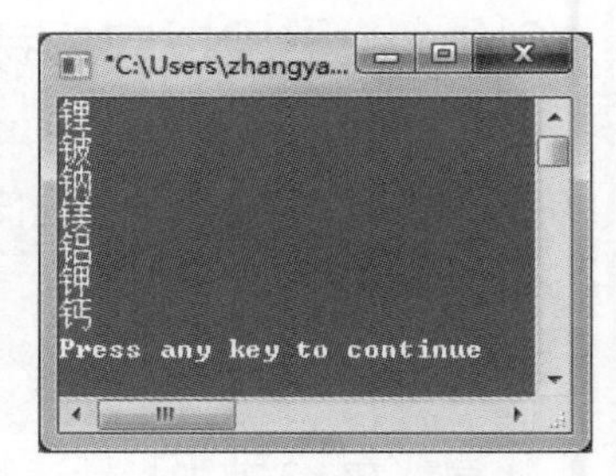

图 10.30　输出前 20 个元素中的金属元素

通过前面函数的介绍可知，整型变量、浮点型变量、字符型变量、数组名和数组元素等均可作为函数参数。此外，指针变量也可以作为函数参数，这里进行具体介绍。

10.4.1　指针变量作函数参数

首先通过实例 10.14 来看一下用指针变量来作函数参数。

实例 10.14 交换两个变量值

实例位置：资源包 \Code\10\14

本实例利用指针自定义一个交换函数，在 main() 函数中，利用指针变量使用户输入数据，并将输入的数据进行交换，具体代码如下。

```
1 #define _CRT_SECURE_NO_WARNINGS
2 #include <stdio.h>                        // 包含头文件
3 void swap(int *a, int *b)                 // 自定义交换函数
4 {
5     int tmp;
6     tmp = *a;
7     *a = *b;
8     *b = tmp;
9 }
10 void main()                              // main() 函数
11 {
12     int x, y;                            // 定义两个整型变量
13     int *p_x, *p_y;                      // 定义两个指针变量
14     printf(" 请输入两个数: \n");
15     scanf("%d", &x);                     // 输入数值
16     scanf("%d", &y);
17     p_x = &x;                            // 将地址赋给指针变量
18     p_y = &y;
19     swap(p_x, p_y);                      // 调用函数
20     printf("x=%d\n", x);                 // 输出结果
21     printf("y=%d\n", y);
22 }
```

程序运行结果如图 10.31 所示。

整个程序通过地址实现变量值交换的过程，如图 10.32 所示。

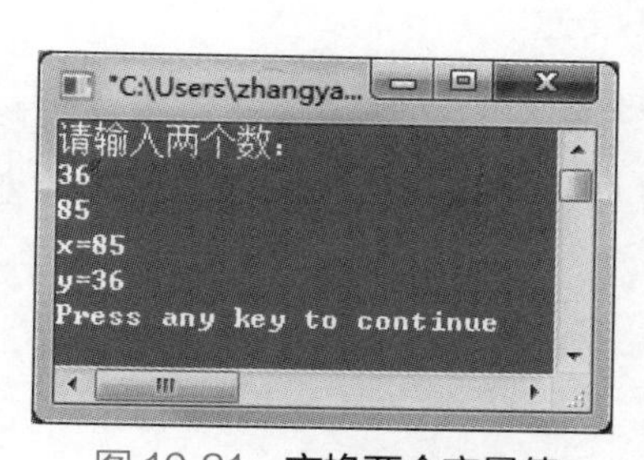

图 10.31 交换两个变量值

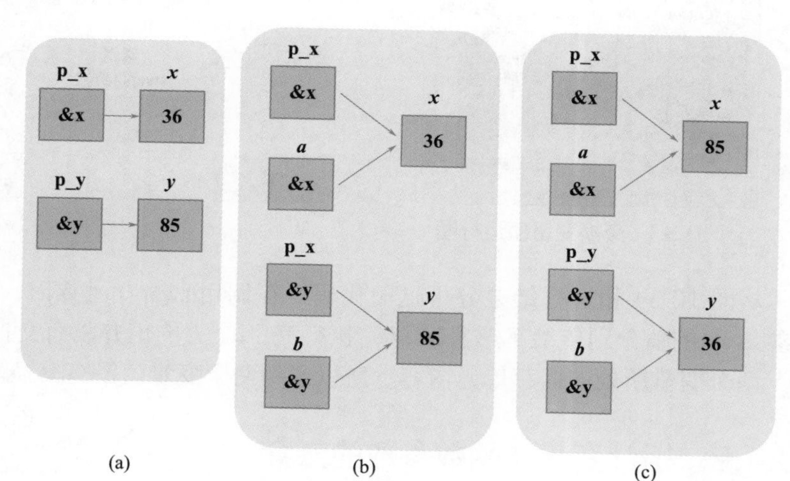

图 10.32 通过地址实现变量值交换

描述图 10.32 的过程：

① swap() 函数使用了两个指针变量作函数参数。

② 在 main() 函数中，首先将变量 *x*、*y* 的地址值传递给指针变量 p_x、p_y。如图 10.32（a）所示。然后通过调用 swap() 函数将指针变量 p_x、p_y 的值（也就是 *x*、*y* 的地址值）传递给指针变量 *a*、*b*, 如图 10.32（b）所示。

③ 在函数 swap() 的执行过程中通过引用指针变量来改变 x、y 所处的内存单元内容，如图 10.32 (c) 所示。

④ 程序结束后，实现了变换变量 x、y 的值，而形参 a、b 被释放。

通过这个实例可以看出：通过向函数传递变量的地址可以改变相应的内存单元内容。

说明

> 这种传递方式称为地址传递

将实例 10.14 的程序代码修改为

```
1 #define _CRT_SECURE_NO_WARNINGS
2 #include<stdio.h>
3 void swap(int a, int b)
4 {
5     int tmp;
6     tmp = a;
7     a = b;
8     b = tmp;
9 }
10 void main()
11 {
12     int x, y;
13     printf(" 请输入两个数: \n");
14     scanf("%d", &x);
15     scanf("%d", &y);
16     swap(x, y);
17     printf("x=%d\n", x);
18     printf("y=%d\n", y);
19 }
```

程序运行结果如图 10.33 所示。

改变之后程序执行过程如图 10.34 所示。

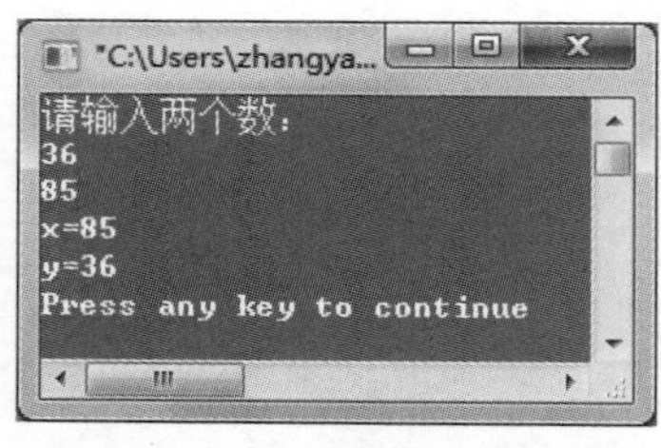

图 10.33 交换变量值运行图

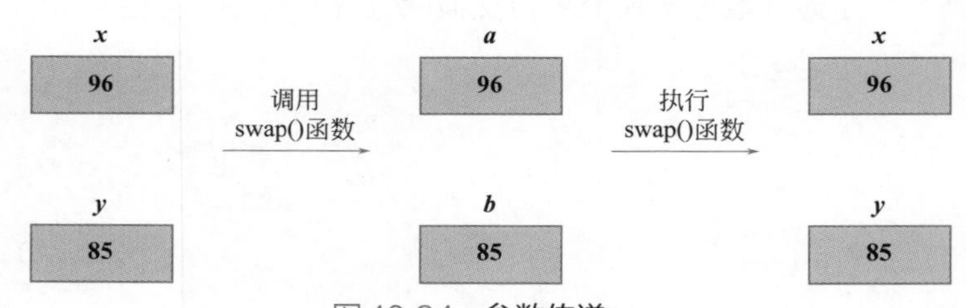

图 10.34 参数传递

从图 10.34 和运行结果分析这段代码：在调用 swap() 函数时，由于参数传递的是值传递，也就是将实参 x、y 的值分别传给了形参 a、b，执行完，a、b 的值并没有交换。从整个过程来看，并没有看到改变 x、y 两个变量所处的内存单元内容。所以导致两个变量值没有交换。

10.4.2 指针变量作函数参数的嵌套

下面通过实例 10.15 来看一下嵌套的函数调用是如何使用指针变量作为函数参数的。

实例 10.15 将输入的数从大到小输出

实例位置：资源包 \Code\10\15

本实例使用嵌套的函数调用实现功能，在定义的排序函数中嵌套调用了自定义交换函数，实现了数据能够从大到小进行排序的功能，具体代码如下。

```
1 #define _CRT_SECURE_NO_WARNINGS
2 #include<stdio.h>
3 void swap(int *p1, int *p2)                        // 自定义交换函数
4 {
5     int temp;
6     temp = *p1;
7     *p1 = *p2;
8     *p2 = temp;
9 }
10 void exchange(int *pt1, int *pt2, int *pt3)       // 3 个数由大到小排序
11 {
12     if (*pt1 < *pt2)
13         swap(pt1, pt2);                           // 调用 swap() 函数
14     if (*pt1 < *pt3)
15         swap(pt1, pt3);
16     if (*pt2 < *pt3)
17         swap(pt2, pt3);
18 }
19 void main()
20 {
21     int a, b, c, *q1, *q2, *q3;
22     puts("Please input three key numbers you want to rank:");
23     scanf("%d,%d,%d", &a, &b, &c);
24     q1 = &a;
25     q2 = &b;                                      // 将变量 a 的地址赋给指针变量 q1
26     q3 = &c;
27     exchange(q1, q2, q3);
28     printf("\n%d,%d,%d\n", a, b, c);               // 调用 exchange() 函数
29 }
```

程序运行结果如图 10.35 所示。

图 10.35　将输入的 3 个数从大到小输出

从该实例代码和运行结果可以看出：

① 程序创建了一个自定义函数 swap()，用于实现交换两个变量的值；还创建了一个 exchange() 函数，其作用是将 3 个数由大到小排序。在 exchange() 函数中调用了前面自定义的 swap() 函数，这里的 swap() 和 exchange() 函数都以指针变量作为形参。

② 程序运行时，通过键盘输入 3 个数 a、b、c，分别将 a、b、c 的地址赋给 q1、q2、q3。调用 exchange() 函数，将指针变量作为实参，将实参变量的值传递给形参变量，此时 q1 和 pt1 都指向变量 a，q2 和 pt2 都指向变量 b，q3 和 pt3 都指向变量 c。在 exchange() 函数中又调用了 swap() 函数，当执行 swap(pt1,pt2) 时，pt1 也指向了变量 a，pt2 指向了变量 b。

10.4.3　指针作函数参数与一维数组

前面介绍的是指针变量作函数参数，本小节主要介绍如何通过函数对一维数组进行操作。因为数组名就是一个地址值，所以可以把数组名传递给函数（对应的形参应该是指针变量）。

通过实例 10.16 来看一下指针作形参、一维数组名作实参。

使用指针实现冒泡排序

实例位置：资源包 \Code\10\16

冒泡排序的基本思想：如果要对 n 个数进行冒泡排序，则要进行 n−1 轮比较，在第一轮比较中要进

行 $n-1$ 次两两比较，在第 j 轮比较中要进行 $n-j$ 次两两比较。具体代码如下。

```
1 #define _CRT_SECURE_NO_WARNINGS
2 #include<stdio.h>
3 void order(int *p, int n)
4 {
5     int i, t, j;
6     for (i = 0; i < n - 1; i++)
7         for (j = 0; j < n - 1 - i; j++)
8             if (*(p + j) > *(p + j + 1))                // 判断相邻两个元素的大小
9             {
10                 t = *(p + j);
11                 *(p + j) = *(p + j + 1);
12                 *(p + j + 1) = t;                      // 借助中间变量 t 进行值互换
13             }
14     printf(" 排序后的数组 :");
15     for (i = 0; i < n; i++)
16     {
17         if (i % 5 == 0)                                // 以每行 5 个元素的形式输出
18             printf("\n");
19         printf("%5d", *(p + i));                       // 输出数组中排序后的元素
20     }
21     printf("\n");
22 }
23 void main()
24 {
25     int a[20], i, n;
26     printf(" 请输入数组元素的个数 :\n");
27     scanf("%d", &n);                                   // 输入数组元素的个数
28     printf(" 请输入各个元素 :\n");
29     for (i = 0; i < n; i++)
30         scanf("%d", a + i);                            // 给数组元素赋初值
31     order(a, n);                                       // 调用 order() 函数
32 }
```

程序运行结果如图 10.36 所示。

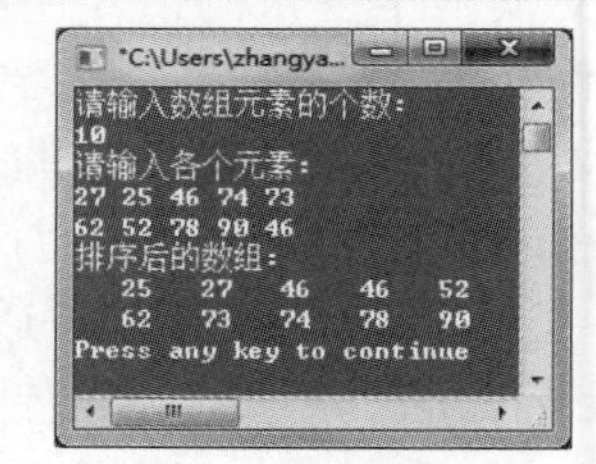

图 10.36 利用指针实现冒泡排序

① 数组名就是这个数组的首地址，因此也可以将数组名作为实参传递给形参。如实例 10.16 中的语句：

```
order(a,n);                                   // 调用 order 函数
```

就是直接使用数组名作函数参数的。

② 当形参为数组时，实参也可以为指针变量。可将实例 10.16 改写成如下形式。

```
1 #define _CRT_SECURE_NO_WARNINGS
2 #include<stdio.h>
3 void order(int a[], int n)
4 {
5     int i, t, j;
6     for (i = 0; i < n - 1; i++)
7         for (j = 0; j < n - 1 - i; j++)
8             if (*(a + j) > *(a + j + 1))                // 判断相邻两个元素的大小
9             {
10                 t = *(a + j);
11                 *(a + j) = *(a + j + 1);
12                 *(a + j + 1) = t;                      // 借助中间变量 t 进行值互换
13             }
14     printf(" 排序后的数组 :");
15     for (i = 0; i < n; i++)
```

```
16     {
17         if (i % 5 == 0)                         // 以每行 5 个元素的形式输出
18             printf("\n");
19         printf("%5d", *(a + i));               // 输出数组中排序后的元素
20     }
21     printf("\n");
22 }
23 void main()
24 {
25     int a[20], i, n;
26     int *p;
27     p = a;
28     printf(" 请输入数组元素的个数 :\n");
29     scanf("%d", &n);                          // 输入数组元素的个数
30     printf(" 请输入各个元素 :\n");
31     for (i = 0; i < n; i++)
32         scanf("%d", p++);                     // 给数组元素赋初值
33     p = a;
34     order(p, n);                              // 调用 order() 函数
35 }
```

本程序中，形参是数组，而实参是指针变量。注意上述程序中第 33 行语句：

```
p=a;
```

该语句不可少，如果将其省略，则后面调用 order() 函数时，参数 *p* 指向的就不是 a 数组，这点需要注意。

10.4.4 指针作函数参数与二维数组

二维数组名也是一个地址值，所以当处理二维数组时，它对应的形参也应该是指针类型的。

下面将通过实例 10.17，来看一下指针作参数，对二维数组进行操作。

实例 10.17　找出二维数组每行中最大的数并求和

实例位置：资源包 \Code\10\17

本实例定义了一个二维数组，利用指针输出每行的最大元素，并将每行的最大元素进行相加运算，具体代码如下。

```
1 #define _CRT_SECURE_NO_WARNINGS
2 #include<stdio.h>
3 #define N 4
4 void max(int(*a)[N], int m)                    // 自定义 max() 函数，求二维数组每行的最大元素
5 {
6     int value, i, j, sum = 0;
7     for (i = 0; i < m; i++)
8     {
9         value = *(*(a + i));                   // 将每行中的首个元素赋给 value
10        for (j = 0; j < N; j++)
11            if (*(*(a + i) + j) > value)       // 判断其他元素是否小于 value 的值
12                value = *(*(a + i) + j);       // 将比 value 大的数重新赋给 value
13        printf(" 第 %d 行: 最大数是: %d\n", i, value);
14        sum = sum + value;
15    }
16    printf("\n");
17    printf(" 每行中最大数相加之和是: %d\n", sum);
18 }
19 void main()
20 {
```

```
21     int a[3][N], i, j;
22     int(*p)[N];
23     p = &a[0];
24     printf("please input:\n");
25     for (i = 0; i < 3; i++)
26         for (j = 0; j < N; j++)
27             scanf("%d", &a[i][j]);          // 给数组中的元素赋值
28     max(p, 3);                              // 调用 max() 函数，指针变量作函数参数
29 }
```

程序运行结果如图 10.37 所示。

图 10.37　输出每行最大值以及求和结果运行图

10.4.5　字符指针作函数参数

将一个字符串从 main() 函数传递给被调用函数，可以使用字符数组名作为函数参数或者指向字符串的指针变量作为函数参数。

通过实例 10.18 来用字符指针数组作为参数操作字符串。

实例 10.18　按字母顺序排序

实例位置：资源包 \Code\10\18

本实例是实现对英文的 12 个月份按字母顺序排序，具体代码如下。

```
1 #define _CRT_SECURE_NO_WARNINGS
2 #include<stdio.h>
3 #include<string.h>
4 sort(char *strings[], int n)                          // 自定义排序函数
5 {
6     char *temp;
7     int i, j;
8     for (i = 0; i < n; i++)
9     {
10        for (j = i + 1; j < n; j++)
11        {
12            if (strcmp(strings[i], strings[j]) > 0)   // 比较两个字符串的大小
13            {
14                temp = strings[i];
15                strings[i] = strings[j];
16                strings[j] = temp;                     // 如果前面的字符串比后面的大，则互换
17            }
18        }
19     }
20 }
21 void main()
22 {
23     int n = 12;
24     int i;
25     char **p;                                          // 定义字符型指向指针的指针
26     char *month[] =
27     {
28         "January",
29         "February",
30         "March",
31         "April",
32         "May",
```

```
33          "June",
34          "July",
35          "August",
36          "September",
37          "October",
38          "November",
39          "December"
40
41      };
42      p = month;
43      sort(p, n);                                  // 调用排序函数
44      printf(" 排序后的 12 月份如下: \n");
45      for (i = 0; i < n; i++)
46          printf("%s\n", month[i]);                // 输出排序后的字符串
47 }
```

程序运行结果如图 10.38 所示。

10.4.6 返回指针的函数

一个函数可以返回一个整型值、字符型值、浮点型值等，也可以返回指针型值，即地址。其概念与函数中介绍的类似，只是返回值的类型是指针类型而已。返回指针型值的函数可以简称为“指针函数”。

定义指针函数的一般形式为

```
数据类型 * 函数名 ( 参数列表 ){ 语句体 }
```

等价于：

```
( 数据类型 *) 函数名 ( 参数列表 ){ 语句体 }
```

例如：

```
int *fun(int x,int y){}
```

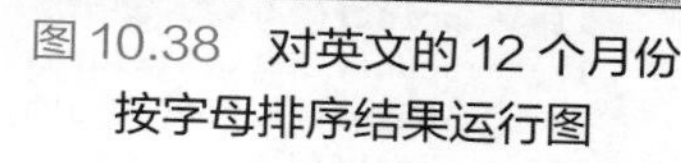

图 10.38 对英文的 12 个月份按字母排序结果运行图

这里定义了一个函数 fun()，它有两个整型变量 x、y 作为形参，返回一个指向整型变量的指针。下面利用指针函数实现求长方形的周长。

实例 10.19 输入长和宽，求长方形的周长

实例位置：资源包 \Code\10\19

在本实例中输入长方形的长 36 和宽 30，计算长方形的周长。具体代码如下。

```
1 #define _CRT_SECURE_NO_WARNINGS
2 #include<stdio.h>                             // 包含头文件
3 int per(int a, int b);                         // 声明函数
4 void main()                                    // main() 函数
5 {
6     int iWidth, iLength, iResult;              // 定义变量
7     printf(" 请输入长方形的长 :\n");           // 提示
8     scanf("%d", &iLength);                     // 输入长度
9     printf(" 请输入长方形的宽 :\n");           // 提示
10    scanf("%d", &iWidth);                      // 输入宽度
11    iResult = per(iWidth, iLength);            // 调用函数
12    printf(" 长方形的周长是 :");               // 提示
13    printf("%d\n", iResult);                   // 输出结果
```

```
14 }
15 int per(int a, int b)                    // 自定义函数
16 {
17     return (a + b) * 2;                  // 返回计算结果
18 }
```

程序运行结果如图 10.39 所示。

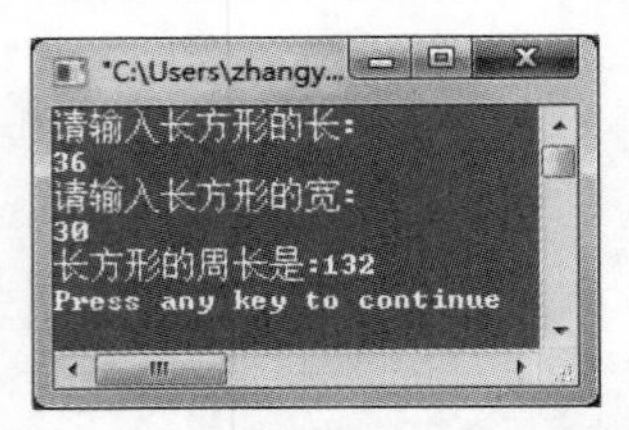

图 10.39　长方形的周长结果运行图

实例 10.19 中用前面讲过的方式自定义了一个 per() 函数，用来求长方形的周长。下面介绍在实例 10.19 的基础上如何使用返回值为指针的函数。

```
1 #define _CRT_SECURE_NO_WARNINGS
2 #include<stdio.h>
3 int *per(int a, int b);
4 int Perimeter;
5 void main()
6 {
7     int iWidth, iLength;
8     int *iResult;
9     printf(" 请输入长方形的长 :\n");
10    scanf("%d", &iLength);
11    printf(" 请输入长方形的宽 :\n");
12    scanf("%d", &iWidth);
13    iResult = per(iWidth, iLength);
14    printf(" 长方形的周长是 :");
15    printf("%d\n", *iResult);
16 }
17 int *per(int a, int b)
18 {
19    int *p;
20    p = &Perimeter;
21    Perimeter = (a + b) * 2;
22    return p;
23 }
```

程序中自定义了一个返回指针值的函数：

```
int *per(int a,int b)
```

将指向存放着所求长方形周长的变量的指针变量返回。

注意

这个程序本身并不需要写成这种形式，因为对这种问题使用这种方式编写程序并不简便，这样写只是为了起到讲解的作用。

10.4.7　函数指针

指针变量也可以指向一个函数。一个函数在编译时被分配一个入口地址，该入口地址就称为“函数的指针”。

（1）函数指针的定义

函数指针的定义的一般格式如下。

```
数据类型 (* 指针变量名)(形参列表)
```

有以下几点说明。

① 函数指针和它所指向的函数的参数个数和类型都应该是一致的。

② 指针变量名外的“()”不可以省略，因为“()”的优先级高于“*”，否则将会变成指针函数的形式。例如：

```
int (*fun)(int a,int b)
```

这句代码定义了一个函数指针 fun，它所指向的是一个返回值是整型变量的函数，并且有两个整型的形参。

注意

int *fun(int a,int b) 表示定义一个函数，返回值是指向整型变量的指针；int(* fun) (int a,int b) 表示定义一个指向函数的指针，它的返回值是整型。

（2）函数指针的初始化

既然函数名代表了函数的入口地址，在赋值时，就可以直接把函数名赋给一个函数指针变量。例如：

```
int fun(int a,int b);              // 定义一个函数
int (*fun1)(int a,int b);          // 定义一个函数指针
fun1=fun;                          // 将 fun() 首地址赋给 fun1
```

（3）函数指针的引用

对函数指针也可以进行引用。例如：

```
int (*fun1)(int a,int b);          // 定义一个函数指针
int *p;                            // 定义一个指针变量
(*fun1)=&(*p);                     // 函数指针的引用
```

10.5 带参数的 main() 函数

在讲过的所有程序中，几乎都会出现 main() 函数。main() 函数称为“主函数”，是所有程序运行的入口。前面的例子中，都会看到这样一句：

```
main(){ 语句体 }
```

可以看到这个 main() 函数不像其他子函数一样带有参数。但是，其实 main() 函数是可以有参数的。通常，带参数的 main() 函数会写成：

```
main(int argc, char* argv[]) { 语句体 }
```

有以下几点说明。

① main() 函数具有两个参数，两个参数名 argc、argv 是可以由用户来命名的，通常定义为 argc 和 argv。但是，这两个参数的类型是固定的。

② argc 是整型参数，用来保存命令行的参数个数。

③ argv 是一个指向字符串的指针数组，它用来存储每个命令行参数，所以所有命令行参数都应该是字符串，这些字符串的首地址构成了一个指针数组。还可以将其改写为

```
main(int argc, char* *argv) {  语句体  }
```

说明

> 参数字符串的长度是不定的，并且参数字符串的长度不需要统一，且参数的数目也是任意的，并不规定具体个数。

例如，输出命令行参数的代码如下。

```
1 #include<stdio.h>
2 int main(int argc, char* argv[])
3 {
4     int i, n;  // n 赋值为命令行参数的个数
5     n = argc;
6     for (i = 0; i < n; i++)
7         printf("%s\n",argv[i]);
8     return 0;
9 }
```

运行程序，生成 .exe 文件。打开 cmd 命令行窗口，用命令切换到系统盘（如命令“e”:）目录下，然后进入命令到 .exe 的目录（如“cd 程序 \ 例子 \Debug”），再运行程序并输入字符串（如“例子 .exe file1 happy bright glad”），最后的运行结果如图 10.40 所示。

说明

> 每次输入完命令按“Enter”键，表示结束输入。

分析这段程序：

① 在命令行中输入 4 个参数，所以 argc 的值就是 4。

② 命令行中的 4 个参数分别是：file1、happy、bright、glad，它们存储在指针 argv 中，存储形式如图 10.41 所示。

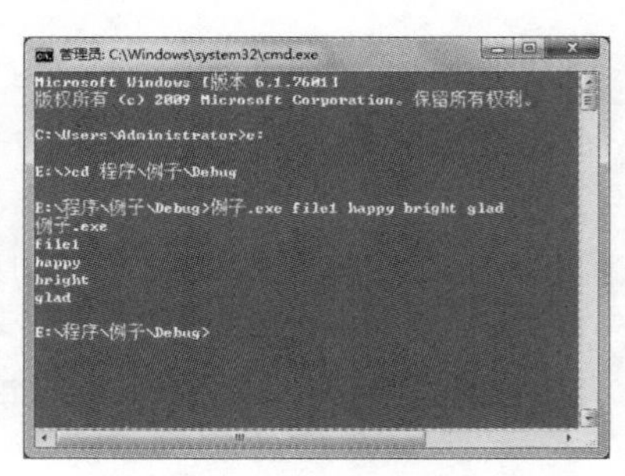

图 10.40　运行结果

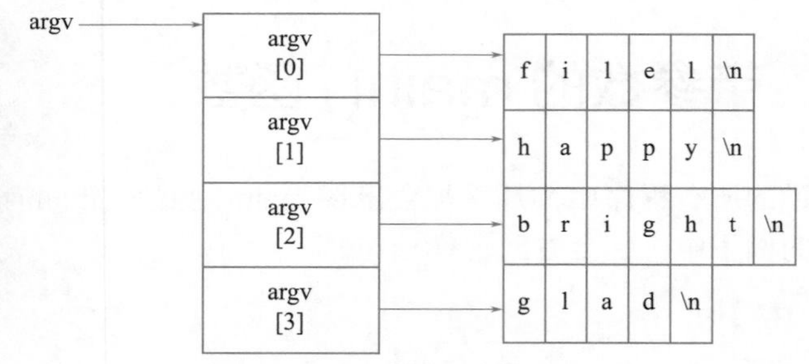

图 10.41　命令行中参数传递

③ 各个参数用空格键或者 Tab 键隔开。

利用实例 10.20 输出 main() 函数的参数的内容。

实例 10.20　输出 main() 函数的参数内容

实例位置：资源包 \Code\10\20

本实例在 main() 函数中是带有参数的，利用指针将参数内容输出，具体代码如下。

```
1  #define _CRT_SECURE_NO_WARNINGS
2  #include<stdio.h>                          // 包含头文件
3  void main(int argc, char *argv[])          // main() 函数为带参函数
4  {
5      printf("the list of parameter:\n");    // 提示
6      printf(" 命令名: \n");                  // 提示
7      printf("%s\n", *argv);                 // 输出 main() 函数的指针参数
8      printf(" 参数个数: \n");                // 提示
9      printf("%d\n", argc);                  // 输出 main() 函数的整型参数
10 }
```

程序运行结果如图 10.42 所示。

10.6 综合案例——谁的成绩不及格?

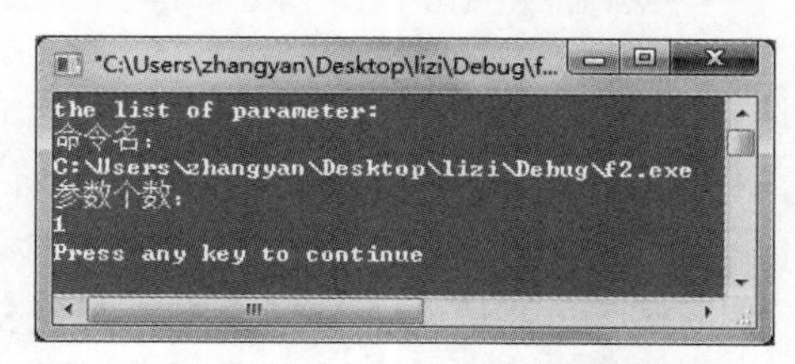

图 10.42 输出 main() 函数的参数内容

为了方便老师查看本班学生的学习情况，老师需要了解每个学生的成绩情况，如果哪个同学成绩不及格，老师会针对该学生的情况，分析不及格的原因，帮助他提高成绩，做到因材施教。例如，现有 4 名同学的 4 科成绩，利用指针，找出至少有一科成绩不合格的学生，并将成绩输出。

实现的过程如下。

① 导入函数库，具体代码如下。

```
1 #include<stdio.h>
```

② 自定义一个查找有不及格的行的函数，此函数的形参是指针数组，实现的具体代码如下。

```
2 float* search(float(*p)[4])
3 {
4     int i;                                  // 声明变量
5     float* pt;                              // 声明指针变量
6     pt = *(p + 1);                          // 获取下一行的首地址
7     for (i = 0; i < 4; i++)
8     {
9         if (*(*p + i) < 60)                 // 判断分数是否小于 60 分
10        {
11            pt = *p;                        // 指向本行首地址
12        }
13    }
14    return (pt);                            // 返回首地址
15 }
```

③ 在 main() 函数中，定义二维数组保存学生成绩，再调用自定义的函数查找有不及格的行，最终输出带有不及格的行，实现的具体代码如下。

```
16 int main()
17 {
18     float score[][4] = { {60,75,82,91},{75,81,91,90},{51,65,78,84},{65,72,78,72} }; // 声明数组
19     float* p;                              // 声明指针变量
20     int i, j;                              // 声明计数变量
21     for (i = 0; i < 4; i++)
22     {
23         p = search(score + i);             // 查找有不及格的行
24         if (p == *(score + i))
25         {
26             printf(" 不及格的学生是第 %d 名同学 :\n 成绩如下: ", i + 1);
```

```
27            for (j = 0; j < 4; j++, p++)              // 输出成绩
28            {
29                printf("%5.1f", *p);
30            }
31        }
32    }
33    return 0;
34 }
```

运行结果如下。

```
不及格的学生是第 3 名同学：
成绩如下：51.0 65.0 78.0 84.0
```

10.7 实战练习

练习 1：语文古诗词填空 某语文考试卷上有这样一道填空题：春眠不觉晓，处处闻啼鸟，________，花落知多少。本实战利用指针将答案输出在控制台。效果如图 10.43 所示。

练习 2：呐喊 2022 冬季奥运会口号 2022 年冬季奥运会的口号是“纯洁的冰雪，激情的约会”。利用两种方式输出字符串，第一种是采用 for 循环遍历字符数组，输出字符串；第二种是利用指针直接输出字符串。运行效果如图 10.44 所示。

图 10.43 语文古诗词填空　　　　图 10.44 2022 冬季奥运会口号

小结

本章首先介绍了指针的相关概念及其应用，指针的相关概念中要理解变量与指针之间的区别，重点掌握指针变量的相关概念及用法；然后介绍了指针与一维数组、二维数组、字符串及字符串数组之间的关系，通常情况下把数组、字符串的首地址赋予指针变量；接着讲解了指向指针的指针、如何使用指针变量作函数参数、返回指针值的函数以及 main() 函数的参数等相关内容，其中使用指针变量作函数参数在编写程序过程中用得比较多，希望能够注意。

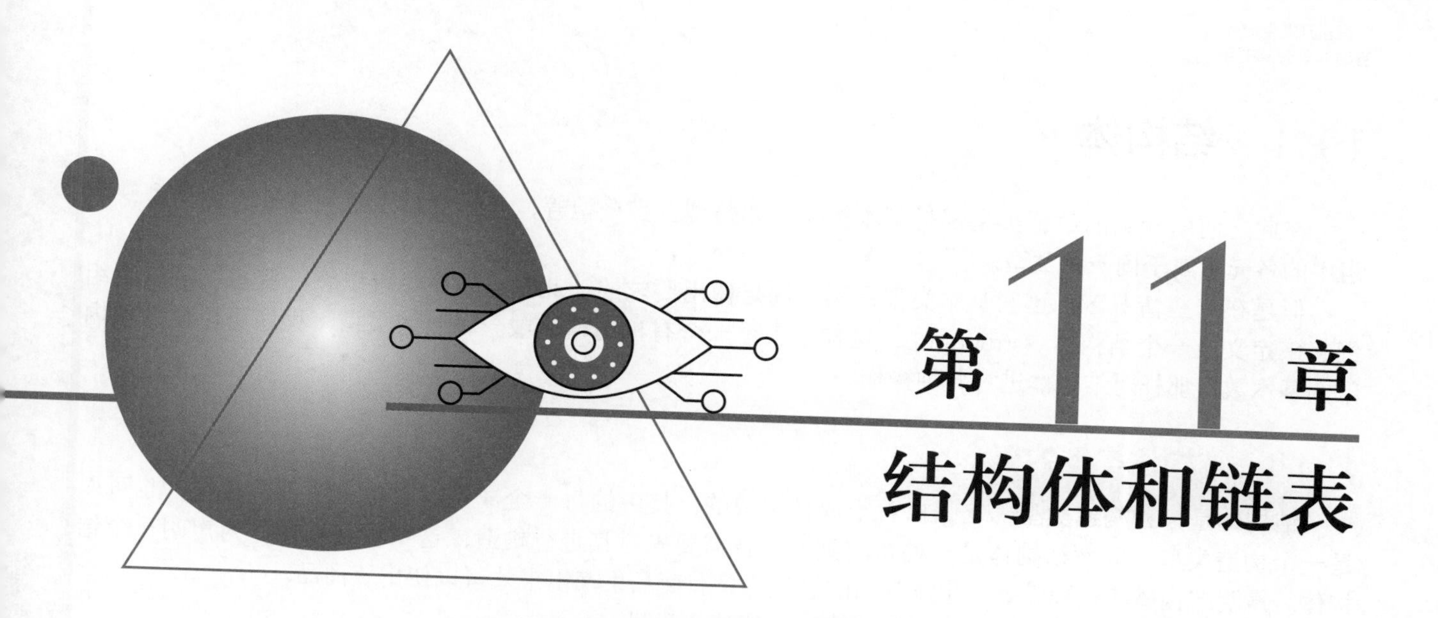

第11章 结构体和链表

迄今为止，程序中所用的都是基本类型的数据。在编写程序时，简单的基本类型是不能满足程序中各种复杂数据的要求的，因此C语言还提供了构造类型的数据。构造类型是由基本类型按照一定规则组成的。

本章致力于使读者了解结构体的概念以及链表的相关操作。首先介绍如何定义结构体及其使用方式；然后介绍定义结构体数组和结构体指针，以及包含结构体的结构体；最后介绍链表，讲解链表的基本操作。

本章知识架构如下。

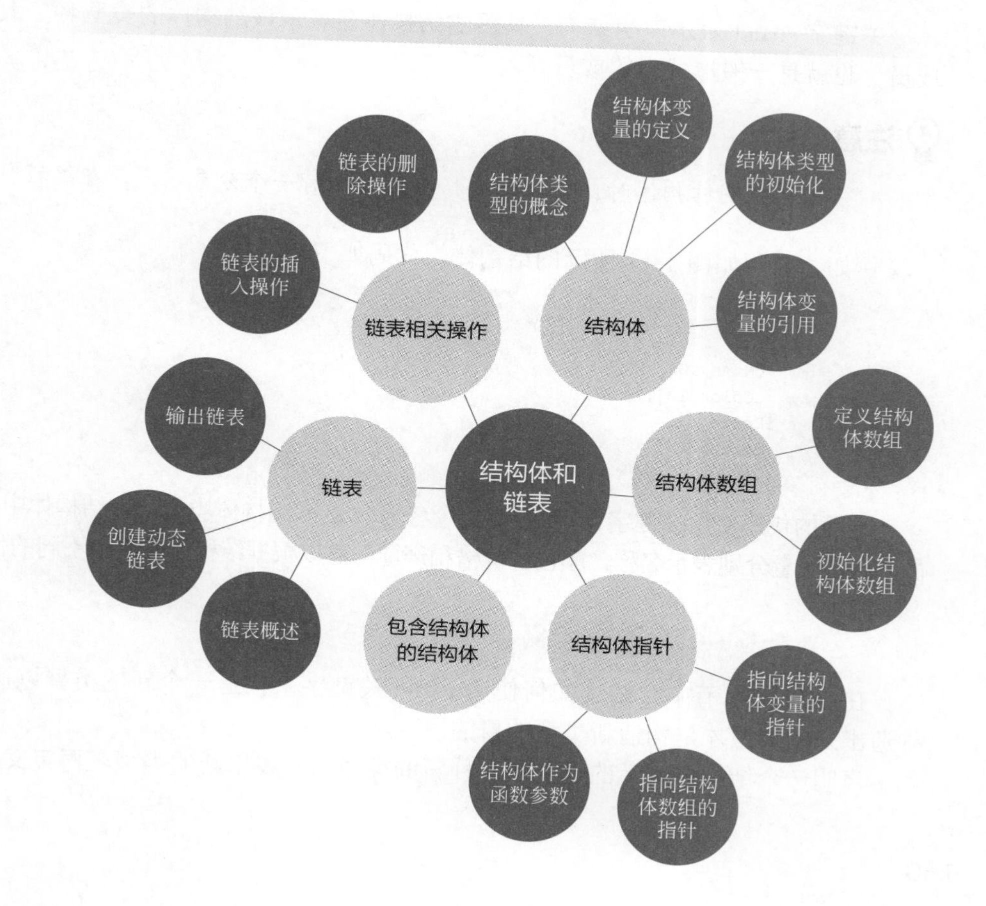

11.1 结构体

在此之前所介绍的数据类型都是基本类型，如整型、字符型等，并且介绍了数组这种构造类型，数组中的各元素属于同一种类型。

但是在一些情况下，这些基本类型是不能满足使用要求的。此时，程序员可以将一些有关的变量组织起来定义成一个结构体（structure），这样来表示一个有机的整体或一种新的类型，程序可以像处理内部的基本数据那样对结构体进行各种操作。

11.1.1 结构体类型的概念

结构体是一种构造类型，它是由若干成员组成的，其中的每一个成员可以是一个基本类型，也可以是一个构造类型。既然结构体是一种新的类型，就需要先对其进行构造，这里称这种操作为声明一个结构体。声明结构体的过程就好比生产商品的过程，只有商品生产出来才可以使用该商品。

假如在程序中要使用一个“水果”类型，一般的水果具有名称、颜色、价格和产地等特点，如图 11.1 所示。

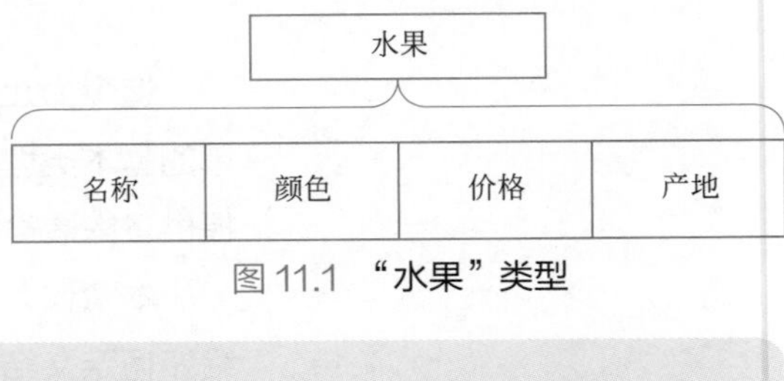

图 11.1 “水果”类型

通过图 11.1 可以看到，“水果”类型并不能使用之前学习过的任何一种类型表示，这时就要自己定义一种新的类型，将这种自己指定的结构称为“结构体”。

声明结构体时使用的关键字是 struct，其一般形式为

```
struct 结构体名
{
    成员列表
};
```

关键字 struct 表示声明结构，其后的结构体名表示该结构体的类型名。大括号中的变量构成结构体的成员，也就是一般形式中的成员列表。

注意

在声明结构体时，要注意大括号最后面有一个分号“;”，在编程时千万不要忘记。

例如，声明如图 11.1 所示的结构体，代码如下。

```
struct Fruit
{
    char cName[10];                     //名称
    char cColor[10];                    //颜色
    int iPrice;                         //价格
    char cArea[20];                     //产地
};
```

上面的代码使用关键字 struct 声明一个名为 Fruit 的结构体类型，在结构体中定义的变量是 Fruit 结构体的成员，这些变量分别表示名称、颜色、价格和产地，可以根据结构体成员中不同的作用选择与其相对应的类型。

11.1.2 结构体变量的定义

在 11.1.1 小节中介绍了如何使用 struct 关键字来构造一个新的类型以满足程序的设计要求。要使用构造出来的类型才是构造新类型的目的。

声明一个结构体表示的是创建一种新的类型名，要用新的类型名再定义变量。定义的方式有 3 种。

（1）先声明结构体类型，再定义变量

一般格式如下。

```
struct 结构体名
{
    成员列表 ;
};                              // 定义结构体类型
struct 结构体名 变量名 ;         // 定义结构体变量
```

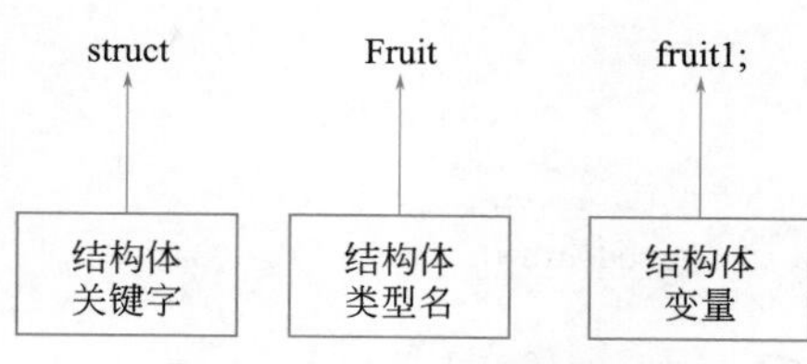

图 11.2 定义结构体变量

在 11.1.1 小节中声明的 Fruit 结构体类型就是先声明结构体类型，然后用 struct Fruit 定义结构体变量，如图 11.2 所示。

说明

为了使规模较大的程序更便于修改和使用，常常将结构体类型的声明放在一个头文件中，这样在其他源文件中如果需要使用该结构体类型则可以用 #include 命令将该头文件包含到源文件中。

（2）在声明结构体类型时，同时定义变量

这种定义变量的一般形式为

```
struct 结构体名
{
    成员列表 ;
} 变量名列表 ;
```

可以看到，在一般形式中将定义的变量的名称放在声明结构体的末尾处，但是需要注意的是，变量的名称要放在最后的分号前面。

例如，使用 struct Fruit 结构体类型名，代码如下。

```
struct Fruit
{
    char cName[10];                // 名称
    char cColor[10];               // 颜色
    int iPrice;                    // 价格
    char cArea[20];                // 产地
}fruit1;                           // 定义结构体变量
```

说明

定义的变量不是只能有一个，可以定义多个变量。

（3）直接定义结构体类型变量

其一般形式为

```
struct
{
    成员列表
} 变量名列表 ;
```

可以看出这种方式没有给出结构体名称，如定义水果变量 fruit1，代码如下：

```
struct
{
    char cName[10];                // 名称
    char cColor[10];               // 颜色
    int iPrice;                    // 价格
    char cArea[20];                // 产地
}fruit1;                           // 定义结构体变量
```

11.1.3 结构体类型的初始化

结构体类型与其他基本类型一样，也可以在定义结构体变量时指定初始值。例如：

```
struct People
{
    char cName[20];
    char cSex;
    int iGrade;
}student1={"HanXue",'W',3};                    //定义变量并设置初始值
```

注意

在初始化时，定义的变量后面使用等号，然后将其初始化的值放在大括号中，并且每个值要与结构体的成员列表的顺序一一对应。

11.1.4 结构体变量的引用

定义结构体类型变量以后，当然可以引用这个变量。就像如图 11.1 所示的水果，既然生产出水果，就得用它做点什么，充分体现苹果的价值。

要对结构体变量进行赋值、存取或运算，实质上是对结构体变量成员的操作。结构体变量成员的一般形式为

```
结构体变量名 . 成员名
```

在引用结构体变量成员时，可以在结构体变量名的后面加上成员运算符“.”和成员的名字。例如：

```
fruit1.cName="apple";
fruit1.iPrice=5;
```

上面的赋值语句就是对 fruit1 结构体变量中的成员 cName 和 iPrice 两个变量进行赋值。

常见错误：不能直接将一个结构体变量作为一个整体进行输入和输出。例如，不能对 fruit1 进行以下输出。

```
printf("%s%s%s%d%s",fruit1);
```

实例 11.1　输出 vivo NEX（手机型号）的基本信息　实例位置：资源包 \Code\11\01

利用结构体输出 vivo NEX 的基本信息，具体代码如下。

```
1 #include<stdio.h>
2 struct telephone                          //声明手机基本信息结构体
3 {
4     char brandName[20];                   //品牌名
5     int price;                            //报价
6     char screen[20];                      //主屏尺寸
7     char processor[20];                   //处理器
8     int battery;                          //电池容量
9  }telephone1 = { "vivo NEX",4998," 双面屏 "," 高通 骁龙 845",4000};    //定义结构体变量并设置初始值
10 int main()
11 {
```

```
12     printf("产品名称:%s\n", telephone1.brandName);     //将结构体中第一个数据输出，即产品名称
13     printf("官方报价:%d元\n", telephone1.price);       //将结构体中第二个数据输出，即官方报价
14     printf("主屏尺寸:%s\n", telephone1.screen);        //将结构体中第三个数据输出，即主屏尺寸
15     printf("CPU型号:%s\n", telephone1.processor);      //将结构体中第四个数据输出，即CPU型号
16     printf("电池容量:%dmAh\n", telephone1.battery);    //将结构体中第五个数据输出，即电池容量
17     return 0;
18 }
```

运行结果如图 11.3 所示。

图 11.3　**手机基本信息**

11.2　结构体数组

结构体变量中可以存放一组数据，上节的例子中只显示了一个手机的信息，但是如果要显示多个手机的信息怎么办？在结构体中同样可以使用数组的形式，这时称数组为“结构体数组”。

结构体数组与之前介绍的数组的区别就在于，结构体数组中的元素是根据要求定义的结构体类型，而不是基本类型。

11.2.1　定义结构体数组

定义结构体数组的方法与定义结构体变量的方法相同，只是将结构体变量替换成结构体数组。定义结构体数组的方法有以下 3 种。

① 先定义结构体类型，再定义结构体数组

一般形式如下。

```
struct 结构体名
{
    成员列表;
};      //定义结构体类型
struct 结构体名 数组名[数组长度]; //定义结构体数组
```

例如，定义 5 个手机信息的结构体数组，代码如下。

```
struct telephone                        //声明手机基本信息结构体
{
    char brandName[20];                 //品牌名
    int price;                          //报价
    char screen[20];                    //主屏尺寸
    char processor[20];                 //处理器
    int battery;                        //电池容量
};                                      //定义结构体数组
struct telephone telephone2[5];         //定义结构体数组
```

这种定义结构体数组的方式是在声明结构体类型的同时定义结构体数组，可以看到结构体数组和结构体变量的位置是相同的。

② 定义结构体类型的同时，定义结构体数组

一般格式如下。

```
struct 结构体名
{
    成员列表;
}数组名[数组长度];                       //定义结构体数组
```

同样定义 5 个手机信息的结构体数组，代码如下。

```
struct telephone                              // 声明手机基本信息结构体
{
    char brandName[20];                       // 品牌名
    int price;                                // 报价
    char screen[20];                          // 主屏尺寸
    char processor[20];                       // 处理器
    int battery;                              // 电池容量
} telephone2[5];                              // 定义结构体数组
```

③ 不给出结构体类型名，直接定义结构体数组

一般形式如下。

```
struct
{
   成员列表 ;
} 数组名 [ 数组长度 ];                          // 定义结构体数组
```

同样定义 5 个手机信息的结构体数组，代码如下。

```
struct                                        // 声明手机基本信息结构体
{
    char brandName[20];                       // 品牌名
    int price;                                // 报价
    char screen[20];                          // 主屏尺寸
    char processor[20];                       // 处理器
    int battery;                              // 电池容量
} telephone2[5];                              // 定义结构体数组
```

数组中各数据在内存中的存储是连续的，如图 11.4 所示。

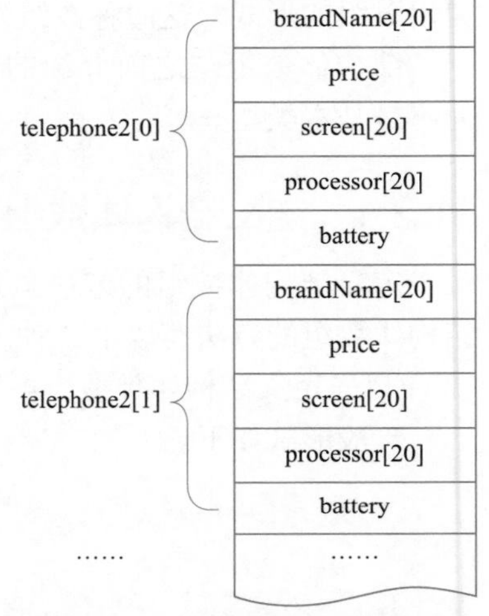

图 11.4 数组数据在内存中的存储形式

11.2.2 初始化结构体数组

与初始化基本类型的数组相同，也可以为结构体数组进行初始化操作。初始化结构体数组的一般形式为

```
struct 结构体名
{
   成员列表 ;
} 数组名 ={ 初始值列表 };
```

例如，为手机信息结构体数组进行初始化操作，代码如下。

```
struct telephone                              // 声明手机基本信息结构体
{
    char brandName[20];                       // 品牌名
    int price;                                // 报价
    char screen[20];                          // 主屏尺寸
    char processor[20];                       // 处理器
    int battery;                              // 电池容量
} telephone2[5]={ {"vivo NEX",4998," 双面屏 "," 高通 骁龙 845",4000},
                  { "oppo R17",2999,"6.4 英寸 "," 高通 骁龙 670",3500},
                  { " 华为 Mate 20",3999,"6.53 英寸 "," 海思 Kirin 980",4000},
                  { " 小米 MIX 3",3299,"6.33 英寸 "," 骁龙 845",3100},
                  { "iPhone Xr",6499,"6.1 英寸 "," 苹果 A12",2942}};
```

为结构体数组进行初始化时，最外层的大括号表示所列出的是结构体数组中的元素。因为每一个元素都是结构体类型，所以每一个元素也使用大括号，其中包含每一个结构体元素的成员数据。

在定义结构体数组 telephone2 时，也可以不指定结构体数组中的元素个数，这时编译器会根据结构体数组后面的初始化值列表中给出的元素个数，来确定结构体数组中元素的个数。例如：

```
telephone2[ ]={……};
```

说明

当定义和初始化结构体数组同时进行时，可以省略数组长度。

11.3 结构体指针

一个指向变量的指针表示的是变量所占内存中的起始地址。如果一个指针指向结构体变量，那么该指针指向的是结构体变量的起始地址。同样，指针变量也可以指向结构体数组中的元素。

11.3.1 指向结构体变量的指针

由于指针指向结构体变量的地址，因此可以使用指针来访问结构体变量中的成员。定义结构体指针的一般形式为

```
结构体类型 *指针名;
```

例如，定义一个指向 struct telephone 结构体类型的 pStruct 指针变量的代码如下。

```
struct telephone *pStruct;
```

使用指向结构体变量的指针访问成员有以下两种方法（pStruct 为指向结构体变量的指针）。

（1）使用点运算符引用成员

代码如下。

```
(*pStruct).成员名
```

结构体变量可以使用点运算符对其中的成员进行引用。*pStruct 表示指向的结构体变量，因此使用点运算符可以引用结构体变量中的成员。

注意

pStruct 一定要使用括号，因为点运算符的优先级是最高的，如果不使用括号，就会先执行点运算然后才执行“”运算。

例如，pStruct 指针指向了 telephone1 结构体变量，引用其中的成员，代码如下。

```
(*pStruct).price=3299;
```

（2）使用“->”运算符引用成员

代码如下。

```
pStruct ->成员名;
```

例如，使用“->”运算符引用一个成员，代码如下。

```
pStruct->price=3299;
```

假如 telephone1 为结构体变量，pStruct 为指向结构体变量的指针，可以看出以下 3 种形式的效果是等价的。

① telephone1. 成员名。

② (*pStruct). 成员名。

③ pStruct-> 成员名。

在使用“->”引用成员时，要注意分析以下情况。

① pStruct->price 表示指向的结构体变量中成员 price 的值。

② pStruct-> price ++ 表示指向的结构体变量中成员 price 的值，使用后该值加 1。

③ ++pStruct-> price 表示指向的结构体变量中成员 price 的值加 1，计算后再进行使用。

11.3.2 指向结构体数组的指针

结构体指针变量不但可以指向一个结构体变量，还可以指向结构体数组，此时指针变量的值就是结构体数组的首地址。

结构体指针变量也可以直接指向结构体数组中的元素，这时指针变量的值就是该结构体数组元素的首地址。例如，定义一个结构体数组 student[5]，使用结构体指针指向该数组，代码如下。

```
struct telephone* pStruct;
pStruct=telephone2;
```

因为数组不使用下标时表示的是数组的第一个元素的地址，所以指针指向数组的首地址。如果想利用指针指向第 3 个元素，则在数组名后附加下标，然后在数组名前使用取地址符号“&”。例如:

```
pStruct=&telephone2[2];
```

11.3.3 结构体作为函数参数

函数是有参数的，可以将结构体变量的值作为一个函数的参数。使用结构体作为函数的参数有 3 种形式：使用结构体变量作为函数参数；使用指向结构体变量的指针作为函数参数；使用结构体变量的成员作为函数参数。

（1）使用结构体变量作为函数参数

使用结构体变量作为函数的实参时，采取的是“值传递”，它会将结构体变量所占内存单元的内容全部顺序传递给形参，形参也必须是同类型的结构体变量。例如:

```
void Display(struct telephone telephone1);          //使用结构体变量作参数的函数
```

在形参的位置使用结构体变量，但是函数调用期间，形参也要占用内存单元。这种传递方式在空间和时间上开销都比较大。

另外，根据函数参数传值方式，如果在函数内部修改了变量中成员的值，则改变的值不会返回到主调函数中。

（2）使用指向结构体变量的指针作为函数参数

在使用结构体变量作为函数的参数时，在传值的过程中空间和时间的开销比较大，有一种更好的传递方式，就是使用指向结构体变量的指针作为函数参数进行传递。

在传递指向结构体变量的指针时，只是将结构体变量的首地址进行传递，并没有将结构体变量的副本进行传递。例如，声明一个传递指向结构体变量的指针的函数，代码如下:

```
void Display(struct Student *stu);
```

这样使用形参 stu 指针就可以引用结构体变量中的成员了。这里需要注意的是，因为传递的是变量的地址，如果在函数中改变成员中的数据，那么返回主调用函数时变量会发生改变。

（3）使用结构体变量的成员作为函数参数

使用这种方式为函数传递参数与普通的变量作为实参是一样的，是“值传递”。例如:

```
Display(student.fScore[0]);
```

注意

传值时，实参要与形参的类型一致。

11.4 包含结构体的结构体

结构体变量中的成员不仅可以是基本类型，也可以是结构体类型。就像如图 11.5 所示的汽车里的零件，可以把汽车看成一个结构体，而零件也看成一个结构体，就相当于汽车结构体包含了零件结构体。

又如，定义一个学生信息结构体类型，其中的成员包括姓名、学号、性别、出生日期。其中，成员出生日期就属于一个结构体类型，因为出生日期包括年、月、日这 3 个成员。这样，学生信息这个结构体类型就是包含结构体的结构体。

图 11.5　包含结构体的结构体示意图

实例 11.2　显示学生的个人信息（包含生日）

实例位置：资源包 \Code\11\02

下面编写代码，定义两个结构体类型，一个表示日期，一个表示学生的个人信息。其中，日期结构体是个人信息结构体中的成员。通过使用个人信息结构体类型表示学生的基本信息内容。具体代码如下。

```
1  #include<stdio.h>
2  struct date                                              // 时间结构体
3  {
4      int year;                                            // 年
5      int month;                                           // 月
6      int day;                                             // 日
7  };
8
9  struct student                                           // 学生信息结构体
10 {
11     char name[30];                                       // 姓名
12     int num;                                             // 学号
13     char sex;                                            // 性别
14     struct date birthday;                                // 出生日期
15 }student = { "SuYuQun",12061212,'W',{1986,12,6} };       // 为结构体变量初始化
16
17 int main()
18 {
19     printf("-----Information-----\n");
20     printf("Name: %s\n", student.name);                  // 输出结构成员
21     printf("Number: %d\n", student.num);
22     printf("Sex: %c\n", student.sex);
23     printf("Birthday: %d,%d,%d\n", student.birthday.year,
24         student.birthday.month, student.birthday.day);   // 将成员结构体数据输出
25     return 0;
26 }
```

运行结果如图 11.6 所示。

11.5 链表

数据是信息的载体，是描述客观事物属性的数、字符以及所有能输入到计算机中并被计算机程序识别和处理的集合。数据结构是指数据对象以及其中的相互关系和构造方法。在数据结构中有一种线性存储结构称为“线性表”，本节将会根据结构体的知识介绍有关线性表的链式存储结构，也称其为“链表”。

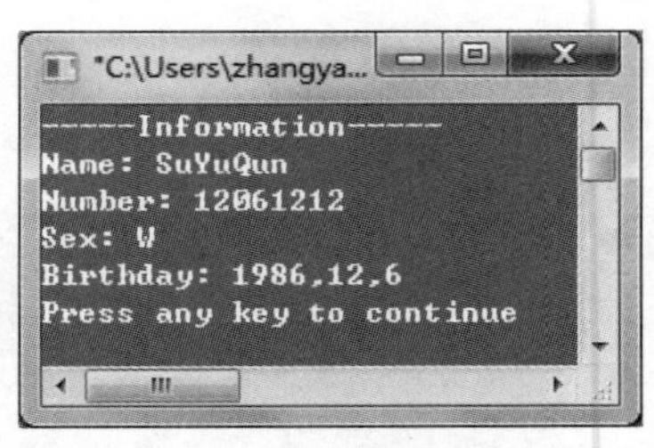

图 11.6　显示学生生日等信息

11.5.1　链表概述

链表是一种常见的数据结构。前面介绍过使用数组存放数据，但是使用数组时要先指定数组中包含元素的个数，即确定数组的长度。如果向这个数组中加入的元素个数超过了数组的长度时，便不能将内容完全保存。例如，在定义一个班级的人数时，如果小班是 30 人，普通班级是 50 人，且定义班级人数时使用的是数组，那么要定义数组的个数为最大，也就是最少为 50 个元素，否则不满足最大时的情况。这种方式非常浪费空间。

这时就希望有一种存储方式，其存储元素的个数是不受限定的，当添加元素时存储的个数就会随之改变，这种存储方式就是链表。

链表结构的示意图如图 11.7 所示。

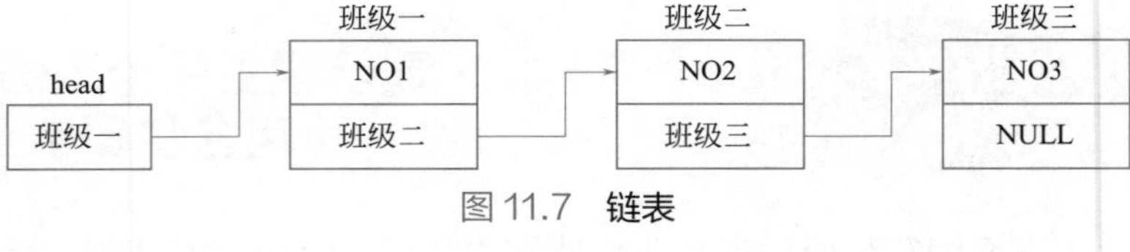

图 11.7　链表

从图 11.7 中可以看到，head 头节点指向第一个元素，第一个元素中的指针又指向第二个元素的地址，第二个元素的指针又指向第三个元素的地址，第三个元素的指针指向为空。

注意

在链表数据结构中，必须利用指针才能实现，因此链表中的节点应该包含一个指针变量来保存下一个节点的地址。

例如，设计一个链表表示一个班级，其中链表中的节点表示学生，代码如下。

```
struct Student
{
    char cName[20];                         //姓名
    int iNumber;                            //学号
    struct Student* pNext;                  //指向下一个节点的指针
};
```

可以看到学生的姓名和学号属于数据部分，而 pNext 就是指针部分，用来保存下一个节点的地址。

11.5.2　创建动态链表

从本小节开始讲解链表相关的具体操作，从对链表的概述中可以看出，链表并不是一开始就设定好自身的大小，而是根据节点的多少而决定的，因此链表的创建过程是一个动态的创建过程。动态创建一个节点时，要为其分配内存，在介绍如何创建链表前先来了解一些有关动态创建会使用的函数。

（1）malloc() 函数

malloc() 函数的原型如下。

```
void *malloc(unsigned int size);
```

该函数的功能是在内存中动态地分配一块内存空间，大小由参数 size 决定。malloc() 函数会返回一个指针，该指针指向分配的内存空间，如果出现错误则返回 NULL。

（2）calloc() 函数

calloc() 函数的原型如下。

```
void *calloc(unsigned int size);
```

该函数的功能是在内存中动态分配 *n* 个长度为 size 的连续内存空间。calloc() 函数会返回一个指针，该指针指向动态分配的连续内存空间地址。当分配空间错误时，返回 NULL。

（3）free() 函数

free() 函数的原型如下。

```
void free(void *ptr);
```

该函数的功能是使用由指针 ptr 指向的内存空间，使部分内存空间能被其他变量使用。ptr 是最近一次调用 calloc() 或 malloc() 函数时返回的值。free() 函数无返回值。

动态分配的相关函数已经介绍完了，现在开始介绍如何建立动态链表。

所谓建立动态链表，就是指在程序运行过程中从无到有地建立起一个链表，即一个一个地分配节点的内存空间，然后输入节点中的数据并建立节点间的相连关系。

例如，在链表概述中介绍过可以将一个班级里的学生作为链表中的节点，然后将所有学生的信息存放在链表结构中。学生链表如图 11.8 所示。

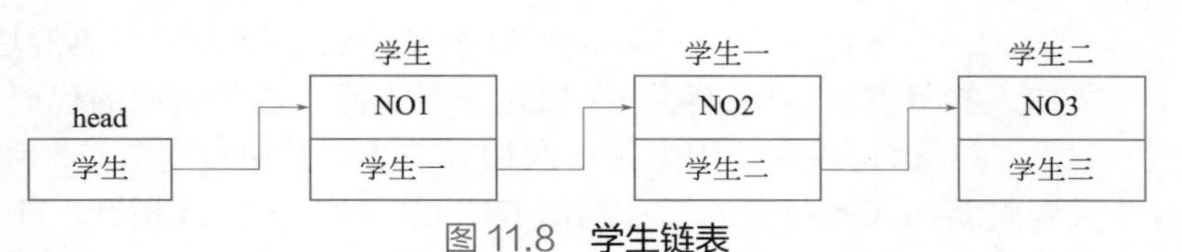

图 11.8　学生链表

首先创建节点结构，表示每一个学生，代码如下。

```
1 struct Student
2 {
3         char cName[20];                      // 姓名
4      int iNumber;                            // 学号
5         struct Student* pNext;               // 指向下一个节点的指针
6 };
```

然后定义一个 Create() 函数，用来创建链表。该函数将会返回链表的头指针。代码如下。

```
7 int iCount;                                  // 全局变量表示链表长度
8
9 struct Student* Create()
10 {
11     struct Student* pHead = NULL;            // 初始化链表头指针为空
12     struct Student* pEnd, *pNew;
13     iCount = 0;                              // 初始化链表长度
14     pEnd = pNew = (struct Student*)malloc(sizeof(struct Student));
15     printf("please first enter Name ,then Number\n");
16     scanf("%s", &pNew->cName);
17     scanf("%d", &pNew->iNumber);
18     while (pNew->iNumber != 0)
19     {
20         iCount++;
21         if (iCount == 1)
22         {
23             pNew->pNext = pHead;             // 使得指向为空
24             pEnd = pNew;                     // 跟踪新加入的节点
25             pHead = pNew;                    // 头指针指向首节点
26         }
```

```
27          else
28          {
29              pNew->pNext = NULL;                                     // 新节点的指针为空
30              pEnd->pNext = pNew;                                     // 原来的尾节点指向新节点
31              pEnd = pNew;                                            //pEnd 指向新节点
32          }
33          pNew = (struct Student*)malloc(sizeof(struct Student));     // 再次分配节点内存空间
34          scanf("%s", &pNew->cName);
35          scanf("%d", &pNew->iNumber);
36      }
37      free(pNew);                                                     // 释放没有用到的内存空间
38      return pHead;
39  }
```

从代码中可以看出：

① Create() 函数的功能是创建链表。在 Create() 的外部可以看到一个整型的全局变量 iCount，这个变量的作用是表示链表中节点的数量。在 Create() 函数中，首先定义需要用到的指针变量，pHead 用来表示头指针，pEnd 用来指向原来的尾节点，pNew 指向新创建的节点。

② 使用 malloc() 函数分配内存空间，先用 pEnd 和 pNew 两个指针都指向第一个分配的内存空间，然后显示提示信息，先输入一个学生的姓名，再输入学生的学号。使用 while 语句进行判断，如果学号为 0，则不执行循环语句。

③ 在 while 语句中，iCount++ 自增操作表示链表中节点的增加，然后要判断新加入的节点是否是第一次加入的节点。如果是第一次加入，则执行 if 语句块中的代码，否则执行 else 语句块中的代码。

④ 在 if 语句块中，因为第一次加入节点时其中没有节点，所以新节点即为首节点也为最后一个节点，并且要将新加入的节点的指针指向 NULL，即为 pHead 指针。else 语句实现的是链表中已经有节点存在时的操作。

⑤ 首先将新节点 pNew 的指针指向 NULL，然后将原来最后一个节点的指针指向新节点，最后将 pEnd 指针指向最后一个节点。这样一个节点创建完之后，要再分配内存空间，然后向其中输入数据，通过 while 语句再次判断输入的数据是否符合节点的要求。当节点不符合要求时，执行下面的代码，调用 free() 函数释放不符合要求的节点空间。这样一个链表就通过动态分配内存空间的方式创建完成了。

注意

使用动态分配函数时，可以使用 free() 函数撤销，在程序结束后，撤销空间是一个好习惯。

11.5.3 输出链表

链表已经被创建出来，构建数据结构就是为了使用它，以将保存的信息进行输出显示。接下来介绍如何显示输出链表中的数据。代码如下。

```
1 void Print(struct Student* pHead)
2 {
3     struct Student *pTemp;                                    // 循环所用的临时指针
4     int iIndex = 1;                                           // 表示链表中节点的序号
5
6     printf("----the List has %d members:----\n", iCount);    // 消息提示
7     printf("\n");                                             // 换行
8     pTemp = pHead;                                            // 指针得到首节点的地址
9
10    while (pTemp != NULL)
11    {
12        printf("the NO%d member is:\n", iIndex);
```

```
13        printf("the name is: %s\n", pTemp->cName);        // 输出姓名
14        printf("the number is: %d\n", pTemp->iNumber);    // 输出学号
15        printf("\n");                                     // 输出换行
16        pTemp = pTemp->pNext;                             // 移动临时指针到下一个节点
17        iIndex++;                                         // 进行自增运算
18    }
19 }
```

结合创建链表和输出链表，运行程序，结果如图 11.9 所示。

Print() 函数用来输出链表中的数据。在函数的参数中，pHead 表示一个链表的头节点。在函数中，定义一个临时的指针 pTemp 用来进行循环操作，定义一个整型变量表示链表中的节点序号，然后用临时指针变量 pTemp 保存首节点的地址。

使用 while 语句将所有节点中保存的数据都显示输出。其中每输出一个节点的内容后，就移动 pTemp 指针变量指向下一个节点的地址。当为最后一个节点时，所拥有的指针指向 NULL，此时循环结束。

```
"C:\Users\zhangyan\Desktop\lizi\...
please first enter Name ,then Number
dahua 1
xiaoming 2
daxhuang 3
lucy 4
exit 0
-----the List has 4 members:-----

the NO1 member is:
the name is: dahua
the number is: 1

the NO2 member is:
the name is: xiaoming
the number is: 2

the NO3 member is:
the name is: daxhuang
the number is: 3

the NO4 member is:
the name is: lucy
the number is: 4

Press any key to continue
```

图 11.9　**输出链表**

11.6　链表相关操作

本节将对链表的功能进行完善，使其具有插入、删除节点的功能。这些操作都是在 11.5 节中所声明的结构体和链表的基础上进行的。

11.6.1　链表的插入操作

链表的插入操作可以在链表的头节点位置进行，也可以在某个节点的位置进行，或者可以像创建结构体时在链表的后面添加节点。这 3 种插入操作的思路都是一样的。下面主要介绍第一种插入方式，即在链表的头节点位置插入节点，如图 11.10 所示。

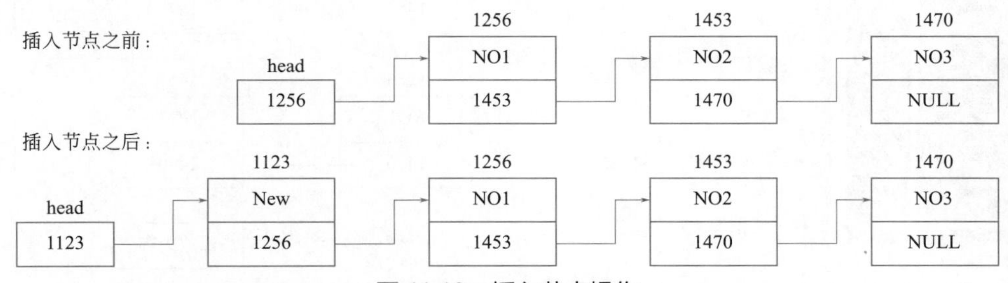

图 11.10　**插入节点操作**

插入节点的过程就如手拉手的小朋友连成一条线，这时又来了一个小朋友，他要站在老师和一个小朋友的中间，那么老师就要放开原来的小朋友，拉住新加入的小朋友，这个新加入的小朋友再拉住原来的那个小朋友。这样，这条连成的线还是连在一起。设计一个函数用来向链表中添加节点，代码如下。

```
1 struct Student* Insert(struct Student* pHead)
2 {
3     struct Student* pNew;                                  // 指向新分配的内容空间
4     printf("----Insert member at first----\n");           // 提示信息
5     pNew = (struct Student*)malloc(sizeof(struct Student)); // 分配内存空间，并返回指向该内存空 6 间的指针
6     scanf("%s", &pNew->cName);
7     scanf("%d", &pNew->iNumber);
```

```
8     pNew->pNext = pHead;                              // 新节点指针指向原来的首节点
9     pHead = pNew;                                     // 头指针指向新节点
10    iCount++;                                         // 增加链表节点数量
11    return pHead;                                     // 返回头指针
12 }
```

在代码中，插入节点的步骤如下。

① 为要插入的新节点分配内存空间，然后向新节点中输入数据，这样一个节点就创建完成了。

② 首先将新节点的指针指向原来的首节点，保存首节点的地址，然后将头指针指向新节点，这样就完成了节点的连接操作。

main() 函数代码如下。

```
13 int main()
14 {
15     struct Student* pHead;                           // 定义头节点
16     pHead = Create();                                // 创建节点
17     pHead = Insert(pHead);                           // 插入节点
18     Print(pHead);                                    // 输出链表
19     return 0;                                        // 程序结束
20 }
```

运行结果如图 11.11 所示。

11.6.2 链表的删除操作

之前的操作都是向链表中添加节点，当希望删除链表中的节点时，应该怎么办呢？还是通过前文中小朋友手拉手的比喻进行理解。例如，队伍中的一个小朋友想离开队伍了，这个队伍不会断开的方法是只需他两边的小朋友将手拉起来就可以了。

例如，在一个链表中删除其中的一个节点，如图 11.12 所示。

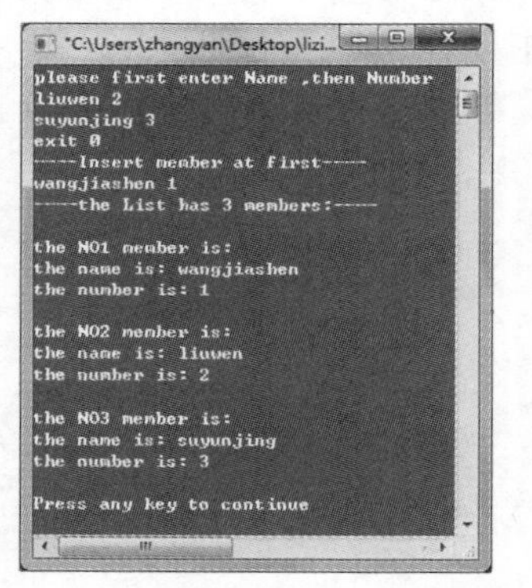

图 11.11　插入链表结果运行图

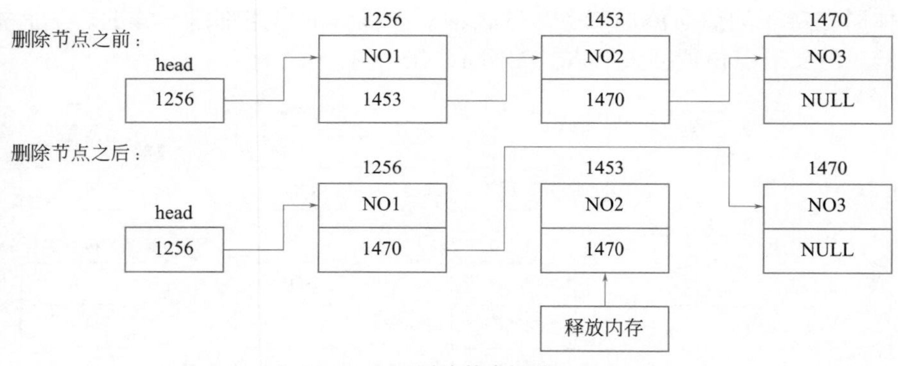

图 11.12　删除节点操作

通过图 11.12 可以发现，要删除一个节点，先要找到这个节点的位置。例如，要删除 NO2 节点，首先找到 NO2 节点，然后删除该节点，将 NO1 节点的指针指向 NO3 节点，最后将 NO2 节点的内存空间释放掉，这样就完成了节点的删除操作。根据这种思想编写删除链表节点操作的函数，代码如下。

```
1 void Delete(struct Student* pHead, int iIndex)      //pHead 表示头节点，iIndex 表示要删除的节点下标
2 {
3     int i;                                            // 控制循环变量
4     struct Student* pTemp;                            // 临时指针
5     struct Student* pPre;                             // 表示要删除节点前的节点
6     pTemp = pHead;                                    // 得到头节点
```

```
7     pPre = pTemp;
8     printf("----delete NO%d member----\n", iIndex);   // 提示信息
9     for (i = 1; i<iIndex; i++)                         //for 语句使得 pTemp 指向要删除的节点
10    {
11        pPre = pTemp;
12        pTemp = pTemp->pNext;
13    }
14    pPre->pNext = pTemp->pNext;                        // 连接删除节点两边的节点
15    free(pTemp);                                       // 释放掉要删除节点的内存空间
16    iCount--;                                          // 减少链表中的元素个数
17 }
```

为 Delete() 函数传递两个参数，pHead 表示链表的头指针，iIndex 表示要删除节点在链表中的位置。定义整型变量 *i* 用来控制循环的次数，然后定义两个指针，分别用来表示要删除的节点和这个节点之前的节点。

输出一行提示信息表示要进行删除操作，之后利用 for 语句进行循环操作找到要删除的节点，使用 pTemp 保存要删除节点的地址，pPre 保存前一个节点的地址。找到要删除的节点后，连接要删除的节点两边的节点，并使用 free() 函数释放 pTemp 指向的内存空间。

接下来在 main() 函数中添加代码执行删除操作，将链表中的 No2 节点删除。代码如下。

```
18 int main()
19 {
20     struct Student* pHead;                   // 定义头节点
21     pHead = Create();                        // 创建节点
22     pHead = Insert(pHead);                   // 插入节点
23     Delete(pHead, 2);                        // 删除 NO2 节点的操作
24     Print(pHead);                            // 输出链表
25     return 0;                                // 程序结束
26 }
```

运行程序，通过显示的结果可以看到 NO2 节点中的数据被删除，显示效果如图 11.13 所示。

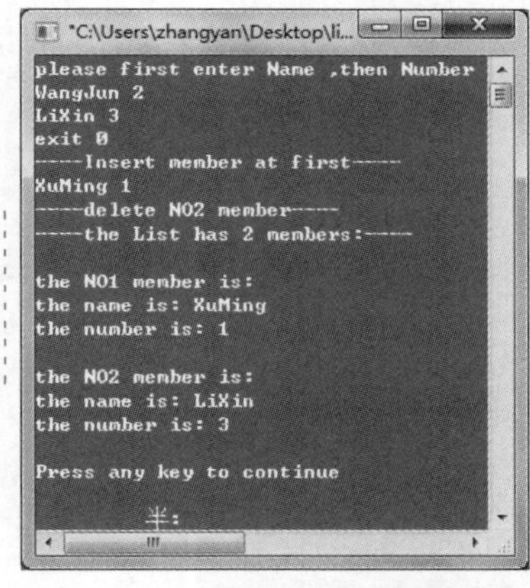

图 11.13 删除链表结果运行图

注意

> 每个链表都有一个头指针 head，存放第一个节点的地址，可以顺着第一个节点地址找到第二个节点地址，这样可以逐个访问每个节点。

11.7 综合案例——查找手机通讯录

手机通讯录可以保存姓名和对应的手机号，当手机来电时，可以根据保存的手机通讯录信息直接显示姓名，这样方便了很多。本案例就来模拟录入通讯录以及查找通讯录。录入通讯录时，以“#”结束录入。

实现的具体过程如下。

① 导入函数库，代码如下。

```
1 #define  CRT_SECURE_NO_WARNINGS
2 #include<stdio.h>
3 #include<string.h>
```

② 定义结构体用来保存姓名和电话号码，以及定义一个宏，实现的具体代码如下。

```
4 #define MAX 101
5
6 struct aa  // 定义结构体 aa 存储姓名和电话号码
7 {
8     char name[15];
9     char tel[15];
10 };
```

③ 自定义一个函数用来存储姓名及电话号码，实现的具体代码如下。

```
11 int readin(struct aa* a)  // 自定义函数 readin()，用来存储姓名及电话号码
12 {
13     int i = 0, n = 0;
14     while (1)
15     {
16         scanf("%s", a[i].name); // 输入姓名
17         if (!strcmp(a[i].name, "#"))
18             break;
19         scanf("%s", a[i].tel); // 输入电话号码
20         i++;
21         n++; // 记录的条数
22     }
23     return n; // 返回条数
24 }
```

④ 自定义一个函数用来查找姓名所对应的电话号码，实现的具体代码如下。

```
25 void search(struct aa* b, char* x, int n)  // 自定义函数 search()，查找姓名所对应的电话号码
26 {
27     int i;
28     i = 0;
29
30     while (1)
31     {
32         if (!strcmp(b[i].name, x)) // 查找与输入姓名相匹配的记录
33         {                                       // 输出查找到的姓名所对应的电话号码
34             printf(" 姓名 :%s  电话 :%s\n", b[i].name, b[i].tel);
35             break;
36         }
37         else
38             i++;
39         n--;
40         if (n == 0)
41         {
42             printf(" 没有找到 !");    // 若没查找到记录输出提示信息
43             break;
44         }
45     }
46 }
```

⑤ 在 main() 函数中，调用自定义的两个函数实现功能，具体代码如下。

```
47 void main()
48 {
49     struct aa s[MAX]; // 定义结构体数组 s
50     int num;
51     char name[15];
52     printf(" 请录入姓名、手机号 \n");
53     num = readin(s); // 调用函数 readin()
54     printf(" 输入姓名 :");
55     scanf("%s", name); // 输入要查找的姓名
56     search(s, name, num); // 调用函数 search()
57 }
```

运行结果如下。

```
请录入姓名、手机号
多多
0431-82564582
小小
0431-85236987
欢欢
0431-85789634
#
输入姓名：多多
姓名：多多   电话：0431-82564582
```

11.8 实战练习

练习 1：无人商店产品基本信息 无人商店就是没有任何店员，也没有人结账，全是顾客自助。当去自助结账柜台，扫商品的条形码就会自动出现价格，本实战利用结构体数组来输出无人商店产品基本信息。例如商品信息如下：

康师傅方便面：2.50 元

农夫山泉矿泉水：2.00 元

玉米肠：3.50 元

可比克薯片：3.00 元

蒙牛核桃奶：2.50 元

效果如图 11.14 所示。

练习 2：身份证信息暴露啦 利用结构体指针变量输出身份证信息，信息包括姓名、性别、出生日期、地址。效果如图 11.15 所示。

```
第1种产品：
名字是：康师傅方便面，单价是：2.50元

第2种产品：
名字是：农夫山泉，单价是：2.00元

第3种产品：
名字是：玉米肠，单价是：3.00元

第4种产品：
名字是：可比克薯片，单价是：3.00元

第5种产品：
名字是：蒙牛核桃奶，单价是：2.50元
```

图 11.14 无人商店产品信息

```
第1 个人：
姓名：王某，出生日期：19991212
性别：男，地址：吉林省长春市

第2 个人：
姓名：李某，出生日期：19940505
性别：女，地址：北京市

第3 个人：
姓名：张某，出生日期：20001111
性别：男，地址：山东省济南市

第4 个人：
姓名：赵某某，出生日期：19900306
性别：女，地址：辽宁省大连市

第5 个人：
姓名：钱某某，出生日期：19920506
性别：男，地址：江苏省苏州市
```

图 11.15 身份证信息

小结

本章先介绍了有关结构体的内容，程序员可以通过结构体定义符合要求的结构体类型；之后介绍了结构体以数组方式定义，指向结构体的指针，以及包含结构体的结构体。接下来介绍了一种常见的数据结构——链表，其中讲解了有关链表的创建过程，以及如何动态分配内存空间；最后介绍了链表的插入、删除、输出操作。

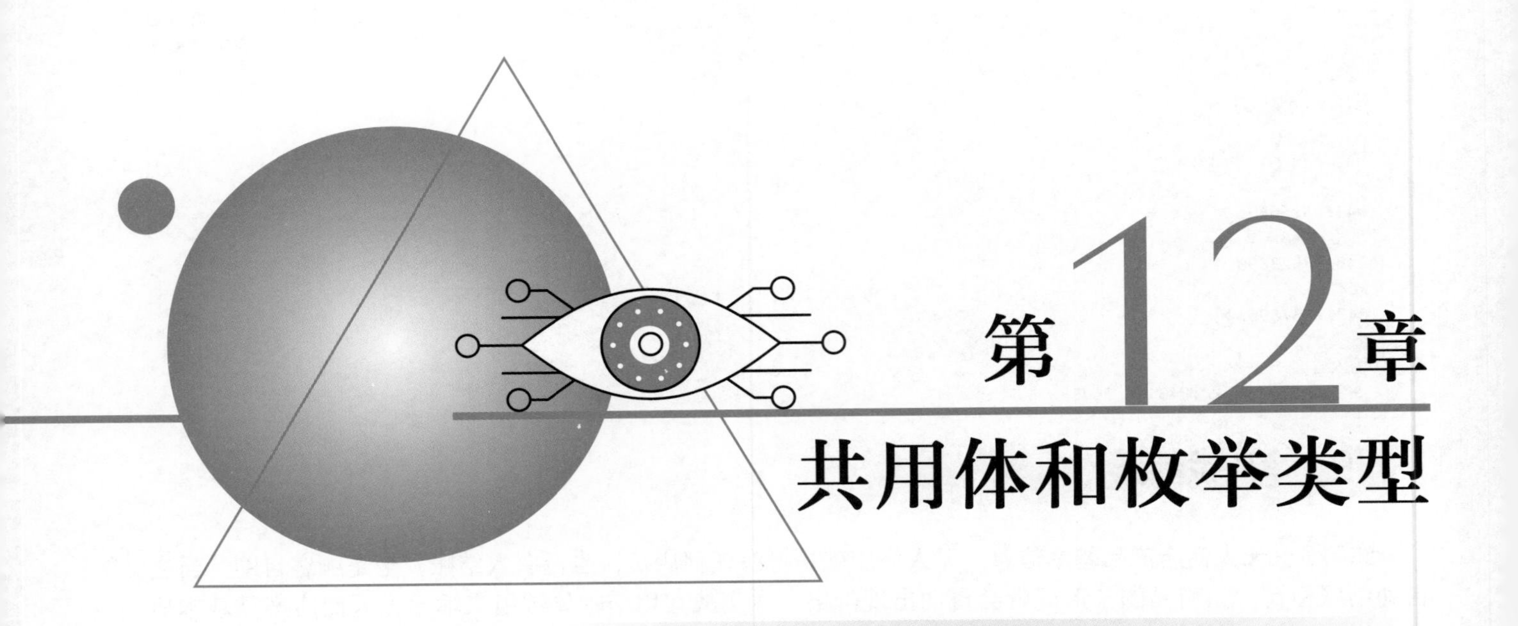

第12章 共用体和枚举类型

本章介绍另外一种构造类型——共用体，以及一种基本类型——枚举类型，致力于使读者了解共用体和枚举类型的概念，掌握如何定义共用体和枚举类型及其使用方式，最后结合共用体和枚举类型的具体应用进行更为深刻的理解。

本章知识架构如下。

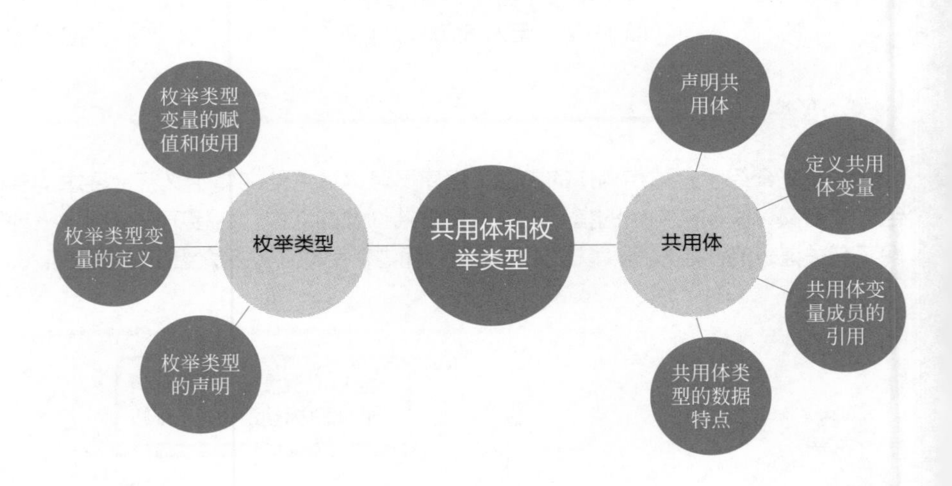

12.1 共用体

结构体定义了一个由多个数据成员组成的特殊类型，而在节省空间方面来看，C语言还提供了一种由若干个数据类型组成却又共享同一个内存空间的构造类型，这种构造类型称为“共用体”。共用体看起来很像结构体，只不过关键字由struct变成了union。

12.1.1 声明共用体

共用体也称为“联合体”，它使几种不同类型的成员存放到同一段内存空间中。所以共用体在同一时刻只能有一个值，它属于某一个成员。由于所有成员位于同一块内存空间，因此共用体的大小就等于最大成员的大小。

声明共用体类型一般形式为

```
union 共用体名
{
      数据类型1 成员名表1;
      数据类型2 成员名表2;
      ……
      数据类型n 成员名表n;
};
```

从形式上来看，声明共用体类型的格式和声明结构体类型的格式相同，只不过关键字由struct变成了union。同样有以下几点说明。

① union是声明共用体使用的关键字。

②“共用体名”是用户自定义的标识符。“共用体名”是这个共用体类型的名字。

③“数据类型1，数据类型2，……，数据类型n”和结构体类型中的含义一样。

④“成员名表1，成员名表2，……，成员名表n”是用户自定义的标识符。每个“成员名表”都可以包含多个同类型的成员名，它们之间用“，”隔开。

⑤ 大括号“{}”后的分号“;”不能被省略。

例如，定义一个共用体，包括的数据成员有整型、字符型和浮点型，代码如下。

```
union DataUnion                    //定义共用体类型
{
      int iInt;
      char cChar;
      float fFloat;
};
```

12.1.2 定义共用体变量

定义共用体变量和定义结构体变量的方式类似，也有3种方式。

（1）先声明共用体类型，再定义共用体变量

一般形式为

```
union 共用体名
{
   成员列表;
};
union 共用体名 变量名列表;
```

例如:

```
union DataUnion                          // 声明共用体类型
{
        int iInt;
        char cChar;
        float fFloat;
};
union DataUnion data;                    // 定义共用体变量
```


上述代码中 data 就是 union DataUnion 共用体类型的变量。

（2）在声明共用体类型的同时定义共用体变量

一般形式为

```
union 共用体名
{
    成员列表 ;
} 变量名列表 ;
```

例如，代码如下。

```
union DataUnion                          // 声明共用体类型
{
        int iInt;
        char cChar;
        float fFloat;
} data;                                  // 定义共用体变量
```

说明

定义的变量不是只能有一个，可以定义多个变量。

（3）直接定义共用体类型变量

其一般形式为

```
union
{
    成员列表
} 变量名列表 ;
```

可以看出这种方式没有给出共用体类型名称。例如：

```
union                          // 声明共用体类型
{
        int iInt;
        char cChar;
        float fFloat;
} data;                        // 定义共用体变量
```

说明

可以看到定义共用体变量的方式与定义结构体变量的方式很相似，不过一定要注意的是，结构体变量的大小是其所包括的所有成员大小的总和，其中每个成员分别占有自己的内存单元；而共用体的大小为所包含成员中最大内存单元的大小。

12.1.3 共用体变量成员的引用

共用体变量成员的引用也和结构体变量成员的引用方式类似，大致分为以下两种。

（1）使用点运算符成员

引用的一般形式为

```
共用体变量名 . 成员名 ;
```

例如，引用前面定义的 data 变量中的成员数据，代码如下。

```
data.iInt;
data.cChar;
data.fFloat;
```

引用共用体指针的一般形式为

```
(* 指针变量名 ). 成员名 ;
```

注意

不能直接引用共用体变量，如“printf(“%d”,variable);”的写法是错误的。

（2）使用指向运算符，指向共用体变量的指针引用的一般形式为

```
指向共用体变量的指针 -> 成员名 ;
```

接下来用共用体引用实现实例 12.1。

实例 12.1 设计一个玻璃罐头，一次只能装一种水果

源码位置：资源包 \Code\12\01

将玻璃罐头瓶设为一个共用体，这个罐头瓶可以装桃，可以装椰子，还可以装山楂。在本实例中定义共用体变量，通过定义的显示函数，引用共用体中的数据成员。具体代码如下。

```
1 #define _CRT_SECURE_NO_WARNINGS
2 #include "stdio.h"                          // 包含头文件
3 #include<string.h>
4 // 声明桃结构体
5 struct peaches
6 {
7     char name[64];
8 };
9 // 声明椰子结构体
10 struct coconut
11 {
12     char name[64];
13 };
14 // 声明山楂结构体
15 struct hawthorn
16 {
17     char name[64];
18 };
19 // 声明罐头共用体
20 union tin
21 {
22     struct peaches p;
23     struct coconut c;
24     struct hawthorn h;
25 };
26 int main()                                  //main() 函数
27 {
```

```
28      union tin t;                                //定义一个共用体
29      strcpy(t.p.name, "桃");                     //将相应的名字复制给相应的变量
30      strcpy(t.c.name, "椰子");
31      strcpy(t.h.name, "山楂");
32
33      printf("这个罐头瓶装%s\n", t.p.name);       //输出信息
34
35      return 0;                                   //程序结束
36 }
```

运行结果如图 12.1 所示。

图 12.1　罐头种类运行图

实例 12.2　输出“现在是夏季”

源码位置：资源包 \Code\12\02

在本实例中，定义“季节”共用体，具体代码如下。

```
1 #define _CRT_SECURE_NO_WARNINGS
2 #include "stdio.h"                               //包含头文件
3 #include <string.h>
4
5 union Season                                     //声明季节的共用体
6 {
7     char name[20];
8 }season;
9 int main()                                       //主函数 main
10 {
11     union Season *s;                            //定义共用体类型指针
12     s = &season;                                //指针指向共用体变量
13     strcpy(s->name, "夏季");                    //字符串常量复制到成员变量中
14     printf("现在是%s\n", s->name);              //输出信息
15     return 0;                                   //程序结束
16 }
```

运行结果如图 12.2 所示。

说明

如果共用体的第一个成员是一个结构体类型，则初始化值中可以包含多个用于初始化该结构体的表达式。

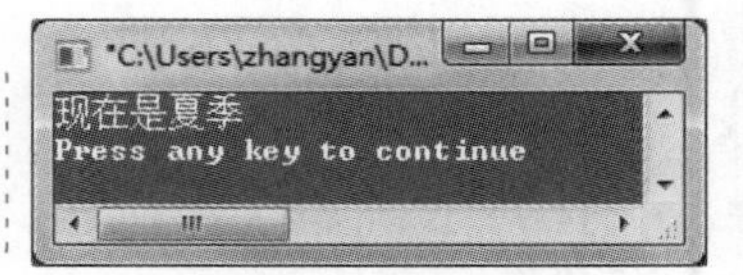

图 12.2　季节运行图

12.1.4　共用体类型的数据特点

在使用共同体类型时，需要注意以下特点。

① 同一个内存段可以用来存放几种不同类型的成员，但是每一次只能存放其中一种，而不是同时存放所有的成员。也就是说，在共用体中，同一时间只有一个成员起作用，其他成员不起作用。

② 共用体变量中起作用的成员是最后一次存放的成员，再存入一个新的成员后原有的成员就失去作用。

③ 共用体变量的地址和它的各成员的地址是一样的。

④ 不能对共用体变量名赋值，也不能通过引用变量名来得到一个值。

⑤ 共用体变量所占的内存长度等于共用体中最长的成员的长度。

12.2 枚举类型

在实际编程中，有些变量的取值被限定在一个有限的范围内。例如，一年只有 4 个季节，一个星期只有 7 天，一年只有 12 个月，一天只有 24 个小时，显示屏基础色只有红、绿、蓝这三种颜色。如果把这些量说明为整型、字符型或其他类型很明显不妥当，为此，C 语言提供了枚举类型。

在枚举类型的定义中列举出所有可能的取值，被说明为该枚举类型的变量取值不能超过定义的范围。这里值得一说的是，枚举类型是一种基本类型，而不是一种构造类型，因此它不能再分解为任何基本类型。

12.2.1 枚举类型的声明

枚举类型声明的一般形式如下。

```
enum 枚举名 { 枚举值表 };
```

就一般形式而言，有如下几点说明。

① enum 是声明枚举类型的关键字。

② “枚举名” 是用户定义的标识符。

③ “枚举值表” 需要在大括号内罗列出所有可用值，这些值也称为 “枚举元素”。每个枚举元素用逗号 “,” 隔开。

④ 在大括号 “{}” 后的分号 “;” 不可省略。

例如，定义一个一年有 4 个季节的枚举类型，代码如下。

```
enum Season{spring,summer, autumn,winter};
```

代码中 Season 是枚举名，大括号内的内容是枚举元素。

注意

枚举元素中字符不需要使用单引号，字符串不需要使用双引号。

12.2.2 枚举类型变量的定义

枚举类型变量的定义和结构体、共用体变量的定义类似，定义枚举类型变量有以下两种方式。

① 先声明枚举类型，再定义枚举类型变量。这种方式的一般形式如下。

```
enum 枚举名 变量名 ;
```

例如:

```
enum Season{spring,summer, autumn,winter};            // 声明枚举类型
enum Season a,b,c;                                     // 定义枚举类型变量
```

② 这种方式的一般形式如下。在声明枚举类型的同时定义枚举类型变量。

```
enum 枚举名 { 枚举值表 } 变量名 ;
```

例如:

```
enum Season{spring,summer,autumn,winter} a,b,c; // 声明枚举类型并定义枚举类型变量
```

从代码中可以看到，枚举类型变量名可以不止一个，可以是若干个，每个枚举类型变量之间用逗号“,”隔开。

12.2.3 枚举类型变量的赋值和使用

（1）枚举类型变量的使用

枚举类型变量的使用有以下原则。

① 枚举值是常量，不是变量，不能在程序中用赋值语句再对它赋值。

例如，对枚举类型 Season 的枚举元素用以下语句赋值。

```
spring=5;
summer=2;
winter=0;
```

这种赋值语句是错误的，枚举元素不可以这样赋值。

② 系统会自动给每个枚举元素对应一个表示序号的整数值，从 0 开始顺序定义为 0，1，2，……例如，上述的枚举 Season，它的枚举元素 spring 的值是 0，summer 的值是 1，autumn 的值是 2，winter 的值是 3。

（2）枚举类型的赋值

① 只能把枚举值赋予枚举类型变量，不能把元素的数值直接赋予枚举类型变量。例如：

```
a=spring;
b=summer;
```

是正确的，而：

```
a=0;
b=1;
```

是错误的。如果一定要把数值赋予枚举类型变量，就需要用强制类型转换。例如：

```
a=(enum Season)0;
```

其意义是将顺序为 0 的枚举元素赋予枚举类型变量 a，相当于：

```
a= spring;
```

说明

枚举值是指在枚举类型中，每个枚举元素都对应一个定义好的值。

② 可以将枚举元素赋值给一个整型变量。例如：

```
int i= spring;                  // 将枚举类型变量赋给整型变量，i 的值为 0
int j= summer;                  // 将枚举类型变量赋给整型变量，j 的值为 1
```

接下来使用枚举类型实现实例 12.3。

实例 12.3 选择自己喜欢的颜色

源码位置：资源包 \Code\12\03

在本实例中，通过定义枚举类型观察其使用方式，其中每个枚举常量在声明的作用域内都可以看作

一个新的数据类型。具体代码如下。

```
1 #define _CRT_SECURE_NO_WARNINGS
2 #include<stdio.h>
3 enum Color { Red = 1, Blue, Green } color;            // 定义枚举类型变量，并初始化
4 int main()
5 {
6     int icolor;                                       // 定义整型变量
7     scanf("%d", &icolor);                             // 输入数据
8     switch (icolor)                                   // 判断 icolor 值
9     {
10    case Red:                                         // 枚举常量，Red 表示 1
11        printf("the choice is Red\n");
12        break;
13    case Blue:                                        // 枚举常量，Blue 表示 2
14        printf("the choice is Blue\n");
15        break;
16    case Green:                                       // 枚举常量，Green 表示 3
17        printf("the choice is Green\n");
18        break;
19    default:
20        printf("???\n");
21        break;
22    }
23    return 0;
24 }
```

运行结果如图 12.3 所示。

从该实例代码和运行结果可以看出：在程序中初始化定义的枚举类型变量时，为第一个枚举常量赋值为 1，这样 Red 赋值为 1 后，之后的枚举常量就会依次加 1。通过使用 switch 语句判断输入的数据与哪个标识符的值符合，然后执行 case 语句中的操作。

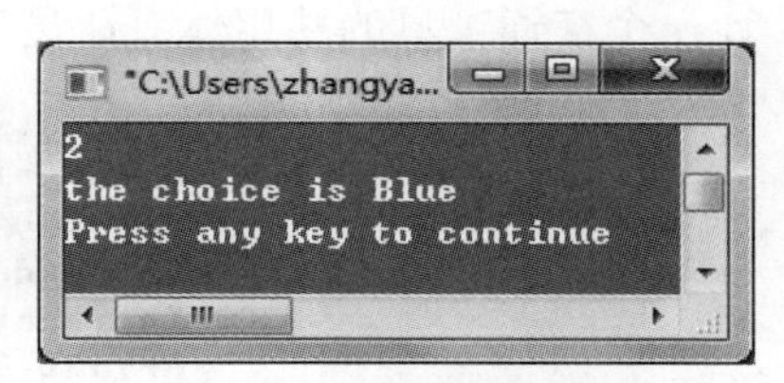

图 12.3　选择颜色运行图

注意

枚举变量的取值范围是固定的，只可以在枚举常量中选择。

12.3　综合案例——改答案放大招

通常的单项选择题有 A、B、C、D 四个选项，让答题者从四个选项中选择正确答案。有的时候，在做选择时，通常能排除两个选项，最后在两个选项当中徘徊，不知道该选择哪个，但是不论怎么改，最后写的答案就是答题者最终选择的结果。这个过程似乎像共用体类型的数据特点，共用体类型数据最终输出的结果只保存最后一次赋的值。本案例就用共用体数据模拟改答案。具体实现步骤如下。

① 引入函数库，具体代码如下。

```
1 #include<stdio.h>
```

② 定义共用体数据，具体代码如下。

```
2 union DataUnion                                       // 声明共用体类型
3 {
4     int iInt;
5     char  cChar2;
6 };
```

③ 在 main() 函数中实现改答案，引用共用体数据，具体代码如下。

```
7 int main()
8 {
9     union DataUnion Union;                              //定义共用体变量
10    Union.iInt = 65;                                    //为共用体变量中的成员赋值
11    printf("改之前我选择的答案是：%c\n", Union.cChar2);   //输出成员的数据
12    Union.cChar2 = 'D';                                 //改变成员的数据
13    printf("改之后我选择的答案是：%c\n", Union.iInt);     //输出成员的数据
14    return 0;
15 }
```

运行结果如下。

```
改之前我选择的答案是:A
改之后我选择的答案是:D
```

12.4 实战练习

练习 1：一星期有几天 设计一个枚举类型 weekday，为这个枚举类型 weekday 写成它的枚举值（英文的星期一～星期日），用枚举数据特性输出各自代表的数值，运行结果如图 12.4 所示。

练习 2：选择回家交通工具 公司员工下班回家，可以坐出租车，可以坐公交车，也可以坐地铁，设计一个交通工具的共用体，让员工进行选择。运行结果如图 12.5 所示。

```
一周有以下几天:
Monday=1
Tuesday=2
Wednesday=3
Thursday=4
Friday=5
Saturday=6
Sunday=7
```

图 12.4 一星期有 7 天

```
员工选择地铁
员工选择地铁
```

图 12.5 下班选择的交通工具

小结

本章讲解了有关共用体和枚举类型两方面的内容，通过本章学习，掌握共用体变量的引用、初始化以及共用体类型的数据特点，掌握枚举类型的使用。

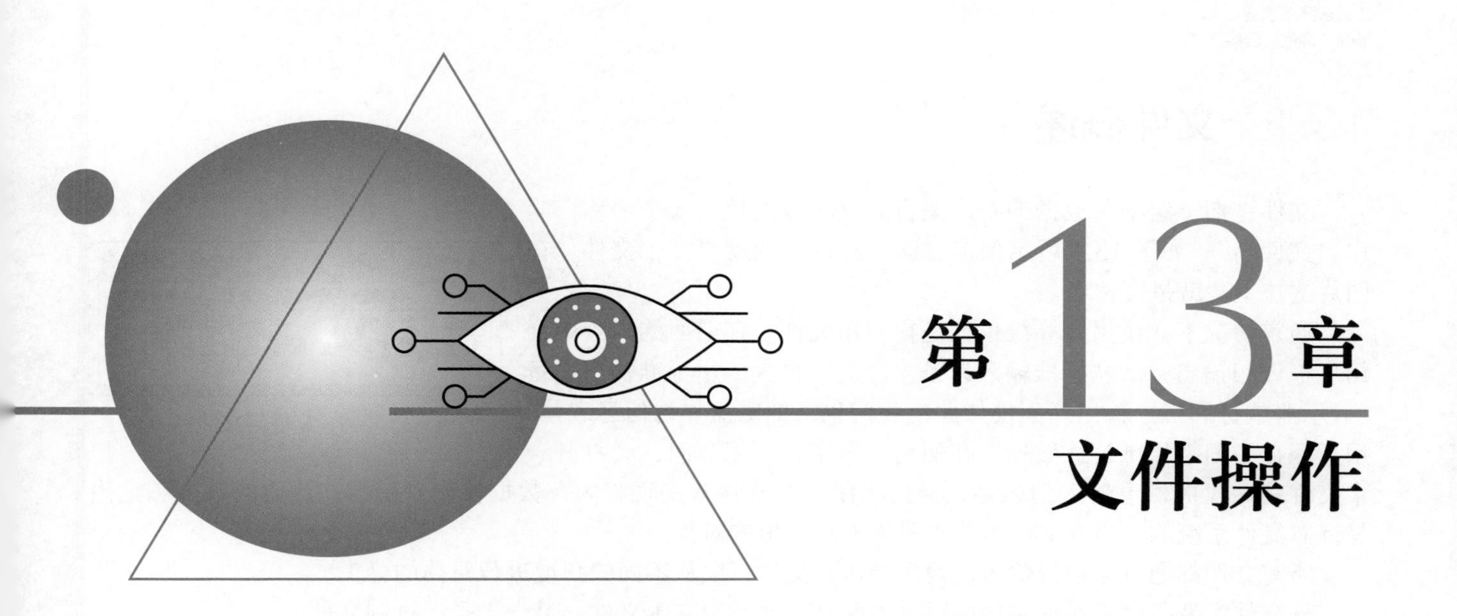

第13章 文件操作

文件是程序设计中的一个重要概念。在现代计算机的应用领域中，数据处理是一个重要方面，要实现数据处理往往是要通过文件的形式来完成的。本章就来介绍如何将数据写入文件和从文件中读出数据。

本章知识架构如下。

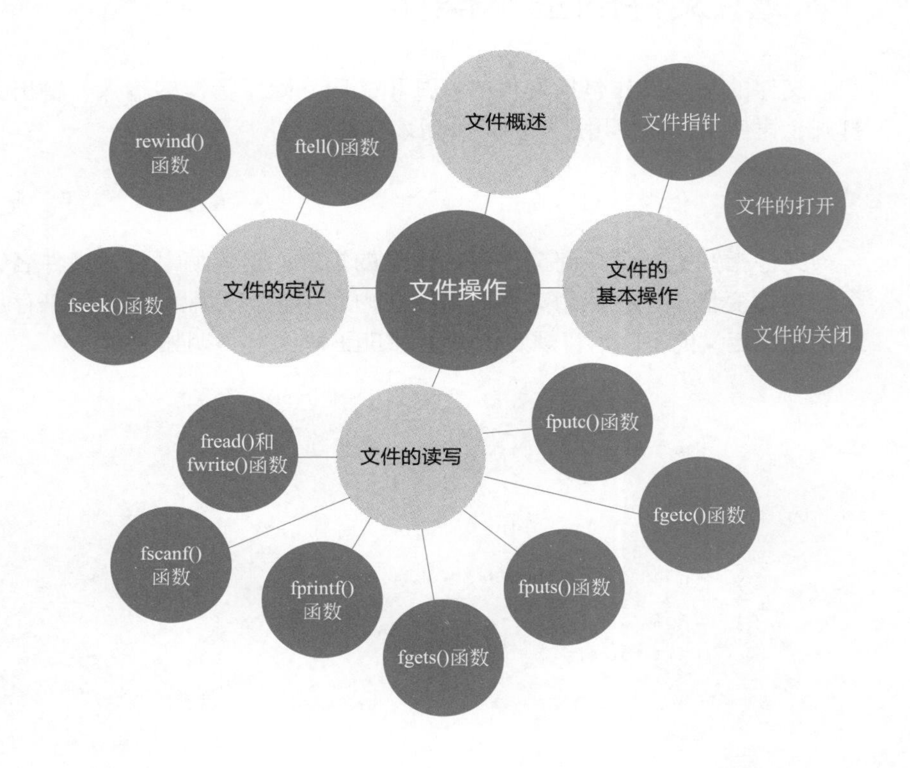

13.1 文件概述

文件是指一组相关数据的有序集合。这个数据集有一个名称，叫作“文件名”。如图 13.1 所示保存《劝学》诗句的就是一个文件，在图片的左上角就是文件名。

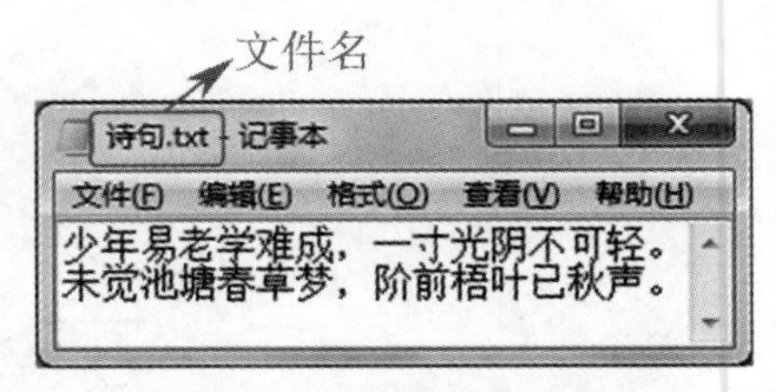

图 13.1 文件与文件名

通常情况下，使用计算机也就是在使用文件。在前面的内容中介绍了输入和输出，即从标准输入设备（键盘）输入，由标准输出设备（显示器或打印机）输出。不仅如此，我们也常把磁盘作为信息载体，用于保存中间结果或最终数据。在使用一些字处理工具时，会打开一个文件将磁盘的信息输入到内存，通过关闭一个文件来实现将内存数据输出到磁盘。这时的输入和输出是针对文件系统的，因此文件系统也是输入和输出的对象。

所有文件都通过流进行输入、输出操作。文件可以从不同的角度进行具体的分类。

从文件类型角度来看，文件可以分为两类，一类为文本文件，另一类是二进制文件。

① 文本文件也称为“ASCII 文件”。这种文件在保存时，每个字符对应一个字节，用于存放对应的 ASCII 码。

② 二进制文件不保存 ASCII 码，而是按二进制的编码方式来保存文件内容。

从用户的角度（或所依附的介质）看，文件可分为普通文件和设备文件两种。

① 普通文件是指驻留在磁盘或其他外部介质上的一个有序数据集。

② 设备文件是指与主机相连的各种外部设备，如显示器、打印机、键盘等。在操作系统中，把外部设备也看作一个文件来进行管理，把它们的输入、输出等同于对磁盘文件的读和写。

按文件内容可分为源文件、目标文件、可执行文件、头文件和数据文件等。

在 C 语言中，文件操作都是由库函数来完成的。本章将介绍主要的文件操作函数。

13.2 文件的基本操作

文件的基本操作包括文件的打开和关闭。除了标准的输入、输出文件外，其他所有的文件都必须先打开、再使用，而使用后也必须关闭该文件。

13.2.1 文件指针

文件指针是一个指向文件有关信息的指针，这些信息包括文件名、状态和当前位置，它们保存在一个结构体变量中。在使用文件时需要在内存中为其分配空间，用来存放文件的基本信息。该结构体类型是由系统定义的，C 语言规定该类型为 FILE 型，其声明如下。

```
typedef struct                          // 使用 typedef 结构体类型
{
        short level;
        unsigned flags;
        char fd;
        unsigned char hold;
        short bsize;
        unsigned char *buffer;
        unsigned ar *curp;
        unsigned istemp;
        short token;
}FILE;                                  // 定义 FILE 结构体类型
```

从上面的代码中可以发现使用typedef定义了一个FILE的结构体类型，在编写程序时可直接使用上面定义的FILE类型来定义变量，注意在定义变量时不必将结构体内容全部给出，只需写成如下形式。

```
FILE *fp;
```

fp是一个指向FILE类型的指针变量。

13.2.2 文件的打开

fopen()函数用来打开一个文件，打开文件的操作就是创建一个流。fopen()函数的原型在stdio.h中，其调用的一般形式为

```
FILE *fp;
fp=fopen(文件名,使用文件的方式);
```

其中，“文件名”是将要被打开的文件的文件名，“使用文件的方式”是指对打开的文件要进行读还是写的操作。使用文件方式如表13.1所示。

表13.1 使用文件的方式

使用文件的方式	含义
r(只读)	打开一个文本文件，只允许读数据
w(只写)	打开或建立一个文本文件，只允许写数据
a(追加)	打开一个文本文件，并在文件末尾写数据
rb(只读)	打开一个二进制文件，只允许读数据
wb(只写)	打开或建立一个二进制文件，只允许写数据
ab(追加)	打开一个二进制文件，并在文件末尾写数据
r+(读写)	打开一个文本文件，允许读和写
w+(读写)	打开或建立一个文本文件，允许读和写
a+(读写)	打开一个文本文件，允许读，或在文件末追加数据
rb+(读写)	打开一个二进制文件，允许读和写
wb+(读写)	打开或建立一个二进制文件，允许读和写
ab+(读写)	打开一个二进制文件，允许读，或在文件末追加数据

如果要以只读方式打开文件名为test的文本文件，应写成如下形式。

```
FILE *fp;
fp=("test.txt","r");
```

如果使用fopen()函数打开文件成功，则返回一个有确定指向的FILE类型指针；若打开失败，则返回NULL。通常打开失败的原因有以下几个方面。

① 指定的盘符或路径不存在。

② 文件名中含有无效字符。

③ 以r模式打开一个不存在的文件。

13.2.3 文件的关闭

在使用完文件后，应使用fclose()函数将其关闭。fclose()函数和fopen()函数一样，原型也在stdio.h中，

调用的一般形式为

```
fclose( 文件指针 );
```

例如:

```
fclose(fp);
```

fclose() 函数也带回一个值，当正常完成关闭文件操作时，fclose() 函数的返回值为 0，否则返回 EOF。

说明

在程序结束之前应关闭所有文件，这样做的目的是防止因为没有关闭文件而造成的数据流失。

13.3 文件的读写

打开文件后，即可对文件进行读出或写入的操作。C 语言中提供了丰富的文件操作函数，本节将对其进行详细介绍。

13.3.1 fputc() 函数

fputc() 函数的一般形式如下。

```
ch=fputc(ch,fp);
```

该函数的作用是把一个字符写到磁盘文件（fp 所指向的文件）中去。其中，ch 是要输出的字符，它可以是一个字符常量，也可以是一个字符变量。fp 是文件指针变量。如果函数输出成功，则返回值就是输出的字符；如果输出失败，则返回 EOF。

实例 13.1 向文件中写入内容

实例位置：资源包 \Code\13\01

本实例实现向项目文件夹中的 my.txt 写入“forever…forever…”，以“#”结束输入。具体代码如下。

```
1 #define _CRT_SECURE_NO_WARNINGS                    // 解除 vs 安全性检测问题
2 #include<stdio.h>
3 #include<stdlib.h>
4 void main()
5 {
6     FILE* fp;                                      // 定义一个指向 FILE 类型结构体的指针变量
7     char ch;                                       // 定义变量为字符型
8     if ((fp = fopen("my.txt", "w")) == NULL)       // 以只写方式打开指定文件
9     {
10        printf("cannot open file\n");
11        exit(0);
12    }
13    ch = getchar();                                //getchar() 函数带回一个字符赋给 ch
14    while (ch != '#')                              // 当输入 "#" 时结束循环
15    {
16        fputc(ch, fp);                             // 将读入的字符写到磁盘文件中
17        ch = getchar();                            //getchar() 函数继续带回一个字符赋给 ch
18    }
19    fclose(fp);                                    // 关闭文件
20 }
```

当输入如图 13.2 所示的内容，则 E:\exp01.txt 文件中的内容如图 13.3 所示。

图 13.2　写入文件的内容

图 13.3　文件中的内容

13.3.2　fgetc() 函数

fgetc() 函数的一般形式如下。

```
ch=fgetc(fp);
```

该函数的作用是从指定的文件（fp 指向的文件）读入一个字符赋给 ch。需要注意的是，该文件必须是以读或读写的方式打开。当函数遇到文件结束符时将返回一个文件结束标志 EOF。

实例 13.2　在屏幕中显示出文件内容

实例位置：资源包 \Code\13\02

在项目文件夹中创建一个文件名称为 love.txt 的文本文档，文件中的内容为“I love you”，将文件内容显示输出。具体代码如下。

```
1 #define _CRT_SECURE_NO_WARNINGS              // 解除 vs 安全性检测问题
2 #include<stdio.h>
3 void main()
4 {
5     FILE* fp;                                 // 定义一个指向 FILE 类型结构体的指针变量
6     char ch;                                  // 定义字符型变量
7     fp = fopen("love.txt", "r");              // 以只读方式打开指定文件
8     ch = fgetc(fp);                           //fgetc() 函数返回一个字符赋给 ch
9     while (ch != EOF)                         // 当读入的字符值等于 EOF 时结束循环
10    {
11        putchar(ch);                          // 将读入的字符输出在屏幕上
12        ch = fgetc(fp);                       //fgetc() 函数继续返回一个字符赋给 ch
13    }
14    printf("\n");
15    fclose(fp);                               // 关闭文件
16 }
```

运行结果如图 13.4 所示。

图 13.4　读取文件内容

13.3.3　fputs() 函数

fputs() 函数与 fputc() 函数类似，区别在于 fputc() 函数每次只向文件中写入一个字符，而 fputs() 函数每次向文件中写入一个字符串。

fputs() 函数的一般形式如下。

```
fputs( 字符串 , 文件指针 );
```

该函数的作用是向指定的文件写入一个字符串，其中字符串可以是字符串常量，也可以是字符数组

名、指针或变量。

实例 13.3 向文件中写入“gone with the wind”

实例位置：资源包 \Code\13\03

本实例要求向指定的磁盘文件中写入“gone with the wind”，具体代码如下。

```
1 #define _CRT_SECURE_NO_WARNINGS                    // 解除 vs 安全性检测问题
2 #include<stdio.h>
3 #include<process.h>
4 void main()
5 {
6     FILE* fp;                                      // 定义一个指向 FILE 类型结构体的指针变量
7     char filename[30], str[30];                    // 定义两个字符型数组
8     printf("please input filename:\n");
9     scanf("%s", filename);                         // 输入文件名
10    if ((fp = fopen(filename, "w")) == NULL) // 判断文件是否打开失败
11    {
12        printf("can not open!\npress any key to continue:\n");
13        getchar();
14        exit(0);
15    }
16    printf("please input string:\n");              // 提示输入字符串
17    getchar();
18    gets(str);
19    fputs(str, fp);                                // 将字符串写入 fp 所指向的文件中
20    fclose(fp);                                    // 关闭文件
21 }
```

程序运行界面如图 13.5 所示。写入文件中的内容如图 13.6 所示。

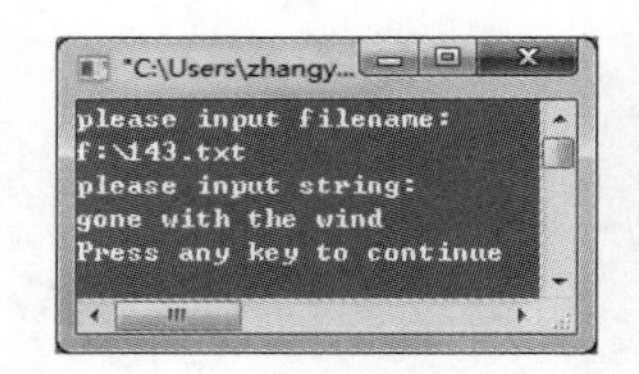

图 13.5　写入文件字符串

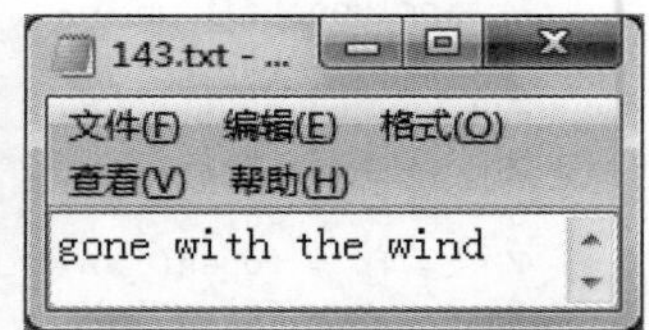

图 13.6　写入文件中的内容

13.3.4　fgets() 函数

fgets() 函数与 fgetc() 函数类似，区别在于 fgetc() 函数每次从文件中读出一个字符，而 fgets() 函数每次从文件中读出一个字符串。

fgets() 函数的一般形式如下。

```
fgets( 字符数组名 ,n, 文件指针 );
```

该函数的作用是从指定的文件中读一个字符串到字符数组中。*n* 表示所得到的字符串中字符的个数（包含“\0”）。

实例 13.4 读取任意磁盘文件中的内容

实例位置：资源包 \Code\13\04

在 F 盘先创建一个文件，文件的内容为“this is an example”，再运行程序读取这个文件。具体代码如下。

```
1 #define _CRT_SECURE_NO_WARNINGS                    // 解除 vs 安全性检测问题
2 #include<stdio.h>
3 #include<process.h>
4 void main()
5 {
```

```
6     FILE* fp;                                          // 定义一个指向 FILE 类型结构体的指针变量
7     char filename[30], str[30];                        // 定义两个字符型数组
8     printf("please input filename:\n");
9     scanf("%s", filename);                             // 输入文件名
10    if ((fp = fopen(filename, "r")) == NULL)           // 判断文件是否打开失败
11    {
12        printf("can not open!\npress any key to continue\n");
13        getchar();
14        exit(0);
15    }
16    fgets(str, sizeof(str), fp);                       // 读取磁盘文件中的内容
17    printf("%s", str);
18    printf("\n");
19    fclose(fp);                                        // 关闭文件
20 }
```

程序运行界面如图 13.7 所示。所要读取的磁盘文件中的内容如图 13.8 示。

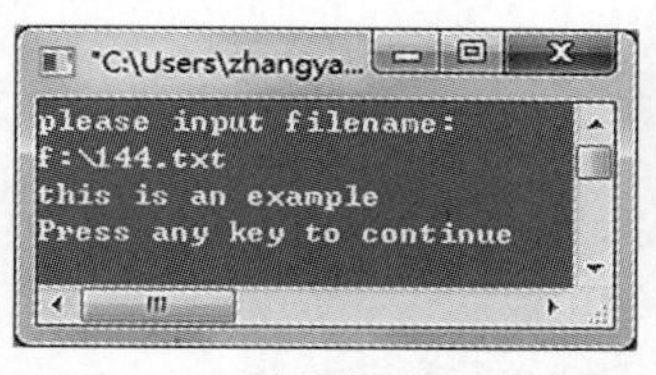

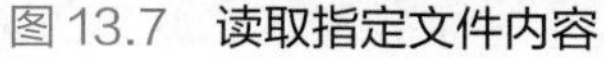
图 13.7　读取指定文件内容

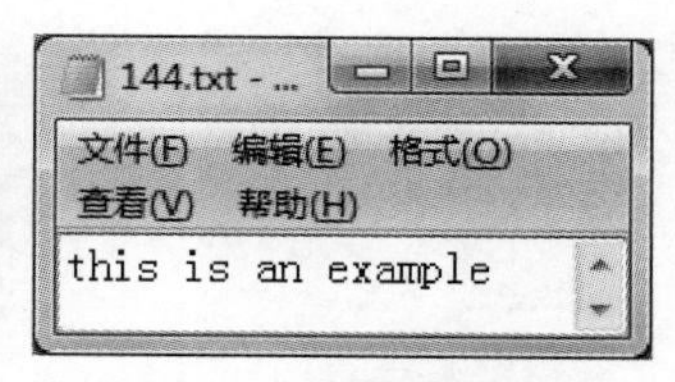

图 13.8　文件中的内容

13.3.5　fprintf() 函数

前面讲过 printf() 和 scanf() 函数，两者都是格式化读写函数，下面要介绍的 fprintf() 和 fscanf() 函数与 printf() 和 scanf() 函数的作用相似，它们最大的区别就是读写的对象不同，fprintf() 和 fscanf() 函数读写的对象不是终端而是磁盘文件。

fprintf() 函数的一般形式如下。

```
ch=fprintf( 文件类型指针 , 格式字符串 , 输出列表 );
```

例如：

```
fprintf(fp,"%d",i);
```

它的作用是将整型变量 *i* 的值以“%d”的格式输出到 fp 指向的文件中。

实例 13.5

将数字 88 以字符的形式写到磁盘文件中

实例位置：资源包 \Code\13\05

接下来利用 fprintf() 函数将 88 以字符的形式写到指定文件中，具体代码如下。

```
1 #define _CRT_SECURE_NO_WARNINGS
2 #include<stdio.h>                                    // 输入、输出函数库
3 void main()
4 {
5     FILE *fp;                                        // 定义一个指向 FILE 类型结构体的指针变量
6     int i = 88;                                      // 定义整型数据
7     char filename[30];                               // 定义一个字符型数组，用来存储文件名
8     printf(" 请输入文件路径及文件名 :\n");           // 提示信息
9     scanf("%s", filename);                           // 输入文件路径及文件名
10    if ((fp = fopen(filename, "w")) == NULL)         // 判断文件打开失败
11    {
12        printf(" 不能打开文件 \n 请按任意键结束 \n");  // 输出打开失败提示
13        getchar();                                   // 读取任意键
14        exit(0);                                     // 退出程序
15    }
16    fprintf(fp, "%c", i);                            // 将 88 以字符的形式写入 fp 所指的磁盘文件中
17    fclose(fp);                                      // 关闭文件
18 }
```

运行结果如图 13.9 所示。文件内容如图 13.10 所示。

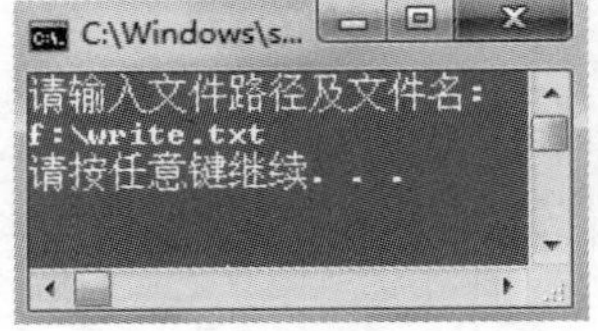

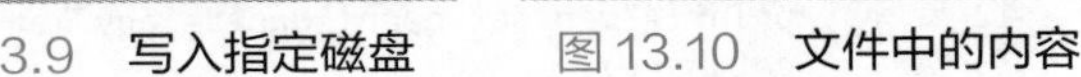

图 13.9 写入指定磁盘

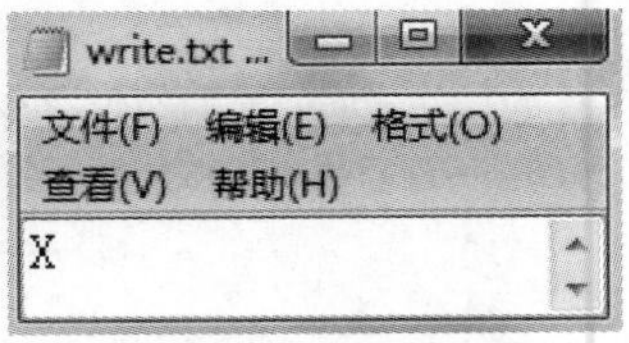

图 13.10 文件中的内容

13.3.6 fscanf() 函数

fscanf() 函数的一般形式如下。

```
fscanf( 文件类型指针 , 格式字符串 , 输入列表 );
```

例如:

```
fscanf(fp,"%d",&i);
```

它的作用是读入 fp 所指向的文件中的 *i* 的值。

实例 13.6 输出标准答案

实例位置：资源包 \Code\13\06

利用 fscanf() 函数读取试卷的标准答案“ACBDDCBADCBCAAB”。编写程序之前在 F 盘创建一个名为 read.txt 的文本文件。

```
1 #define _CRT_SECURE_NO_WARNINGS
2 #include<stdio.h>                                  // 输入、输出函数库
3 int main()
4 {
5     FILE *fp;                                      // 定义一个指向 FILE 类型结构体的指针变量
6     char j;                                        // 定义字符变量
7     int i;
8     char filename[30];                             // 定义一个字符型数组，用来存储文件名
9     printf(" 请输入文件路径和文件名 :\n");          // 提示信息
10    scanf("%s", filename);                         // 输入文件路径及文件名
11    if ((fp = fopen(filename, "r")) == NULL)       // 判断文件打开失败
12    {
13        printf(" 文件打开失败 \n 请按任意键结束 \n");  // 输出打开失败提示
14        getchar();                                 // 读取任意键
15        exit(0);                                   // 退出程序
16    }
17    for (i = 0; i < 15; i++)                       // 循环遍历每个字符
18    {
19        fscanf(fp, "%c", &j);                      // 读取字符
20        printf("%d 的答案是 :%5c\n", i + 1, j);     // 输出字符
21    }
22    fclose(fp);                                    // 关闭程序
23    return 0;                                      // 程序结束
24 }
```

图 13.11 是在 F 盘创建的 read.txt 文本文件，运行程序，结果如图 13.12 所示。

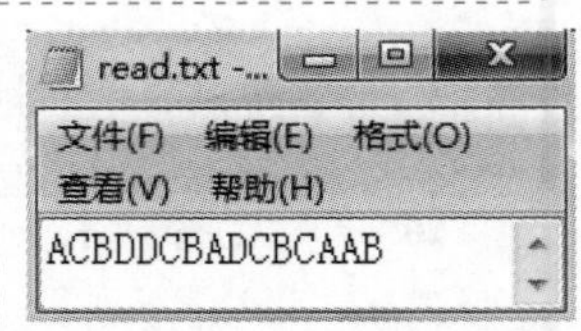

图 13.11 创建的文本文件

说明

在 Visual Studio 2019 开发环境中，认为 fscanf() 函数是不安全的，所以可以用 fscanf_s() 函数代替 fscanf() 函数，它们的作用是一样的，但是一般形式不同，fscanf_s() 函数的一般形式如下。

```
fscanf_s( 文件类型指针 , 格式字符串 , 输入列表 , 缓冲大小 );
```

13.3.7 fread() 和 fwrite() 函数

前面介绍的 fputc() 和 fgetc() 函数每次只能读写文件中的一个字符，但是在编写程序的过程中往往需要对整块数据进行读写，如对一个结构体类型变量值进行读写。下面就介绍实现整块读写功能的 fread() 和 fwrite() 函数。

fread() 函数的一般形式如下。

```
fread(buffer,size,count,fp);
```

该函数的作用是从 fp 所指向的文件中读入 count 次，每次读 size 字节，读入的信息存在 buffer 地址中。

fwrite() 函数的一般形式如下。

```
fwrite(buffer,size,count,fp);
```

该函数的作用是将从 buffer 地址开始的信息输出 count 次，每次写 size 字节到 fp 所指向的文件中。

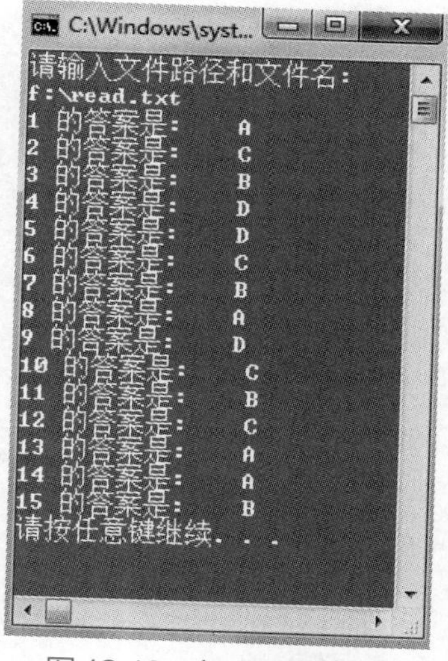

图 13.12 标准答案输出

参数说明如下。

- buffer：一个指针。对于 fwrite() 函数来说是要输出数据的地址（起始地址）；对 fread() 函数来说是所要读入的数据存放的地址。
- size：要读写的字节数。
- count：要读写多少个 size 字节的数据项。
- fp：文件型指针。

例如：

```
fread(a,2,3,fp);
```

其含义是从 fp 所指向的文件中每次读 2 个字节送入数组 a 中，连续读 3 次。

```
fwrite(a,2,3,fp);
```

其含义是将 a 数组中的信息每次输出 2 个字节到 fp 所指向的文件中，连续输出 3 次。

实例 13.7 **将所录入的信息全部显示出来** 实例位置：资源包 \Code\13\07

实现将录入的通讯录信息保存到磁盘文件中，在录入完信息后，将全部信息显示出来。具体代码如下。

```
1 #define _CRT_SECURE_NO_WARNINGS               // 解除 vs 安全性检测问题
2 #include<stdio.h>
3 #include<process.h>
4 struct address_list                          // 定义结构体存储信息
5 {
6     char name[10];
7     char adr[20];
8     char tel[15];
9 } info[100];
10 void save(char* name, int n)                 // 自定义 save() 函数
11 {
12    FILE* fp;                                 // 定义一个指向 FILE 类型结构体的指针变量
13    int i;
14    if ((fp = fopen(name, "wb")) == NULL)     // 以只写方式打开指定文件
```

```
15     {
16         printf("cannot open file\n");
17         exit(0);
18     }
19     for (i = 0; i < n; i++)
20         if (fwrite(&info[i], sizeof(struct address_list), 1, fp) != 1)    // 将一组数据输出到 fp 所指向的文件中
21             printf("file write error\n");    // 如果写入文件不成功，则输出错误信息
22     fclose(fp);                              // 关闭文件
23 }
24 void show(char* name, int n)                 // 自定义 show() 函数
25 {
26     int i;
27     FILE* fp;                                // 定义一个指向 FILE 类型结构体的指针变量
28     if ((fp = fopen(name, "rb")) == NULL)    // 以只读方式打开指定文件
29     {
30         printf("cannot open file\n");
31         exit(0);
32     }
33     for (i = 0; i < n; i++)
34     {
35         fread(&info[i], sizeof(struct address_list), 1, fp);    // 从 fp 所指向的文件读入数据存到 score 数组中
36         printf("%15s%20s%20s\n", info[i].name, info[i].adr, info[i].tel);
37     }
38     fclose(fp);                              // 关闭文件
39 }
40 void main()
41 {
42     int i, n;                                // 变量类型为基本整型
43     char filename[50];                       // 数组为字符型
44     printf("how many ?\n");
45     scanf("%d", &n);                         // 输入存入通讯录的信息数
46     printf("please input filename:\n");
47     scanf("%s", filename);                   // 输入文件所在路径及名称
48     printf("please input name,address,telephone:\n");
49     for (i = 0; i < n; i++)                  // 输入信息
50     {
51         printf("NO%d", i + 1);
52         scanf("%s%s%s", info[i].name, info[i].adr, info[i].tel);
53         save(filename, n);                   // 调用函数 save()
54     }
55     show(filename, n);                       // 调用函数 show()
56 }
```

程序运行结果如图 13.13 所示。

13.4 文件的定位

在对文件进行操作时往往不需要从头开始，只需对其中指定的内容进行操作，这时就需要使用文件定位函数来实现对文件的随机读取。本节将介绍 3 种随机读写函数。

13.4.1 fseek() 函数

fseek() 函数的一般形式如下。

```
fseek( 文件类型指针 , 位移量 , 起始点 );
```

该函数的作用是移动文件位置指针。其中，“文件类

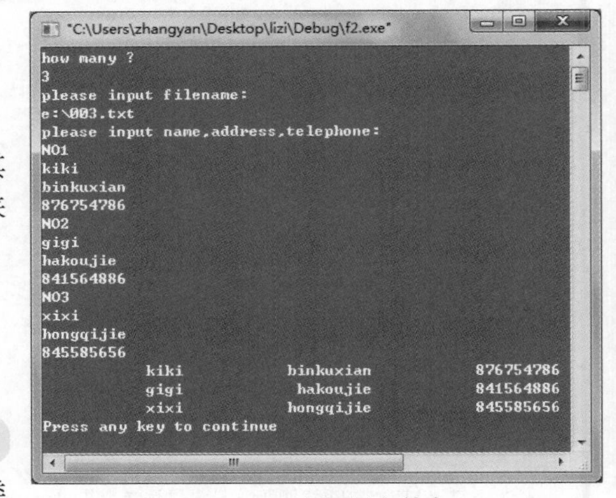

图 13.13　显示录入信息

型指针”指向被移动的文件。“位移量”表示移动的字节数，要求位移量是 long 型数据，以便在文件长度大于 64 KB 时不会出错。当用常量表示位移量时，要求加后缀“L”。“起始点”表示从何处开始计算位移量，规定的起始点有文件首、文件当前位置和文件尾 3 种，其表示方法如表 13.2 所示。

表 13.2　**起始点**

起始点	表示符号	数字表示
文件首	SEEK—SET	0
文件当前位置	SEEK—CUR	1
文件尾	SEEK—END	2

例如：

```
fseek(fp,-20L,1);
```

表示将文件位置指针从当前位置向后退 20 个字节。

说明

fseek() 函数一般用于二进制文件。在文本文件中由于要进行转换，往往计算的位置会出现错误。

文件的随机读写在移动文件位置指针之后进行，可用前面介绍的任意一种读写函数进行读写。

实例 13.8　快递员送快递

实例位置：资源包 \Code\13\08

该实例实现的功能：快递员送快递，为了送货及时，快递员将收货人电话后 4 位写到快递包裹上作为取货号，如，若收货人电话为“153****8900”，只输出尾号“8900”。具体代码如下。

```
1 #define _CRT_SECURE_NO_WARNINGS
2 #include<stdio.h>
3 #include<stdio.h>
4 void main()
5 {
6     FILE *fp;                                          // 定义一个指向 FILE 类型结构体的指针变量
7     char filename[30], str[50];                        // 定义两个字符型数组
8     printf(" 请输入文件名（包括路径）:\n");              // 提示信息
9     scanf("%s", filename);                             // 输入文件名
10    if ((fp = fopen(filename, "wb")) == NULL)          // 判断文件是否打开失败
11    {
12        printf(" 打开文件失败 \n 请按任意键结束 \n");    // 输出打开失败提示信息
13        getchar();                                     // 读取任意键
14        exit(0);                                       // 退出程序
15    }
16    printf(" 请输入手机号 :\n");                        // 提示信息
17    getchar();                                         // 读取任意键
18    gets(str);                                         // 输入字符串
19    fputs(str, fp);                                    // 将字符串写入 fp 所指向的文件中
20    fclose(fp);
21    if ((fp = fopen(filename, "rb")) == NULL)          // 判断文件是否打开失败
22    {
23        printf(" 打开文件失败 \n 请按任意键结束 \n");
24        getchar();                                     // 读取任意键
25        exit(0);                                       // 退出程序
```

```
26    }
27    fseek(fp, 7L, 0);                          // 移动的位数
28    fgets(str, sizeof(str), fp);               // 读取字符串
29    putchar('\n');                             // 换行输出
30    printf(" 您好，您的快递到了，取货号为 %s,\n 请在下午 5 点之前取走，谢谢配合 \n", str);// 输出信息
31    fclose(fp);                                // 关闭文件
32 }
```

运行结果如图 13.14 所示。

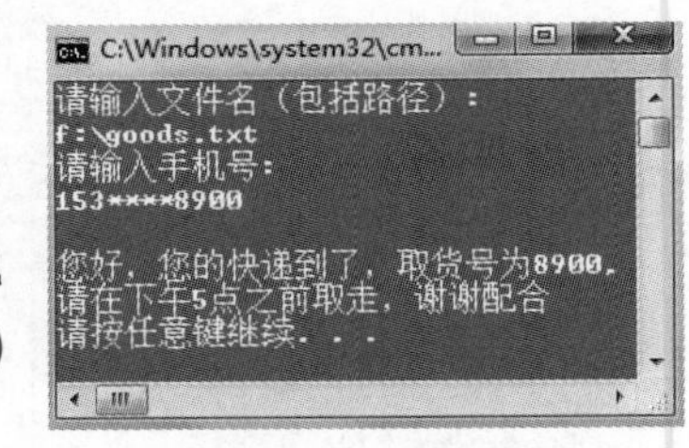

图 13.14　输出取货号

13.4.2　rewind() 函数

前面 13.4.1 小节讲过了 fseek() 函数，这里将要介绍的 rewind() 函数也能起到定位文件位置指针的作用，从而达到随机读写文件的目的。rewind() 函数的一般形式如下。

```
int rewind( 文件类型指针 )
```

该函数的作用是使位置指针重新返回文件的开头，该函数没有返回值。

实例 13.9　老板，来一屉包子

实例位置：资源包 \Code\13\09

使用 rewind() 函数读取文件，输出“老板，来一屉包子”。编写程序之前在 F 盘创建一个名为 eat.txt 的文本文件，文件内容是“老板，来一屉包子”，如图 13.15 所示。

```
1 #define _CRT_SECURE_NO_WARNINGS
2 #include <stdio.h>
3 void main()
4 {
5     FILE *fp;                                  // 定义一个指向 FILE 类型结构体的指针变量
6     char ch, filename[50];                     // 定义字符数组，用来存储文件名
7     printf(" 请输入文件名（包括路径）:\n");     // 提示信息
8     scanf("%s", filename);                     // 输入文件名
9     if ((fp = fopen(filename, "r")) == NULL)  // 判断文件是否打开失败
10    {
11        printf(" 打开文件失败 .\n");            // 提示信息
12        exit(0);                               // 退出程序
13    }
14    ch = fgetc(fp);                            // 读取字符
15    while (ch != EOF)
16    {
17        putchar(ch);                           // 输出字符
18        ch = fgetc(fp);                        // 获取 fp 指向文件中的字符
19    }
20    rewind(fp);                                // 指针指向文件开头
21    printf("\n");
22    ch = fgetc(fp);                            // 读出一个字符
23    while (ch != EOF)
24    {
25        putchar(ch);                           // 输出字符
26        ch = fgetc(fp);                        // 读出一个字符
27    }
28    printf("\n");
29    fclose(fp);                                // 关闭文件
30 }
```

运行结果如图 13.16 所示。

图 13.15 eat.txt 内容

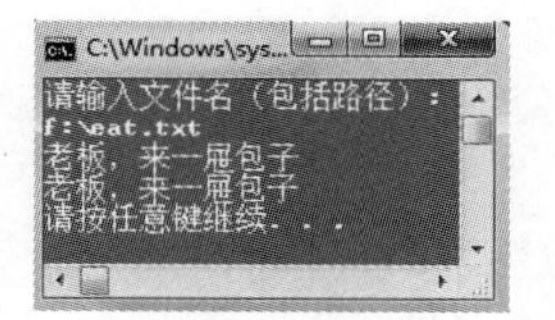

图 13.16 使用 rewind() 函数运行图

从程序中可以看出：

① 程序中通过以下 6 行语句输出了第一个“老板，来一屉包子”。

```
14 ch = fgetc(fp);
15 while(ch != EOF)
16 {
17      putchar(ch);
18      ch = fgetc(fp);
19 }
```

② 在输出了第一个“老板，来一屉包子”后，文件位置指针已经移动到了该文件的尾部，使用 rewind() 函数再次将文件位置指针移到文件的开始部分，因此当再次使用上面的 6 行语句时就出现了第二个“老板，来一屉包子”。

13.4.3 ftell() 函数

ftell() 函数的一般形式如下。

```
long ftell( 文件类型指针 )
```

该函数的作用是得到流式文件中的当前位置，用相对于文件开头的位移量来表示。当 ftell() 函数的返回值为 -1L 时，表示出错。

实例 13.10 保存手机号

实例位置：资源包 \Code\13\10

接下来我们利用这个类似“间谍”ftell() 函数将手机号存入文件中。编写程序之前在 F 盘创建一个名为 phoneNumber.txt 的文本文件，内容为“13888886666”，如图 13.17 所示。

```
1 #define _CRT_SECURE_NO_WARNINGS
2 #include<stdio.h>                        // 包含头文件
3 int main()
4 {
5     FILE *fp;                            // 定义一个指向 FILE 类型结构体的指针变量
6     int n;
7     char ch, filename[50];               // 定义字符数组用来存储文件名
8     printf(" 请输入文件名（包含路径）:\n");    // 提示信息
9     scanf("%s", filename);               // 输入文件位置
10    if ((fp = fopen(filename, "r")) == NULL) // 判断是否能打开文件
11    {
12        printf(" 打开文件失败 .\n");        // 提示信息
13        exit(0);                         // 退出程序
14    }
15    ch = fgetc(fp);                      // 读出一个字符
16    while (ch != EOF)
17    {
18        putchar(ch);                     // 写入字符
19        ch = fgetc(fp);                  // 读取字符
20    }
```

```
21      n = ftell(fp);                                  // 输出长度
22      if (11 == n)                                    // 判断长度是否等于 11
23          printf("\n 手机号存储成功 \n");
24      else
25          printf("\n 手机号存储失败 \n");
26      fclose(fp);                                     // 关闭文件
27      return 0;
28  }
```

运行结果如图 13.18 所示。

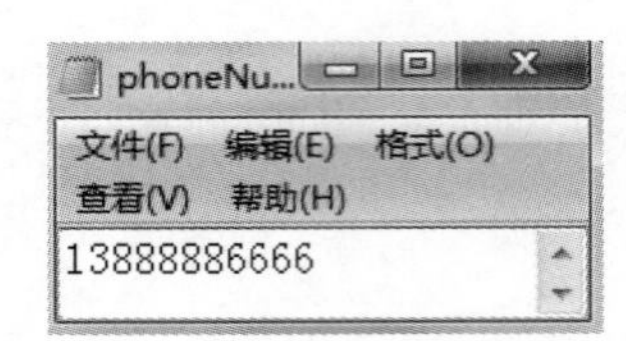

图 13.17 phoneNumber.txt 内容

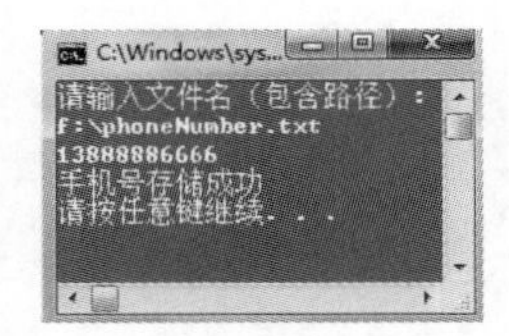

图 13.18 将手机号保存到文件中

13.5 综合案例——文件加密

为了将一些信息保密，需要对重要的文件进行加密，仅自己可见。本案例就来实现对文件加密，具体要求如下。

先从键盘中输入要进行加密操作的文件的所在路径及名称，再输入密码，最后输入加密后的文件的存储路径及名称。实现过程如下。

① 首先创建 2 个 .txt 文件，分别是 demo.txt、encryption.txt。其中，demo.txt 的内容如图 13.19 所示；encryption.txt 文件是空的，用来保存加密之后的内容。

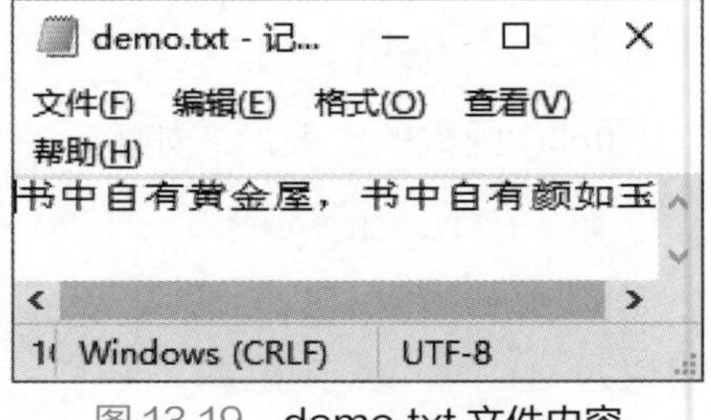

图 13.19 demo.txt 文件内容

② 接下来写代码，首先来导入函数库，具体代码如下。

```
1 #define _CRT_SECURE_NO_WARNINGS
2 #include <stdio.h>                                   // 标准输入输出头文件
3 #include <stdlib.h>
4 #include <string.h>
```

③ 自定义加密函数，实现代码如下。

```
5 void encrypt(char* s_file, char* pwd, char* c_file)    // 自定义函数 encrypt()，用于加密
6 {
7     int i = 0;
8     FILE* fp1, * fp2;                                  // 定义 fp1 和 fp2 是指向结构体变量的指针
9     register char ch;
10    fp1 = fopen(s_file, "rb");
11    if (fp1 == NULL)
12    {
13        printf(" 不能打开文件 .\n");
14        exit(1);                                       // 如果不能打开要加密的文件，便退出程序
15    }
16    fp2 = fopen(c_file, "wb");
17    if (fp2 == NULL)
18    {
19        printf(" 不能打开或者没创建文件 .\n");
20        exit(1);                                       // 如果不能建立加密后的文件，便退出
21    }
22    ch = fgetc(fp1);
23    while (!feof(fp1))                                 // 测试文件是否结束
```

```
24    {
25        ch = ch ^ *(pwd + i);                          // 采用异或方法进行加密
26        i++;
27        fputc(ch, fp2);                                // 异或后写入 fp2 文件
28        ch = fgetc(fp1);
29        if (i > 9)
30            i = 0;
31    }
32    fclose(fp1);                                       // 关闭源文件
33    fclose(fp2);                                       // 关闭目标文件
34 }
```

④ 在 main() 函数中，调用加密函数，实现代码如下。

```
35 int main(int argc, char* argv[])                      // 定义 main() 函数的命令行参数
36 {
37     char sourcefile[50];                              // 用户输入的要加密的文件名
38     char codefile[50];
39     char pwd[10];                                     // 用来保存密码
40     if (argc != 4)                                    // 容错处理
41     {
42         printf(" 请输入要加密的文件路径 :\n");
43         gets(sourcefile);                             // 得到要加密的文件名
44         printf(" 请输入密码 :\n");
45         gets(pwd);                                    // 得到密码
46         printf(" 请输入加密之后的文件路径 :\n");
47         gets(codefile);                               // 得到加密后的文件名
48         encrypt(sourcefile, pwd, codefile);
49     }
50     else
51     {
52         strcpy(sourcefile, argv[1]);
53         strcpy(pwd, argv[2]);
54         strcpy(codefile, argv[3]);
55         encrypt(sourcefile, pwd, codefile);
56     }
57     return 0;
58 }
```

运行结果如下。

```
请输入要加密的文件路径 :
F:\\demo.txt
请输入密码 :
mingri
请输入加密之后的文件路径 :
F:\\encryption.txt
```

加密之后 encryption.txt 文件内容如图 13.20 所示。

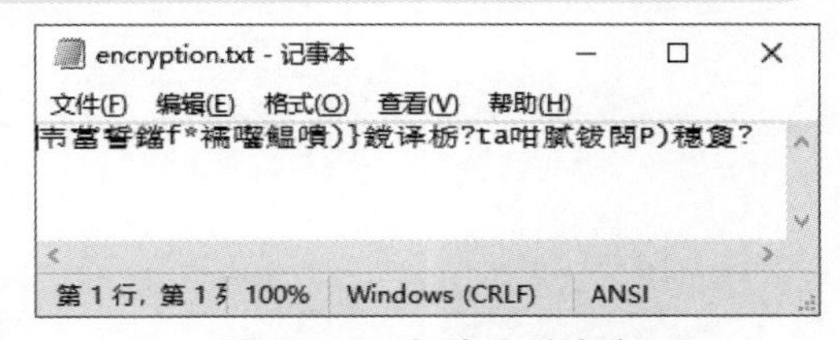

图 13.20　加密文件内容

13.6　实战练习

练习 1：读取蚂蚁庄园动态文件　首先创建一个如图 13.21 所示的文件，然后利用文件的读操作读取这个文件，效果如图 13.22 所示。

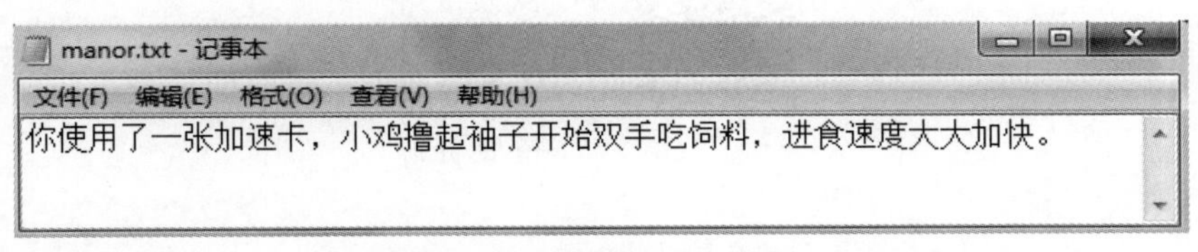

图 13.21　蚂蚁庄园动态内容

```
请输入文件名：
f:\manor.txt
你使用了一张加速卡，小鸡撸起袖子开始双手吃饲料，进食速度大大加快。
```

图 13.22　读取蚂蚁庄园状态文件

练习 2：合并文件　首先创建一个 ant.txt，内容如图 13.23 所示，与练习 1 中创建的 manor.txt 这两个 .txt 文件合并成一个 .txt 文件，效果如图 13.24 所示，文件内容如图 13.25 所示。

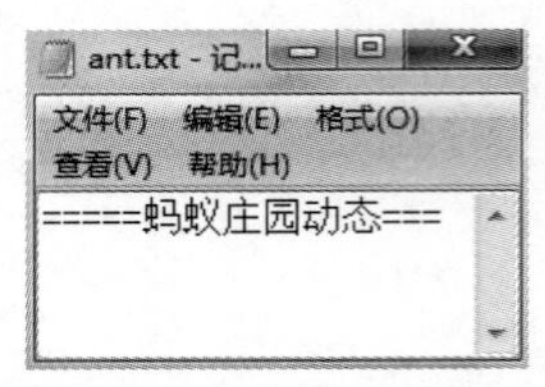

图 13.23　ant.txt 文件

```
请输入文件1的名字：
f:\ant.txt
请输入文件2的名字：
f:\manor.txt
```

图 13.24　合并文件效果图

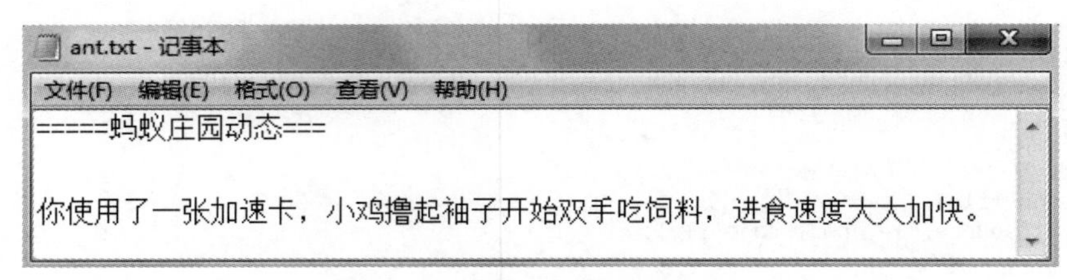

图 13.25　合并之后文件内容

小结

本章主要介绍了对文件的一些基本操作，包括文件的打开、关闭、文件的读写及定位等。C 文件按编码方式分为二进制文件和文本文件。C 语言用文件指针标识文件，文件在读写操作之前必须打开，读写结束必须关闭。文件可以采用不同方式打开，同时必须指定文件的类型。文件的读写也分为多种方式，本章提到了单个字符的读写、字符串的读写、成块读写以及按指定的格式进行读写。文件位置指针可指示当前的读写位置，同时也可以移动该指针从而实现对文件的随机读写。

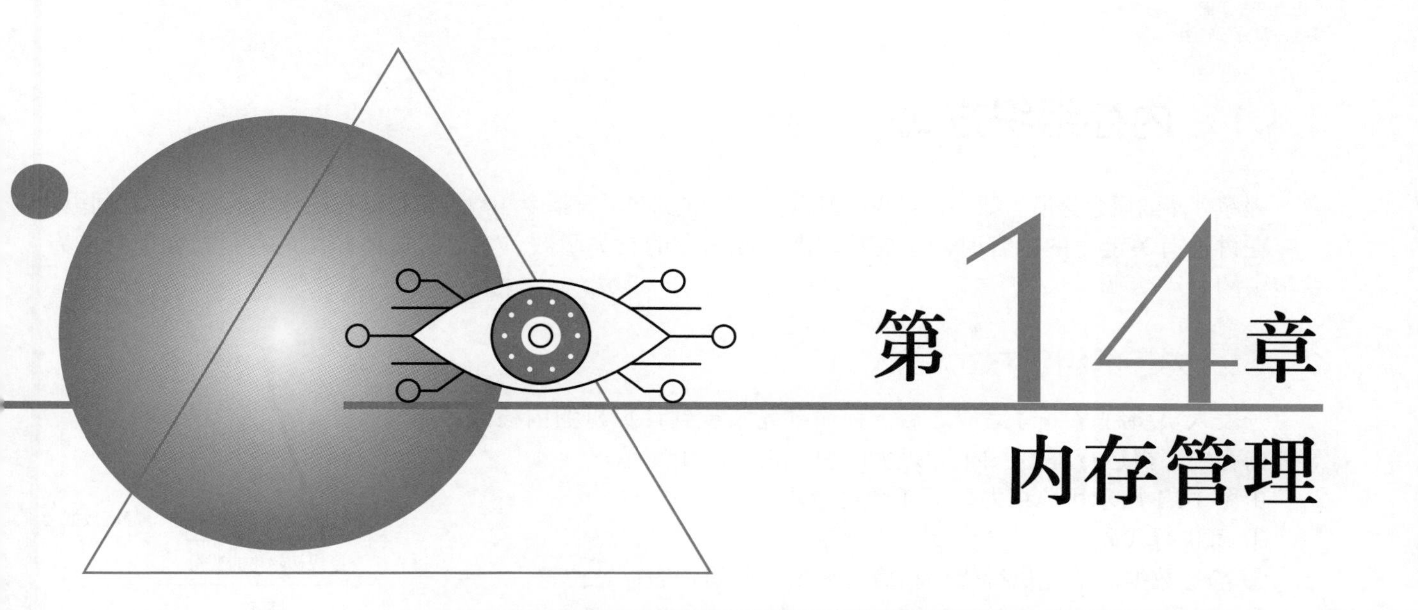

第14章 内存管理

在运行程序时，系统将需要的数据都组织存放在内存空间，以备使用。在软件开发过程中，常常需要动态地分配和撤销内存空间。例如，对动态链表中的节点进行插入和删除，就要对内存进行管理。

本章致力于使读者了解内存的组织结构，了解堆和栈的区别，掌握使用动态管理内存的函数，了解内存在什么情况下会丢失。

本章知识架构如下。

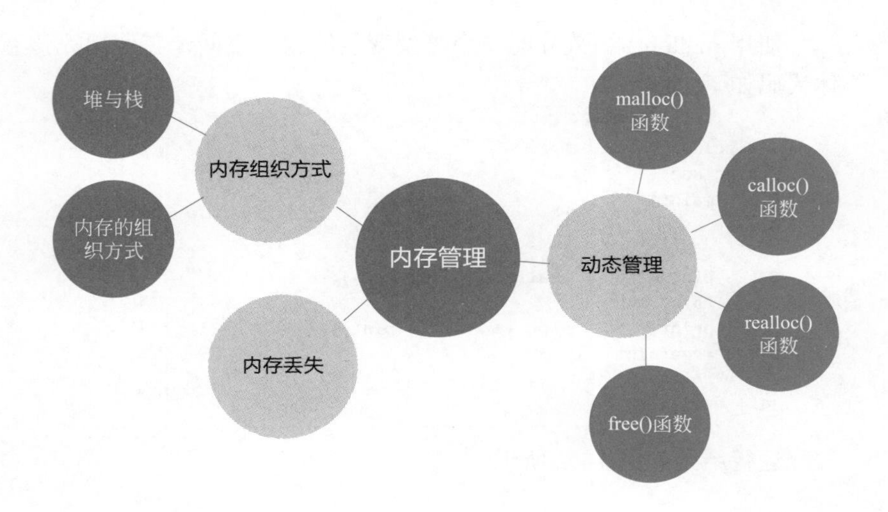

14.1　内存组织方式

程序存储的概念是所有数字计算机的基础，程序的机器语言指令和数据都存储在同一个逻辑内存空间里。

在讲述有关链表的内容时，曾提及动态分配内存的有关函数。下面将具体介绍内存是按照怎样的方式组织的。

14.1.1　内存的组织方式

开发人员将程序编写完成之后，程序要先装载到计算机的内核或者半导体内存中，再运行程序。内存模型示意图如图 14.1 所示。

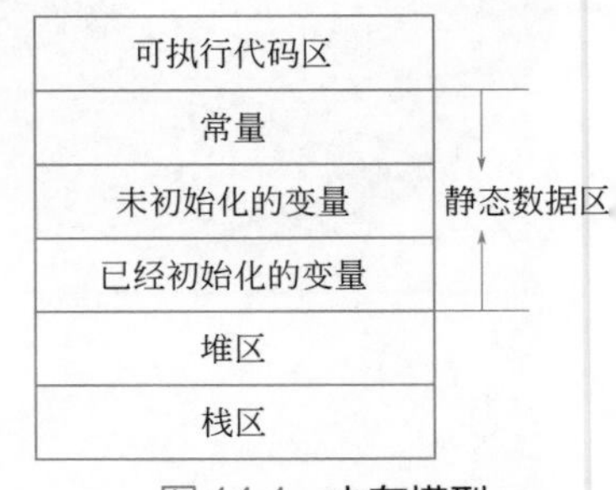

图 14.1　内存模型

由图 14.1 所示可总结为以下 4 个逻辑段。

① 可执行代码。

② 静态数据。给可执行代码和静态数据分配固定的存储位置。

③ 堆（动态数据）。程序请求动态分配的内存来自内存池。

④ 栈。局部数据对象、函数的参数以及调用函数和被调用函数的联系放在称为“栈”的内存池中。

根据操作平台和编译器的不同，堆和栈既可以是被所有同时运行的程序共享的操作系统资源，也可以是使用程序独占的局部资源。

14.1.2　堆与栈

通过内存组织方式可以看到，堆用来存放动态分配内存空间，而栈用来存放局部数据对象、函数的参数以及调用函数和被调用函数的联系，下面对二者进行详细的说明。

（1）堆

在内存的全局存储空间中，用于程序动态分配和释放的内存块称为“自由存储空间”，通常也称之为“堆”。

在 C 程序中，使用 malloc() 和 free() 函数来从堆中动态地分配和释放内存。

实例 14.1　利用 malloc() 函数分配内存空间　　实例位置：资源包 \Code\14\01

使用 malloc() 函数分配一个整型变量的内存空间，在使用完该空间后，使用 free() 函数进行释放。具体代码如下。

```
1 #include <stdlib.h>
2 #include<stdio.h>
3 int main()
4 {
5     char *pInt;                              //定义指针
6     pInt = (char*)malloc(sizeof(char));      //分配内存
7     *pInt = 65;                              //使用分配的内存
8     printf("the graph is:%c\n", *pInt);      //输出显示图形
9     free(pInt);                              //释放内存
10    return 0;
11 }
```

运行结果如图 14.2 所示。

（2）栈

程序不会像处理堆那样在栈中显式地分配内存。当程序调用函数和声明局部变量时，系统将自动分配内存。

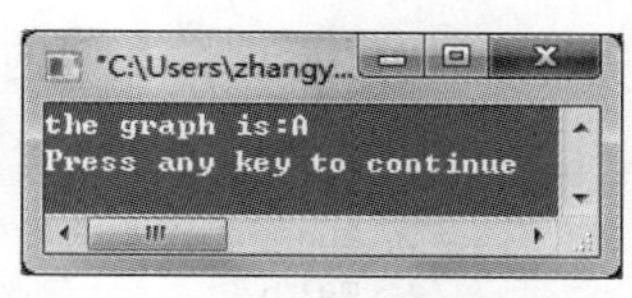

图 14.2　堆的应用

栈是一个“后进先出”的压入弹出式的数据结构。“后进先出”的特性是栈明显区别于堆的标志。例如，一个球筒里面装有三种颜色的小球，效果如图 14.3 所示，先放入的黑色小球被放到球筒的底端，当我们想要取出黑色小球时，就要先取出白色小球和灰色小球，然后再将白色和灰色小球放进去。相对于之前来说，蓝色和黄色小球都向下移动了一个位置。这就是生活中典型的“后进先出”的例子。

程序员经常会利用栈这种数据结构来处理那些最适合用“后进先出”逻辑来描述的编程问题。这里讨论的栈在程序中都会存在，它不需要程序员编写代码去维护，而是运行时由系统自动处理。所谓的运行时由系统维护，实际上就是编译器所产生的程序代码。尽管在源代码中看不到它们，但程序员应该对此有所了解。

图 14.3　球筒装小球

14.2　动态管理

14.2.1　malloc() 函数

malloc() 函数的原型如下。

```
void *malloc(unsigned int size);
```

在 stdlib.h 头文件中包含该函数，作用是在内存中动态地分配一块 size 大小的内存空间。malloc() 函数会返回一个指针，该指针指向分配的内存空间，如果出现错误，则返回 NULL。

注意

使用 malloc() 函数分配的内存空间在堆中，而不是在栈中。因此在使用完这块内存空间之后一定要将其释放掉，释放内存空间使用的是 free() 函数（下面 14.2.4 小节将会进行介绍）。

例如，使用 malloc() 函数分配一个 int 型内存空间，代码如下。

```
int *pInt;
pInt=(int*)malloc(sizeof(int));
```

首先定义指针 pint 用来保存分配的内存空间的地址。在使用 malloc() 函数分配内存空间时，需要指定具体的内存空间的大小（size），这时调用 sizeof() 函数就可以得到指定类型的大小。malloc() 函数成功分配内存空间后会返回一个指针，因为分配的是一个 int 型内存空间，所以在返回指针时也应该是相对应的 int 型指针，这样就要进行强制类型转换。最后将函数返回的指针赋值给指针 pint 就可以保存动态分配的 int 型内存空间地址了。

实例 14.2　**衣服进货啦！**　实例位置：资源包 \Code\14\02

某服装店进了 10240 件衣服，为了将这批衣服顺利地入库，老板在库房中收拾了存放这批衣服的空间，输出显示这批衣服的件数。使用 malloc() 分配内存空间，具体代码如下。

```
1 #include<stdio.h>
2 #include<stdlib.h>
3 int main()
4 {
5     int* iIntMalloc = (int*)malloc(sizeof(int));       // 分配内存空间
6     *iIntMalloc = 10240;                               // 使用该内存空间保存数据
7     printf(" 衣服有 %d 件 \n", *iIntMalloc);            // 输出数据
8     return 0;
9 }
```

运行结果如图 14.4 所示。

从该实例代码和运行结果可以看出：在程序中使用 malloc() 函数分配了内存空间，通过指向该内存空间的指针，使用该内存空间保存数据，最后显示该数据表示保存数据成功。

图 14.4　使用 malloc()

注意

C 语言规定，如果所申请的内存空间分配不成功，malloc() 函数的返回值为 null pointer，也就是 NULL。在这种情况下，如果继续执行之后的代码，程序就会产生崩溃。所以在申请分配内存空间后，都应该及时检查内存空间分配是否成功。

14.2.2　calloc() 函数

calloc() 函数的原型如下。

```
void *calloc(unsigned n, unsigned size);
```

使用该函数也要包含头文件 stdlib.h，其功能是在内存中动态分配 *n* 个长度为 size 的连续内存空间数组。calloc() 函数会返回一个指针，该指针指向动态分配的连续内存空间地址。当分配内存空间发生错误时，返回 NULL。

例如，使用该函数分配一个整型数组内存空间，代码如下。

```
int* pArray;                               // 定义指针
pArray=(int*)calloc(3,sizeof(int));        // 分配内存数组
```

上面代码中的 pArray 为一个整型指针。使用 calloc() 函数分配内存数组，第一个参数表示分配数组中元素的个数，而第二个参数表示元素的类型。最后将返回的指针赋给 pArray 指针变量，pArray 指向的就是该数组的首地址。

实例 14.3　输出“Mingrisoft”

实例位置：资源包 \Code\14\03

使用 strcpy() 函数为字符数组赋值，再进行输出，验证分配内存空间正确保存数据。具体代码如下。

```
1 #define _CRT_SECURE_NO_WARNINGS
2 #include <stdlib.h>                      // 包含头文件
3 #include<stdio.h>
4 #include<string.h>
5
```

```
6 int main()                                  //main() 函数
7 {
8     char* ch;                               // 定义指针
9     ch = (char*)calloc(30, sizeof(char));   // 分配变量
10    strcpy(ch, "Mingrisoft");               // 复制字符串
11    printf("%s\n", ch);                     // 输出字符串
12    free(ch);                               // 释放空间
13    return 0;                               // 程序结束
14 }
```

运行结果如图 14.5 所示。

图 14.5 写入“Mingrisoft”结果运行图

14.2.3 realloc() 函数

realloc() 函数的原型如下。

```
void *realloc(void *ptr,size_t size);
```

使用该函数同样要包含头文件 stdlib.h，其功能是改变 ptr 指针指向的内存空间大小为 size 字节。设定的 size 大小可以是任意的，也就是说既可以比原来的数值大，也可以比原来的数值小。返回值是一个指向新地址的指针，如果出现错误，则返回 NULL。

例如，改变一个分配的实型内存空间大小为整型内存空间大小，代码如下：

```
fDouble=(double*)malloc(sizeof(double));
iInt=realloc(fDouble,sizeof(int));
```

其中，fDouble 指向分配的实型内存空间，之后使用 realloc() 函数改变 fDouble 指向的内存空间的大小，将其大小设置为整型，然后将改变后的内存空间的地址返回赋值给 iInt 整型指针。

实例 14.4　重新分配内存

实例位置：资源包 \Code\14\04

定义一个整型指针和实型指针，利用 realloc() 函数重新分配内存空间。具体代码如下。

```
1 #include<stdio.h>
2 #include <stdlib.h>
3 int main()
4 {
5     int *fDouble;                           // 定义整型指针
6     char* iInt;                             // 定义实型指针
7     fDouble = (int*)malloc(sizeof(int));    // 使用 malloc() 分配整型内存空间
8     printf("%d\n", sizeof(*fDouble));       // 输出内存空间的大小
9     iInt = realloc(fDouble, sizeof(char));  // 使用 realloc() 改变分配的内存空间的大小
10    printf("%d\n", sizeof(*iInt));          // 输出内存空间的大小
11    return 0;                               // 程序结束
12 }
```

运行结果如图 14.6 所示。

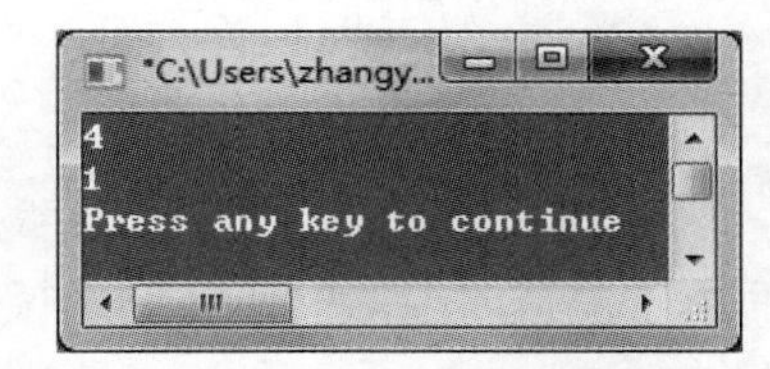

图 14.6 使用 realloc() 函数分配内存空间

从该实例代码和运行结果可以看出：本实例中，首先使用 malloc() 函数分配了一个整型大小的内存空间，然后通过 sizeof() 函数输出内存空间的大小，最后使用 realloc() 函数得到新的内存空间大小。输出新内存空间的大小，比较两者的数值可以看出新内存空间与原来的内存空间大小不一样。

14.2.4 free() 函数

free() 函数的原型如下。

```
void free(void *ptr);
```

free() 函数的功能是释放由指针 ptr 指向的内存空间，使部分内存空间能被其他变量使用。ptr 是最近一次调用 calloc() 或 malloc() 函数时返回的值。free() 函数是释放函数，因此必须与分配函数搭配使用。free() 函数无返回值。

例如，释放一个分配给整型变量的内存空间，代码如下。

```
free(pInt);
```

代码中的 pInt 为一个指向一个整型大小的内存空间的指针，使用 free() 函数将其内存空间进行释放。

实例 14.5　释放内存空间

实例位置：资源包 \Code\14\05

对分配的内存空间进行释放，并且释放前输出一次内存中保存的数据，释放后再利用指针输出一次，观察两次的结果，可以看出调用 free() 函数之后内存空间被释放。具体代码如下。

```
1 #include<stdio.h>
2 #include<stdlib.h>
3 int main()
4 {
5     int* pInt;                              // 整型指针
6     pInt = (int*)malloc(sizeof(pInt));      // 分配整型内存空间
7     *pInt = 100;                            // 赋值
8     printf("%d\n", *pInt);                  // 将值进行输出
9     free(pInt);                             // 释放该内存空间
10    printf("%d\n", *pInt);                  // 将值进行输出
11    return 0;
12 }
```

运行结果如图 14.7 所示。

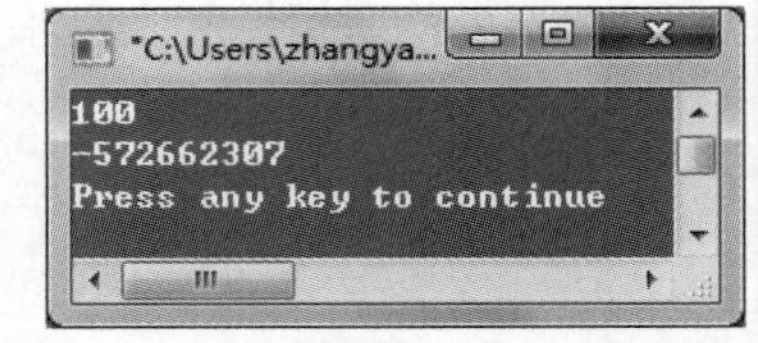

图 14.7　使用 free() 函数释放内存

说明

申请内存空间之后，相应内存空间使用完毕后应该及时释放，否则可能存在所谓的“内存泄露”。所以通常在使用分配内存空间函数之后，要使用 free() 函数释放内存空间。

14.3 内存丢失

（1）内存丢失的现象

不进行内存释放会造成“内存遗漏”，从而可能会导致系统崩溃。

（2）内存丢失的原因

如果不使用 free() 函数，那么程序可能需要使用 100 GB 的内存。这其中包括绝大部分的虚拟内存，而由于虚拟内存的操作需要读写磁盘，这样会极大地影响到系统的性能，系统因此可能崩溃。例如：

```
pOld=(int*)malloc(sizeof(int));
pNew=(int*)malloc(sizeof(int));
```

这两行代码分别表示创建了一块内存空间，并且将内存空间的地址分别传给了指针 pOld 和 pNew，此时指针 pOld 和 pNew 分别指向两块内存空间。如果进行这样的操作：

```
pOld=pNew;
```

pOld 指针就指向了 pNew 指向的内存空间地址，这时再进行释放内存操作：

```
free(pOld);
```

此时释放 pOld 所指向的内存空间是原来 pNew 指向的，于是这块内存空间被释放了，但是 pOld 原来指向的那块内存空间还没有被释放，不过因为没有指针指向这块内存空间，所以这块内存空间就造成了丢失。

（3）内存丢失的解决方法

在程序中编写 malloc() 函数分配内存空间时，都对应地写出一个 free() 函数进行释放，这是一个良好的编程习惯。这不但体现在处理大型程序时的必要性，也在一定程度上体现程序优美的风格和健壮性。

14.4 综合案例——用栈及递归计算多项式

已知如下多项式，编写计算 $f_n(x)$ 值的递归算法。

$$f_n(x)=\begin{cases}1, & n=0,\\ 2x, & n=1,\\ 2xf_{n-1}(x)-2(n-1)f_{n-2}(x), & n>1\text{时}\end{cases}$$

本案例利用栈“后进先出”的特性将 n 由大到小入栈，再由小到大出栈，每次出栈时求出该数所对应的多项式的值为求下一个出栈的数所对应的多项式的值做基础。

实现过程如下。

① 自定义 f1() 函数用来实现递归求解多项式的值。代码如下。

```
1 double f1(int n, int x)                        // 自定义函数 f1()，递归的方法
2 {
3     if (n == 0)
4         return 1;                               //n 为 0 时返回值为 1
5     else if (n == 1)
6         return 2 *x;                            //n 为 1 时返回值为 2 与 x 的乘积
7     else
8 // 当 n 大于 2 时递归求值
9         return 2 *x * f1(n - 1, x) - 2 *(n - 1) *f1(n - 2, x);
10 }
```

② 自定义 f2() 函数来实现用栈的方法求解多项式的值。代码如下。

```
11 double f2(int n, int x)                       // 自定义函数 f2()，栈的方法
12 {
13     struct STACK
14     {
15         int num;                              //num 用来存放 n 值
16         double data;                          //data 存放不同 n 所对应的不同结果
17     } stack[100];
18     int i, top = 0;                           // 变量数据类型为基本整型
19     double sum1 = 1, sum2;                    // 多项式的结果为双精度型
20     sum2 = 2 * x;                             // 当 n 是 1 的时候结果是 2
21     for (i = n; i >= 2; i--)
22     {
23         top++;                                        // 栈顶指针上移
24         stack[top].num = i;                           //i 进栈
25     }
```

```
26     while (top > 0)
27     {
28 // 求出栈顶元素对应的函数值
29 stack[top].data = 2 * x * sum2 - 2 *(stack[top].num - 1) *sum1;
30         sum1 = sum2;                                    // 将 sum2 赋给 sum1
31         sum2 = stack[top].data;                         // 将刚算出的函数值赋给 sum2
32         top--;                                          // 栈顶指针下移
33     }
34     return sum2;                                        // 最终返回 sum2 的值
35 }
```

③ main() 函数的程序代码如下。

```
36 void main()
37 {
38     int x, n;                                           // 定义 x、n 为基本整型
39     double sum1, sum2;                                  //sum1、sum2 为双精度型
40     printf(" 请输入 n:\n");
41     scanf("%d", &n);                                    // 输入 n 值
42     printf(" 请输入 x:\n");
43     scanf("%d", &x);                                    // 输入 x 的值
44     sum1 = f1(n, x);                                    // 调用 f1()，算出递归求多项式的值
45     sum2 = f2(n, x);                                    // 调用 f2()，算出栈求多项式的值
46     printf(" 用递归算法得出的函数值是: %f\n", sum1);      // 将使用递归方法算出的函数值输出
47     printf(" 用栈方法得出的函数值是: %f\n", sum2);        // 将使用栈方法算出的函数值输出
48 }
```

运行结果如下。

```
请输入 n:
4
请输入 x:
3
用递归算法得出的函数值是: 876.000000
用栈方法得出的函数值是: 876.000000
```

14.5 实战练习

练习 1：商品信息动态分配 动态分配一块内存区域，并存放一个商品信息。运行结果如图 14.8 所示。

练习 2：接收用户信息 写一个函数，该函数可以接收用户输入的字符并存储在内存中（由于不确定用户会输入几个字符，所以这些内存不可以用数组来表示，因为数组的大小是确定的），当用户输入字 ‘q’ 时，输出用户输入的所有字符，并退出程序。运行结果如图 14.9 所示。

```
编号=1001
名称=苹果
数量=100
价格=2.100000
```

图 14.8 商品信息的动态存放

```
请用户输入：Fine
q
第0个字母是F
第1个字母是i
第2个字母是n
第3个字母是e
```

图 14.9 接收用户输入

小结

本章首先对前文提及的内存分配问题进行整体的介绍。学习内存的组织方式，可在编写程序时知道这些内存空间都是如何进行分配的；之后讲解有关堆和栈的概念，其中栈式数据结构的主要特性是后入栈的元素先出，即“后进先出”；动态管理包括 malloc()、calloc()、realloc() 和 free()4 个函数，其中 free() 函数是用来释放内存空间的；本章的最后介绍了有关内存丢失的问题，其中要求在编写程序时使用函数分配内存空间后要对应写出一个 free() 函数。

案例篇

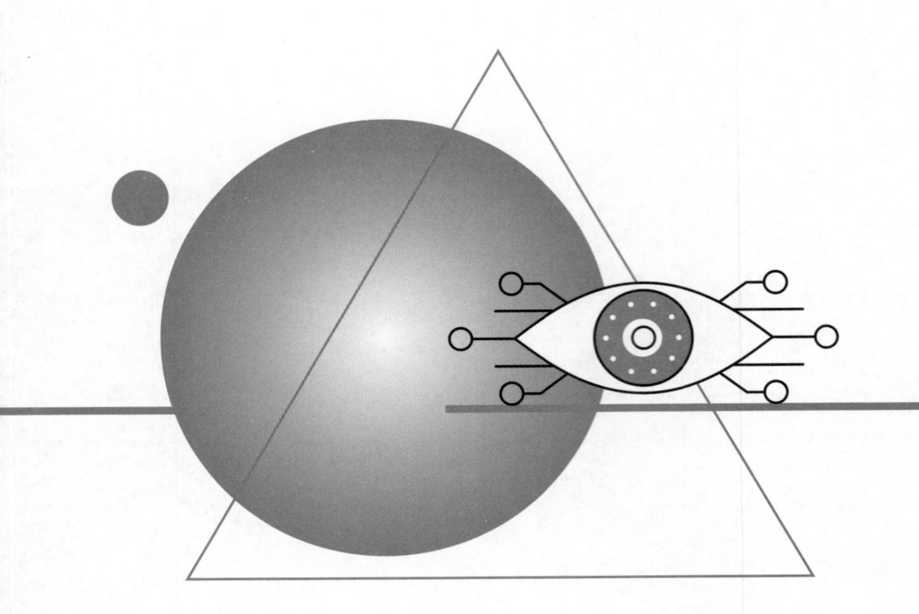

第15章 让音乐响起来（C+媒体播放函数）

音乐使人轻松、快乐，想要听到美妙的音乐，就需要一个媒介来传播，这种媒介就是音乐播放器，本章目标就是要利用C程序让音乐响起来。

通过前面的基础知识学习，有人可能会有疑问：难道C语言就只能在控制台上输出东西吗？就不能做其他的了吗？答案是：No，当然不是。本章就带来一个不一样的C语言小任务——让音乐响起来。

15.1 案例效果预览

本章案例是音乐播放器，因此需要下载格式为mp3的音乐文件，并将音乐文件放在项目文件夹（创建新项目）内，如图15.1所示。

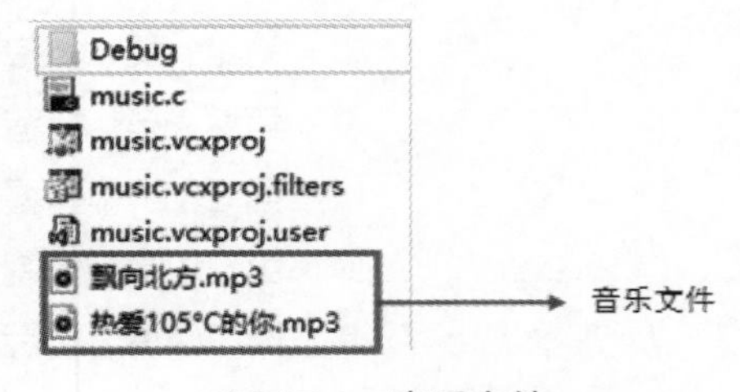

图15.1　音乐文件

运行程序之后，就会出现如图15.2所示的界面，同时音乐也会响起。

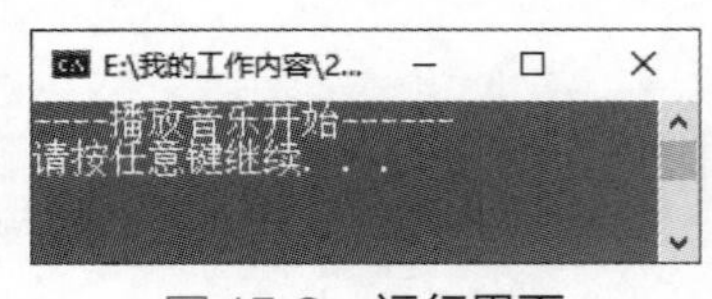

图15.2　运行界面

15.2 案例准备

操作系统：Windows 7 或 Windows 10。
语言：C 语言。
开发环境：Viusal Studio 2019。

15.3 业务流程图

在实现“音乐播放器”之前，需要先了解实现该程序的业务流程。根据音乐播放器的业务需求，设计如图 15.3 所示的业务流程图。

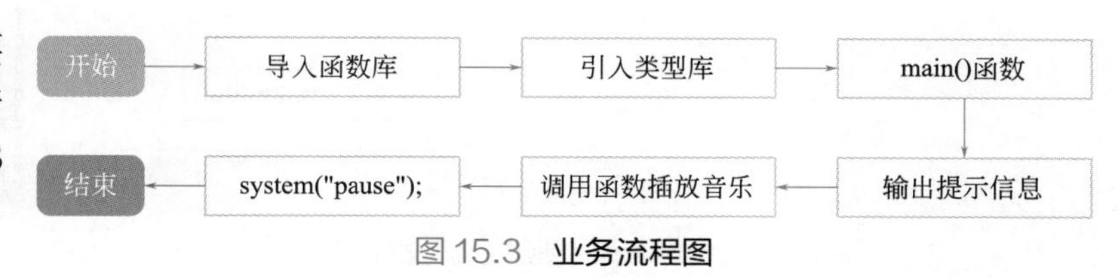

图 15.3 业务流程图

15.4 实现过程

15.4.1 创建新项目

本案例使用的编程语言是 C 语言，采用的开发环境是 Visual Studio 2019，下面用 Visual Studio 2019 创建新项目，步骤如下。

① 打开 Visual Studio 2019 开发环境，进入到 Visual Studio 2019 开发环境界面，然后单击右侧栏中的“创建新项目”，如图 15.4 所示。

② 自动跳转到如图 15.5 所示的界面，首先单击“空项目”，然后单击“下一步”按钮。

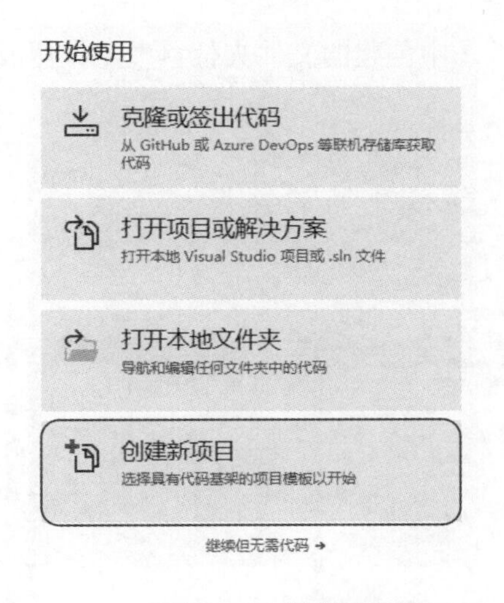

图 15.4 创建新项目

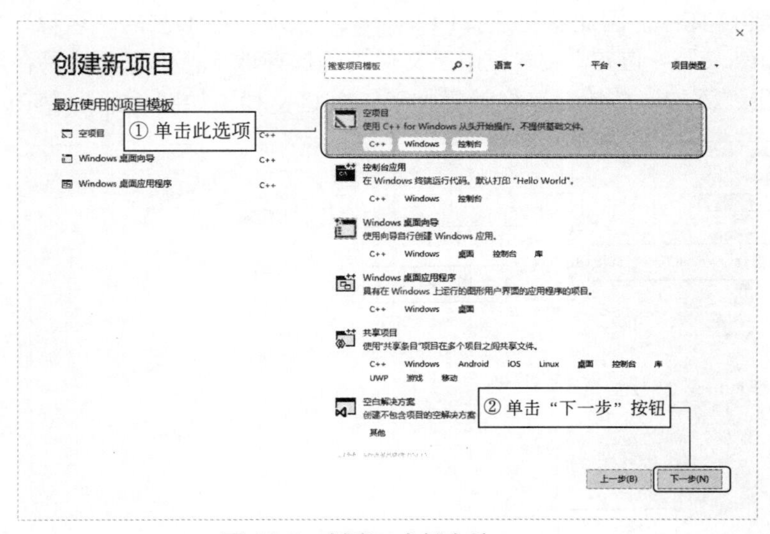

图 15.5 创建一个新文件

③ 自动跳转到如图 15.6 所示的界面，在“项目名称”文本框中输入要创建的文件夹名称“music”。在“位置”文本框设置文件夹的保存地址，可以通过单击右边的 ... 按钮修改源文件的存储位置，最后单击“创建”按钮即可。

④ 自动跳转到如图 15.7 所示的界面。

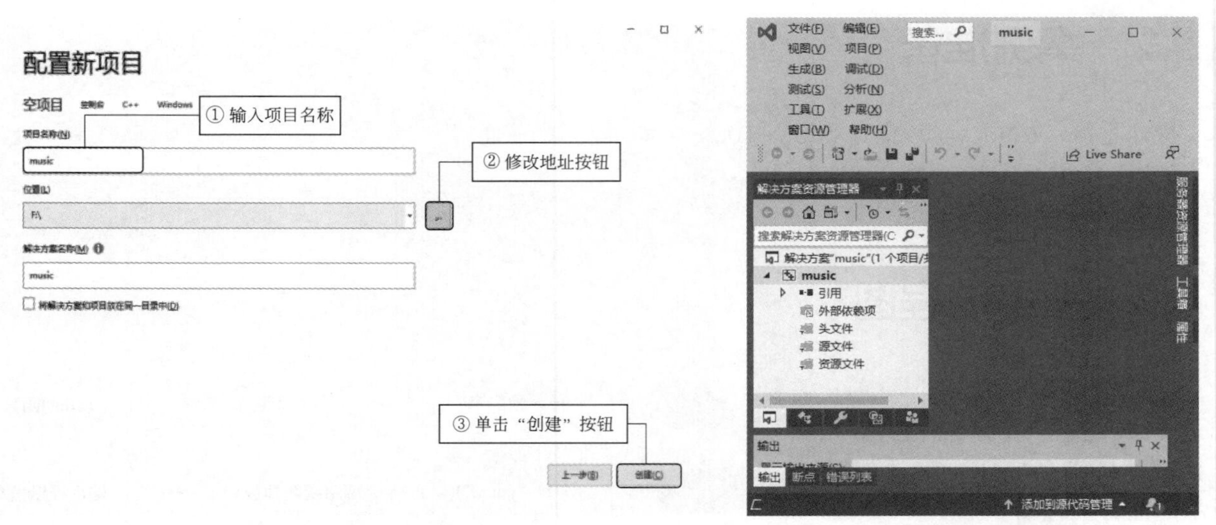

图 15.6 创建 C 源文件　　图 15.7 创建项目界面

⑤ 选择“解决方案资源管理器”窗口中的“源文件”，右击“源文件”，选择“添加”→“新建项”命令，如图 15.8 所示，或者使用快捷键 <Ctrl+Shift+A>，进入添加项目界面。

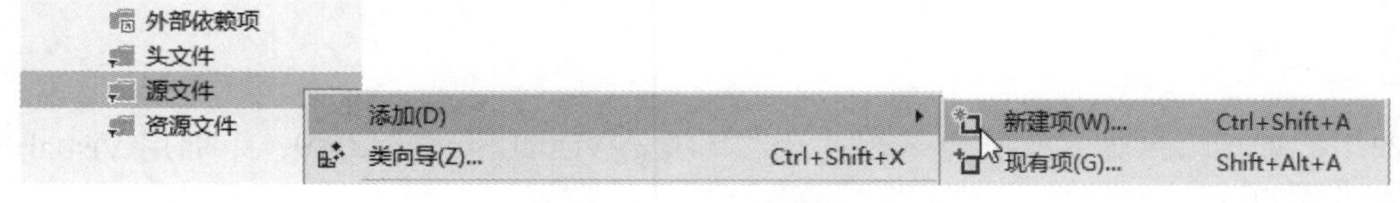

图 15.8 右击“源文件”

⑥ 完成步骤⑤就会自动跳转到如图 15.9 所示的窗口。

添加项目时首先选择“Visual C++”选项，这时在右侧列表框中显示可以创建的不同文件。因为要创建 C 文件，因此这里选择 C++ 文件(.cpp) 选项，在下侧的“名称”文本框中输入要创建的 C 文件名称，如“music.c”。“位置”文本框中是文件夹的保存地址，这里默认是在步骤③中创建的文件夹位置，不做更改。单击“添加”按钮，这样就添加了一个 C 文件，如图 15.10 所示。

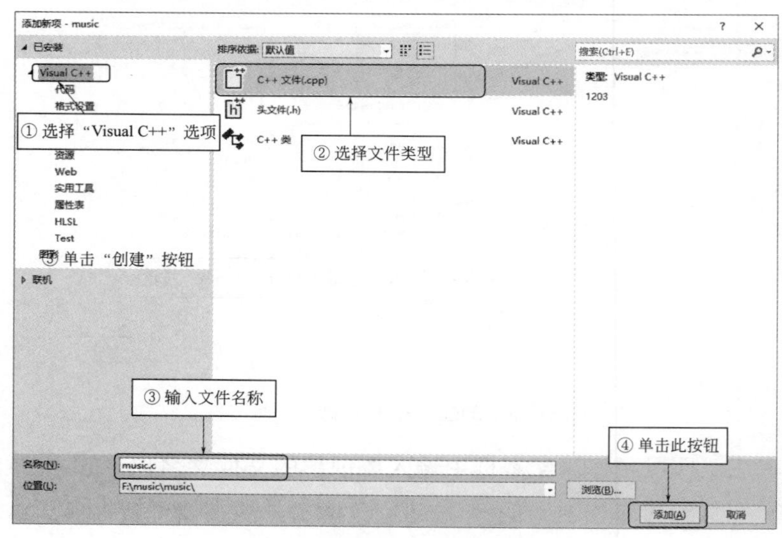

图 15.9 添加项目界面

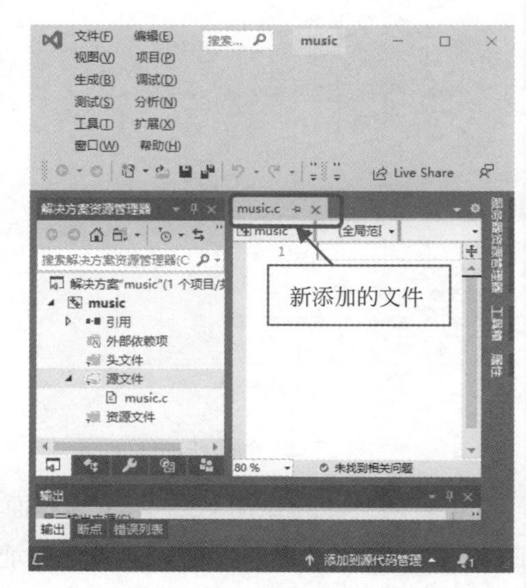

图 15.10 完成添加 C 文件

15.4.2 下载 mp3 文件

在 15.4.1 小节已经创建好新项目文件，接下来就需要下载自己喜欢的 mp3 文件。可以使用百度（www.baidu.com）进行下载，还可以使用音乐在线播放器下载（酷狗、酷我、网易云音乐、QQ 音乐等），笔者使用的是酷狗在线播放器下载的 mp3 文件。

将下载的 mp3 文件复制到项目文件路径下（笔者的项目文件路径是 F:\music\music），如图 15.11 所示。将图 15.11 的“阿肆 - 热爱 105℃的你 .mp3”重命名为“热爱 105℃的你 .mp3”。

图 15.11 复制到项目文件路径下

15.4.3 引用函数库

到目前为止，新项目文件夹已经创建完成，mp3 格式的音乐文件也已经准备好，接下来就是在 music.c 中编写代码。编写代码的第一步就是要引用所需要的函数库，从图 15.3 可以看出，需要输出提示信息，就需要 stdio.h 函数库；需要媒体播放函数，就需要 windows.h 函数库。因此引用函数库的具体代码如下。

```
1 #include<stdio.h>          // 输出、输入函数库
2 #include <windows.h>       // 媒体播放函数库
```

15.4.4 导入媒体静态库

要想使用媒体播放函数，只有 windows.h 函数库是不可以的，还需要导入媒体静态库，具体代码如下。

```
3 #pragma comment(lib,"winmm.lib")
```

说明

关于媒体静态库知识会在第 15.5 节关键技术中详细介绍。

15.4.5 使用媒体播放

15.4.3 小节和 15.4.4 小节已经包含了函数库、导入了媒体静态库，接下来就是最主要的内容——main() 函数，具体代码如下。

```
4 int main()
5 {
6     printf("---- 播放音乐开始 ------\n");
7     mciSendString(L"play 热爱 105℃的你 .mp3", NULL, 0, NULL); // 播放音乐
8     system("pause");
9     return 0;
10 }
```

在 main() 函数中，首先使用输出函数 printf() 输出提示信息，然后利用 mciSendString() 函数播放音乐，最后使用 system() 函数将屏幕冻结。

说明

关于 mciSendString() 函数、system() 函数会在第 15.6 节关键技术中详细介绍。

15.5 关键技术

从本章实现的功能以及代码中可以看出：最关键的技术就是使用媒体播放函数 mciSendString()，但是想要使用 mciSendString() 函数，需要引用 windows.h 函数库，还需要导入 winmm.lib 静态库；程序中还使用了冻结屏幕语句。本节就来详细介绍这四个关键技术点。

（1）windows.h 函数库

windows.h 是一个很重要的函数库，包含了其他 Windows 头文件，这些头文件的某些也包含了其他头文件。这些头文件中最重要的和最基本的有以下几方面。

- Windef.h： 基本数据类型定义。
- Winnt.h： 支持 Unicode 的类型定义。
- Winbase.h：Kernel(内核) 函数。
- Winuser.h： 用户界面函数。
- Wingdi.h： 图形设备接口函数。

这些头文件定义了 Windows 的所有资料形态、函数调用、资料结构和常数识别字，它们是 Windows 文件中的一个重要部分。

windows.h 函数库中包含很多 API（应用程序接口）函数，包含网络函数、消息函数、文件处理函数、打印函数、文本和字体函数、菜单函数、硬件与系统函数等。因此 windows.h 函数库很重要。

说明

读者如果对 windows.h 中的 API 函数感兴趣，可以自行了解。

（2）#pragma comment(lib, “winmm.lib”)

其中的 #pragma comment 是一条导入、引入命令，作用是引入库或编译目录，这条命令的语法格式为

```
#pragma comment(comment-type ,["commentstring"] )
```

参数说明如下。

- comment-type： 是一个预定义的标识符，指定注释的类型，应该是 compiler、exestr、lib、linker 之一。
- commentstring： 是一个为 comment-type 提供附加信息的字符串。而本案例使用的 comment-type 是 lib，commentstring 是 “winmm.lib”，含义就是引入 winmm.lib 这个静态库。

接下来介绍 winmm.lib 静态库。

winmm.lib 是 Windows 多媒体相关应用程序接口，也就是说它是多媒体播放接口，只有引入 winmm.lib 才能使用多媒体播放函数。

（3）mciSendString() 函数

mciSendString() 函数是用来播放多媒体文件的 API 指令，可以播放 MP4、MPEG、AVI、WAV、MP3 等格式的文件。它的语法格式如下。

```
MCIERROR mciSendString( LPCTSTR lpszCommand, LPTSTR lpszReturnString, UINT cchReturn, HANDLE hwndCallback);
```

参数说明

- lpszCommand： 指向以 NULL 结尾的命令字符串: " 命令 设备 [参数]"。
- lpszReturnString： 指向接收返回信息的缓冲区，为 NULL 时不返回信息。
- cchReturn： 缓冲区的大小 , 就是字符变量的长度。
- hwndCallback： 指定一个回调窗口的句柄，一般为 NULL。

例如:

```
mciSendString(L"play 热爱 105⊠的你 .mp3", NULL, 0, NULL); // 播放音乐
```

以下是 mciSendString 常用的命令。

播放多媒体文件:

```
mciSendString("play movie", buf, sizeof(buf), NULL);
```

全屏播放多媒体文件:

```
mciSendString("play movie fullscreen", buf, sizeof(buf), NULL);
```

暂停播放:

```
mciSendString("pause movie", buf, sizeof(buf), NULL);
```

停止播放:

```
mciSendString("close movie", buf, sizeof(buf), NULL);
```

（4）system(“pause”)

system() 函数是向 Windows 系统发出一个 DOS 命令，而 “system(“pause”);” 这句代码可以实现冻结屏幕，便于观察程序的执行结果。如果不加这句，控制台程序会一闪即过，来不及看到执行结果，而本任务要是不加此句，就听不到媒体播放声音。

system() 函数除了与 pause 搭配使用，还可以有如下几种使用方式。

清屏操作:

```
system("CLS");
```

改变控制台的前景色和背景色:

```
system("color 0A"); // 其中 color 后面的 0 是背景色代号，A 是前景色代号
```

如表 15.1 所示是颜色的常量值。

表 15.1 **颜色的常量值**

数值	含义	数值	含义
0	黑色	8	灰色
1	蓝色	9	亮蓝色
2	绿色	A	亮绿色
3	湖蓝色	B	亮湖蓝色
4	红色	C	亮红色
5	紫色	D	亮紫色
6	黄色	E	亮黄色
7	白色	F	亮白色

例如：

```
1 #include<windows.h>
2 #include<stdio.h>
3 int main()
4 {
5     system("color 0A");              // 黑色背景、亮绿色字体
6     printf(" 我在这儿 !!!\n");
7     return 0;
8 }
```

运行结果如图 15.12 所示。

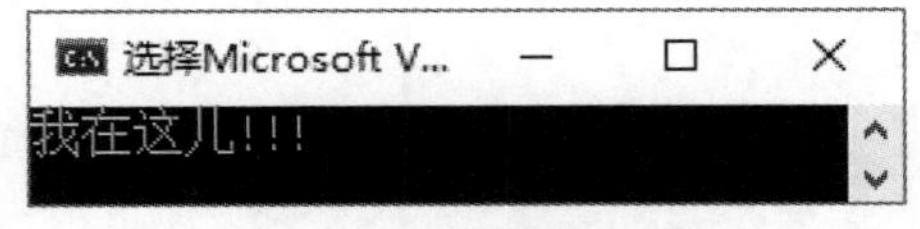

图 15.12　颜色运行结果

小结

通过本章项目的学习，读者可以了解到 C 语言不仅可以在控制台上输出形状，它还能播放媒体文件。此外，读者也能掌握如何使用 C 程序播放多媒体文件，在关键技术中，详细地介绍了 windows.h、winmm.lib、mciSendString、system 这四个关键技术，并分别对其进行知识扩展，希望读者能掌握这四个知识点。

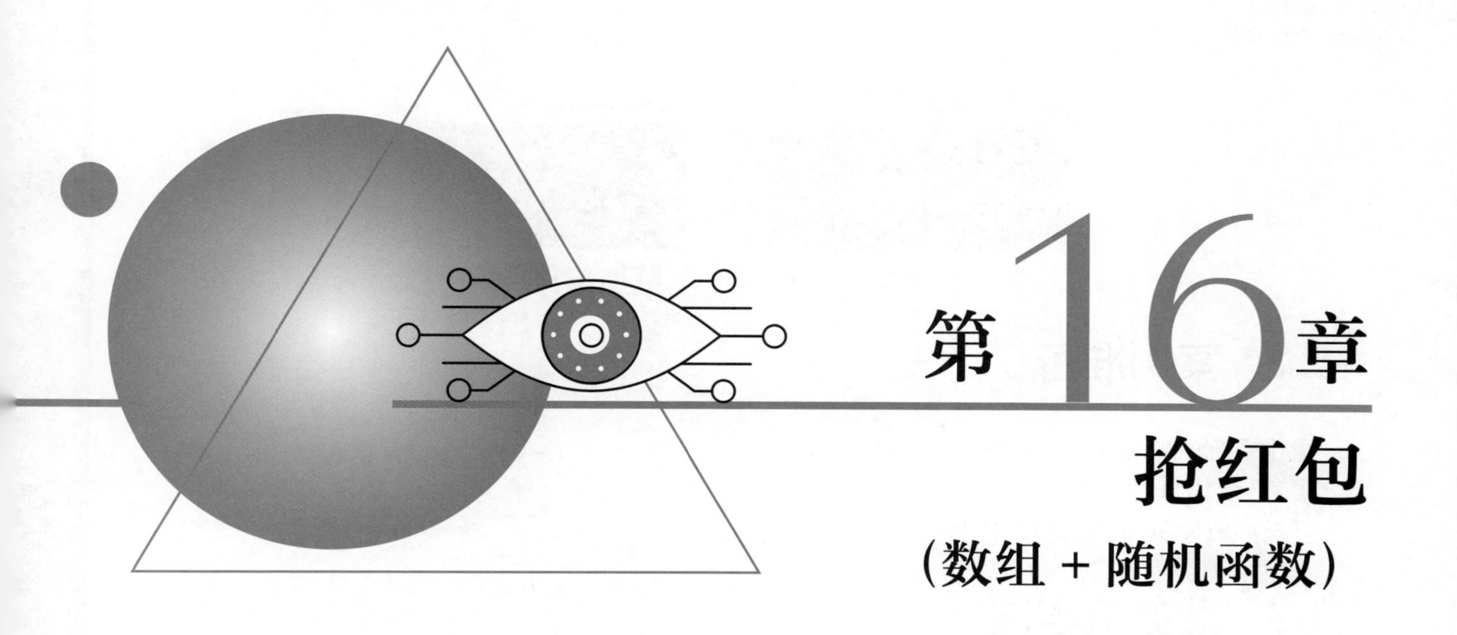

第16章 抢红包（数组 + 随机函数）

抢红包一般会在微信群中发生。如果是两个人一对一微信聊天而产生的红包，不称为“抢红包”，而称为“发红包”。既然称之为“抢”，就意味着当发的红包总个数小于群内人数时，就会有人拿不到红包。当然抢红包的乐趣在于不平均分红包金额数，而是随机产生红包金额数。也就是说，有的人可能抢到的红包金额数少，有的人可能抢到的红包金额数多。正是这种趣味性，让更多的人喜欢抢红包。本章案例的目标就是利用 C 语言模拟微信抢红包，随机产生红包金额数。

16.1　案例效果预览

本章案例的目标是模拟微信抢红包，如图 16.1 所示是熟悉的微信抢红包的图片。

最终本案例实现的效果如图 16.2、图 16.3 所示。

图 16.1　微信抢红包

从图 16.2 和图 16.3 中可以看到，每次运行结果中的红包金额数是随机的。

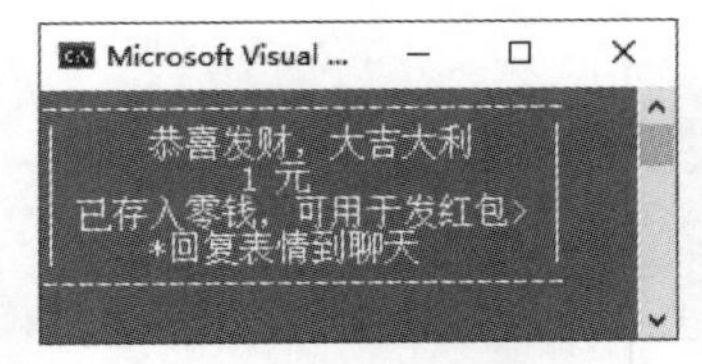

图 16.2　随机抢红包 1

图 16.3　随机抢红包 2

16.2　案例准备

操作系统：Windows 7 或 Windows 10。

语言：C 语言。

开发环境：Viusal Studio 2019。

16.3　业务流程图

在制作“微信抢红包”之前，需要先了解实现该程序的业务流程。根据微信抢红包的业务需求，设计如图 16.4 所示的业务流程图。

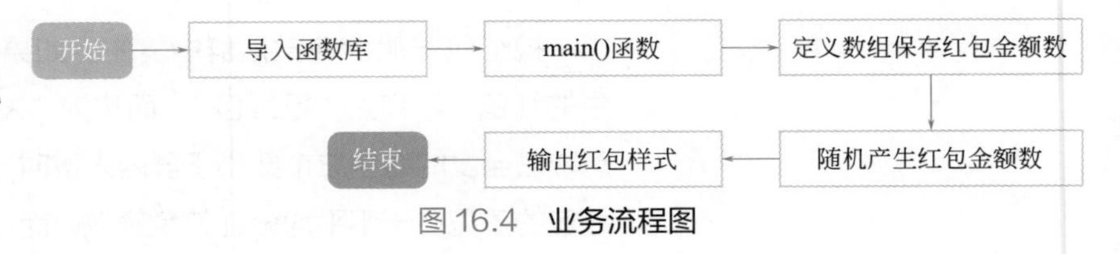

图 16.4　业务流程图

16.4　实现过程

16.4.1　创建新项目

本案例使用的编程语言是 C 语言，采用的开发环境是 Visual Studio 2019。在 Visual Studio 2019 中创建新项目的具体步骤可以参考第 15 章的详细步骤，只不过在创建新项目名称（步骤 3）时输入“Wchar”，如图 16.5 所示。

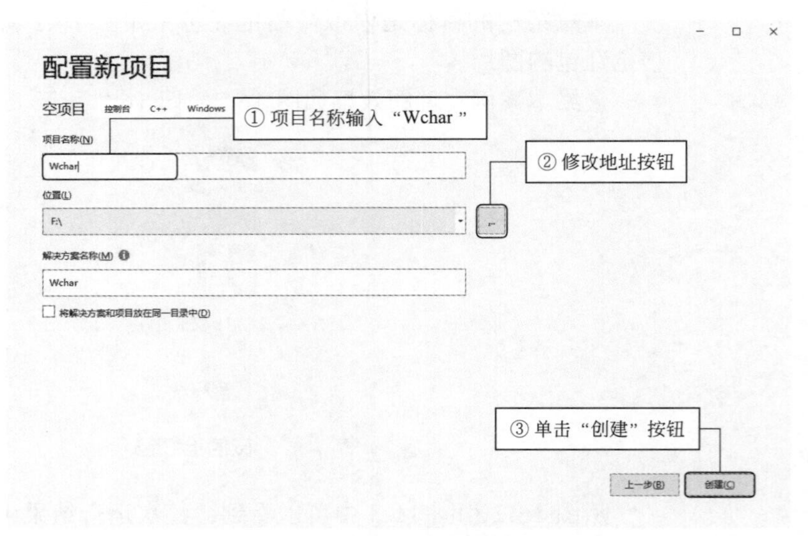

图 16.5　创建新项目

在创建 C 文件的名称时输入“Wchar.c”，如图 16.6 所示。

这样就添加了一个 C 文件，如图 16.7 所示。

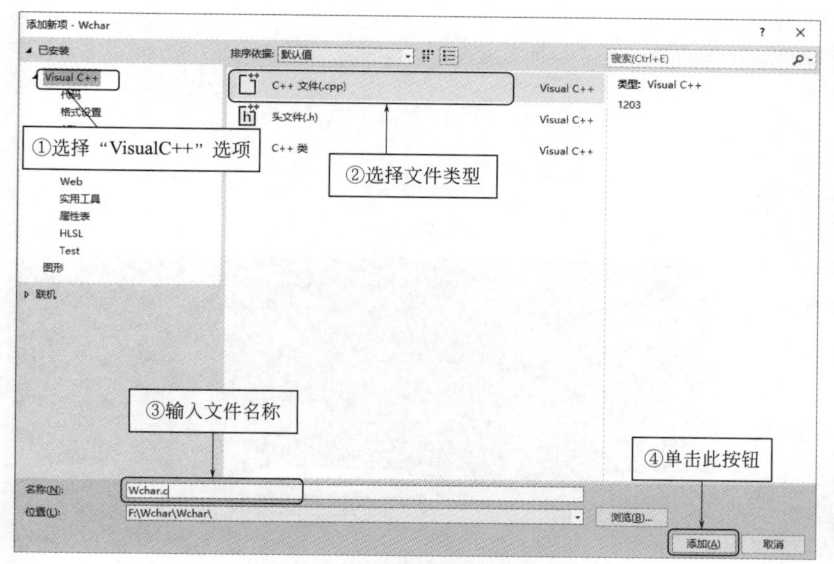

图 16.6　添加项目界面

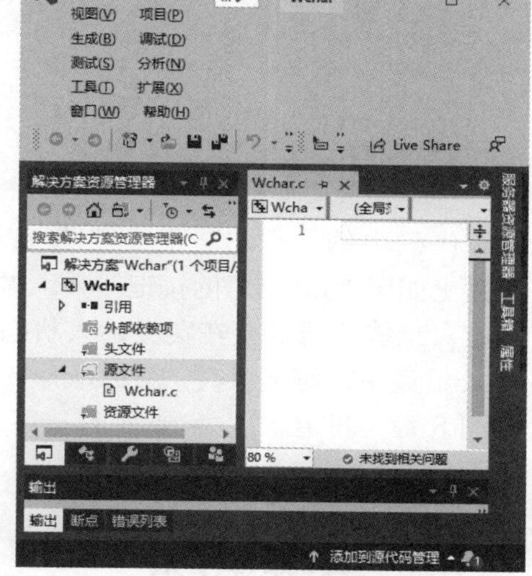

图 16.7　完成添加 C 文件

16.4.2　引用函数库

到目前为止，新项目文件夹已经创建完成，接下来就是在 Wchar.c 中编写代码。编写代码的第一步就是要引用所需要的函数库，从业务流程图 16.4 可以看出，需要输出提示信息，就需要 stdio.h 函数库；需要随机函数，就需要 time.h、stdlib.h 函数库。因此引用函数库的具体代码如下。

```
1 #include<stdio.h>            // 输出、输入函数库
2 #include<time.h>             // 随机时间函数库
3 #include<stdlib.h>           // 随机函数库
```

16.4.3　存储红包不同金额

由于微信红包的随机金额数太烦琐，本案例规定了几种红包金额数，如 1、5、10、20、50、100、200。这几个数字都是整数，想要存储这些红包金额，可以使用一维数组，代码如下。

```
4 int red[7] = { 1,5,10,20,50,100,200 };
```

上述代码定义了一个长度为 7 的一维数组并且赋值。

16.4.4　随机生成红包金额

抢红包的金额数并不是平均分的，而是随机产生的，那就要使用到随机函数，具体代码如下。

```
5 srand((unsigned)time(NULL)); // 随机种子
6 int i = rand() % 6; // 随机生成 0~6 数组下标
```

说明

关于随机种子和随机生成数会在第 16.6 节详细介绍。

16.4.5 输出随机红包金额

到目前为止，已经用数组存储不同红包金额，也随机生成数组下标，接下来就是输出随机红包金额数以及画类似图 16.1 所示的样式，具体代码如下。

```
7  printf("-----------------------------\n");            // 输出样式
8  printf("|      恭喜发财，大吉大利      |\n");
9  printf("|            %3d 元           |\n",red[i]);    // 输出随机数
10 printf("| 已存入零钱，可用于发红包 >   |\n");
11 printf("|      * 回复表情到聊天       |\n");
12 printf("-----------------------------\n");
```

代码中的 “-” “|” 和 “*” 等符号通过键盘上如图 16.8 所示的按键输入，需要注意的是，这些符号需要在英文输入状态下进行输入。其中，符号 “*” 需要同时按下 shift 键和 8 键；符号 “|” 需要同时按下 shift 键和 |(\) 键。

图 16.8 不同符号的输入

16.5 关键技术

从本章实现的功能以及代码中可以看出，关键的技术是一维数组、随机函数和 printf() 输出函数，本节就来详细介绍这三个关键技术点。

（1）一维数组

一维数组在第 7 章已经介绍过，这里就来回顾一下一维数组的知识点。

一维数组是用于存储一组相同数据类型的数据的集合，它的一般形式如下。


```
类型说明符 数组标识符 [ 常量表达式 ];
```

参数说明

a．类型说明符表示数组中的所有元素类型。

b．数组标识符表示该数组型变量的名称，命名规则与变量名一致。

c．常量表达式定义了数组中存放的数据元素的个数，即数组长度。

例如:

```
int red[7];
```

① 初始化一维数组。一维数组初始化就是给一维数组赋予初值。初始化的一般格式如下。

```
类型说明符 数组标识符 [ 常量表达式 ]={ 值 1, 值 2, 值 3, 值 4…};
```

其中的大括号中间的各个值就是各元素的初值，各值之间用英文逗号隔开，定义结束后，用英文分号结束此句代码。例如:

```
int red[7] = { 1,5,10,20,50,100,200 };
```

② 引用一维数组。引用一维数组元素表示的一般形式如下。

```
数组标识符 [ 下标 ]
```

例如:

```
red[1];red[2]……
```

本案例需要随机生成红包金额数，因此主要随机生成数组下标（即中括号内的数字），就能随机引用数组 red 元素。因此这里使用：

```
red[i];
```

i 随机产生即可。

（2）随机函数

随机函数是本案例的核心技术点，要想使用随机函数 srand()、rand()，就需要引用函数库 stdlib.h。接下来分别来介绍 srand()、rand() 函数。

① srand() 函数。srand() 是随机数发生器的初始化函数，srand() 和 rand() 配合使用产生伪随机数序列。它的语法格式如下。

```
void srand (unsigned seed);
```

参数说明

unsigned seed： 随机数产生器的初始值（种子值）。

例如：

```
srand(1); // 直接使用 1 来初始化种子
```

为了防止随机数每次重复，常常使用系统时间来初始化，即使用 time() 函数来获得系统时间，它的返回值为从 00:00:00 GMT,January 1, 1970 到现在所持续的秒数，然后将 time_t 型数据转换为 unsigned 型再传给 srand() 函数，即：

```
time_t t;
srand((unsigned) time(&t));
```

说明

> 如果使用 time_t，需要引入 time.h 函数库。

还有一个经常用法，不需要定义 time_t 型 *t* 变量，即：

```
srand((unsigned) time(NULL));
```

直接传入一个空指针，因为程序中往往并不需要经过参数获得的数据。

说明

> 本案例选择的形式是第二种传入空指针情况。

② rand() 函数。rand() 函数的作用是：生成一个范围在 0 ～ RAND_MAX（是一个常量）之间的伪随机数，它的语法格式如下。

```
int rand(void)
```

通常使用方法如下。

① 产生一定范围内的随机数。

```
int a = rand() % 10;                    // 产生 0~9 的随机数，注意 10 会被整除
```

② 如果要规定上下限：

```
int a = rand() % 50 + 14;        // 产生 14~63 的随机数
```

代码中的 rand()%50+14 可以看成两部分：rand()%50 是产生 0 ～ 49 的随机数，后面 +14 保证 *a* 最小只能是 14，最大就是 49+14=63。因此这行代码是生成 [14,63] 区间内的随机数。

例如，随机产生 0 ～ 100 之间的 10 个随机数，代码如下。

```
1 #include <stdio.h>
2 #include <stdlib.h>
3 #include <time.h>
4 int main()
5 {
6     int i;
7     srand((unsigned)time(NULL));  // 初始化随机数发生器
8     // 输出 0~100 之间的 10 个随机数
9     for (i = 0; i < 10; i++)
10     {
11         printf("%d ", rand() % 101);
12     }
13     return 0;
14 }
```

运行结果如图 16.9 所示。

(3) printf() 输出函数

printf() 函数在第 3 章已经讲解过，而在本案例使用的 printf() 函数是这样的：

```
printf("|          %3d 元                |\n",red[i]); // 输出随机数
```

在格式 %d 中的 d 前面加了一个数字 3，这表示输出的长度为 3，不满足长度 3 的数字会用空格补齐。因为本案例的数字最多是 3 位数，为了样式的“|”不会串行，这里就规定了输出的长度，统一为 3。而 red[i] 就是一维数组引用的方式。

例如：

```
1 #include<stdio.h>
2 int main()
3 {
4     printf("%20s\n", "mingrikeji");
5     return 0;
6 }
```

运行结果如图 16.10 所示。

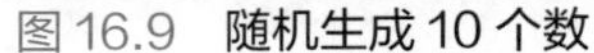
图 16.9 随机生成 10 个数

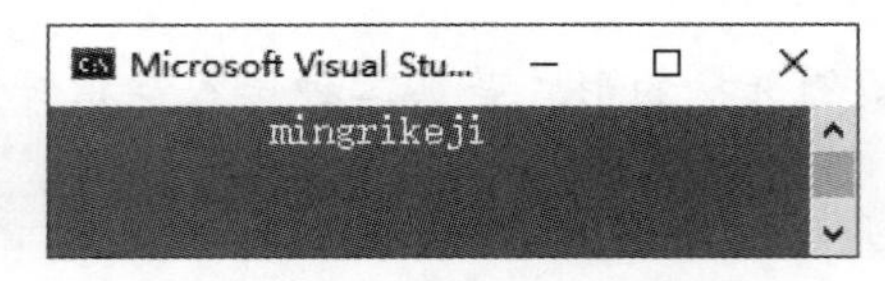

图 16.10 输出长度为 20 的字符串

运行结果长度为 20，会在 mingrikeji 前面补 10 个空格。

再如：

```
1 #include<stdio.h>
2 int main()
3 {
```

```
4     printf("%2s\n", "mingrikeji");
5     return 0;
6 }
```

运行结果如图 16.11 所示。

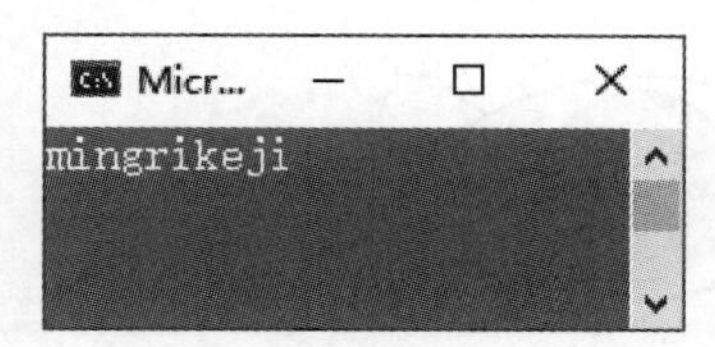

图 16.11　输出长度为 2 的结果

按照代码的形式，应该输出长度为 2 的字符串，但是结果输出了全部的字符串。

从这两个例子可以总结：当代码格式要求的长度大于字符串或数字长度时，会用空格来补充长度；当代码格式要求的长度小于字符串或数字长度时，会将整个字符串或者数字全部输出。

小结

通过本章案例的学习，又增加了对 C 语言的了解。不仅学习随机产生红包金额数，并且巩固一维数组以及 printf() 附加格式的使用，也能熟悉对键盘的使用。编程中，随机函数也会经常被使用，因此，希望读者能掌握随机函数的知识，为以后编程奠定基础。

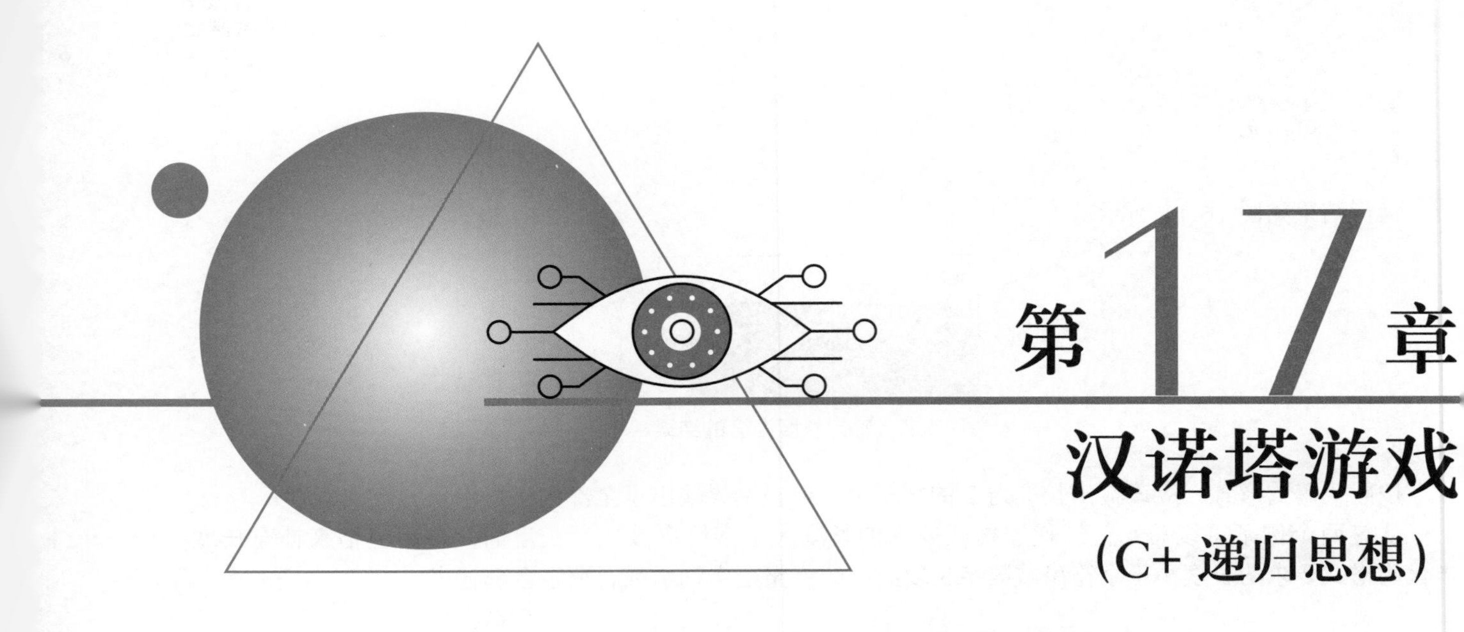

第17章 汉诺塔游戏（C+ 递归思想）

汉诺塔是一个益智玩具，有的父母为了培养孩子的思维方式，会给孩子买汉诺塔玩具。汉诺塔玩具的外观是这样的：有一块木板，木板上面有三根柱子，在一根柱子上从下往上按照大小顺序摞着几层圆盘。游戏规则是：需要将这根柱子上的圆盘移动到另一根柱子上，要求小圆盘上不能放大圆盘，并且在三根柱子之间一次只能移动一个圆盘，如图 17.1 所示。本案例就来模拟汉诺塔游戏。

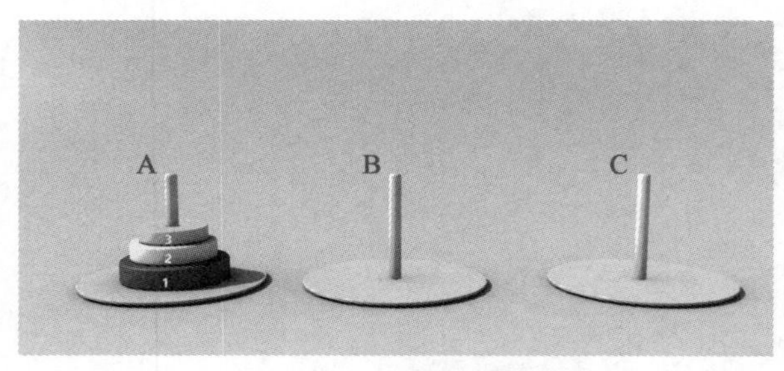

图 17.1　汉诺塔游戏

17.1　案例效果预览

本章案例的目标是实现汉诺塔移动过程，如图 17.2 是移动 3 层汉诺塔的过程，如图 17.3 所示是移动 4 层汉诺塔的过程。

17.2　案例准备

操作系统：Windows 7 或 Windows 10。

图 17.2　移动 3 层汉诺塔过程

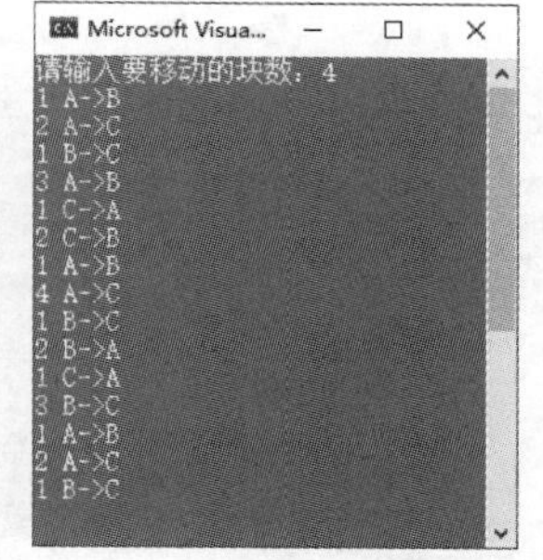

图 17.3　移动 4 层汉诺塔过程

语言：C 语言。

开发环境：Viusal Studio 2019。

17.3　业务流程图

在实现“汉诺塔游戏”之前，需要先了解实现该程序的业务流程。根据汉诺塔游戏的业务需求，设计如图 17.4 所示的业务流程图。

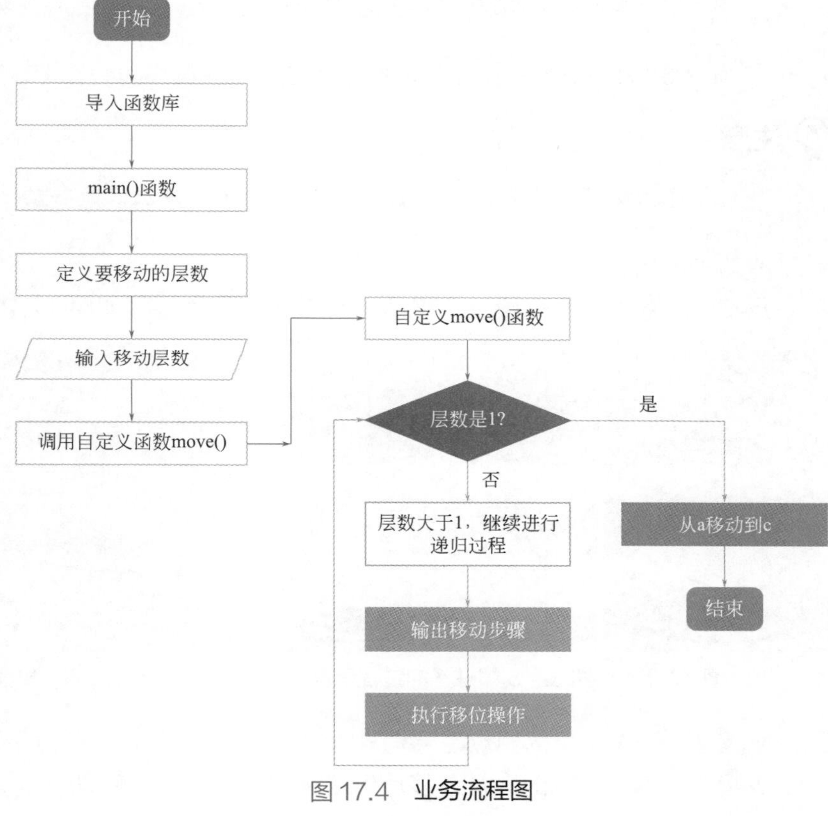

图 17.4　业务流程图

17.4　实现过程

17.4.1　分析移动汉诺塔过程

将汉诺塔层数设为 1、2、3 三种情况进行讨论，来介绍汉诺塔问题。将三根柱子分别标记为 A、B、C，圆盘从下到上依次为 1、2、3。

① 当只有一层圆盘时，直接将圆盘 1 从 A 柱上移动到 C 柱上，移动过程如图 17.5 所示。

② 当有 2 层圆盘时，也就是把 A 柱上 2 层圆盘移动到 C 柱上，步骤如下。

步骤 1：将 A 柱上的圆盘 2 移动到 B 柱上，移动过程示意图如图 17.6 所示。

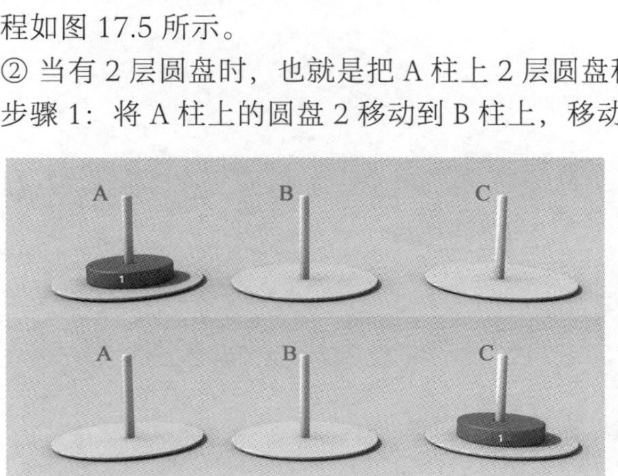

图 17.5　将圆盘 1 从 A 柱移动到 C 柱过程示意

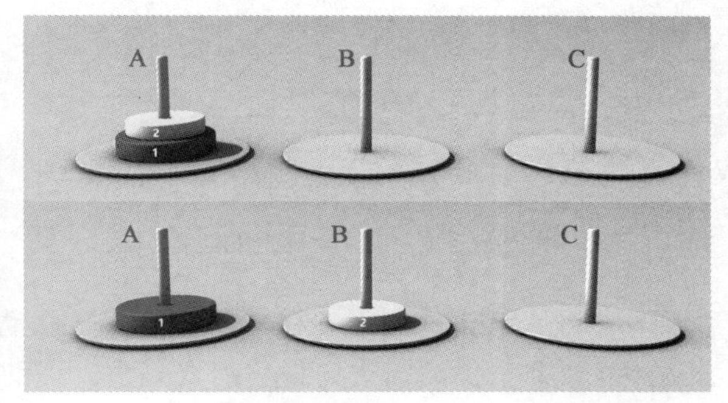

图 17.6　将圆盘 2 移动到 B 柱上的过程示意

步骤 2：将 A 柱上的圆盘 1 移动到 C 柱上，移动过程如图 17.7 所示。

步骤 3：将 B 柱上的圆盘 2 移动到 C 柱上，移动过程如图 17.8 所示。

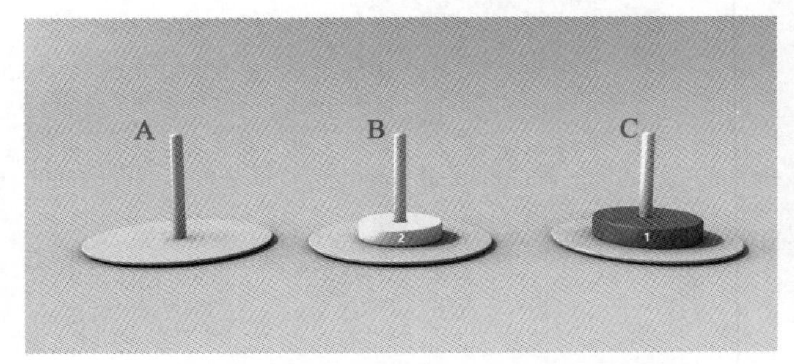

图 17.7　将圆盘 1 移动到 C 柱上的过程示意

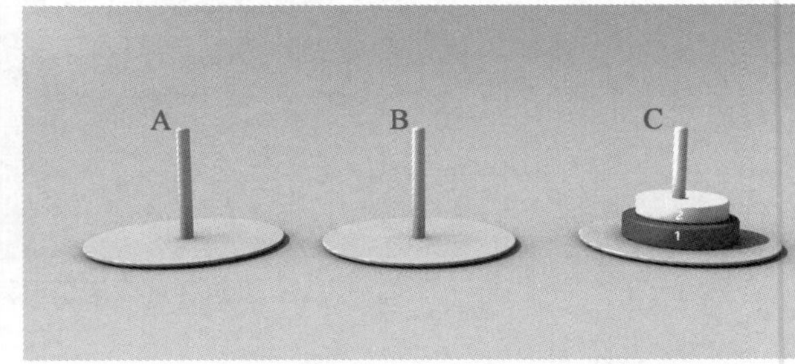

图 17.8　将圆盘 2 移动到 C 柱上的过程示意

③ 当有 3 层圆盘时，也就是将 A 柱上的三个圆盘移动到 C 柱上，移动过程如图 17.9 所示。

注意

根据要求将 A 柱上的圆盘移动到 C 柱上，每次只能移动一个圆盘，且小圆盘上不能放大圆盘。

移动步骤如下。

步骤 1：将 A 柱上的圆盘 3 移动到 C 柱上，移动过程如图 17.10 所示。

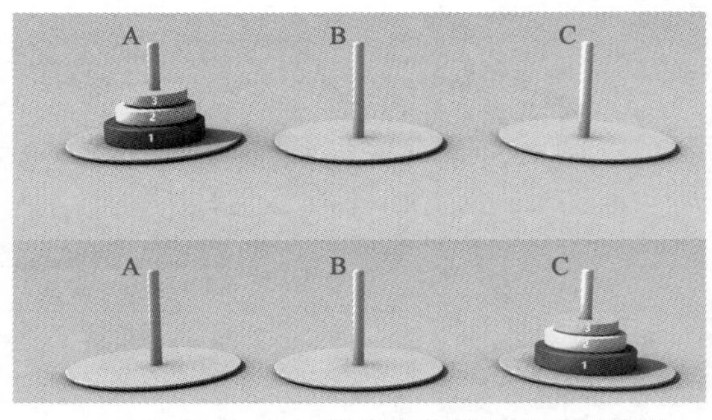

图 17.9　3 层圆盘 3 根柱子的过程示意

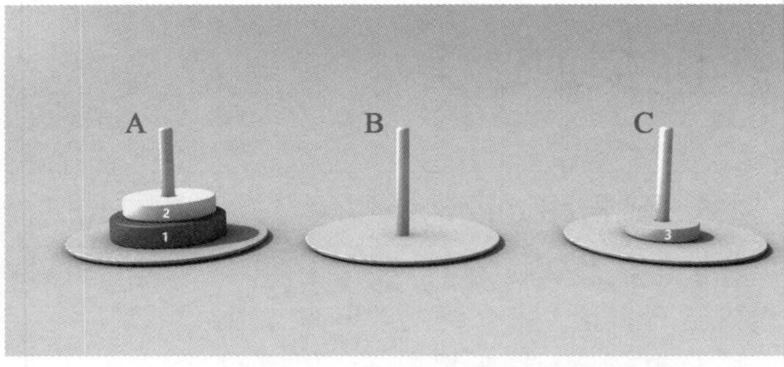

图 17.10　将圆盘 3 移动到 C 柱上的过程示意

步骤 2：将 A 柱上的圆盘 2 移动到 B 柱上，移动过程如图 17.11 所示。

步骤 3：将 C 柱上的圆盘 3 移动到 B 柱的圆盘 2 上，移动过程如图 17.12 所示。

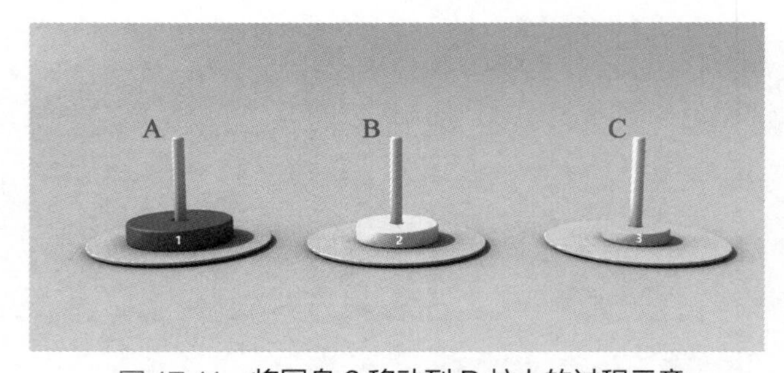

图 17.11　将圆盘 2 移动到 B 柱上的过程示意

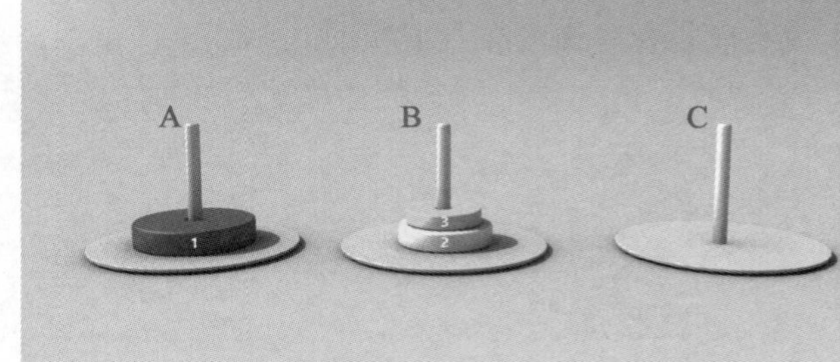

图 17.12　将圆盘 3 移动到圆盘 2 上的过程示意

步骤 4：将 A 柱上的圆盘 1 移动到 C 柱上，移动过程如图 17.13 所示。

步骤 5：将 B 柱上的圆盘 3 移动到 A 柱上，移动过程如图 17.14 所示。

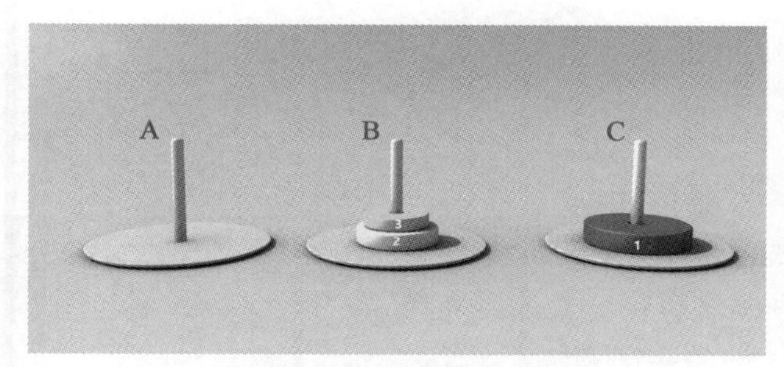

图 17.13　**将圆盘 1 移动到 C 柱上的过程示意**

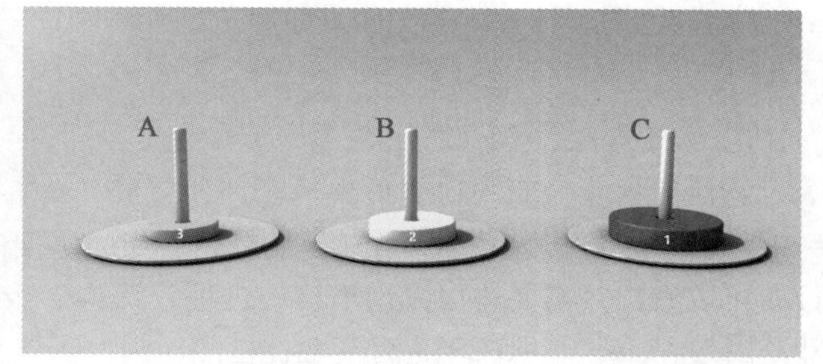

图 17.14　**将圆盘 3 移动到 A 柱上的过程示意**

步骤 6：将 B 柱上的圆盘 2 移动到 C 柱上，移动过程如图 17.15 所示。

步骤 7：将 A 柱上的圆盘 3 移动到 C 柱上，移动过程如图 17.16 所示。

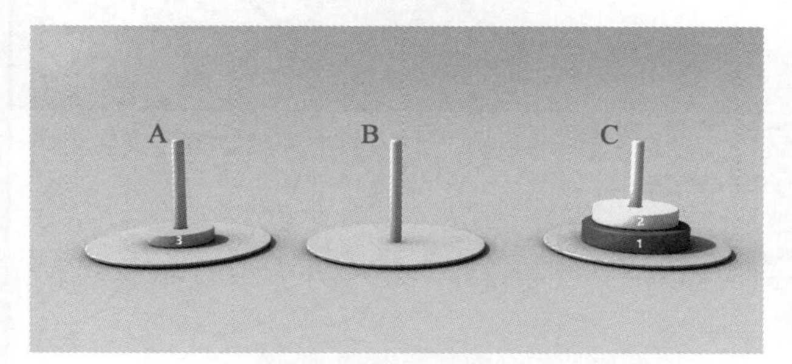

图 17.15　**将圆盘 2 移动到 C 柱上的过程示意**

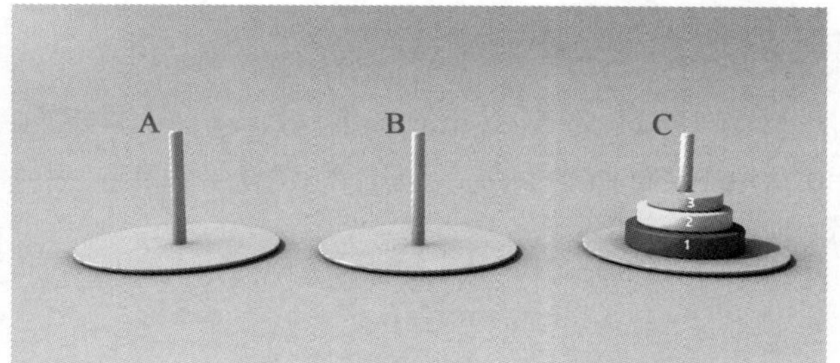

图 17.16　**将圆盘 3 移动到 C 柱上的过程示意**

这就是将 3 层圆盘按照规定移动到另一根柱上的整个过程。不论是 3 层还是 4 层还是 n 层，移动的算法都是一样的，首先是将 A 柱最上方的 n-1 个圆盘落在 B 柱，将 A 柱的最后的圆盘落在 C 柱，然后将 B 柱上的 n-1 个圆盘通过 A 柱落在 C 柱。

其实汉诺塔移动的过程就是在第 9 章介绍到的递归思想。

17.4.2　创建新项目

第 17.4.1 小节已经分析汉诺塔移动的过程是递归思想，接下来就是创建新项目编写代码。本案例使用的编程语言是 C 语言，采用的开发环境是 Visual Studio 2019。在 Visual Studio 2019 中创建新项目的具体步骤可以参考第 15 章的详细步骤，只不过在创建新项目名称时输入“Hanoi”，如图 17.17 所示。

在创建 C 文件的名称时输入“Hanoi.c”，如图 17.18 所示。

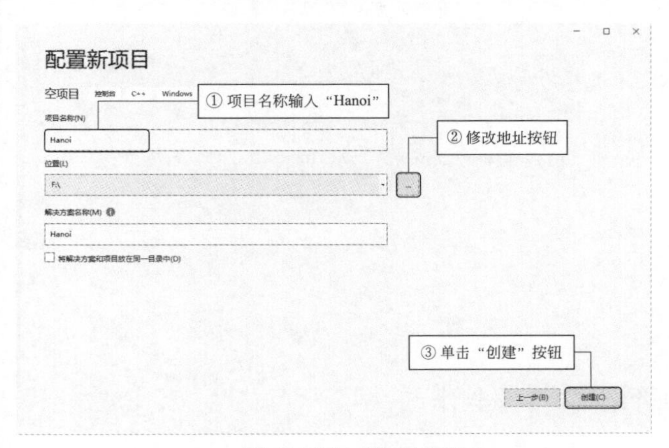

图 17.17　**创建新项目**

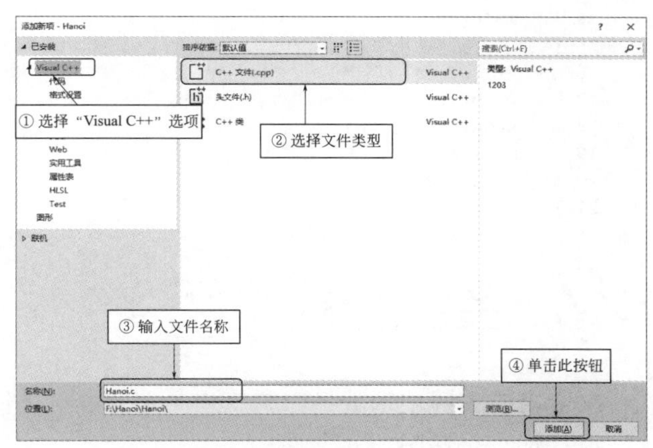

图 17.18　**添加项目界面**

这样就添加了一个 C 文件，如图 17.19 所示。

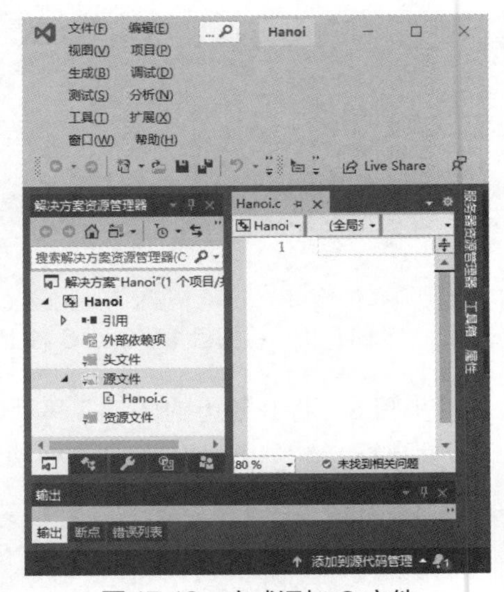

图 17.19　完成添加 C 文件

17.4.3　引用函数库

到目前为止，新项目文件夹已经创建完成，接下来就是在 Hanoi.c 中编写代码。编写代码的第一步就是要引用所需要的函数库，从图 17.4 可以看出，需要输出汉诺塔移动过程，就需要 stdio.h 函数库。此外，因为 Visual Studio 2019 有安全性检测，因此需要在 #include<stdio.h> 前面加入代码来解决安全性检测问题。具体代码如下。

```
1 #define _CRT_SECURE_NO_WARNINGS
2 #include<stdio.h> // 输出、输入函数库
```

17.4.4　定义移动过程函数

首先自定义一个 move() 函数，用来实现移动汉诺塔过程。move() 函数有四个参数，包括汉诺塔层数和三根柱子的命名，具体代码如下。

```
3 void move(int n, char a, char b, char c)
4 {
5     if (n == 1)
6         printf("%d %c->%c \n",n,a,c);        // 当 n 只有 1 个的时候直接从 A 柱移动到 C 柱
7     else
8     {
9         move(n - 1, a, c, b);                // 把 A 柱的 n-1 个盘子通过 C 柱移动到 B 柱
10        printf("%d %c->%c \n", n,a, c);      // 把 A 柱的最后一个盘（最大的盘）移动到 C 柱
11        move(n - 1, b, a, c);                // 把 B 柱上面的 n-1 个盘通过 A 柱移动到 C 柱
12    }
13 }
```

从代码的第 9、11 行看到，move() 函数调用了 move() 函数本身，这就是递归函数。

17.4.5　main() 函数

17.4.4 小节自定义了一个 move() 函数，接下来需要在 main() 函数中调用 move() 函数才能显示出来移动的过程，main() 函数的具体代码如下。

```
14 int main()
15 {
16     int n;                              // 定义变量用来保存汉诺塔层数
17     printf(" 请输入要移动的块数: ");      // 提示信息
18     scanf("%d", &n);                    // 输入层数
19     move(n, 'A', 'B', 'C');             // 调用递归函数并将三根柱子分别命名为 A、B、C
20     return 0;
21 }
```

17.5　关键技术

汉诺塔的关键技术就是递归思想，本节就来详细介绍这个关键技术点。

（1）什么是递归

递归是指一种通过将重复问题分解为同类的子问题进而解决问题的方法。简单地说，就是可以无限

调用自身，就像如图 17.20 所示的回旋图一样，无限地调用同一个蓝色长方形。

递归调用分为直接递归调用和间接递归调用两种。直接递归调用过程如图 17.21 所示。

间接递归调用是指在递归函数调用的下层函数中再调用自己，其递归关系如图 17.22 所示。

从图 17.21 和图 17.22 可以看出，这两种递归调用都是无终止地调用自身。但是程序不应该出现这样无终止的循环，所以应该加上结束条件。可见，递归需有条件。

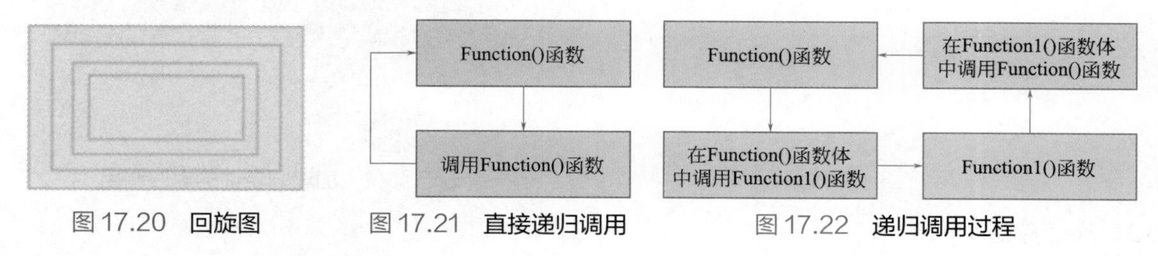

图 17.20 **回旋图**　　图 17.21 **直接递归调用**　　图 17.22 **递归调用过程**

说明

总结来看，递归有几个关键词，即无限、调用、自身。

（2）递归条件

上面已经介绍递归可以无终止地调用自身，但是这样无终止循环，就变成了一个死循环。例如，定义一个递归函数，代码如下。

```
1 #include<stdio.h>
2 int pr(int i)                          // 自定义函数
3 {
4     printf("%d\n", i);                 // 输出 i 参数值
5     return pr(i-1);                    // 递归调用 pr() 函数输出 i-1 的值
6 }
7 int main()
8 {
9     pr(5);                             // 调用函数
10     return 0;
11 }
```

运行这段程序，会发现程序会不停地运行，是一个死循环。这一递归函数实现的流程如图 17.23 所示。

从代码来看，在编写 pr() 函数时，并没有判断当 *i* 是什么情况时递归调用会结束，因此造成了死循环。在实际的编程中，为了避免此类事件发生，需要一个递归条件来结束递归调用。在上述代码中添加一个递归条件，代码如下。

```
1 #include<stdio.h>
2 int pr(int i)
3 {
4     printf("%d\n", i);
5     if (i <= 1)                        // 判断 i <= 1 时
6         return 0;                      // 结束递归
7     else
8         return pr(i-1);
9 }
10 int main()
11 {
12     pr(5);
13     return 0;
14 }
```

程序运行流程如图 17.24 所示。

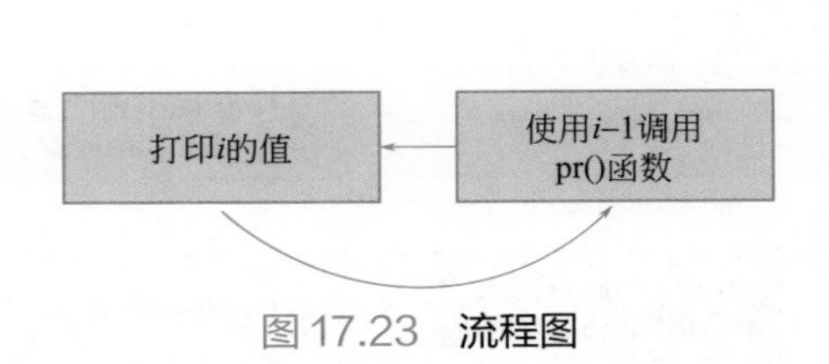

图 17.23　流程图

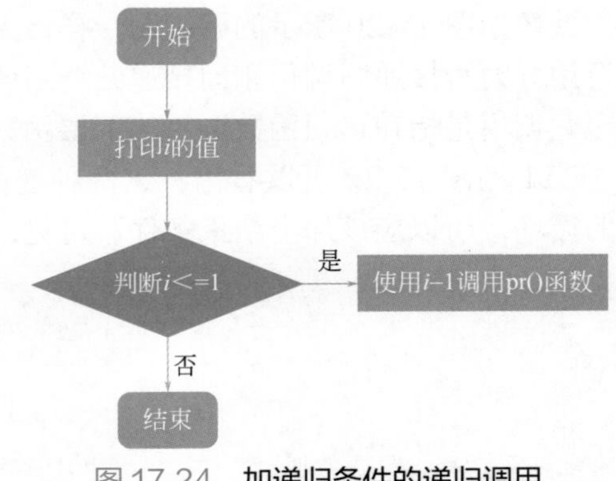

图 17.24　加递归条件的递归调用

（3）递归应用

例如，求 *n* 的阶乘，具体代码如下。

```
1 #define _CRT_SECURE_NO_WARNINGS
2 #include<stdio.h>
3 int factorial(int n)
4 {
5     if (n==1)                              // 判断 n = 1
6         return 1;                          // 返回 1 结束
7     else                                   // 递归条件，即 n != 1
8         return n * factorial(n - 1);       // 递归求阶乘
9 }
10 int main()
11 {
12     int n,result;
13     printf(" 请输入一个正整数 :\n");
14     scanf("%d",&n);
15     result = factorial(n);
16     printf("%d 的阶乘是 %d", n, result);      // 输出结果
17     return 0;
18 }
```

运行结果如图 17.25 所示。

此程序的递归计算过程如图 17.26 所示。

图 17.25　阶乘结果

上述递归在计算机中的存储如图 17.27 所示。将递归计算从 factorial(1) 开始压入，然后依次压入。

想要从图 17.27 中一个一个将数据弹出，如图 17.28 所示，就会先弹出最上面的 5* factorial(4)，然后依次弹出。

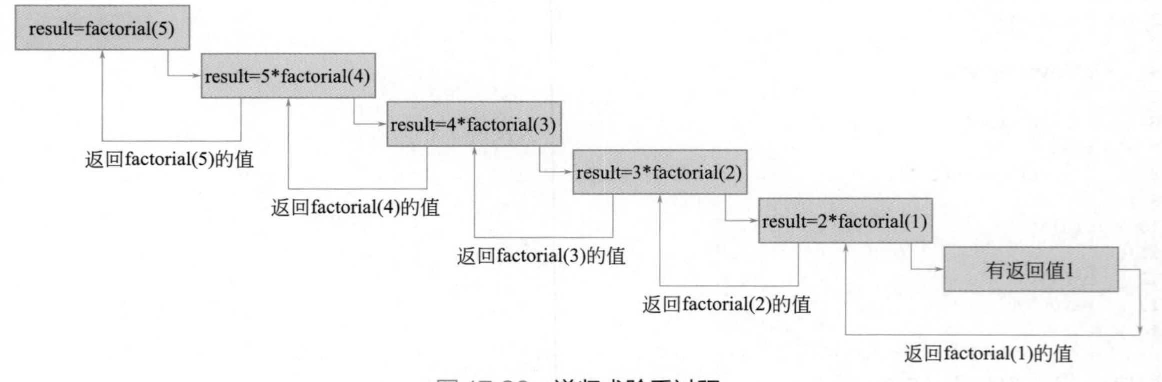

图 17.26　递归求阶乘过程

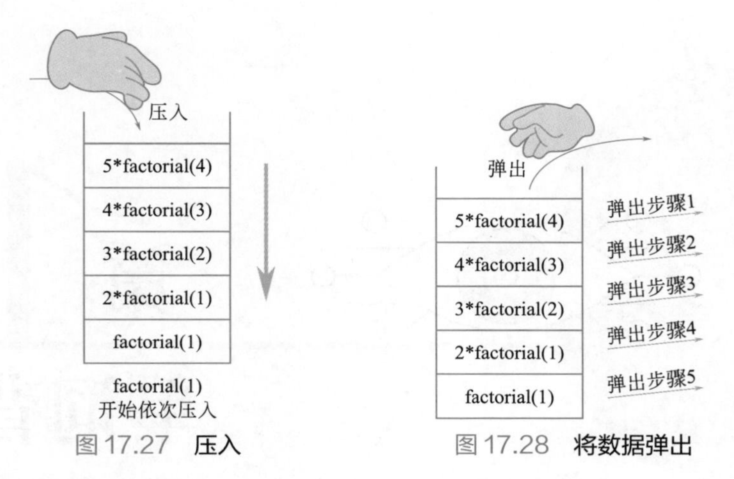

图17.27　压入　　图17.28　将数据弹出

递归函数在计算机中的存储方式就是使用栈存储。将递归函数放入栈中，它会自动包含所有未完成的函数调用。使用栈结构，就不需要追踪每步的递归调用。

小结

通过本章案例的学习，又加深了对递归调用的理解。递归思想在编程中是一种常用的思维，因此希望大家掌握递归。汉诺塔游戏也是递归调用的经典题型之一，也希望大家熟悉本案例的汉诺塔游戏的过程以及用 C 语言实现的代码。

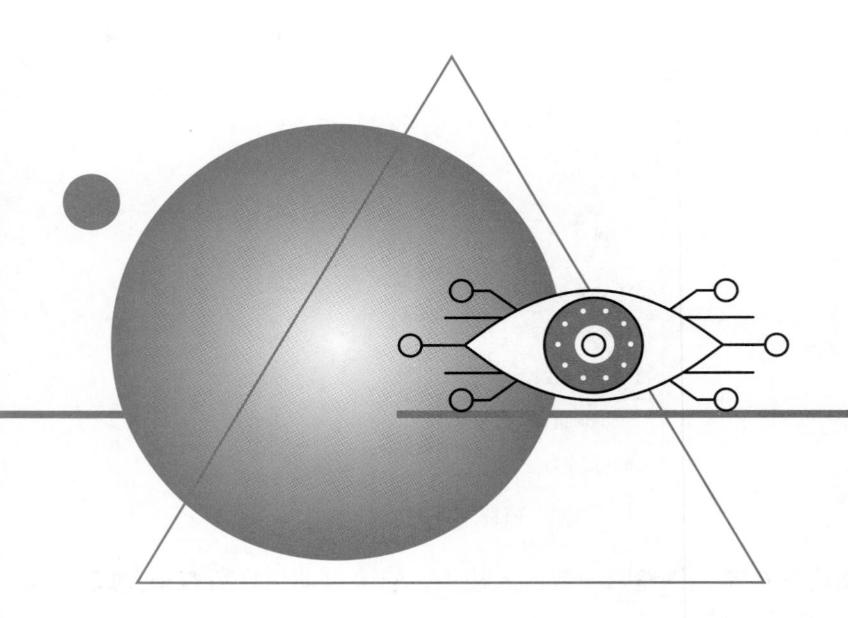

第18章 单词背记游戏（文件操作+数组）

无论要学习哪门外语，背单词是必经之路，背单词需要勤加练习，本章案例的功能就是加强对英语单词的练习。把将要练习的单词存储在一个文件中，随机在文件中读取单词的英文或者中文，然后给出四个选项，让游戏者选择正确的含义，如果选择正确，积分就会加10分，选择错误，积分就会减掉10分，最后显示出综合比赛成绩得分情况，增加游戏的趣味性。

18.1 案例效果预览

本章案例的目标是实现单词背记游戏，如图18.1所示是单词背记游戏的效果图。

```
Microsoft Visual Studio 调试控制台
请输入单词存储文件名:
H:\word.txt
哪一个是蜡烛?
(0) author  (1) candle  (2) date  (3) advertising  : 1
您的回答正确, 恭喜加10分
再来一次? 0-否/1-是: 1
哪一个是奖品?
(0) afraid  (1) candle  (2) add  (3) award  : 3
您的回答正确, 恭喜加10分
再来一次? 0-否/1-是: 1
哪一个是广告?
(0) advertising  (1) dark  (2) call  (3) file  : 1
对不起, 您的回答错误, 减掉10分
(0) advertising  (1) dark  (2) call  (3) file  : 0
您的回答正确, 恭喜加10分
再来一次? 0-否/1-是: 0
综合比赛成绩, 您的得分是20分
```

图18.1 单词背记游戏预览

18.2 案例准备

操作系统：Windows 7 或 Windows 10。

语言：C 语言。

开发环境：Viusal Studio 2019。

18.3 业务流程图

在制作“单词背记游戏”之前，需要先了解实现该程序的业务流程。根据单词背记游戏的业务需求，设计如图 18.2 所示的业务流程图。

18.4 实现过程

18.4.1 存储练习的单词

在编写程序之前，首先在磁盘中创建一个存储单词的文件（如 word.txt），包括英语单词以及对应的汉语，如图 18.3 所示。

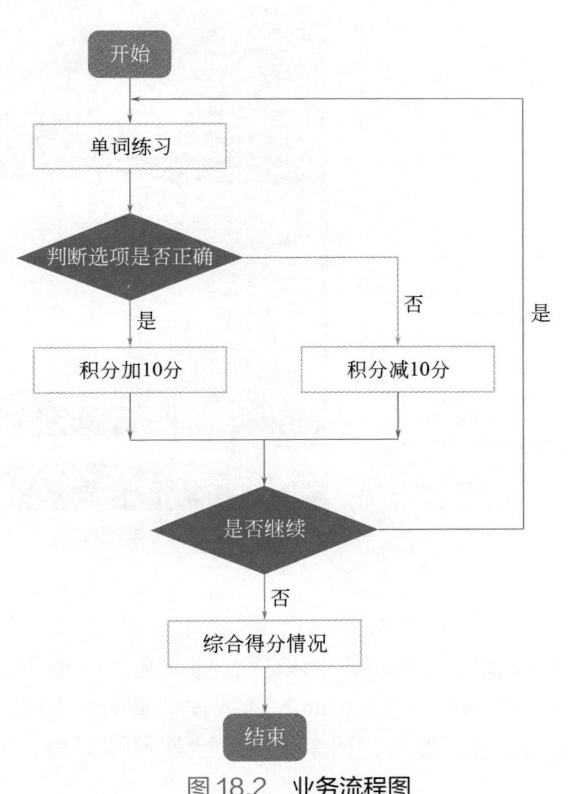

图 18.2 **业务流程图**

图 18.3 **存储单词的文件**

18.4.2 创建新项目

本案例使用的编程语言是 C 语言，采用的开发环境是 Visual Studio 2019。在 Visual Studio 2019 中创建新项目的具体步骤可以参考第 15 章的详细步骤，只不过在创建新项目名称时输入“word”，如图 18.4 所示。

在创建 C 文件的名称时输入“word.c”，如图 18.5 所示。

这样就添加了一个 C 文件，如图 18.6 所示。

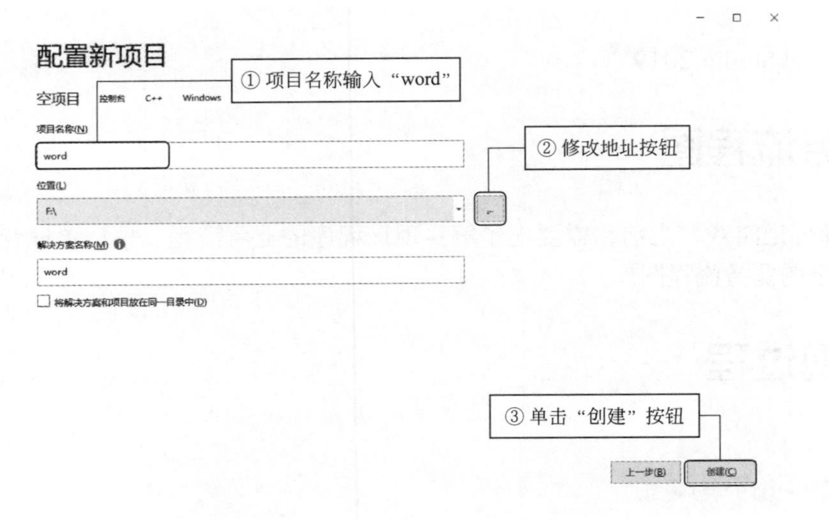

图 18.4　创建新项目

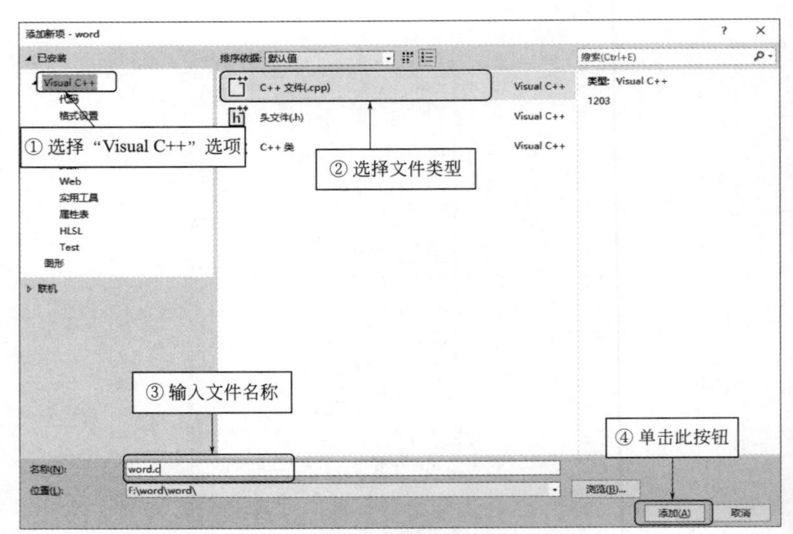

图 18.5　添加项目界面

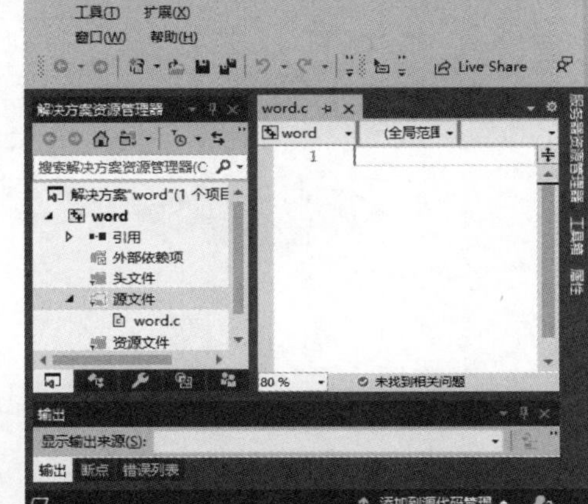

图 18.6　完成添加 C 文件

18.4.3　导入函数库

从分析过程来看，需要输出单词和选项，就需要导入 stdio.h 函数库；需要随机读取单词，就需要导入 time.h、stdlib.h 函数库；需要获取单词长度，就需要导入 string.h 函数库。此外，因为 Visual Studio 2019 有安全性检测，因此需要在 #include<stdio.h> 前面加入代码来解决安全性检测问题。因此，具体代码如下。

```
1 #define _CRT_SECURE_NO_WARNINGS
2 #include <stdio.h>
3 #include <time.h>
4 #include <stdlib.h>
5 #include <string.h>
```

18.4.4　定义宏

定义一个宏表示 4 个选项，定义另外一个宏用来显示选项，具体代码如下。

```
6 #define CNO 4                   // 选项数量
7 #define swap(type, x, y)   do { type t = x; x = y; y = t; } while (0)
```

18.4.5 定义全局变量

把程序中经常会用到的变量放在程序的最前面，即为全局变量。本章定义全局变量的具体代码如下。

```
8 int score = 0;                  // 积分
9 int    QNO;                     // 单词数量
10 char** cptr;                   // 指向中文单词的指针数组
11 char** eptr;                   // 指向英语单词的指针数组
```

18.4.6 显示选项

自定义一个 print() 函数用来显示选项内容，实现的具体代码如下。

```
12 void print(const int c[], int sw)
13 {
14     int i;
15     for (i = 0; i < CNO; i++)
16         printf("(%d) %s  ", i, sw ? cptr[c[i]] : eptr[c[i]]);
17     printf(" : ");
18 }
```

18.4.7 生成选项并返回正确下标

自定义 make() 函数来随机生成选项，并返回正确答案下标，具体代码如下。

```
19 int make(int c[], int n)
20 {
21     int i, j, x;
22     c[0] = n;                                  // 在开头元素中存入正确答案
23     for (i = 1; i < CNO; i++) {
24         do {                                   // 生成不重复的随机数
25             x = rand() % QNO;
26             for (j = 0; j < i; j++)
27                 if (c[j] == x)                 // 已经生成了相同的随机数
28                     break;
29         } while (i != j);
30         c[i] = x;
31     }
32     j = rand() % CNO;
33     if (j != 0)
34         swap(int, c[0], c[j]);                 // 显示选项
35     return j;
36 }
```

18.4.8 读取单词

自定义 read() 函数读取 18.4.1 小节中创建的单词文件，实现的具体代码如下。

```
37 int read()
38 {
39     int i;
40     FILE* fp;
41     char filename[30];
42     printf(" 请输入单词存储文件名 :\n");
43     scanf("%s", filename);
```

```
44     if ((fp = fopen(filename, "r")) == NULL)
45         return 1;
46     fscanf(fp, "%d", &QNO);              // 读取单词数量
47     if ((cptr = calloc(QNO, sizeof(char*))) == NULL) return 1;
48     if ((eptr = calloc(QNO, sizeof(char*))) == NULL) return 1;
49     for (i = 0; i < QNO; i++) {
50         char etemp[1024];
51         char ctemp[1024];
52         fscanf(fp, "%s%s", etemp, ctemp);
53         if ((eptr[i] = malloc(strlen(etemp) + 1)) == NULL) return 1;
54         if ((cptr[i] = malloc(strlen(ctemp) + 1)) == NULL) return 1;
55         strcpy(eptr[i], etemp);
56         strcpy(cptr[i], ctemp);
57     }
58     fclose(fp);
59     return 0;
60 }
```

18.4.9 判断选择情况以及得分情况

自定义 run() 函数，用来判断选择的选项是否正确，如果正确，积分加 10 分；如果错误，积分减 10 分。退出程序后，显示最终得分情况。具体代码如下。

```
61 int run()
62 {
63     int i;
64     int nq, pq;                              // 题目编号和上一次的题目编号
65     int na;                                  // 正确答案的编号
66     int sw;                                  // 题目语言（0: 中文 /1: 英语）
67     int retry;                   // 重新挑战吗?
68     int cand[CNO];               // 选项的编号
69
70     if (read() == 1) {
71         printf("\a 单词文件读取失败。\n");
72         return 1;
73     }
74     srand(time(NULL));           // 设定随机数的种子
75     pq = QNO;                    // 上一次的题目编号（不存在的编号）
76     do {
77         int no;
78
79         do {                     // 决定用于出题的单词的编号
80             nq = rand() % QNO;
81         } while (nq == pq);      // 不连续出同一个单词
82
83         na = make(cand, nq);     // 生成选项
84         sw = rand() % 2;
85
86         printf(" 哪一个是 %s？ \n", sw ? eptr[nq] : cptr[nq]);
87
88         do {
89             print(cand, sw);     // 显示选项
90             scanf("%d", &no);
91             if (no != na)
92             {
93
94                 puts(" 对不起，您的回答错误，减掉 10 分 ");
95                 score -= 10;
96             }
97         } while (no != na);
98
99         puts(" 您的回答正确，恭喜加 10 分 ");
100         score += 10;
```

```
101         pq = nq;
102         printf(" 再来一次？ 0- 否 /1- 是：");
103         scanf("%d", &retry);
104     } while (retry == 1);
105     printf(" 综合比赛成绩，您的得分是 %d 分 ", score);
106     for (i = 0; i < QNO; i++) {
107         free(eptr[i]);
108         free(cptr[i]);
109     }
110     free(cptr);
111     free(eptr);
112     exit(0);
113     return 0;
114 }
```

18.4.10 main() 函数

从第 18.4.3 ～ 18.4.9 小节，已经将功能函数编写完成，接下来需要在 main() 函数中调用函数，用来实现单词背记游戏。具体代码如下。

```
115 int main()
116 {
117     run();
118     return 0;
119 }
```

至此，单词背记游戏已经完成。

18.5 关键技术

单词背记游戏的关键技术就是读取 TXT 文件，关于操作文件的内容在第 13 章已经详细介绍，本节就来回顾这个关键技术点。

（1）打开文件

fopen() 函数用来打开一个文件，打开文件的操作就是创建一个流。fopen() 函数的原型在 stdio.h 中，其调用的一般形式为

```
FILE *fp;
fp=fopen( 文件名 , 使用文件方式 );
```

（2）关闭文件

文件在使用完毕后，应使用 fclose() 函数将其关闭。fclose() 函数和 fopen() 函数一样，原型也在 stdio.h 中，调用的一般形式为

```
fclose( 文件指针 );
```

例如：

```
fclose(fp);
```

fclose() 函数也带回一个值，当正常完成关闭文件操作时，fclose() 函数的返回值为 0，否则返回 EOF。

（3）fscanf 函数

fscanf() 函数的一般形式为

```
fscanf( 文件类型指针 , 格式字符串 , 输入列表 );
```

例如:

```
fscanf(fp,"%d",&i);
```

它的作用是读入 fp 所指向的文件中的 *i* 的值。

例如，将文件中的 5 个字符以整数形式输出，代码如下。

```
1 #define _CRT_SECURE_NO_WARNINGS
2 #include<stdio.h>
3 int main()
4 {
5     FILE* fp;                                  // 定义一个指向 FILE 类型结构体的指针变量
6     char i, j;
7     char filename[30];                         // 定义一个字符型数组
8     printf(" 请输入文件名 :\n");
9     scanf("%s", filename);                     // 输入文件名
10    if ((fp = fopen(filename, "r")) == NULL)   // 判断文件是否打开失败
11    {
12        printf(" 不能打开文件 \n 请按任意键结束 \n");
13        getchar();
14        return 0;
15    }
16    for (i = 0; i < 5; i++)
17    {
18        fscanf(fp, "%c", &j);                  // 读入 fp 内容
19        printf("%d is:%5d\n", i + 1, j);
20    }
21    fclose(fp);                                // 关闭文件
22    return 0;
23 }
```

说明

运行程序之前，需要在 H 盘创建名为 example.txt 的文件，内容如图 18.7 所示。

运行结果如图 18.8 所示。

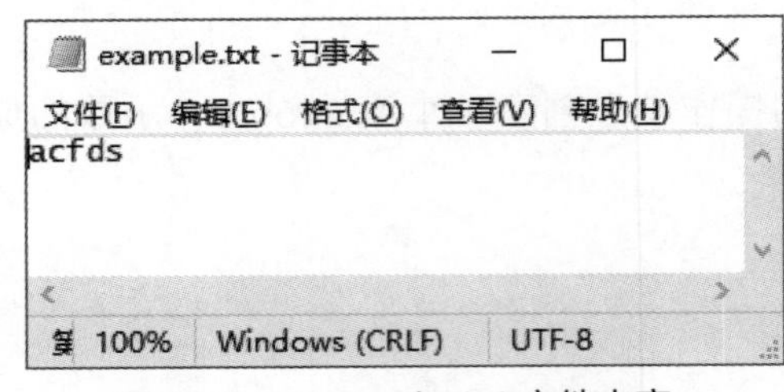

图 18.7 example.txt 文件内容

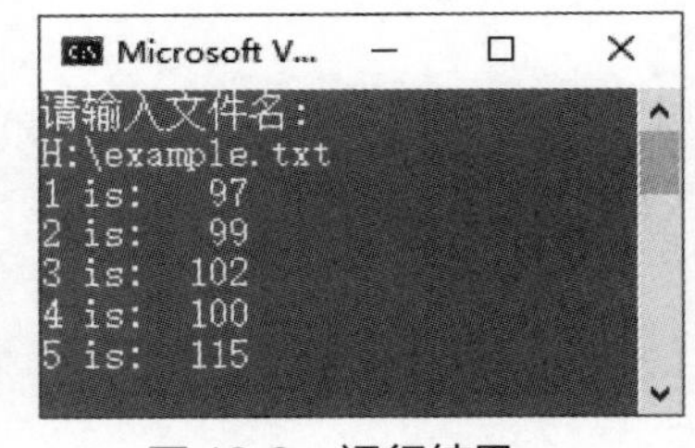

图 18.8 运行结果

小结

通过本章案例的学习，巩固了第 16 章介绍的随机函数的使用，也巩固了第 13 章文件操作的练习。本案例使用的基础部分知识点很多，如宏定义、strcpy() 函数、strlen() 函数、指针的指针、自定义函数、全局变量等知识点。通过本案例的学习，了解基础知识的重要性，希望读者能够掌握并熟练使用前面的基础知识点。

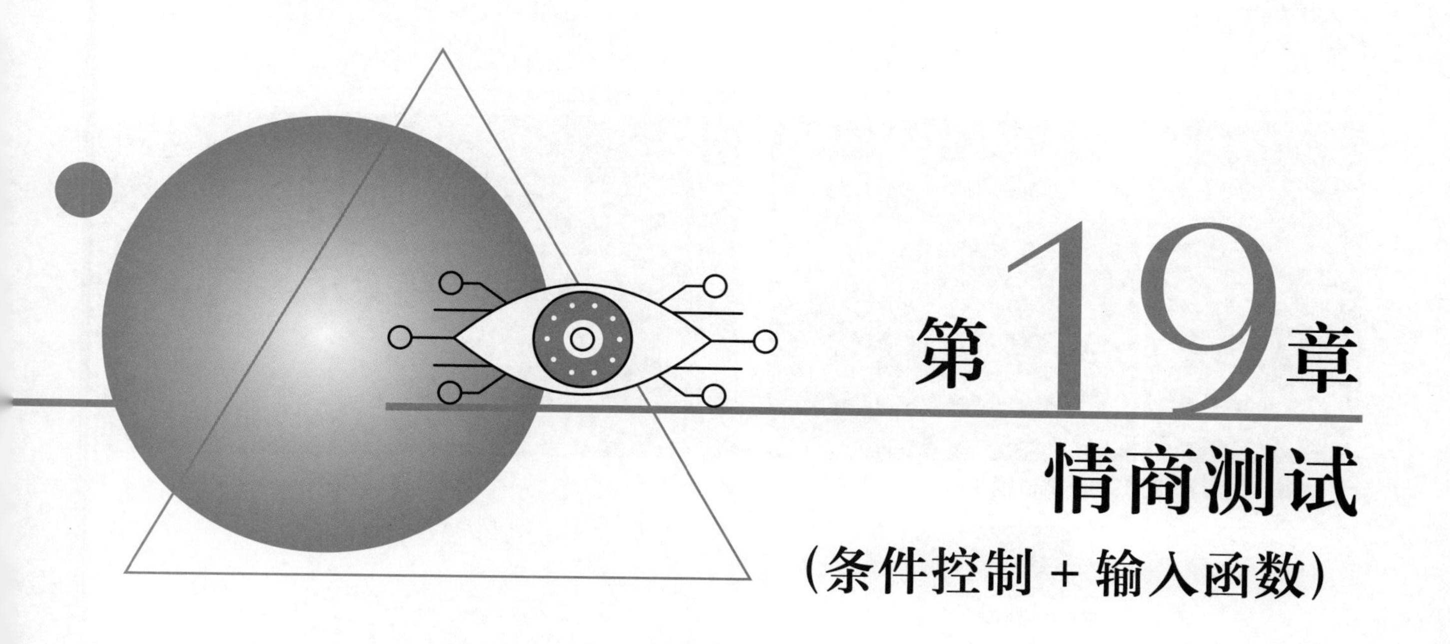

第19章 情商测试（条件控制＋输入函数）

情商的全称是“情绪商数”，简称 EQ，主要是指人在情绪、意志、耐受挫折等方面的品质。情商是近年来心理学家们提出的与智商（简称 IQ）相对应的概念。简单地说，提高情商是把不能控制情绪的部分变为可以控制情绪，从而增强理解他人及与他人相处的能力。良好的情商是获得职场成功的基本素质。大多数人可能并不了解自己的情商情况，因此情商测试题就应运而生。

本案例就来设计一款情商测试程序，包含 10 道选择题，根据选项最终得出分数，并且会分析情商状况。

19.1　案例效果预览

本章案例最终实现的功能是情商测试，如图 19.1、图 19.2 所示是情商测试的效果图。

19.2　案例准备

操作系统：Windows 7 或 Windows 10。
语言：C 语言。
开发环境：Viusal Studio 2019。

19.3　业务流程图

在实现“情商测试”之前，需要先了解实现该程序的业务流程。根据情商测试的业务需求，设计如图 19.3 所示的业务流程图。

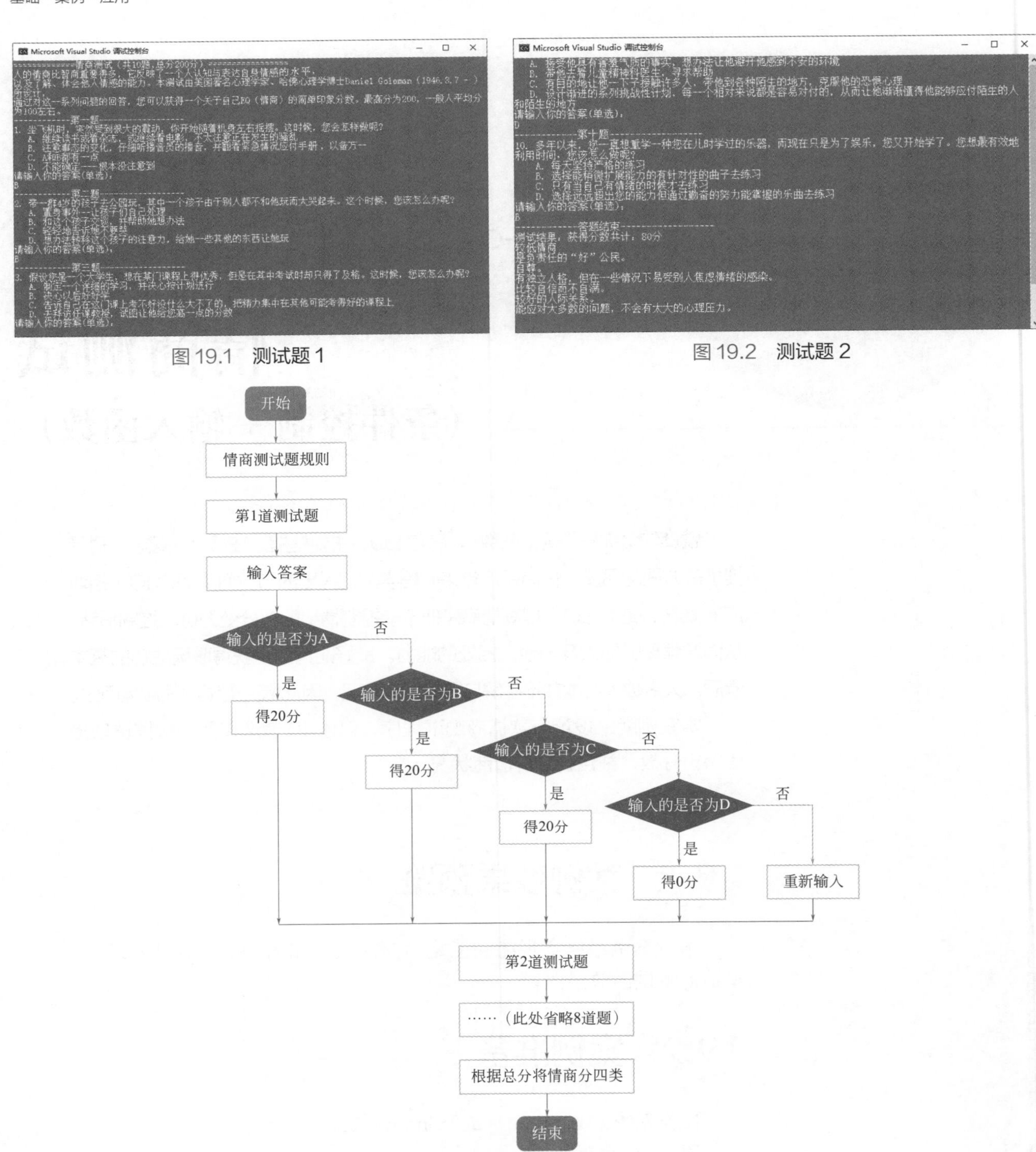

图 19.1　测试题 1

图 19.2　测试题 2

图 19.3　业务流程图

19.4　实现过程

19.4.1　创建新项目

本案例使用的编程语言是 C 语言，采用的开发环境是 Visual Studio 2019。在 Visual Studio 2019 中创建新项目的具体步骤可以参考第 15 章的详细步骤，只不过在创建新项目名称时输入“EQ”，如图 19.4 所示。

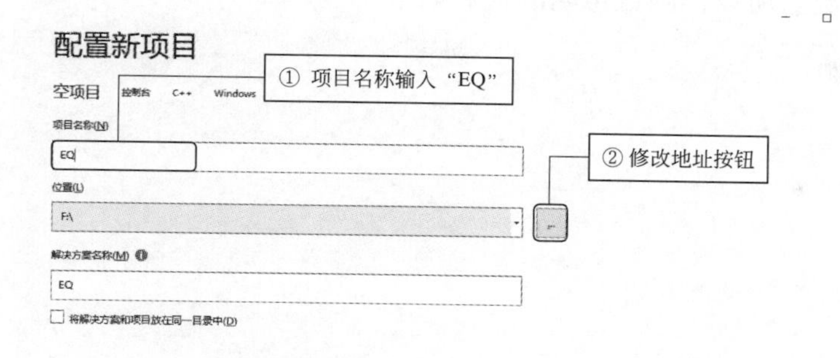

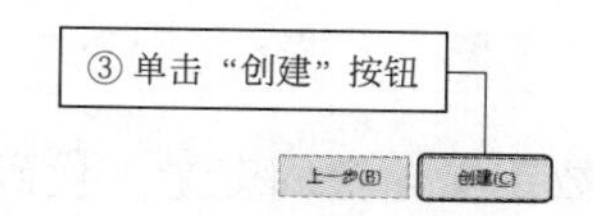

图 19.4　**创建新项目**

在创建 C 文件的名称时输入“EQ.c”，如图 19.5 所示。

这样就添加了一个 C 文件，如图 19.6 所示。

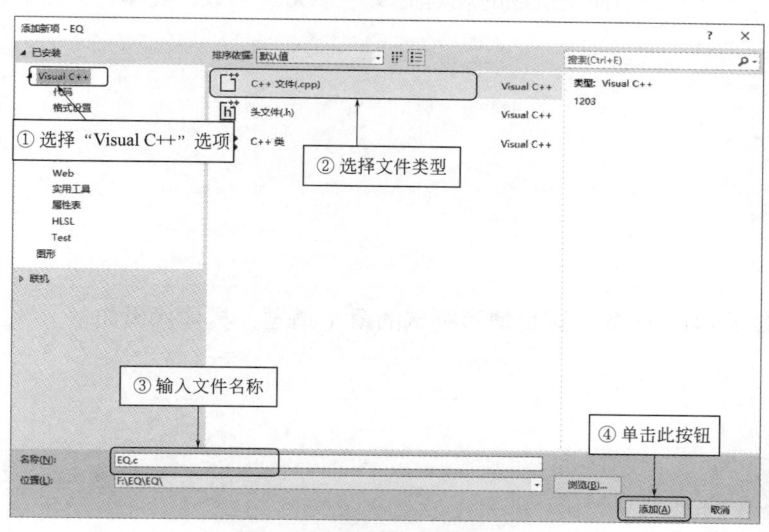

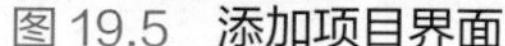

图 19.5　**添加项目界面**

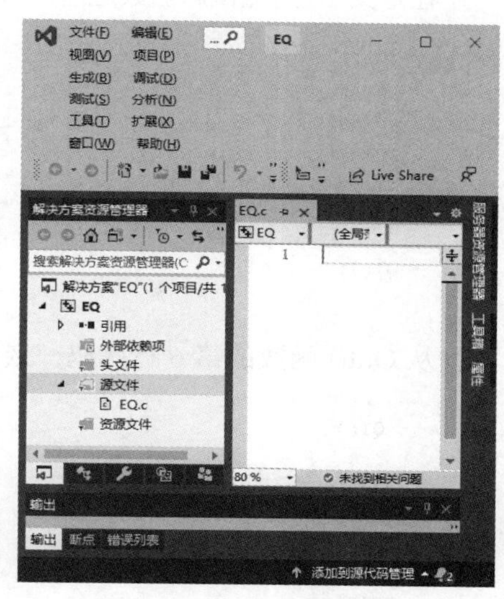

图 19.6　**完成添加 C 文件**

19.4.2　导入函数库

从分析过程来看，需要输出情商测试题，需要输入选项，那么就需要引用输入、输出函数库 stdio.h。此外，因为 Visual Studio 2019 有安全性检测，因此需要在 #include<stdio.h> 前面加入代码来解决安全性检测问题。因此，具体代码如下。

```
1 #define _CRT_SECURE_NO_WARNINGS
2 #include <stdio.h>
```

19.4.3　函数声明及全局变量

本案例中，需要已含 10 道情商测试题，因此需要自定义 10 个测试题函数；需要将分数加和并且根据分数对情商进行分析，这需要自定义 gameOver() 函数；需要定义介绍情商测试题规则的 Out() 函数；需要输入选项不存在的情况。所以，函数声明的代码如下。

```
3 void Q1();//10 道选择题
4 void Q2();
5 void Q3();
6 void Q4();
7 void Q5();
8 void Q6();
9 void Q7();
10 void Q8();
11 void Q9();
12 void Q10();
13 void gameOver(); // 将获得分数加和并分析情商状况
14 void Out(); // 情商规则
15 void again(int i, int As, int Bs, int Cs, int Ds); // 输入错误选项
```

将每道题获得的分数定义为全局变量，代码如下。

```
16 static  int q1, q2, q3, q4, q5, q6, q7, q8, q9, q10;
```

19.4.4 定义 10 道测试题

① 在定义 10 道测试题函数之前，首先定义介绍情商测试题的规则函数——Out() 函数，具体代码如下。

```
1 void Out() {
2     printf("============= 情商测试（共 10 题，总分 200 分）==================\n");
3     printf(" 人的情商比智商重要得多，它反映了一个人认知与表达自身情感的水平，\n");
4     printf(" 以及了解、体会他人情感的能力。本测试由美国著名心理学家、哈佛心理学博士 Daniel Goleman
          （1946.3.7 - ）所设计，\n");
5     printf(" 通过对这一系列问题的回答，您可以获得一个关于自己 EQ（情商）的简单印象分数。最高分为 200，
          一般人平均分为 100 左右。\n");
6     Q1();
7 }
```

② 从 Out() 函数的第 6 行代码，嵌套了 Q1() 函数，这是情商测试的第 1 道题，具体代码如下。

```
1 void Q1()
2 {
3     char sq;
4     printf("------------ 第一题 ------------------\n");
5     printf("1. 坐飞机时，突然受到很大的震动，你开始随着机身左右摇摆。这时候，您会怎样做呢 ?\n");
6     printf("    A. 继续读书或看杂志，或继续看电影，不太注意正在发生的骚乱 \n");
7     printf("    B. 注意事态的变化，仔细听播音员的播音，并翻看紧急情况应付手册，以备万一 \n");
8     printf("    C. A 和 B 都有一点 \n");
9     printf("    D. 不能确定——根本没注意到 \n");
10    printf(" 请输入你的答案 ( 单选 ) : \n");
11    scanf("%c", &sq);
12    if (sq == 'A') {
13        q1 = 20;
14    }
15    else if (sq == 'B') {
16        q1 = 20;
17    }
18    else if (sq == 'C') {
19        q1 = 20;
20    }
21    else if (sq == 'D') {
22        q1 = 0;
23    }
```

```
24     else {
25         again(1, 20, 20, 20, 0);
26         return 0;
27     }
28     Q2();
29 }
```

③ 从 Q1() 函数的第 28 行代码，嵌套了 Q2() 函数，这是情商测试的第 2 道题，具体代码如下。

```
1 //2. B 是最好的选择
2 // 情商高的父母善于利用孩子情绪状态不好的时机对孩子进行情绪教育，帮助孩子明白是什么使他们感到不安，他们正在感受的情绪状
     态是怎样的，以及他们能进行的选择
3 //A=0, B=20, C=0, D=0
4 void Q2()
5 {
6     char sq;
7     printf("------------ 第二题 ------------------\n");
8     printf("2. 带一群 4 岁的孩子去公园玩，其中一个孩子由于别人都不和他玩而大哭起来。这个时候，您该怎么办呢 ?\n");
9     printf("    A. 置身事外——让孩子们自己处理 \n");
10    printf("    B. 和这个孩子交谈，并帮助她想办法 \n");
11    printf("    C. 轻轻地告诉她不要哭 \n");
12    printf("    D. 想办法转移这个孩子的注意力，给她一些其他的东西让她玩 \n");
13    printf(" 请输入你的答案 ( 单选 ) : \n");
14    scanf("%c", &sq);
15    if (sq == 'A') {
16        q2 = 0;
17    }
18    else if (sq == 'B') {
19        q2 = 20;
20    }
21    else if (sq == 'C') {
22        q2 = 0;
23    }
24    else if (sq == 'D') {
25        q2 = 0;
26    }
27    else {
28        again(2, 0, 20, 0, 0);
29        return 0;
30    }
31    Q3();
32 }
```

④ 从 Q2() 函数的第 31 行代码，嵌套了 Q3() 函数，这是情商测试的第 3 道题，具体代码如下。

```
1 //3. A 自我激励的一个标志是能制订一个克服障碍和挫折的计划，并严格执行它
2 //A=20, B=0, C=20, D=0
3 void Q3() {
4     char sq;
5     printf("------------ 第三题 ------------------\n");
6     printf("3. 假设您是一个大学生，想在某门课程上得优秀，但是在期中考试时却只得了及格。这时候，您该怎么办呢 ?\n");
7     printf("    A. 制订一个详细的学习计划，并决心按计划进行 \n");
8     printf("    B. 决心以后好好学 \n");
9     printf("    C. 告诉自己在这门课上考不好没什么大不了的，把精力集中在其他可能考得好的课程上 \n");
10    printf("    D. 去拜访任课教授，试图让他给您高一点的分数 \n");
11    printf(" 请输入你的答案 ( 单选 ) : \n");
12    scanf("%c", &sq);
13    if (sq == 'A') {
14        q3 = 20;
15    }
16    else if (sq == 'B') {
17        q3 = 0;
18    }
```

```
19     else if (sq == 'C') {
20         q3 = 20;
21     }
22     else if (sq == 'D') {
23         q3 = 0;
24     }
25     else {
26         again(3, 20, 0, 20, 0);
27         return 0;
28     }
29     Q4();
30 }
```

⑤ 从 Q3() 函数的第 29 行代码，嵌套了 Q4() 函数，这是情商测试的第 4 道题，具体代码如下。

```
1 //4. C 为最佳答案
2 // 情商高的一个标志是面对挫折时，能把它看成一种可以从中学到东西的挑战，坚持下去，尝试新的方法，而不是放弃努力，怨天尤人，
   变得萎靡不振
3 //A=0, B=0, C=20, D=0
4 void Q4() {
5     char sq;
6     printf("------------ 第四题 ------------------\n");
7     printf("4. 假设您是一个保险推销员，去访问一些有希望成为您的顾客的人。可是一连十五个人都只是对您敷衍，并不明确表态，
       您变得很失望。这时候，您会怎么做呢 ?\n");
8     printf("    A. 认为这只不过是一天的遭遇而已，希望明天会有好运气 \n");
9     printf("    B. 考虑一下自己是否适合做推销员 \n");
10    printf("    C. 在下一次拜访时再做努力，保持勤勤恳恳工作的状态 \n");
11    printf("    D. 考虑去争取其他的顾客 \n");
12    printf(" 请输入你的答案 ( 单选 ) : \n");
13    scanf("%c", &sq);
14    if (sq == 'A') {
15        q4 = 0;
16    }
17    else if (sq == 'B') {
18        q4 = 0;
19    }
20    else if (sq == 'C') {
21        q4 = 20;
22    }
23    else if (sq == 'D') {
24        q4 = 0;
25    }
26    else {
27        again(4, 0, 0, 20, 0);
28        return 0;
29    }
30    Q5();
31 }
```

⑥ 从 Q4() 函数的第 30 行代码，嵌套了 Q5() 函数，这是情商测试的第 5 道题，具体代码如下。

```
1 //5. C 形成一种欢迎多样化的气氛的最有效的方法是公开挑明这一点
2 // 当有人违反时，明确告诉他您的组织的规范不容许这种情况发生。不是力图改变这种偏见 ( 这是一个更困难的任务 )，而只是让人们
   遵照规范去行事
3 //A=0, B=0, C=20, D=0
4 void Q5() {
5     char sq;
6     printf("------------ 第五题 ------------------\n");
7     printf("5. 您是一个经理，提倡在公司中不要搞种族歧视。一天您偶然听到有人正在开有关种族歧视的玩笑。您会怎么办呢 ?\n");
8     printf("    A. 不理它——这只是一个玩笑而已 \n");
9     printf("    B. 把那人叫到办公室去，严厉斥责他一顿 \n");
```

```
10     printf("    C. 当场大声告诉他，这种玩笑是不恰当的，在您这里是不能容忍的 \n");
11     printf("    D. 建议开玩笑的人去参加一个有关反对种族歧视的培训班 \n");
12     printf(" 请输入你的答案 ( 单选 ) : \n");
13     scanf("%c", &sq);
14     if (sq == 'A') {
15         q5 = 0;
16     }
17     else if (sq == 'B') {
18         q5 = 0;
19     }
20     else if (sq == 'C') {
21         q5 = 20;
22     }
23     else if (sq == 'D') {
24         q5 = 0;
25     }
26     else {
27         again(5, 0, 0, 20, 0);
28         return 0;
29     }
30     Q6();
31 }
```

⑦ 从 Q5() 函数的第 30 行代码，嵌套了 Q6() 函数，这是情商测试的第 6 道题，具体代码如下。

```
1 //6.D 有资料表明，当一个人处于愤怒状态时，使他平静下来的最有效的办法是转移他愤怒的焦点，理解并认可他的感受，用一种不激怒
    他的方式让他看清现状，并给他以希望
2 //A=0, B=5, C=5, D=20
3 void Q6() {
4     char sq;
5     printf("------------ 第六题 -----------------\n");
6     printf("6. 您的朋友开车时别人的车突然危险地抢到你们前面，您的朋友勃然大怒，而您试图让他平静下来。您会怎么做
        呢 ?\n");
7     printf("    A. 告诉他忘掉它吧——现在没事了，这不是什么大不了的事 \n");
8     printf("    B. 放一盘他喜欢听的磁带，转移他的注意力 \n");
9     printf("    C. 一起责骂那个司机，表示自己站在他那一边 \n");
10    printf("    D. 告诉他您也曾有同样的经历，当时您也一样气得发疯，可是后来您看到那个司机出了车祸，被送到了医院急救室 \n");
11    printf(" 请输入你的答案 ( 单选 ) : \n");
12    scanf("%c", &sq);
13    if (sq == 'A') {
14        q6 = 0;
15    }
16    else if (sq == 'B') {
17        q6 = 5;
18    }
19    else if (sq == 'C') {
20        q6 = 5;
21    }
22    else if (sq == 'D') {
23        q6 = 20;
24    }
25    else {
26        again(6, 0, 5, 5, 20);
27        return 0;
28    }
29    Q7();
30 }
```

⑧ 从 Q6() 函数的第 29 行代码，嵌套了 Q7() 函数，这是情商测试的第 7 道题，具体代码如下。

```
1 //7.A 中断 20 分钟或更长的时间
2 // 这是使愤怒引起的生理状态平息下来的最短时间。否则，这种状态会歪曲您的理解力，使您更可能出口伤人。平复了情绪后，你们的
    讨论才会更富有成效
```

```
3 //A=20, B=0, C=0, D=0
4 void Q7() {
5     char sq;
6     printf("------------ 第七题 ------------------\n");
7     printf("7. 您和伴侣发生了争论，两人激烈地争吵，盛怒之下，互相进行人身攻击，虽然你们并不是真的想这样做。这时候，最
        好怎么办呢 ?\n");
8     printf("    A. 停止 20 分钟，然后继续争论 \n");
9     printf("    B. 停止争吵——保持沉默，不管对方说什么 \n");
10    printf("    C. 向对方说抱歉，并要求他 ( 她 ) 也向您道歉 \n");
11    printf("    D. 先停一会儿，整理一下自己的想法，然后尽可能清楚地阐明自己的立场 \n");
12    printf(" 请输入你的答案 ( 单选 ) : \n");
13    scanf("%c", &sq);
14    if (sq == 'A') {
15        q7 = 20;
16    }
17    else if (sq == 'B') {
18        q7 = 0;
19    }
20    else if (sq == 'C') {
21        q7 = 0;
22    }
23    else if (sq == 'D') {
24        q7 = 0;
25    }
26    else {
27        again(7, 20, 0, 0, 0);
28        return 0;
29    }
30    Q8();
31 }
```

⑨ 从 Q7() 函数的第 30 行代码，嵌套了 Q8() 函数，这是情商测试的第 8 道题，具体代码如下。

```
1 //8.B 当一个组织的成员之间关系融洽、亲善，每一个人都感到心情舒畅时，组织的工作效率才会最高。在这种情况下，人们才能自由地
    做出他们最大的贡献
2 //A=0, B=20, C=0, D=0
3 void Q8() {
4     char sq;
5     printf("------------ 第八题 ------------------\n");
6     printf("8. 您被分到一个单位当领导，想提出一些解决工作中犯难问题的好方法。这时候，您第一件要做的是什么呢 ?\n");
7     printf("    A. 起草一个议事日程，以便充分利用和大家在一起讨论的时间。\n");
8     printf("    B. 给人们一定的时间相互了解 \n");
9     printf("    C. 让每一个人说出如何解决问题的想法 \n");
10    printf("    D. 采用一种创造性地发表意见的形式，鼓励每一个人说出此时进入他脑子里的任何想法，而不管该想法有多疯狂 \n");
11    printf(" 请输入你的答案 ( 单选 ) : \n");
12    scanf("%c", &sq);
13    if (sq == 'A') {
14        q8 = 0;
15    }
16    else if (sq == 'B') {
17        q8 = 20;
18    }
19    else if (sq == 'C') {
20        q8 = 0;
21    }
22    else if (sq == 'D') {
23        q8 = 0;
24    }
25    else {
26        again(8, 0, 20, 0, 0);
27        return 0;
28    }
29    Q9();
30 }
```

⑩ 从 Q8() 函数的第 29 行代码，嵌套了 Q9() 函数，这是情商测试的第 9 道题，具体代码如下。

```
1 //9.D 生来带有害羞气质的孩子，如果他们父母能安排一系列渐进的针对他们害羞的挑战，并且这种挑战是能逐个应付得了的，那么他们通常会变得喜欢外出起来
2 //A=0, B=5, C=0, D=20
3 void Q9() {
4     char sq;
5     printf("------------ 第九题 ------------------\n");
6     printf("9. 您 3 岁的儿子非常胆小，实际上，从他出生起就对陌生地方和陌生人有些神经过敏或者说有些恐惧。您该怎么办呢 ?\n");
7     printf("    A. 接受他具有害羞气质的事实，想办法让他避开他感到不安的环境 \n");
8     printf("    B. 带他去看儿童精神科医生，寻求帮助 \n");
9     printf("    C. 有目的地让他一下子接触许多人，带他到各种陌生的地方，克服他的恐惧心理 \n");
10    printf("    D. 设计渐进的系列挑战性计划，每一个相对来说都是容易对付的，从而让他渐渐懂得他能够应付陌生的人和陌生的地方 \n");
11    printf(" 请输入你的答案 ( 单选 ) : \n");
12    scanf("%c", &sq);
13    if (sq == 'A') {
14        q9 = 0;
15    }
16    else if (sq == 'B') {
17        q9 = 5;
18    }
19    else if (sq == 'C') {
20        q9 = 0;
21    }
22    else if (sq == 'D') {
23        q9 = 20;
24    }
25    else {
26        again(9, 0, 5, 0, 20);
27        return 0;
28    }
29    Q10();
30 }
```

⑪ 从 Q9() 函数的第 29 行代码，嵌套了 Q10() 函数，这是情商测试的第 10 道题，具体代码如下。

```
1 //10.B 给自己适度的挑战，最有可能激发自己最大的热情
2 // 这既能使您学得愉快，又能使您完成得最好
3 //A=0, B=20, C=0, D=0
4 void Q10() {
5     char sq;
6     printf("------------ 第十题 ------------------\n");
7     printf("10. 多年以来，您一直想重学一种您在儿时学过的乐器，而现在只是为了娱乐，您又开始学了。您想最有效地利用时间，您该怎么做呢 ?\n");
8     printf("    A. 每天坚持严格的练习 \n");
9     printf("    B. 选择能稍微扩展能力的有针对性的曲子去练习 \n");
10    printf("    C. 只有当自己有情绪的时候才去练习 \n");
11    printf("    D. 选择远远超出您的能力但通过勤奋的努力能掌握的乐曲去练习 \n");
12    printf(" 请输入你的答案 ( 单选 ) : \n");
13    scanf("%c", &sq);
14    if (sq == 'A') {
15        q10 = 0;
16    }
17    else if (sq == 'B') {
18        q10 = 20;
19    }
20    else if (sq == 'C') {
21        q10 = 0;
22    }
23    else if (sq == 'D') {
24        q10 = 0;
25    }
26    else {
```

```
27        again(10, 0, 20, 0, 0);
28        return 0;
29    }
30    gameOver();
31 }
```

至此，10 道测试题函数定义完毕。

19.4.5 计算题目得分及分析情商

第 19.4.4 节已经将 10 道题编写完毕，接下来就是算分数以及根据分数分析情商类别，在 Q10() 函数的第 30 行代码中，嵌套了 gameOver() 函数，具体代码如下。

```
1  void gameOver() {
2      int z = q1 + q2 + q3 + q4 + q5 + q6 + q7 + q8 + q9 + q10;
3      printf("------------ 答题结束 ------------------\n");
4      printf(" 测试结果: 获得分数共计: %d 分 \n", z);
5      if (z >= 0 && z < 50) {
6          printf(" 低情商 \n");
7          printf(" 自我意识差。\n 无确定的目标，也不打算付诸实践。\n 严重依赖他人。\n 处理人际关系能力差。\n 应对焦虑能力差。
             \n 生活无序。\n 无责任感，爱抱怨。\n");
8      }
9      else if (z >= 50 && z < 100) {
10         printf(" 较低情商 \n");
11         printf(" 易受他人影响，自己的目标不明确。\n 比低情商者善于原谅，能控制大脑。\n 能应付较轻的焦虑情绪。\n 把自尊建
             立在他人认同的基础上。\n 缺乏坚定的自我意识。\n 人际关系较差。\n");
12
13     }
14     else if (z >= 100 && z < 150) {
15         printf(" 较高情商 \n");
16         printf(" 是负责任的 " 好 " 公民。\n 自尊。\n 有独立人格，但在一些情况下易受别人焦虑情绪的感染。\n 比较自信而不自满。
             \n 较好的人际关系。\n 能应对大多数的问题，不会有太大的心理压力。\n");
17     }
18     else if (z >= 150 && z < 200) {
19         printf(" 高情商 \n");
20         printf(" 尊重所有人的人权和人格尊严。\n 不将自己的价值观强加于他人。\n 对自己有清醒的认识，能承受压力。\n 自信而不自满。
                 \n 人际关系良好，和朋友或同事能友好相处。\n 善于处理生活中遇到的各方面的问题。\n 认真对待每一件事情。\n");
21     }
22 }
```

分成了低情商、较低情商、较高情商以及高情商四种情况。

除此之外，还需要定义当输入错误选项时需要的操作，自定 again() 义函数，具体代码如下。

```
1 void again(int i, int As, int Bs, int Cs, int Ds) {
2     char sq;
3     int y = 0;
4     //printf(" 输入错误，请再次输入你的答案 ( 单选 ) : \n");
5     scanf("%c", &sq);
6     if (sq == 'A') {
7         y = As;
8     }
9     else if (sq == 'B') {
10        y = Bs;
11    }
12    else if (sq == 'C') {
13        y = Cs;
14    }
15    else if (sq == 'D') {
16        y = Ds;
17    }
18    else {
19        again(i, As, Bs, Cs, Ds);
20
21    }
```

```
22     if (i == 1) {
23         q1 = y;
24         Q2();
25     }
26     else if (i == 2) {
27         q2 = y;
28         Q3();
29     }
30     else if (i == 3) {
31         q3 = y;
32         Q4();
33     }
34     else if (i == 4) {
35         q4 = y;
36         Q5();
37     }
38     else if (i == 5) {
39         q5 = y;
40         Q6();
41     }
42     else if (i == 6) {
43         q6 = y;
44         Q7();
45     }
46     else if (i == 7) {
47         q7 = y;
48         Q8();
49     }
50     else if (i == 8) {
51         q8 = y;
52         Q9();
53     }
54     else if (i == 9) {
55         q9 = y;
56         Q10();
57     }
58     else if (i == 10) {
59         q10 = y;
60         gameOver();
61     }
62 }
```

19.4.6 main() 函数

从自定义的各个函数来看，每个函数都嵌套了下一步要执行的函数，因此在 main() 函数中，只要调用 Out() 函数即可，代码如下。

```
1 int main()
2 {
3
4     Out();
5     return 0;
6 }
```

至此，情商测试代码编写完成。

19.5 关键技术

从第 19.4 节自定义函数中可以看出，本案例的关键技术就是嵌套函数，关于嵌套函数在第 9 章已经详细介绍，本节就来回顾这个关键技术点。

（1）什么是嵌套函数

C 语言允许在一个函数的定义中出现对另一个函数的调用。这样就出现了函数的嵌套调用。也就是在被调函数中又调用其他函数。嵌套函数之间的关系可表示如图 19.7 所示。

说明

> 其中 fun1() 是一个自定义函数，在 fun1() 中嵌套调用了 fun2() 函数。

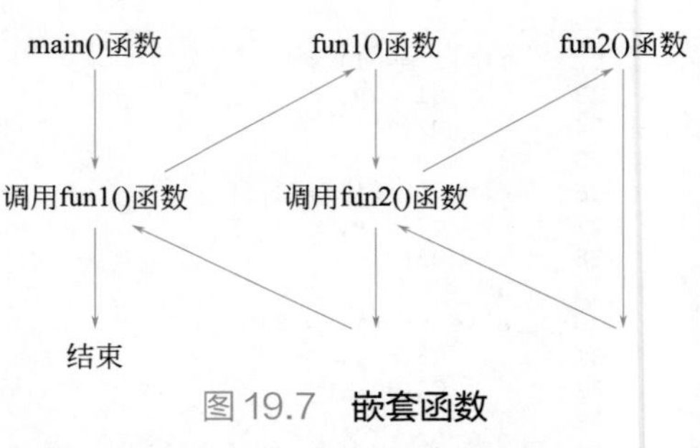

图 19.7 嵌套函数

图 19.7 表示了两层嵌套的情形。其执行过程是：执行 main() 函数中调用 fun1() 函数的语句时，即转去执行 fun1() 函数，在 fun1() 函数中调用 fun2() 函数时，又转去执行 fun2() 函数，fun2() 函数执行完毕返回 fun1() 函数的断点继续执行，fun1() 函数执行完毕返回 main() 函数的断点继续执行。

（2）嵌套函数举例

例如，计算 $s=1^2!+2^2!+3^2!$ 的结果，实现的具体代码如下。

```
1 #include<stdio.h>
2 int  square(int x)                              // 计算平方函数
3 {
4     int y;
5     y = x * x;
6     return y;
7 }
8
9 int faction(int n)                              // 计算阶乘函数
10 {
11     int temp = 1, j;
12     for (j = 1; j <= square(n); j++)// 嵌套调用了 square() 函数
13     {
14         temp = temp * j;
15     }
16     return temp;
17 }
18
19 int main()
20 {
21     long sum = 0;
22     int i;
23     for (i = 1; i < 4; i++)
24         sum = sum + faction(i); // 求和结果
25     printf(" 计算的结果是：%ld\n", sum);
26     return 0;
27 }
```

运行结果如下。

```
计算的结果是：362905
```

从这个代码中可以看到，首先定义了 square() 函数计算平方，然后再定义 faction() 函数计算阶乘，在定义阶乘函数时，嵌套调用了 square() 函数，最后在 main() 函数中调用了 faction() 函数计算出结果。

小结

通过本章案例的学习，巩固了第 9 章介绍的嵌套函数。本案例自定义了很多函数，函数间存在着嵌套关系，在最后的 main() 函数中，只调用了自定义的第一个函数，就能得到程序运行结果。通过本案例的学习，加深对嵌套函数的了解，也希望大家能够掌握并熟练使用嵌套。

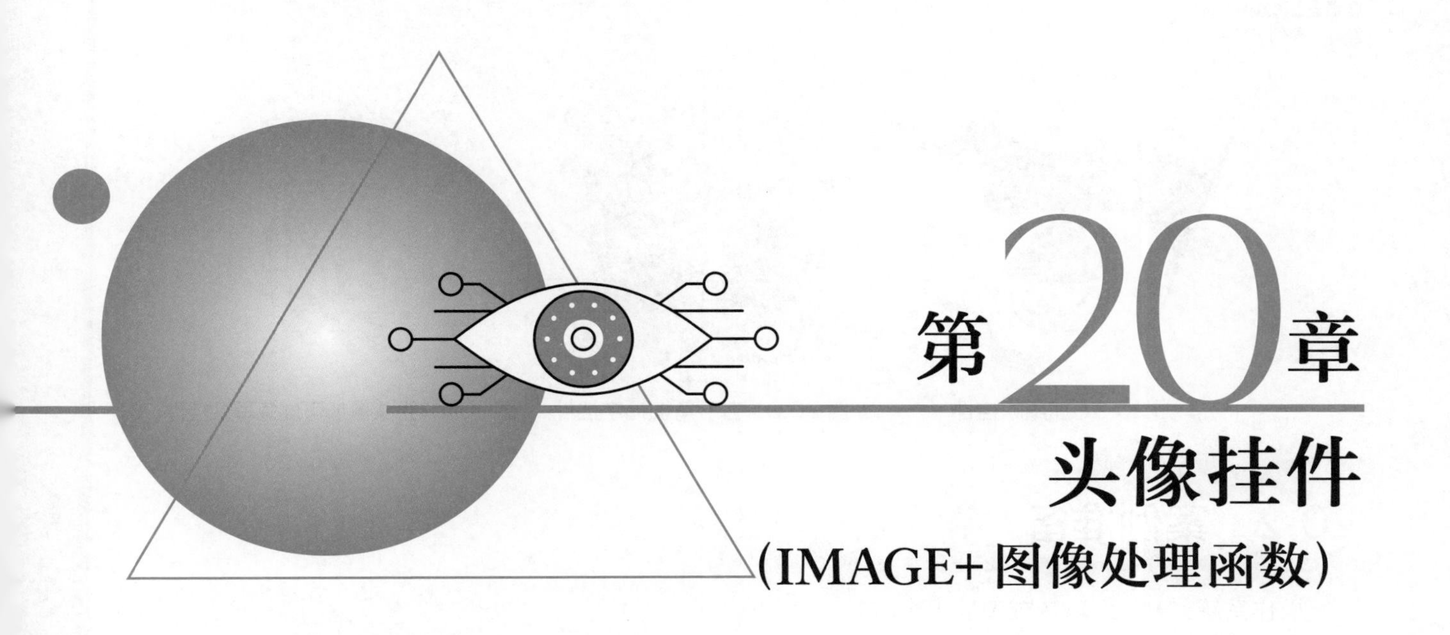

第20章 头像挂件（IMAGE+图像处理函数）

设置头像是每个 APP 都存在的功能，如微信、QQ、明日学院、今日头条、抖音、快手等，都有更换头像的功能，用户可以根据自己的喜爱更换头像。部分 APP 还有个性装扮设置，如人们常用的 QQ，就可以给头像装扮加挂件。如图 20.1 所示。在头像的基础上加各式各样的挂件，用来修饰头像，让头像更加个性化。

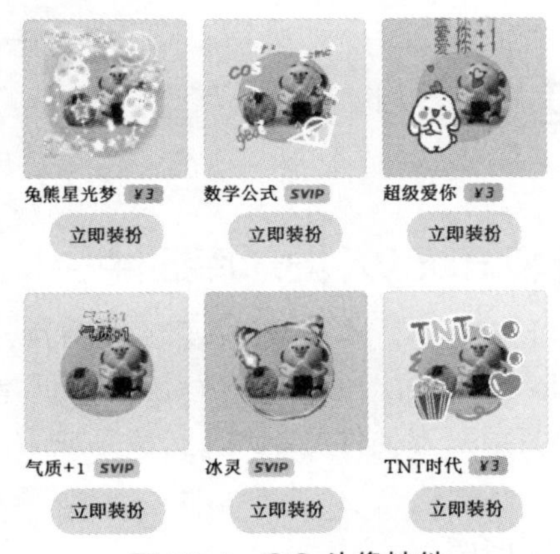

图 20.1　QQ 头像挂件

本案例就来模拟这一功能，给头像加挂件。

20.1　案例效果预览

本章案例最终实现的功能是给头像加挂件，如图 20.2、图 20.3、图 20.4 是头像加挂件的效果图。

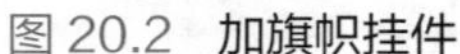

图 20.2　加旗帜挂件

图 20.3　右下角加福字挂件

图 20.4　为头像加可爱兔耳朵挂件

20.2　案例准备

操作系统：Windows 7 或 Windows 10。
语言：C 语言。
开发环境：Viusal Studio 2019。
第三方工具：EasyX 插件。

20.3　业务流程图

在制作“头像挂件”之前，需要先了解实现该程序的业务流程。根据头像挂件的业务需求，设计如图 20.5 所示的业务流程图。

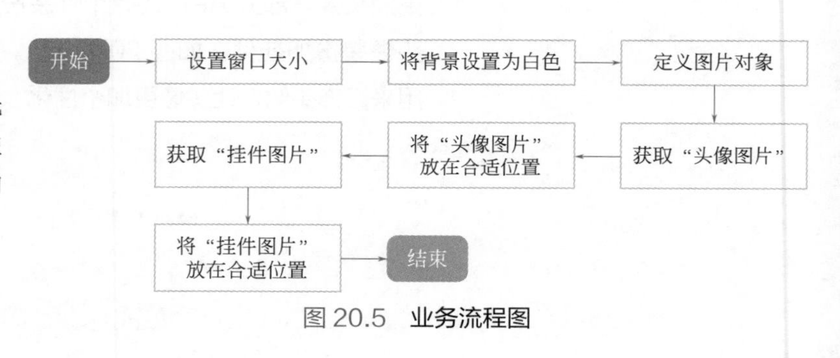

图 20.5　业务流程图

20.4　实现过程

20.4.1　下载并安装 EasyX 图形库插件

从流程图 20.5 中可以看到，本案例需要获取图片，需要将图片放置在合适的位置，这就要使用 graphics.h 函数库中的 loadimage()、putimage() 函数。但是在 Visual Studio 2019 中，不包含 graphics.h 函数库，需要下载并且安装第三方插件 EasyX。安装完成后，在 Visual Studio 2019 中就可以使用 graphics.h 函数库了。

（1）什么是 EasyX 图形库

EasyX 是一款简单、易用的图形库，以教育为目的的引用可以免费试用，最新版本可以从 EasyX 的官网（http://www.easyx.cn）下载。EasyX 图形库可以应用于 Visual C++ 或者 Visual Studio 的不同版本中。

EasyX 可以帮助 C 语言初学者快速上手图形和游戏编程。例如，可以用 Visual Studio + EasyX 画一架飞机，或者一个跑步的人物，也可以编写俄罗斯方块、贪吃蛇、飞机大战等小游戏。

为什么要使用 EasyX 图形库呢?

除了 EasyX 以外，比较常用的图形库还有 OpenGL 和 QT。OpenGL 是目前最常用的图形库，主流语言是 C++、Java、JavaScript、C#、Objective-C。可是这两种图形库的绘图太复杂了，而且图形编程对数学的要求很高。

在最早学习 C 语言的时候，使用的是 Turbo C 环境，只是 Turbo C 的环境实在太老了，尽管 Turbo C 环境很落后，但是它的图形库是十分优秀的。

现在，编译 C 程序主要使用的是 Visual C++ 6.0 或者 Visual Studio，所以，可以使用 Visual C++ 6.0、Visual Studio 2019 方便的开发平台和 Turbo C 的图形库，于是就有了 EasyX 库。

（2）下载 EasyX 图形库

① 从 EasyX 官网下载图形库安装包。在浏览器的地址栏中输入“https://www.easyx.cn/”，输入完成之后，按 <Enter> 键，就会跳转到如图 20.6 所示的界面。

图 20.6　进入 EasyX 图形库官网

② 单击如图 20.7 所示的位置下载 EasyX 安装包。

图 20.7　下载 EasyX 安装包

③ 单击如图 20.7 所示的右下角的“全部显示”按钮，就会跳到如图 20.8 所示界面。

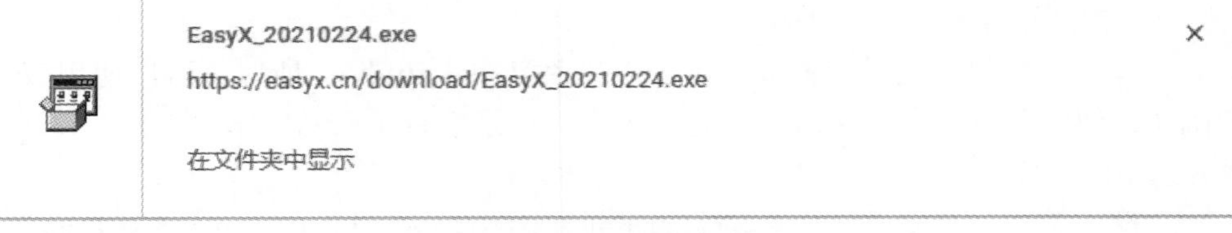

图 20.8 下载完成

④ 单击如图 20.8 所示的“在文件夹中显示”，就会跳到如图 20.9 所示的文件夹内，这样就完成下载安装包。

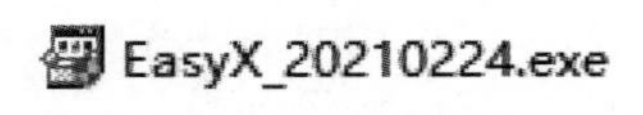

图 20.9 安装文件

（3）安装 EasyX 图形库

上面已经下载好了安装包，接下来就安装 EasyX 图形库，具体步骤如下。

① 双击下载好的图 20.9 中的安装包，进入 EasyX 安装向导的欢迎界面，如图 20.10 所示。

② 单击“下一步”按钮，安装向导会自动搜索本地安装的 Visual C++ 和 Visual Studio 版本，直接单击“安装”按钮，如图 20.11 所示，显示安装完成，如图 20.12 所示。

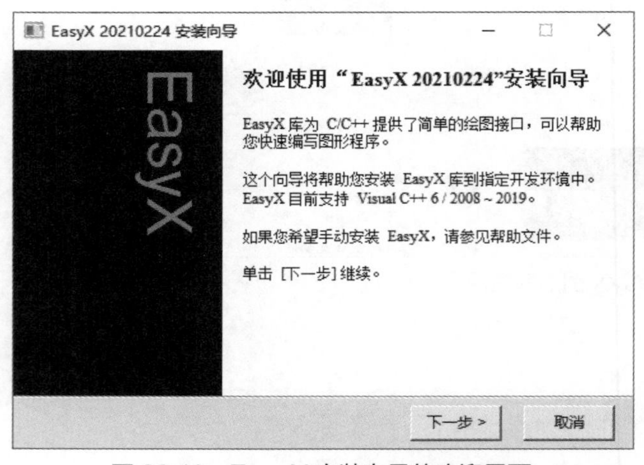

图 20.10 EasyX 安装向导的欢迎界面

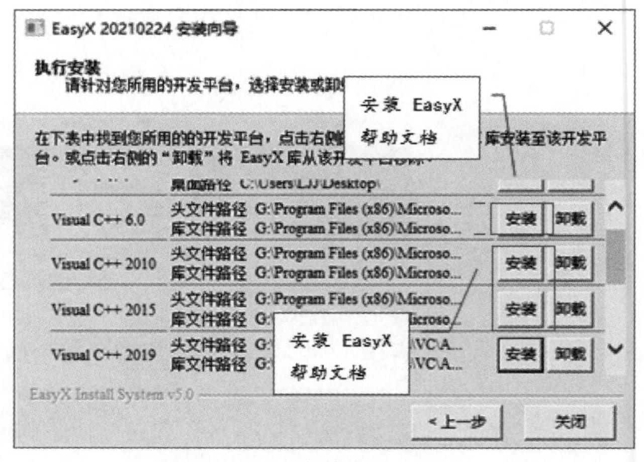

图 20.11 安装 EasyX

说明

完成安装之后，就可以关闭安装向导。

这样安装完成后，在 Visual Studio 2019 中就可以使用 graphics.h 函数库了。

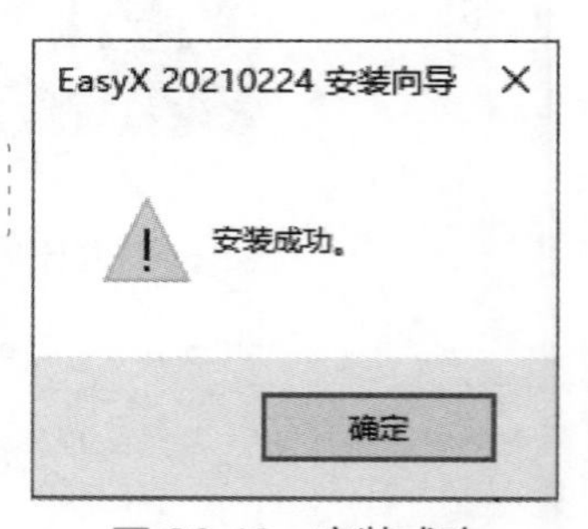

图 20.12 安装成功

20.4.2 创建新项目

本案例使用的编程语言是 C 语言，采用的开发环境是 Visual Studio 2019。在 Visual Studio 2019 中创建新项目的具体步骤可以参考第 15 章的详细步骤，只不过在创建新项目名称时输入“example”，如图 20.13 所示。

在创建 CPP 文件的名称时输入“pendant.cpp”，如图 20.14 所示。

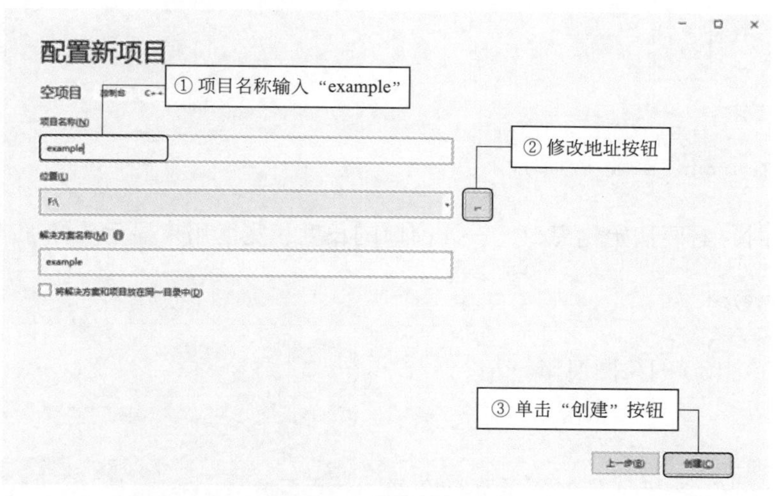

图 20.13　创建新项目

说明

这里需要创建 CPP 文件，因为 EasyX 插件只能在 CPP 文件中使用。

这样就添加了一个 CPP 文件，如图 20.15 所示。

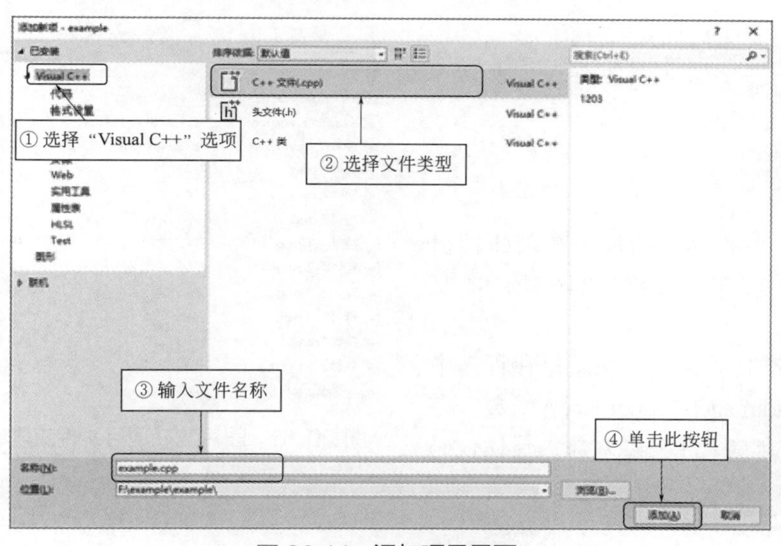

图 20.14　添加项目界面

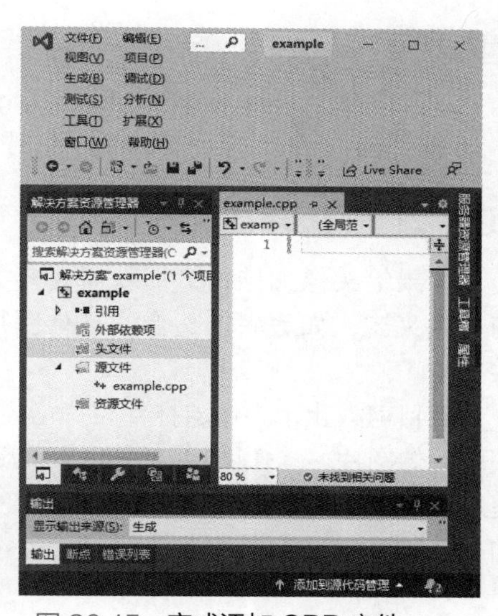

图 20.15　完成添加 CPP 文件

20.4.3　导入函数库

从分析过程来看，需要使用 loadimage()、putimage() 函数，那么就需要引用 graphics.h 函数库；最终想看到结果，就需要 system() 函数冻结屏幕，那么就需要 windows.h 函数库。此外，因为 Visual Studio 2019 有安全性检测，因此需要在 #include<stdio.h> 前面加入代码来解决安全性检测问题。因此，具体代码如下。

```
1 #define _CRT_SECURE_NO_WARNINGS
2 #include<graphics.h>
3 #include<windows.h>
```

20.4.4 初始化窗口

说明

以下代码在 main() 函数中编写。

在为头像加挂件时，需要初始化窗口，设计窗口的长度和宽度用来显示头像加挂件图片。代码如下。

```
4 initgraph(500, 400);
```

窗口的长度是 500×400 的绘图窗口。

说明

关于 initgraph() 函数会在 20.5 节详细介绍。

除此之外，需要设置整个窗口的背景色，代码如下。

```
5 setbkcolor(WHITE);
6 cleardevice(); // 用于清空绘图设备
```

这里是将整个窗口的背景颜色设置为白色。

说明

关于 setbkcolor()、cleardevice() 函数会在 20.5 节详细介绍。

20.4.5 打印头像加挂件

如果给头像加挂件，那就需要将头像和挂件图片放在创建项目的文件夹内，如笔者的头像、挂件图片放在了如图 20.16 所示的文件夹中。

此电脑 › 本地磁盘 (F:) › example › example

名称	类型	大小
Debug	文件夹	
example.cpp	C++ Source file	1 KB
example.vcxproj	VC++ Project	6 KB
example.vcxproj.fi...	VC++ Project Fil...	1 KB
example.vcxproj.u...	Per-User Project...	1 KB
挂件1.png	PNG 文件	51 KB
挂件2.png	PNG 文件	22 KB
挂件3.png	PNG 文件	19 KB
挂件4-1.png	PNG 文件	19 KB
挂件4-2.png	PNG 文件	19 KB
挂件5-1.png	PNG 文件	19 KB
挂件5-2.png	PNG 文件	19 KB
头像1.png	PNG 文件	12 KB
头像2.png	PNG 文件	89 KB
头像3.jpg	JPG 文件	20 KB

图 20.16 图片放在项目文件夹内

到目前为止，头像、挂件图片已经准备好，接下来就是在程序中获取头像图片、挂件图片，需要使用 loadimage()、putimage() 函数。在使用这两个函数之前，需要使用 IMAGE 创建几个图像对象，具体代码如下。

```
7  IMAGE img1,img2,img3;              // 定义图像对象
8  loadimage(&img1, "头像 3.jpg");     // 从文件中读取图像
9  putimage(50, 65, &img1);           // 在当前设备上绘制指定图像
10 loadimage(&img2, "挂件 4-1.png");
11 putimage(150, 61, &img2);
12 loadimage(&img3, "挂件 4-2.png");
13 putimage(210, 61, &img3);
```

其中的 loadimage() 函数是从文件中读取图像，putimage() 函数是在窗口指定位置绘制出指定图像。

说明

关于 loadimage()、putimage() 函数会在 20.5 节详细介绍。

20.4.6 冻结屏幕以及关闭绘制窗口

20.4.5 节已经从文件夹中读取文件，在指定位置绘制出图像，功能都已经完成，程序的最后，需要冻结屏幕，绘制图像完成后，也需要将窗口关闭，因此，实现的具体代码如下。

```
14 system("pause");                              //冻结屏幕
15    closegraph();                              //关闭绘制窗口
```

至此，给头像加挂件的代码编写完毕。

20.5 关键技术

从第 20.4 节可以看出，本案例的关键技术是 graphics.h 函数库中的 initgraph()、setbkcolor()、cleardevice()、loadimage()、putimage()、closegraph() 函数，本节就来介绍这几个函数。

（1）initgraph()、closegraph() 函数

这两个函数经常配对使用，initgraph() 是初始化绘图窗口函数，closegraph() 是关闭绘图窗口函数。

① initgraph() 函数。这个函数的功能是初始化绘图窗口，语法格式如下。

```
HWND initgraph(int width,int height,int flag = NULL);
```

参数说明

- width： 绘图窗口的宽度。
- height： 绘图窗口的高度。
- flag： 绘图窗口的样式，默认为 NULL，可以省略不写。
- 返回值：新建绘图窗口的句柄。

例如：

```
initgraph(640, 480);
```

这句代码的含义是创建一个尺寸为 640x480 的绘图窗口。

② closegraph() 函数。这个函数的功能是用于关闭绘图窗口，语法格式如下。

```
void closegraph();
```

此函数没有参数，没有返回值。

（2）setbkcolor() 函数

这个函数的功能是用于设置当前绘图背景色，语法格式如下。

```
void setbkcolor(COLORREF color);
```

参数说明

- color： 指定要设置的背景色。通常是颜色单词的大写形式。

例如：

```
setbkcolor(BLUE);
```

这行代码的含义是将背景绘图颜色设置为蓝色。

注意

> 如果需要修改全部背景色，可以在设置背景色后执行 cleardevice() 函数。

（3）cleardevice() 函数

这个函数的功能是用于清空绘图设备。具体来说，是用当前背景色清空绘图设备，通常与 setbkcolor() 函数一起使用，语法格式如下。

```
void cleardevice();
```

此函数没有参数，也没有返回值。

（4）IMAGE 类型

IMAGE 是一种类型，它是图像对象类型，语法格式如下。

```
IMAGE 图像名；
```

IMAGE 类型通常与 loadimage() 函数连用。

例如：

```
IMAGE img;
loadimage(&img, _T("test.jpg"));
```

这两行代码的含义是：创建 img 对象，之后加载图片 test.jpg 到 img。

（5）loadimage() 函数

这个函数的功能是用于从文件中读取图片，语法格式如下。

```
// 从文件获取图片(bmp/gif/jpg/png/tif/emf/wmf/ico)
void loadimage(
    IMAGE* pDstImg,                     // 保存图片的 IMAGE 对象指针
    LPCTSTR pImgFile,                   // 图片文件名
    int nWidth = 0,                     // 图片的拉伸宽度
    int nHeight = 0,                    // 图片的拉伸高度
    bool bResize = false                // 是否调整 IMAGE 的大小以适应图片
);
```

参数说明

- pDstImg：保存图片的 IMAGE 对象指针。如果为 NULL，表示图片将读取至绘图窗口。
- pImgFile：图片文件名。支持 bmp、gif、jpg、png、tif、emf、wmf、ico 格式的图片。gif 格式的图片仅加载第一帧；gif 与 png 均不支持透明。
- nWidth：图片的拉伸宽度。加载图片后，会拉伸至该宽度。如果为 0，表示使用原图的宽度。
- nHeight：图片的拉伸高度。加载图片后，会拉伸至该高度。如果为 0，表示使用原图的高度。
- bResize：是否调整 IMAGE 的大小以适应图片。

说明

如果创建 IMAGE 对象的时候没有指定宽高，可以通过 Resize() 函数设置。对于没有设置宽、高的 IMAGE 对象，执行 loadimage() 函数会将其宽、高设置为和读取的图片一样的尺寸。

（6）putimage() 函数

这个函数的功能是用于在当前设备上绘制指定图片，语法格式如下。

```
void putimage(
    int dstX,                           // 绘制位置的 x 坐标
    int dstY,                           // 绘制位置的 y 坐标
    IMAGE *pSrcImg,                     // 要绘制的 IMAGE 对象指针
    DWORD dwRop = SRCCOPY               // 三元光栅操作码
);
```

参数说明

- dstX：绘制位置的 x 坐标。
- dstY：绘制位置的 y 坐标。
- pSrcImg：要绘制的 IMAGE 对象指针。
- dwRop：三元光栅操作码，通常可以省略。

例如：

```
IMAGE img;
loadimage(&img, _T("test.jpg"));
putimage(200, 200, &img);
```

将从文件中读取的 test.jpg 图片放在 (200,200) 位置处。

说明

本章只介绍了本案例使用的 graphics.h 中的几个函数，更多的函数可以在 EasyX_Help.chm 文件中查看。

小结

通过本章案例的学习，了解了第三方的 EasyX 插件，从而可以使用 graphics.h 函数库利用此函数库可以绘制图像、绘制图形，还可以获取鼠标等，让 C 语言代码不再单调，也可以绘制出五花八门的东西。通过本案例的学习，希望大家能够掌握并熟练使用 EasyX 插件。

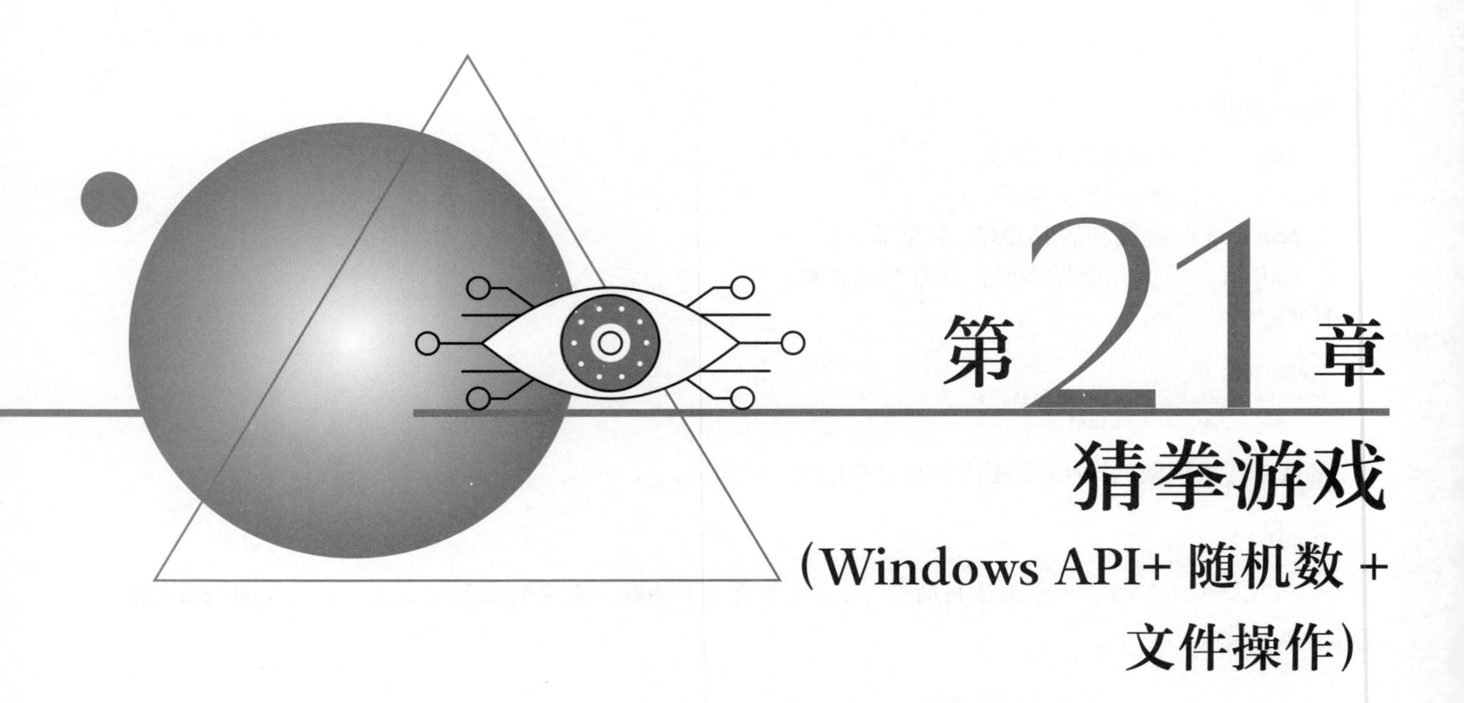

第21章 猜拳游戏（Windows API+随机数+文件操作）

猜拳游戏又被称为石头剪刀布、猜丁壳。古老而简单，这个游戏的主要目的是解决争议，因为三者相互制约，因此不论平局几次，总会有胜负的时候。游戏规则中，石头克剪刀（石头胜），剪刀克布（剪刀胜），布克石头（布胜）。两个玩家通过指令随机用手出石头、剪子、布这三种形状之一，然后根据游戏规则看双方谁克谁，被克方是输家。另一方是赢家。本案例就来制作一个猜拳游戏程序。

本项目能够实现人和计算机对战，自动比较谁输谁赢，游戏采用积分制度。

21.1 案例效果预览

猜拳游戏欢迎界面运行效果如图 21.1 所示。

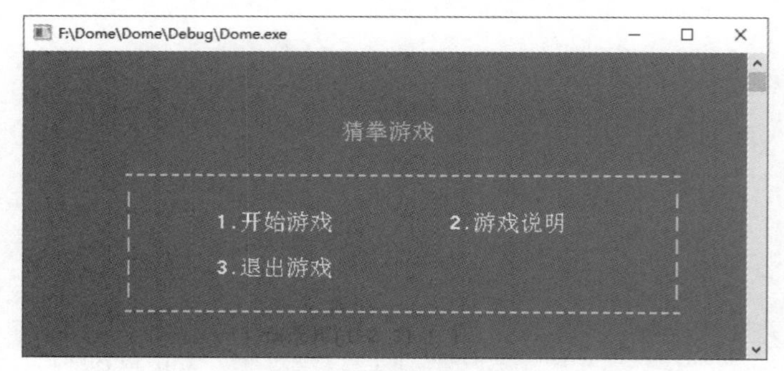

图 21.1 游戏欢迎界面

猜拳游戏主界面运行效果如图 21.2 所示。

猜拳游戏游戏说明界面运行效果如图 21.3 所示。

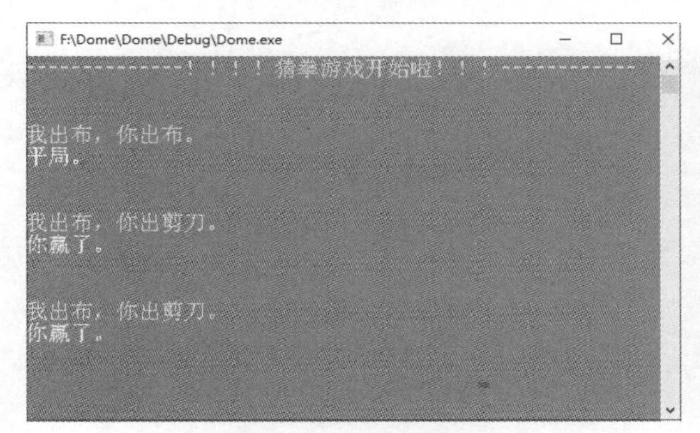

图 21.2　游戏主界面

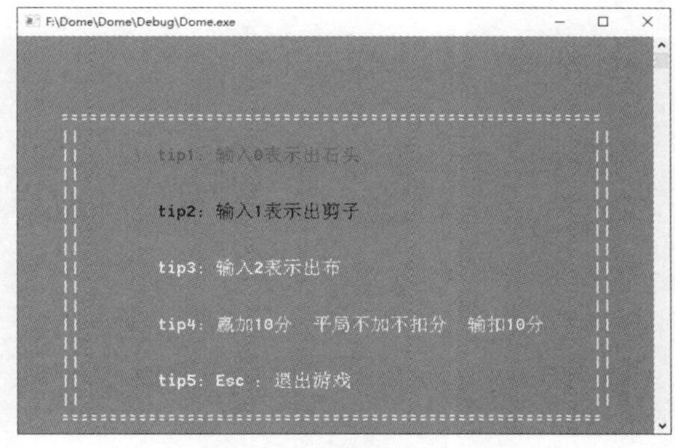

图 21.3　游戏说明界面

猜拳游戏结束界面如图 21.4 所示，包括显示游戏结果，显示得分情况，显示与最高分相差分数，以及选择是否游戏继续。

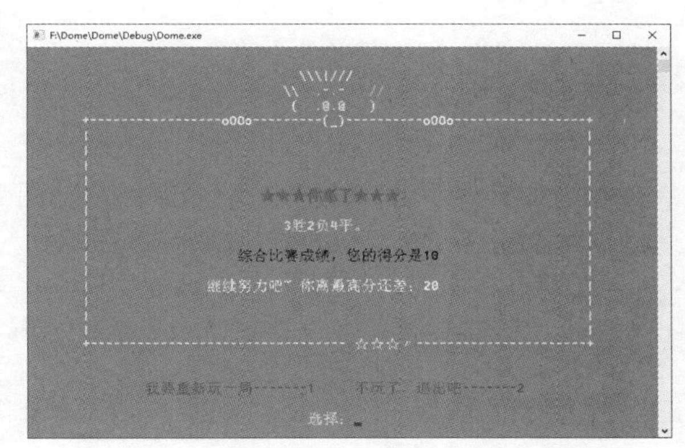

图 21.4　结束界面

21.2　案例准备

操作系统：Windows 7 或 Windows 10。
语言：C 语言。
开发环境：Viusal Studio 2019。

21.3　业务流程图

在实现“猜拳游戏”之前，需要先了解实现该程序的业务流程。根据猜拳游戏的业务需求，设计如图 21.5 所示的业务流程图。

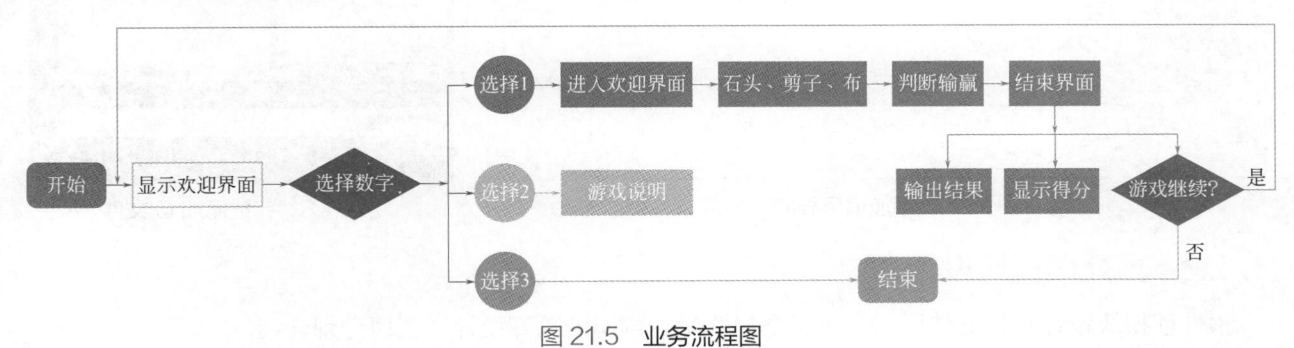

图 21.5　业务流程图

21.4　实现过程

21.4.1　创建新项目

本案例使用的编程语言依然是 C 语言，采用开发环境是 Visual Studio 2019，Visual Studio 2019 创建新项目具体步骤可以参考第 15 章详细步骤。只不过在创建新项目名称时输入“demo”，如图 21.6 所示。

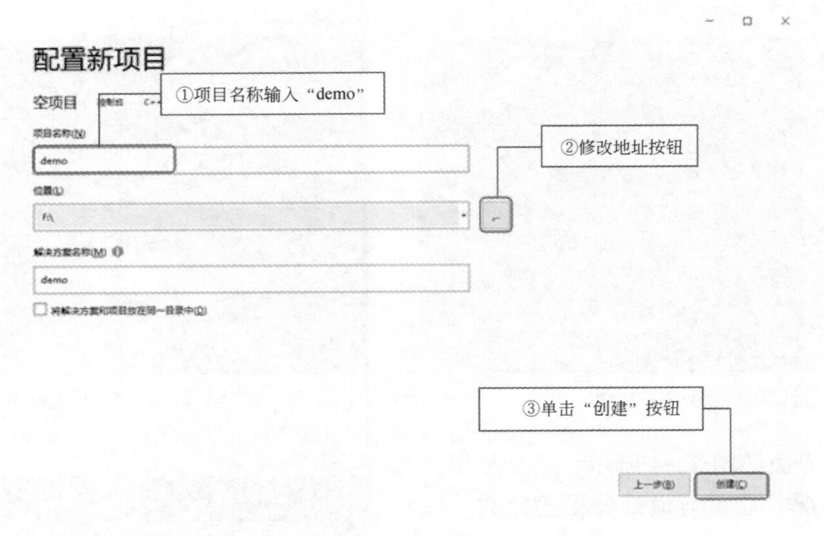

图 21.6　创建新项目

在创建 C 文件的名称时输入“demo.c”，如图 21.7 所示。

这样就添加了一个 C 文件，如图 21.8 所示。

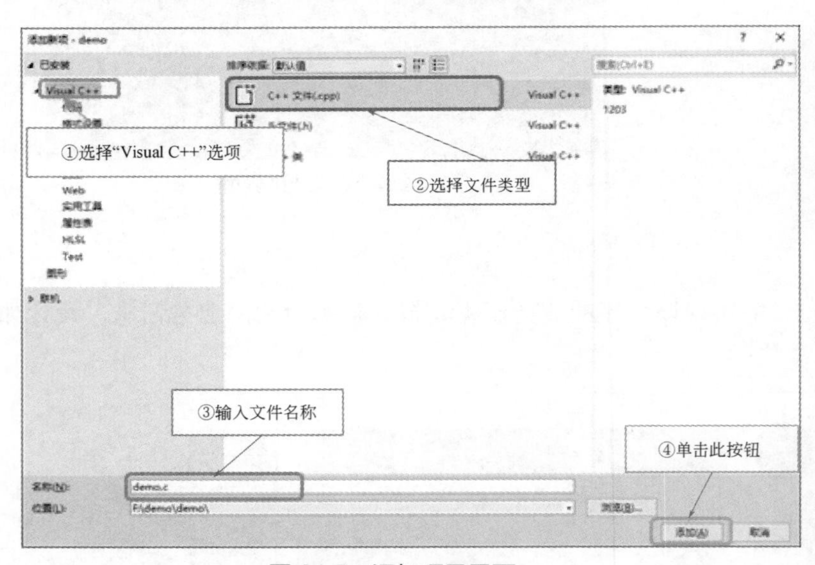

图 21.7　添加项目界面

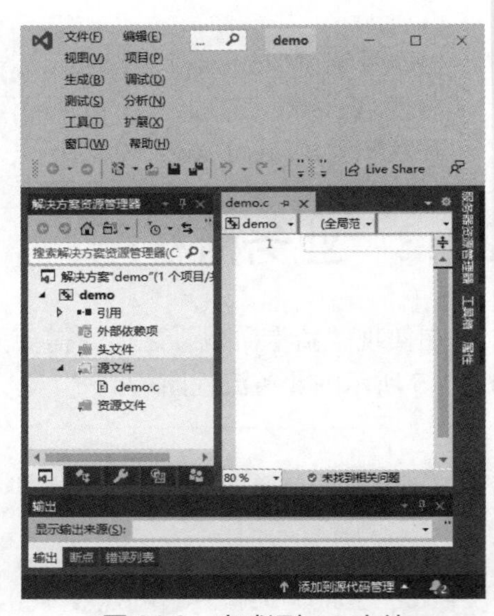

图 21.8　完成添加 C 文件

21.4.2　预处理模块设计

预处理模块设计包括文件引用、定义全局变量、声明函数等设计。下面分别介绍。

（1）文件引用

为了使程序更好地运行，程序中需要引入一些库文件，对程序的一些基本函数进行支持，在引用文件时需要使用 #include 命令。下面是本程序引用的头文件，具体代码如下：

```
1 #include<stdio.h>           // 标准输入输出函数库
2 #include<time.h>            // 用于获得随机数
3 #include<windows.h>         // 控制 dos 界面
4 #include<stdlib.h>          // 即 standard library 标志库头文件，里面定义了一些宏和通用工具函数
```

（2）定义全局变量

把程序中经常会用到的变量放在程序的最前面，即为全局变量。本章需要定义全局变量的具体代码如下。

```
1 /*定 义 全 局 变 量*/
2 int gesture;                              //玩家的手势
3 int computer;                             //计算机的手势
4 int win;                                  //胜利次数
5 int lose;                                 //失败次数
6 int draw;                                 //平局次数
7 int HighScore=0;                          //最高分
8 char *ge[] = { "石头", "剪刀", "布" };    //手势
9 int score = 0;
```

（3）函数声明

因为要实现很多功能，所以需要定义很多函数，那么在定义函数之前，需要进行函数声明，本程序的函数声明具体代码如下：

```
1  /*函 数 声 明*/
2  void gotoxy(int x, int y);               //设置光标函数
3  int color(int c);                        //设置颜色函数
4  void welcometogame();                    //开始界面函数
5  void initialize();                       //初始函数
6  void run();                              //运行猜拳函数
7  void count(int result);                  //更新胜利/失败/平局次数函数
8  void disp_result(int result);            //显示判断结果函数
9  void File_in();                          //存储最高分进文件
10 void File_out();                         //读取文件最高分
11 void endgame();                          //结束游戏函数
12 void choose();                           //分支选择函数
13 void Lostdraw();                         //结果界面
14 void explation();                        //游戏说明函数
15 int result();                            //实现游戏函数
```

21.4.3 游戏欢迎界面设计

游戏欢迎界面为用户提供了一个了解和运行游戏的平台。在这里可以实现开始游戏、阅读游戏说明、退出游戏等操作。程序为了界面美观，不仅采用了多个颜色，而且还定义光标来控制每个字符的排列的位置。

① 本程序定义 color() 函数来控制颜色，具体代码如下。

```
1 /**
2 * 文字颜色函数      此函数的局限性：1.只能Windows系统下使用；2.不能改变背景颜色
3 */
4 int color(int c)
5 {
6    SetConsoleTextAttribute(GetStdHandle(STD_OUTPUT_HANDLE), c);        //更改文字颜色
7    return 0;
8 }
```

② 本程序定义 gotoxy() 函数来控制光标位置，具体代码如下。

```
1  /**
2  * 设置光标位置
3  */
4  void gotoxy(int x, int y)
5  {
6    COORD c;
7    c.X = x;
8    c.Y = y;
9    SetConsoleCursorPosition(GetStdHandle(STD_OUTPUT_HANDLE), c);
10 }
```

③ 完成了颜色和光标位置的函数设计，接下来是欢迎界面的设计。欢迎界面主要是由菜单选项组成，本程序定义了 welcometogame() 函数实现游戏欢迎界面，具体代码如下。

```
1  /**
2  * 开始界面
3  */
4  void welcometogame()
5  {
6    int n;
7    int i, j = 1;
8    gotoxy(23, 2);
9
10   color(11);
11   printf(" 猜  拳  游  戏 ");
12   color(10);                              // 绿色边框
13   for (i = 6; i <= 12; i++)               // 输出上下边框---
14   {
15       for (j = 7; j <= 54; j++)           // 输出左右边框┆
16       {
17           gotoxy(j, i);
18           if (i == 6 || i == 12)
19           {
20               printf("-");
21           }
22           else if (j == 7 || j == 54)
23           {
24               printf("|");
25           }
26       }
27   }
28   color(11);
29   gotoxy(15, 8);
30   printf("1. 开始游戏 ");
31   gotoxy(35, 8);
32   printf("2. 游戏说明 ");
33   gotoxy(15, 10);
34   printf("3. 退出游戏 ");
35   gotoxy(19, 13);
36   color(12);
37   printf(" 请选择 [1 2 3]:[ ]\b\b");     //\b 为退格，使得光标处于 [] 中间
38   color(14);
39   scanf_s("%d", &n);                      // 输入选项
40   switch (n)
41   {
42   case 1:                                 // 选项 1  还没填内容，后面加
43       system("cls");
44       break;
45   case 2:                                 // 选项 2  还没填内容，后面加
46       break;
47   case 3:                                 // 选项 3  还没填内容，后面加
48       exit(0);                            // 退出游戏
49       break;
50   default:                                // 输入非 1~3 之间的选项
51       color(12);
52       gotoxy(40, 28);
53       printf(" 请输入 1~3 之间的数 !");
54       getch();                            // 输入任意键
55       system("cls");                      // 清屏
56       welcometogame();
57   }
58 }
```

21.4.4 游戏说明界面设计

① 在游戏欢迎界面中选择数字键“2”，即可进入游戏说明界面，在此界面中显示了游戏的详细说明。

本程序中定义 explation() 函数实现游戏说明设计，具体代码如下。

```
1  /*
2  *    游戏说明
3  */
4  void explation()
5  {
6    int i, j = 1;
7    system("cls");
8    color(13);
9    gotoxy(44, 3);
10   printf(" 游戏说明 ");
11   color(2);
12   for (i = 6; i <= 22; i++)                          // 输出上下边框 ===
13   {
14       for (j = 20; j <= 75; j++)                     // 输出左右边框 ||
15       {
16         gotoxy(j, i);
17         if (i == 6 || i == 22) printf("=");
18         else if (j == 20 || j == 75) printf("||");
19       }
20   }
21   color(3);
22   gotoxy(30, 8);
23   printf("tip1: 输入 0 表示出石头 ");
24   color(10);
25   gotoxy(30, 11);
26   printf("tip2: 输入 1 表示出剪子 ");
27   color(14);
28   gotoxy(30, 14);
29   printf("tip3: 输入 2 表示出布 ");
30   color(11);
31   gotoxy(30, 17);
32   printf("tip4: 赢加 10 分   平局不加不扣分   输扣 10 分 ");
33   color(4);
34   gotoxy(30, 20);
35   printf("tip5: Esc ： 退出游戏 ");
36   getch();                                           // 按任意键返回主界面
37   system("cls");
38   welcometogame();
39 }
```

② 同时修改欢迎界面 welcometogame() 函数中的 switch 选项的代码，修改代码如下。

```
1  switch (n)
2    {
3    case 1:
4        system("cls");
5        break;
6    case 2:
7        explation();                           // 新添加的代码
8        break;
9    case 3:
10       exit(0);                               // 退出游戏
11       break;
12 default:                                     // 输入非 1~3 之间的选项
13       color(12);
14       gotoxy(40, 28);
15       printf(" 请输入 1~3 之间的数 !");
16       getch();                               // 输入任意键
17       system("cls");                         // 清屏
18       welcometogame();
19   }
```

21.4.5 游戏逻辑设计

① 本程序实现的是猜拳游戏，两方对战的是计算机和人，计算机出的石头、剪子、布是随机的，在实现整个猜拳游戏逻辑之前，需要进行系统的初始化设置，具体代码如下。

```
1  /* 初始处理 */
2  void initialize()
3  {
4    win = 0;                                    // 胜利次数
5    lose = 0;                                   // 失败次数
6    draw = 0;                                   // 平局次数
7
8    srand(time(NULL));                          // 设定随机数种子
9    color(10);
10   printf("-------------!!!! 猜拳游戏开始啦 !!!------------\n");
11 }
```

② 定义 run() 函数读取 / 生成手势，具体代码如下。

```
1  /* 运行猜拳游戏（读取 / 生成手势 )*/
2  void run()
3  {
4    int i;
5
6    computer = rand() % 3;                      // 用随机数生成计算机的手势（0~2）*/
7    color(7);
8    do {
9        printf("\n\a 石头剪刀布 · · · ");
10       for (i = 0; i < 3; i++)
11           printf(" (%d)%s", i, ge[i]);
12       printf(":");
13       scanf_s("%d", &gesture);                // 读取玩家的手势
14   } while (gesture < 0 || gesture > 2);
15 }
```

③ 定义 count() 函数来输出胜利 / 平局 / 失败的次数，具体代码如下。

```
1  /* 更新胜利 / 失败 / 平局次数 */
2  void count(int result)
3  {
4    switch (result) {
5    case 0:
6        draw++;
7        break;                                  // 平局
8    case 1:
9        lose++;
10       break;                                  // 失败
11   case 2:
12       win++;
13       break;                                  // 胜利
14   }
15 }
```

④ 定义 disp_result() 函数显示结果，具体代码如下。

```
01 /* 显示判断结果 */
02 void disp_result(int result)
03 {
04   color(12);
05   switch (result) {
06   case 0:
```

```
07        puts(" 平局。");
08        score = score + 0;
09        break;                          // 平局
10    case 1:
11        puts(" 你输了。");
12        score = score-10;
13        break;                          // 失败
14    case 2:
15        puts(" 你赢了。");
16        score = score + 10;
17        break;                          // 胜利
18    }
19 }
```

⑤ 定义 result() 函数实现游戏逻辑，具体代码如下。

```
1  /*
2  *    实现游戏
3  */
4  int result()
5  {
6    int judge;                           // 胜负
7    initialize();                        // 初始处理
8    do {
9        run();                           // 运行猜拳游戏
10       color(11);
11       // 显示计算机和玩家的手势
12       printf(" 我出 %s，你出 %s。\n", ge[computer], ge[gesture]);
13       judge = (gesture - computer + 3) % 3; // 判断胜负
14       count(judge);                    // 更新胜利 / 失败 / 平局次数
15       disp_result(judge);              // 显示判断结果
16   } while (win < 3 && lose < 3);
17   exit(0);
18   return 0;
19 }
```

⑥ 同时修改欢迎界面 welcometogame() 函数中的 switch 选项的代码，修改代码如下。

```
1  switch (n)
2    {
3    case 1:
4        system("cls");
5        result();                        // 新添加的代码
6        break;
7    case 2:
8        explation();                     // 游戏说明函数
9        break;
10   case 3:
11       exit(0);                         // 退出游戏
12       break;
13   default:                             // 输入非 1~3 之间的选项
14       color(12);
15       gotoxy(40, 28);
16       printf(" 请输入 1~3 之间的数 !");
17       getch();                         // 输入任意键
18       system("cls");                   // 清屏
19       welcometogame();
20   }
21 }
```

21.4.6 显示游戏结束界面设计

如果计算机和人某一方赢 3 次，就会跳出游戏主界面，进入到游戏的结束界面。游戏界面包括显示游戏结果、得分情况（本次所得分数及与最高分相差分数）、分支选项以及一个字符画。

① 定义 File_in() 用来把游戏得分最高分存储到文件中，具体代码如下。

```
1  /**
2  * 储存最高分进文件
3  */
4  void File_in()
5  {
6  FILE* fp;
7    errno_t err;
8    err = fopen_s(&fp, "save.txt", "w+");
9    if (err != 0)                                        // 判断文件打开失败
10   {
11       printf(" 不能打开文件 \n 请按任意键结束 \n");         // 输出打开失败提示
12       getchar();                                       // 读取任意键
13       exit(0);                                         // 退出程序
14   }
15   fprintf(fp, "%d", score);                            // 把分数写进文件中
16   fclose(fp);                                          // 关闭文件
17 }
```

② 定义 File_out() 用来读取游戏得分最高分的文件中，具体代码如下。

```
1  /**
2  * 在文件中读取最高分
3  */
4  void File_out()
5  {
6  FILE* fp;
7    errno_t err;
8    err = fopen_s(&fp, "save.txt", "a+");
9    if (err != 0)                                        // 判断文件打开失败
10   {
11       printf(" 不能打开文件 \n 请按任意键结束 \n");         // 输出打开失败提示
12       getchar();                                       // 读取任意键
13       exit(0);                                         // 退出程序
14   }
15   fscanf_s(fp, "%d", &HighScore);                      // 把文件中的最高分读出来
16   fclose(fp);                                          // 关闭文件
17 }
```

③ 定义 endgame() 函数输出猜拳游戏的结果，具体代码如下。

```
1  /**
2  * 结束游戏
3  */
4  void endgame()
5  {
6    system("cls");
7    Lostdraw();
8    color(13);
9    gotoxy(40, 10);
10   printf(win == 3 ? " ★★★你赢了★★★ " : " ●●●我赢了●●● ");
11   color(5);
12   gotoxy(43, 12);
13   printf("%d 胜 %d 负 %d 平。", win, lose, draw);
14       gotoxy(37, 14);
15        printf(" 综合比赛成绩，您的得分是 %d", score);
16   if (score >= HighScore)
17   {
18       color(10);
19       gotoxy(33, 16);
20       printf(" 创纪录啦！最高分被你刷新啦，真棒 !!!");
21       File_in();             // 把最高分写进文件
22   }
23   else
24   {
25       color(10);
26       gotoxy(33, 16);
```

```
27        printf(" 继续努力吧 ~ 你离最高分还差: %d", HighScore - score);
28    }
29    choose();
30 }
```

④ 定义了 File_out() 和 endgame() 函数，那么就需要在实现游戏的 result() 函数中调用这两个函数，具体代码如下。

```
1  int result()
2  {
3    int judge;                                   // 胜负
4    initialize();                                // 初始处理
5    do {
6        run();                                   // 运行猜拳游戏
7        color(11);
8        // 显示计算机和玩家的手势
9        printf(" 我出 %s, 你出 %s。\n", ge[computer], ge[gesture]);
10       judge = (gesture - computer + 3) % 3;    // 判断胜负
11       count(judge);                            // 更新胜利 / 失败 / 平局次数
12       disp_result(judge);                      // 显示判断结果
13   } while (win < 3 && lose < 3);
14   File_out();                                  // 新添加函数
15   endgame();                                   // 新添加函数
16   exit(0);
17   return 0;
18 }
```

⑤ 定义 choose() 函数实现分支选项，选择数字“1”，会重新开始游戏，选择数字“2”，会退出游戏，实现的具体代码如下。

```
1  /**
2  * 边框下面的分支选项
3  */
4  void choose()
5  {
6    int n;
7    gotoxy(25, 23);
8    color(12);
9    printf(" 我要重新玩一局 -------1");
10   gotoxy(52, 23);
11   printf(" 不玩了，退出吧 -------2");
12   gotoxy(46, 25);
13   color(11);
14   printf(" 选择: ");
15   scanf_s("%d", &n);
16   switch (n)
17   {
18   case 1:
19       system("cls");                           // 清屏
20       score = 0;                               // 分数归零
21       welcometogame();
22       break;
23   case 2:
24       exit(0);                                 // 退出游戏
25       break;
26   default:
27       gotoxy(35, 27);
28       color(12);
29       printf("※※ 您的输入有误，请重新输入 ※※");
30       system("pause >nul");
31       endgame();
32       choose();
33       break;
34   }
35 }
```

⑥ 定义 Lostdraw() 函数实现失败界面的字符画，具体代码如下。

```
1  /**
2  * 失败界面
3  */
4  void Lostdraw()
5  {
6     int i;
7     system("cls");
8
9     gotoxy(45, 2);
10    color(15);
11    printf("\\\\\\|///");
12    gotoxy(43, 3);
13    printf("\\\\");
14    gotoxy(47, 3);
15    color(15);
16    printf(".-.-");
17    gotoxy(54, 3);
18    color(6);
19    printf("//");
20    gotoxy(44, 4);
21    color(14);
22    printf("(");
23    gotoxy(47, 4);
24    color(15);
25    printf(".@.@");
26    gotoxy(54, 4);
27    color(14);
28    printf(")");
29    gotoxy(17, 5);
30    color(11);
31    printf("+------------------------");
32    gotoxy(35, 5);
33    color(14);
34    printf("oOOo");
35    gotoxy(39, 5);
36    color(11);
37    printf("----------");
38    gotoxy(48, 5);
39    color(14);
40    printf("(_)");
41    gotoxy(51, 5);
42    color(11);
43    printf("----------");
44    gotoxy(61, 5);
45    color(14);
46    printf("oOOo");
47    gotoxy(65, 5);
48    color(11);
49    printf("-----------------+");
50    for (i = 6; i <= 19; i++)       //竖边框
51    {
52        gotoxy(17, i);
53        printf("|");
54        gotoxy(82, i);
55        printf("|");
56    }
57    gotoxy(17, 20);
58    printf("+----------------------------------");
59    gotoxy(52, 20);
60    color(14);
61    printf(" ☆☆☆〃 ");
62    gotoxy(60, 20);
63    color(11);
64    printf("----------------------+");
65 }
```

⑦ 程序的主函数 main()，具体代码如下。

```
1 /*
2 *    主函数
3 */
4 int main()
5 {
6   welcometogame();
7   result();
8   return 0;
9 }
```

至此，猜游戏代码编写完毕。

21.5 关键技术

从第 21.4 节的代码可以看到，实现游戏代码技术需要用到自定义函数、文件操作、运算符、输入输出函数、windows.h 中的 API，其中除了 API 不了解，其他的知识都是前面基础篇所学内容，这里就不再赘述，这节主要介绍用到的 windows.h 中的 API。

（1）自定义光标 gotoxy 函数命令

自定义光标 gotoxy 函数如下：

```
01 void gotoxy(int x, int y)
02 {
03   COORD c;
04   c.X = x;
05   c.Y = y;
06   SetConsoleCursorPosition(GetStdHandle(STD_OUTPUT_HANDLE), c);
07 }
```

其中的参数代表横坐标、纵坐标。接下来看函数中的内容。

- COORD 类型。COORD 是 Windows API 中定义的一种结构，表示一个字符在控制台屏幕上的坐标。它的语法格式如下：

```
typedef struct _COORD {
SHORT X; // 横坐标
SHORT Y; // 纵坐标
} COORD;
```

- SetConsoleCursorPosition 函数。它的作用是作用是设置控制台 (cmd) 光标位置，使用这个函数需要两个参数：第一个参数类型为 HANDLE，第二个参数类型为 COORD。
- GetStdHandle 函数。它的功能是获取指定的标准设备的句柄，使用 GetStdHandle 需要一个参数，参数的取值有三种，如表 21.1 所示。

表 21.1　参数取值

值	含义
STD_INPUT_HANDLE	标准输入句柄
STD_OUTPUT_HANDLE	标准输出句柄
STD_ERROR_HANDLE	标准错误句柄

本案例代码选择的是 STD_OUTPUT_HANDLE。

（2）自定义颜色 color 函数

本案例使用的是自定义颜色函数，代码如下：

```
01 int color(int c)
02 {
03   SetConsoleTextAttribute(GetStdHandle(STD_OUTPUT_HANDLE), c);      // 更改文字颜色
04   return 0;
05 }
```

这段函数中，最关键的函数是 SetConsoleTextAttribute 函数。它是 Windows 系统中一个可以设置控制台窗口字体颜色和背景色的函数，语法格式如下：

```
BOOL SetConsoleTextAttribute(HANDLE consolehwnd, WORD wAttributes);
```

参数说明

- consolehwnd：consolehwnd 相当于 GetStdHandle(nStdHandle); 是返回标准的输入、输出或错误的设备的句柄，也就是获得输入、输出 / 错误的屏幕缓冲区的句柄。其中 nStdHandle 可以是如表 21.2 所示的值。

表 21.2　nStdHandle 替换的值

值	含义
STD_INPUT_HANDLE	标准输入的句柄
STD_OUTPUT_HANDLE	标准输出的句柄
STD_ERROR_HANDLE	标准错误的句柄

- WORD wAttributes：用来设置颜色的参数，颜色数值如表 21.3 所示。

表 21.3　颜色的常量值

数值	含义	数值	含义
0	黑色	8	灰色
1	蓝色	9	亮蓝色
2	绿色	10	亮绿色
3	湖蓝色	11	亮湖蓝色
4	红色	12	亮红色
5	紫色	13	亮紫色
6	黄色	14	亮黄色
7	白色	15	亮白色

小结

通过本章案例的学习，了解 Windows 中的 API。了解输出文字、符号的位置是可以改变的，用到了自定义的光标函数；并且也可以改变控制台背景、文字的颜色。本案例结合了很多基础知识点，例如 switch…case 语句、全局变量、指针、数组，还结合了文件操作，用来保存游戏记录，当刷新记录时，会自动更新文件中的最高分数。

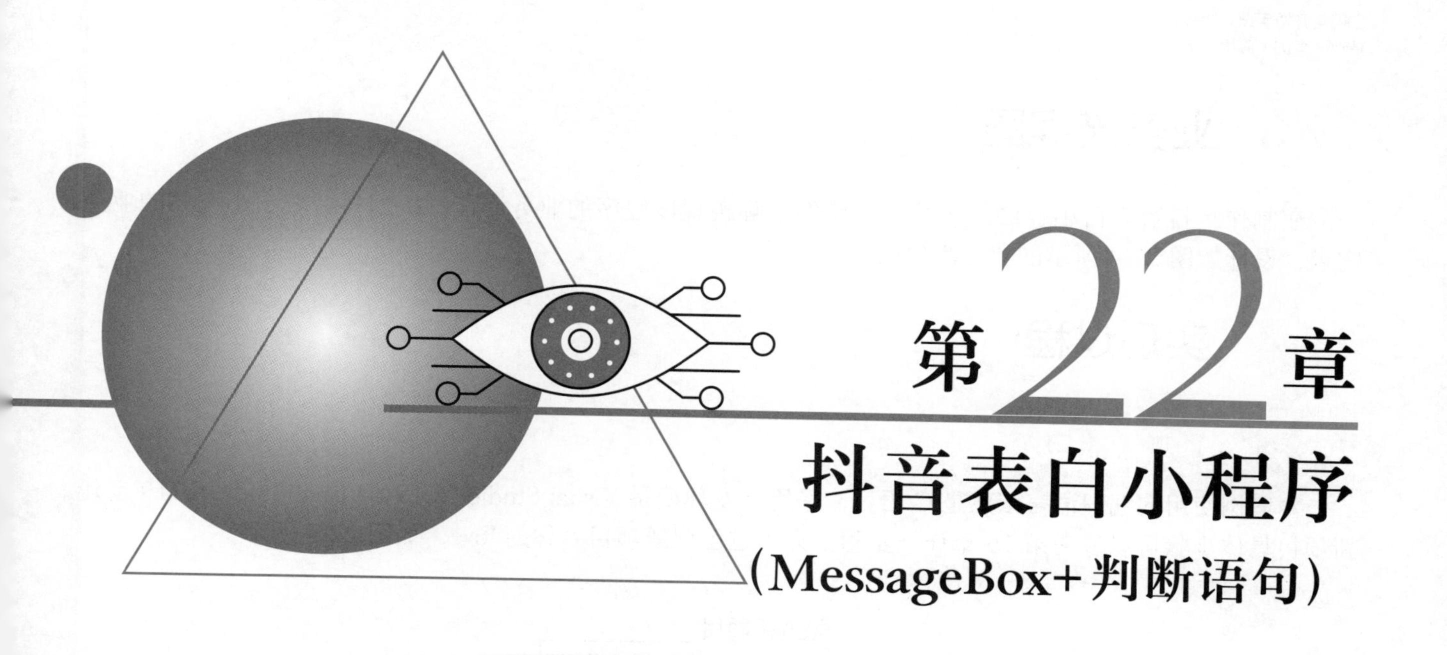

第22章 抖音表白小程序（MessageBox+判断语句）

父母的爱是无私的、是伟大的。而作为孩子，也要表达自己对父母的爱，本案例制作一个抖音表白程序，大胆表达对父母的爱。

22.1 案例效果预览

本章案例最终实现的是表白小程序。运行程序，就会跳出如图22.1所示的界面。

当点击按钮“是”，就会跳出如图22.2所示的界面。

当点击按钮“否”，就会跳出如图22.3所示的界面。

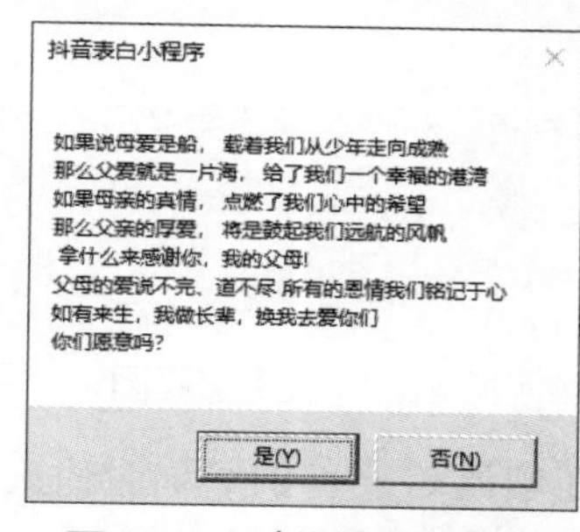

图22.1 对父母表白爱主界面

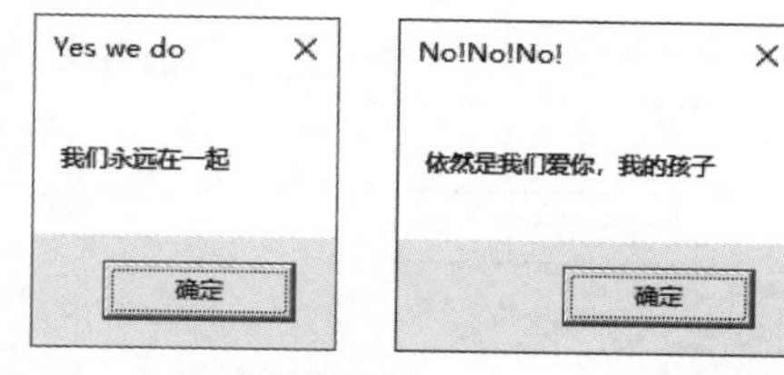

图22.2 同意界面 图22.3 不同意界面

22.2 案例准备

操作系统：Windows 7或Windows 10。

语言：C语言。

开发环境：Viusal Studio 2019。

22.3 业务流程图

在制作“抖音表白小程序”之前，需要先了解实现该程序的业务流程。根据抖音表白小程序的业务需求，设计如图 22.4 所示的业务流程图。

22.4 实现过程

22.4.1 创建新项目

本案例使用的编程语言依然是 C 语言，采用开发环境是 Visual Studio 2019，Visual Studio 2019 创建新项目具体步骤可以参考第 15 章详细步骤。只不过创建新项目名称为 love，如图 22.5 所示。

图 22.4 业务流程图

图 22.5 创建新项目

在创建 C 文件的名称时输入“love.c”，如图 22.6 所示。

这样就添加了一个 C 文件，如图 22.7 所示。

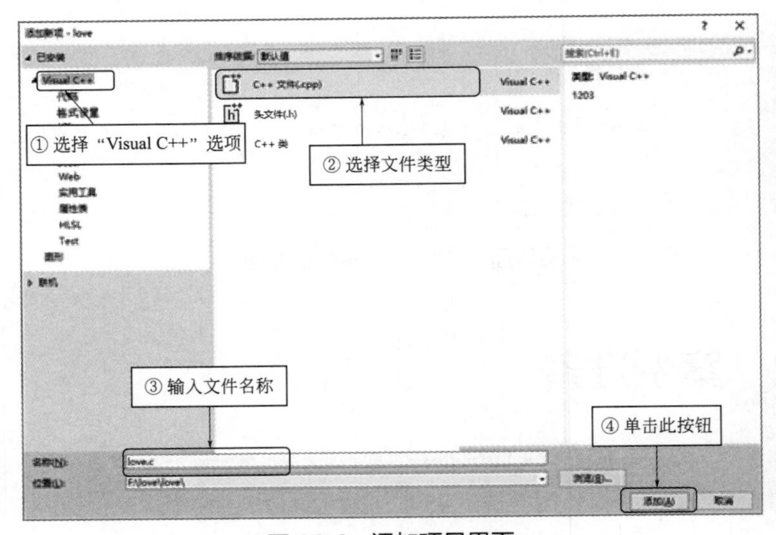

图 22.6 添加项目界面

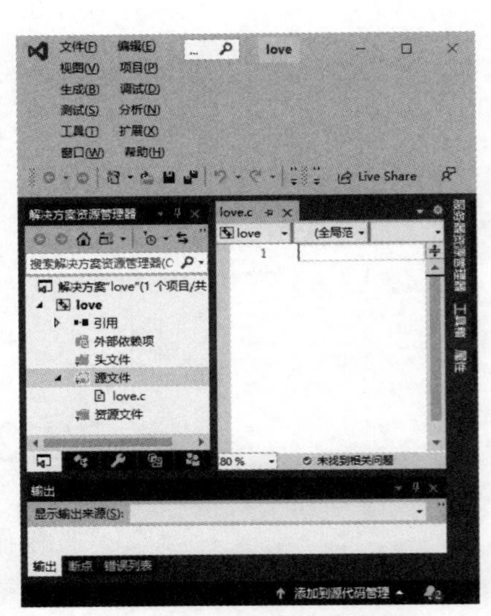

图 22.7 完成添加 C 文件

22.4.2 导入函数库

从案例预览效果来看，需要输出一个静态对话框，那么就需要导入 windows.h 函数库。因此，导入函数库具体代码如下：

```
#include<windows.h>
```

22.4.3 设置表白对话框

如果想要输出静态对话框，需要使用 MessageBox() 函数，实现代码如下：

```
int result = MessageBox(NULL, TEXT("如果说母爱是船，载着我们从少年走向成熟\n那么父爱就是一片海，给了我们一个幸福的港湾\n如果母亲的真情，点燃了我们心中的希望\n那么父亲的厚爱，将是鼓起我们远航的风帆\n 拿什么来感谢你，我的父母！\n父母的爱说不完、道不尽 所有的恩情我们铭记于心\n如有来生，我做长辈，换我去爱你们\n你们愿意吗？ "), TEXT("抖音表白小程序"), MB_YESNO);
```

代码中的表白话语根据自己的喜爱可以任意修改。

说明

关于 MessageBox() 函数会在第 22.6 节介绍。

22.4.4 按钮“是”对话框

在第 22.4.3 节中设置了表白对话框，弹出的对话框有“是”和“否”两个按钮，这小节来设计一下点击“是”之后弹出的对话框。

既然是选择，一定会用到条件选择语句，这里采用 switch…case 语句。选择“是”之后跳出的对话框如图 22.8 所示。

图 22.8 “是”界面

从图 22.8 所示的界面来看，有标题“Yes we do”，有提示句“我们永远在一起”，实现的具体代码如下：

```
01 switch (result)
02   {
03   case IDYES:
04         MessageBox(NULL, TEXT("我们永远在一起"), TEXT("Yes we do"), MB_OK);
05    break;
06        }
```

22.4.5 按钮“否”对话框

如果选择“否”按钮，跳出的界面如图 22.9 所示。

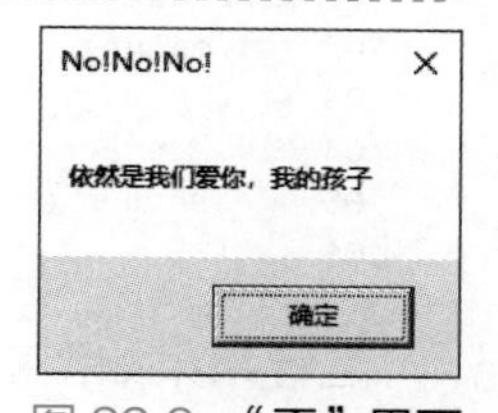

图 22.9 “否”界面

从图 22.9 所示的界面来看，标题是“No!No!No!”，提示句是“依然是我们爱你，我的孩子”。实现的代码需要写到 switch 语句内，代码如下：

```
01 switch (result)
02   {
03   case IDYES:
04         MessageBox(NULL, TEXT("Yes we do"), TEXT("我们永远在一起"), MB_OK);
05         break;
06   case IDNO:
07         MessageBox(NULL, TEXT("依然是我们爱你，我的孩子"), TEXT("No!No!No!"), MB_OK);
08         break;
09   }
```

22.5 关键技术

从第 22.4 节可以看出，本案例最关键技术就是 windows.h 函数库中的 MessageBox() 函数，本节就来介绍 MessageBox() 函数。

MessageBox() 函数的功能是用于创建、显示并操作一个消息对话框。它的语法格式如下：

```
int MessageBox(HWND  hWnd,LPCTSTR lpText,LPCTSTR lpCaption,UINT  uType);
```

参数说明

hWnd（类型是 HWND）：要创建的消息框的所有者窗口的句柄。如果此参数为 NULL，则消息框没有所有者窗口。

lpText（类型是 LPCTSTR）：要显示的消息。如果字符串由多行组成，则可以使用每行之间的回车符和 / 或换行符分隔行。

lpCaption（类型是 LPCTSTR）：对话框标题。如果此参数为 NULL，则默认标题为“错误”。

uType（输入：UINT）：对话框的内容和行为。此参数可以是来自如表 22.1 和表 22.2 所示的值。

表 22.1 是指示消息框中显示的按钮，请指定以下值之一。

表 22.1 指示消息框中显示的按钮

值	含义
MB_ABORTRETRYIGNORE	消息框包含三个按钮：Abort，Retry 和 Ignore
MB_CANCELTRYCONTINUE	消息框包含三个按钮：取消，再试一次，继续。使用此消息框类型而不是 MB_ABORTRETRYIGNORE
MB_HELP	在消息框中 添加“ 帮助”按钮。当用户单击“ 帮助”按钮或按 F1 时，系统会向所有者发送 WM_HELP 消息
MB_OK	消息框包含一个按钮：确定。这是默认值
MB_OKCANCEL	消息框包含两个按钮：确定和取消
MB_RETRYCANCEL	消息框包含两个按钮：重试和取消
MB_YESNO	消息框包含两个按钮：是和否
MB_YESNOCANCEL	消息框包含三个按钮：是，否和取消

例如，选择用 MB_OKCANCEL 按钮，代码如下：

```
01 #include<windows.h>
02 int main()
03 {
04     MessageBox(NULL, TEXT(" 你来选择吧 !"), TEXT(" 我是标题 "), MB_OKCANCEL);
05     return 0;
06 }
```

运行结果如图 22.10 所示。

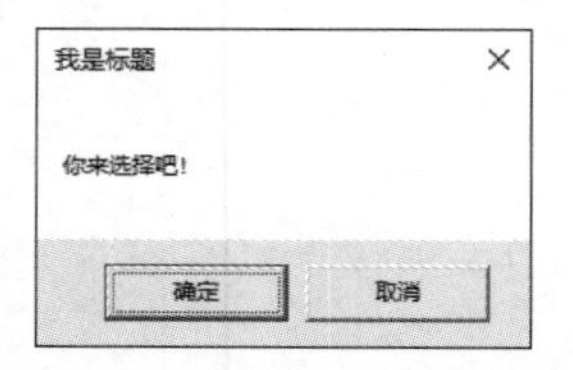

图 22.10 确定、取消按钮

不仅可以选择这些常规的按钮形式，还可以在消息框中显示图标，如表 22.2 所示，可以指定以下值之一。

表 22.2 **指示消息框中显示的图标**

值	含义
MB_ICONEXCLAMATION 或 MB_ICONWARNING	消息框中会出现一个惊叹号图标
MB_ICONINFORMATION 或 MB_ICONASTERISK	消息框中将出现一个由圆圈中的小写字母 i 组成的图标
MB_ICONQUESTION	消息框中会出现一个问号图标
MB_ICONSTOP 或 MB_ICONERROR 或 MB_ICONHAND	消息框中会出现一个停止标志图标

例如：选择用 MB_ICONEXCLAMATION，具体代码如下：

```
01 #include<windows.h>
02 int main()
03 {
04     MessageBox(NULL, TEXT(" 你来选择吧 !"), TEXT(" 我是标题 "), MB_ICONEXCLAMATION);
05     return 0;
06 }
```

运行结果如图 22.11 所示。

再例如：选择用 MB_ICONASTERISK，具体代码如下：

```
01 #include<windows.h>
02 int main()
03 {
04     MessageBox(NULL, TEXT(" 你来选择吧 !"), TEXT(" 我是标题 "), MB_ICONASTERISK);
05     return 0;
06 }
```

运行结果如图 22.12 所示。

说明

还有很多按钮形式，由于篇幅问题，这里就不再一一列举，如想了解，请自行查阅资料。

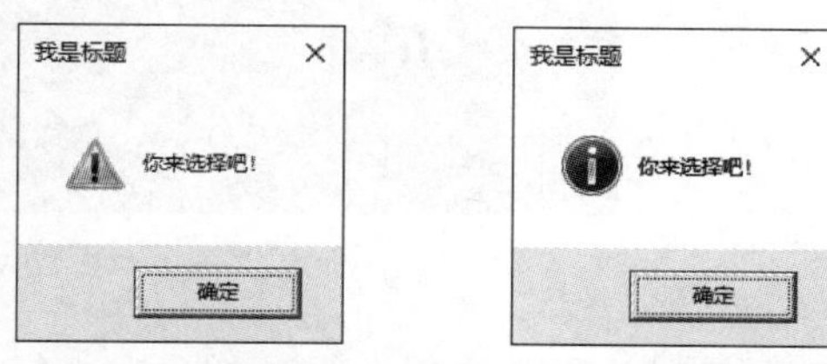

图 22.11 **显示叹号** 图 22.12 **圆圈中的小写字母 i**

小结

通过本章案例的学习，了解 windows.h 函数库中的 MessageBox() 函数，学会了可以使用 MessageBox() 函数输出一个对话框，也巩固了对条件语句 switch…case 语句的使用。大家可以动手通过这个函数以及基础知识做出更有意思的小程序。

全方位沉浸式学C语言
见此图标 微信扫码

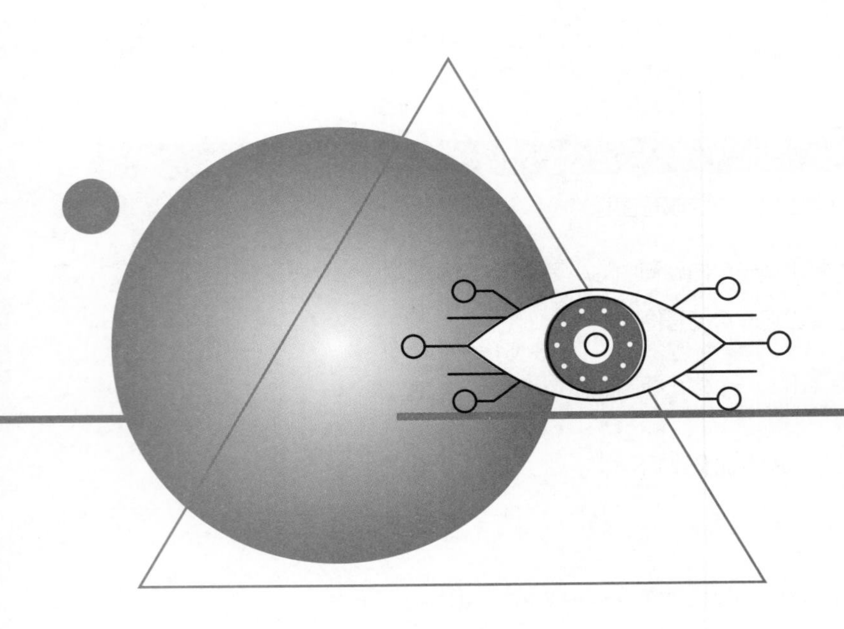

第23章 弹幕来喽（文件 +windows.h 函数库 + 自定义函数）

弹幕是大家看网络在线视频时发表评论的一种形式，如图 23.1 所示的视频界面上的文字就是弹幕（文字是流动的）。如果观众想发弹幕，首先需要单击下面的“发条弹幕，证明你来过”，然后输入想发的文字，最后按 <Enter> 键，这样屏幕上就会出现所发的一条弹幕。

图 23.1　发送弹幕

但是，如果观众想发很多弹幕，一句句输入太麻烦了，怎么样才可以自动发送弹幕呢？本案例就来制作这样一个小程序，自动刷弹幕。

23.1　案例效果预览

本章案例最终实现的功能是自动发送弹幕。本案例效果预览如下：运行程序，出现如图 23.2 所示的界面。

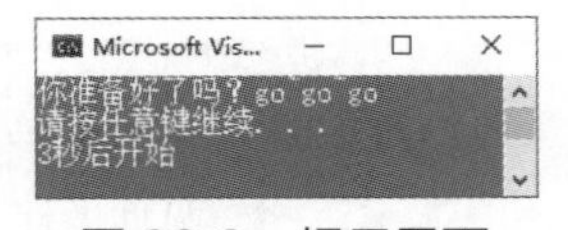

图 23.2　提示界面

当运行完程序，单击视频界面中的“发条弹幕，证明你来过”，3s之后就会看到自己的弹幕。

23.2 案例准备

操作系统：Windows 7 或 Windows 10。

语言：C 语言。

开发环境：Viusal Studio 2019。

视频：喜欢的任意在线视频（能发弹幕的在线视频）。

文本文件编辑器：Notepad++（如果乱码，需要用Notepad++修改格式，修改为ANSI格式）。

23.3 业务流程图

在制作“自动刷弹幕”程序之前，需要先了解实现该程序的业务流程。根据自动刷弹幕的业务需求，设计如图23.3所示的业务流程图。

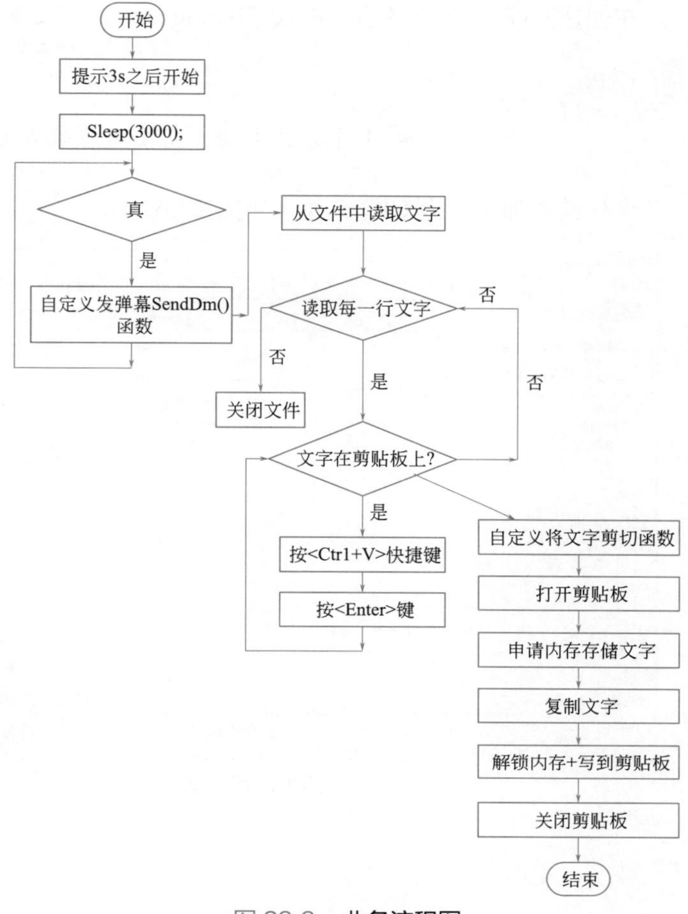

图 23.3 业务流程图

23.4 实现过程

23.4.1 创建新项目

本案例使用的编程语言是 C 语言，采用的开发环境是 Visual Studio 2019。在 Visual Studio 2019 中创建新项目的具体步骤可以参考第 15 章的详细步骤，只不过在创建新项目名称时输入“barrage”，如图 23.4 所示。

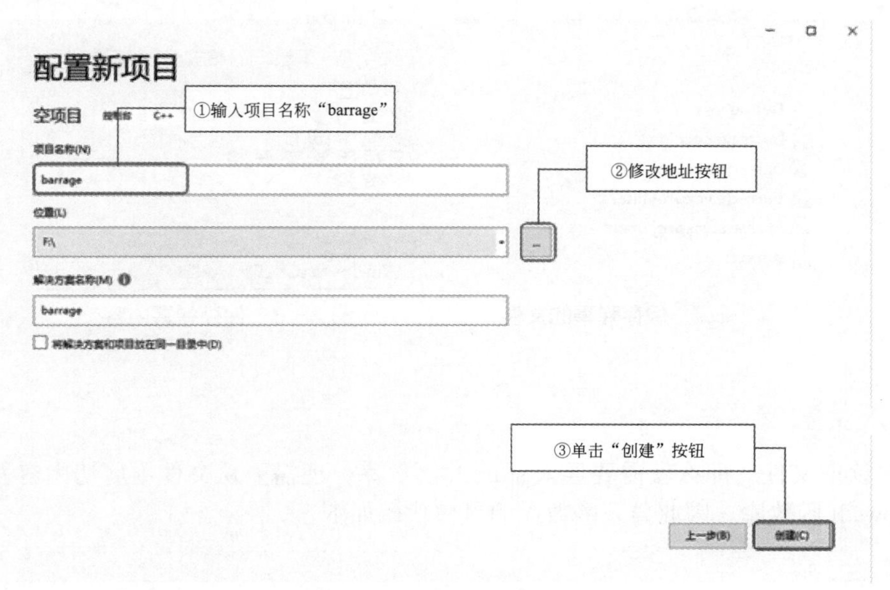

图 23.4 创建新项目

在创建 CPP 文件的名称时输入“barrage.cpp”，如图 23.5 所示。

说明

> 因为这里需要用到 bool 类型，需要用后缀名为 .cpp 的代码。

这样就添加了一个 CPP 文件，如图 23.6 所示。

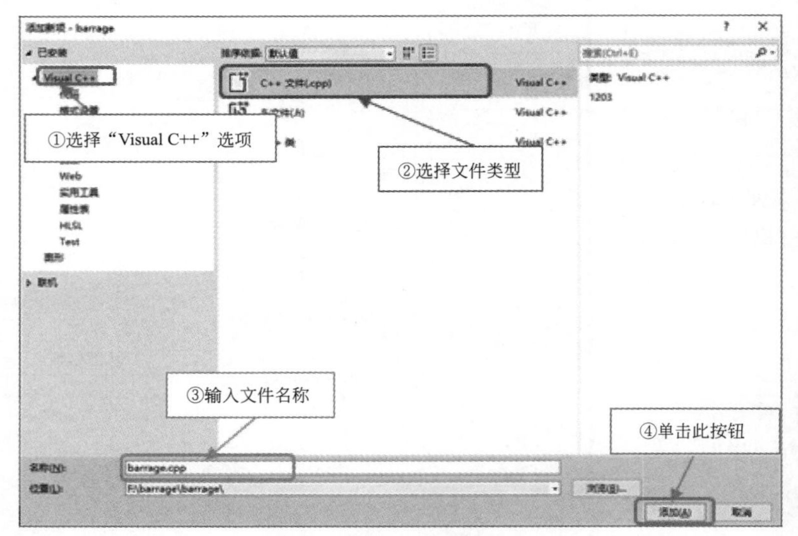

图 23.5 添加项目界面

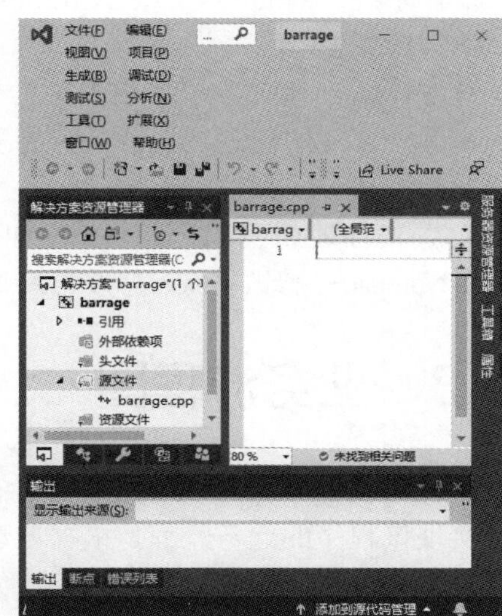

图 23.6 完成添加 CPP 文件

23.4.2 创建弹幕内容

自动刷弹幕，就需要创建一个保存弹幕内容的文件，这里需要在项目文件夹中创建一个保存弹幕的文件 dm.txt。如图 23.7 所示。

dm.txt 中可以保存自己喜欢的话语，如图 23.8 所示。

图 23.7 保存弹幕的文件

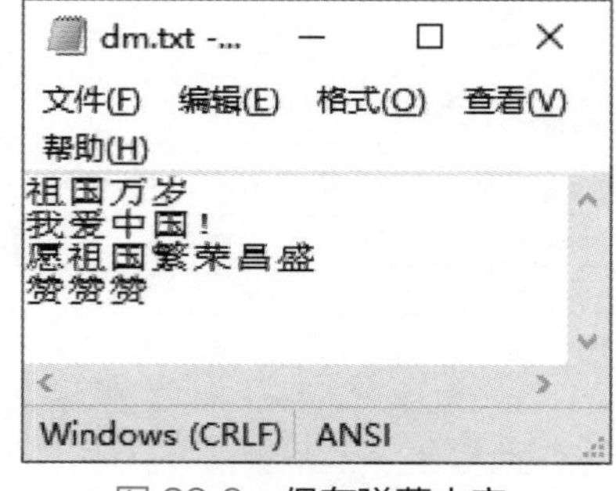

图 23.8 保存弹幕内容

23.4.3 导入函数库

本案例需要读取文件，那么就需要导入 stdio.h 函数库；还需要从文件中剪切内容发送弹幕，那么就需要导入 windows.h 函数库。因此导入函数库的具体代码如下。

```
1 #include <stdio.h>
2 #include<windows.h>
```

23.4.4 将指定内容拷贝到剪贴板上

从案例的业务流程图中可以看出，实现发送弹幕的时候，需要将 dm.txt 文件的弹幕内容拷贝到剪贴板中（相当于按 <Ctrl+C> 快捷键复制一条条弹幕），然后再按 <Ctrl+V> 快捷键粘贴到在线视频可以发弹幕的对话框中。本小节实现的功能是将弹幕内容拷贝到剪贴板中，实现代码如下。

```
3 // 把指定内容拷贝到剪贴板
4 bool copy_Bord(const char* data, int len)
5 {
6   // 打开剪贴板
7   if (OpenClipboard(NULL))
8   {
9       // 清空剪贴板
10       EmptyClipboard();
11       // 申请一块内存 ,GMEM_DDESHARE 用于不同数据交换数据用
12       // 返回的是内存资源的句柄
13       HGLOBAL clipBuffer = GlobalAlloc(GMEM_DDESHARE, len + 1);
14       // 把 clipBuffer 锁定这块内存，返回这个内存的起始地址
15       char* buff = (char*)GlobalLock(clipBuffer);
16       // 拷贝字符串
17       strcpy(buff, data);
18       // 解锁指定内存
19       GlobalUnlock(clipBuffer);
20       // 写到剪贴板
21       SetClipboardData(CF_TEXT, clipBuffer);
22       // 关闭剪贴板
23       CloseClipboard();
24       return true;
25   }
26   else
27   {
28       return false;
29   }
30 }
```

从代码中可以看到，需要自定义一个返回 bool 值的 copy_Bord() 函数。在该函数中，判断是否能打开剪贴板，如果能，清空剪贴板，申请内存，拷贝字符串，锁定内存，写到剪贴板内，最后关闭剪贴板，返回 true；如果不能打开剪贴板，直接返回 false。

说明

代码中的陌生函数会在第 23.5 节中介绍。

23.4.5 实现发弹幕

弹幕内容已经拷贝到剪贴板上了，接下来就是发送弹幕，也需要自定义一个 SendDm() 函数，实现的具体代码如下。

```
31 // 发送弹幕
32 void SendDm()
33 {
34   // 从文件中读取信息
35   FILE* fp; // 文件指针，用来读写文件
36   fp = fopen("dm.txt", "r");
37   if (fp == NULL)
38   {
39       printf(" 打开文件: %s 失败 ", FILE_NAME);
40       return;
```

```
41   }
42   char buff[1024];
43
44   // 从文件读一行保存到 buff
45   while (fgets(buff, sizeof(buff), fp))
46   {
47       while (!copy_Bord(buff, strlen(buff) - 1)) {}
48       //==if(copy2Bord(buff, strlen(buff) - 1))break;
49       // 单击一次
50       mouse_event(MOUSEEVENTF_LEFTDOWN | MOUSEEVENTF_LEFTUP, 0, 0, 0, 0);
51       //VK_CONTRO 表示 ctrl 键按下, KEYEVENT_KEYUP 表示抬起
52       keybd_event(VK_CONTROL, 0, 0, 0);//Ctrl 键按下
53       keybd_event('V', 0, 0, 0);//V 键按下
54       keybd_event('V', 0, KEYEVENTF_KEYUP, 0);//V 键抬起
55       keybd_event(VK_CONTROL, 0, KEYEVENTF_KEYUP, 0);//Ctrl 键抬起
56       keybd_event(VK_RETURN, 0, 0, 0);//Enter 键按下
57       keybd_event(VK_RETURN, 0, KEYEVENTF_KEYUP, 0);//Enter 键抬起
58       memset(buff, 0, sizeof(buff)); // 清内存
59       Sleep(6000);
60   }
61   fclose(fp);
62 }
```

在函数中，首先读取弹幕文件，在循环中调用 copy_Bord() 函数，将弹幕内容拷贝到剪贴板上，然后获取键盘上的 <Ctrl+V> 键粘贴，再获取键盘上的 <Enter> 键发送，这样就实现了发送弹幕（在线视频不允许无间断发送弹幕，因此这里用 Sleep() 函数间隔 6s 发送），最后将文件关闭。

说明

代码中的陌生函数会在第 23.5 节中介绍。

23.4.6 main() 函数

第 23.4.4、23.4.5 小节已经设计了基本功能，接下来就是写 main() 函数，具体代码如下。

```
63 int main()
64 {
65   printf(" 你准备好了吗? go~go~go\n");
66   system("pause");
67   printf("3 秒后开始 \n");
68   Sleep(3000);
69   while (1)
70   {
71       SendDm();
72   }
73   return 0;
74 }
```

在 main() 函数中，利用无限循环发送弹幕，程序强制终止，才停止发送弹幕。

23.5 关键技术

从第 23.4.4、23.4.5 节中看到了很多陌生函数，它们都在 windows.h 函数库中，本节就来介绍这几个陌生的函数。

（1）OpenClipboard() 函数

OpenClipboard() 函数的功能是打开剪贴板，语法格式如下。

```
BOOL OpenClipboard(HWND hWndNewOwner);
```

参数说明

- hWndNewOwne：Long 类型，与打开剪贴板相关联的窗口句柄。如果这个参数为 NULL，打开剪贴板与当前任务相关联。
- 返回值：如果打开了剪贴板，则返回非零值；如果其他应用程序或窗口已经打开了剪贴板，则返回零值。

（2）EmptyClipboard() 函数

EmptyClipboard() 函数的功能是清空剪贴板并释放剪贴板内数据的句柄，语法格式如下。

```
BOOL EmptyClipboard(void);
```

此函数无参数。

如果函数成功，返回非零值，否则返回零值。

（3）GlobalAlloc() 函数

GlobalAlloc() 函数的功能是从堆中分配一定数目的字节数，语法格式如下。

```
HGLOBAL GlobalAlloc(UINTuFlags, DWORDdwBytes);
```

参数说明

- UINTuFlags：表示分配属性（方式），它可以是如表 23.1 所示中的值。

表 23.1 分配属性

值	含义
GMEM_FIXED	分配固定的内存，返回值是一个指针
GMEM_ZEROINIT	将所申请内存初始化为 0
GMEM_DDESHARE	这个标识是为与 16 位 Windows 兼容而提供的，实现不同应用程序之间互相交换数据和控制的技术

- DWORDdwBytes：指定要申请的字节数。

（4）GlobalLock() 函数

GlobalLock() 函数的功能是锁定内存中指定的内存空间，并返回一个地址值，令其指向内存空间的起始处。语法格式如下。

```
GlobalLock(HGLOBAL hMem );
```

参数说明

- hMem：全局内存对象句柄。该句柄由函数 GlobalAlloc() 或 GlobalReAlloc() 返回。

（5）GlobalUnlock() 函数

GlobalUnlock() 函数的功能是解除锁定的内存空间，使指向该内存空间的指针无效。利用 GlobalLock() 函数锁定的内存，一定要用 GlobalUnlock() 函数解锁。语法格式如下。

```
BOOL GlobalUnlock(HGLOBAL hMem);
```

参数说明

- hMem：全局内存对象的句柄。

（6）SetClipboardData() 函数

SetClipboardData() 函数的功能是把指定数据按照指定格式放入剪贴板中，语法格式如下。

```
HANDLE SetClipboardData(UINT uFormat,HANDLE hMem);
```

参数说明

- uFormat：用来指定要放到剪贴板中的数据的格式，可以替换成如表 23.2 所示的格式。

表 23.2 数据格式

值	含义
CF_DIB	DIB 图片，它包含一个 BITMAPINFO 结构
CF_DIF	软件领域的数据交换格式
CF_PALETTE	调色板
CF_PENDATA	计算数据
CF_RIFF	表示更复杂的音频数据，可以被表示为一个 CF_WAVE 的标准波形格式
CF_SYLK	微软符号链接（SYLK）格式
CF_TEXT	ANSI 文本格式。回车 / 换行（CR-LF）组合表示换行使用此格式为 ANSI 文本
CF_WAVE	表示标准电波格式之一
CF_TIFF	TIFF 标记图像文件格式
CF_UNICODETEXT	Unicode 文本格式

- hMem：指定具有指定格式的数据的句柄，该参数可以是空。

（7）CloseClipboard() 函数

CloseClipboard() 函数的功能是关闭剪贴板，它的语法格式如下。

```
BOOL CloseClipboard(void)
```

此函数无参数。

如果函数执行成功，返回非零值；如果函数执行失败，返回零值。

（8）mouse_event() 函数

mouse_event() 函数的功能是综合鼠标移动和按键单击，它的语法格式如下。

```
void mouse_event(DWORD dwFlags, DWORD dx, DWORD dy,DWORD dwData,ULONG_PTR dwExtraInfo);
```

参数说明

- dwFlags：标志位集，指定单击按键和鼠标动作的多种情况。此参数可以是如表 23.3 所示值的某种组合。

表 23.3 标志位集

值	含义
MOUSEEVENTF_ABSOLUTE	dx 和 dy 参数含有规范化的绝对坐标。如果不设置，这些参数含有相对数据：相对于上次位置的改动位置
MOUSEEVENTF_MOVE	表示鼠标移动
MOUSEEVENTF_LEFTDOWN	表示鼠标左键按下
MOUSEEVENTF_LEFTUP	表示鼠标左键松开
MOUSEEVENTF_RIGHTDOWN	表示鼠标右键按下
MOUSEEVENTF_RIGHTUP	表示鼠标右键松开
MOUSEEVENTF_MIDDLEDOWN	表示鼠标中键按下
MOUSEEVENTF_MIDDLEUP	表示鼠标中键松开
MOUSEEVENTF_WHEEL	表示鼠标轮被滚动，滚动的数量由 dwData 给出

- dx：指定鼠标沿 x 轴的绝对位置或者从上次鼠标事件产生以来移动的数量，依赖于 MOUSEEVENTF_ABSOLUTE 的设置。给出的绝对数据作为鼠标的实际 x 坐标；给出的相对数据作为移动的 mickeys

数。一个 mickey 表示鼠标移动的数量，表明鼠标已经移动。

- dy：指定鼠标沿 y 轴的绝对位置或者从上次鼠标事件产生以来移动的数量，依赖于 MOUSEEVENTF_ABSOLUTE 的设置。给出的绝对数据作为鼠标的实际 y 坐标；给出的相对数据作为移动的 mickeys 数。
- dwData：如果 dwFlags 为 MOUSEEVENTF_WHEEL，则 dwData 指定鼠标轮移动的数量。正值表明鼠标轮向前转动，即远离用户的方向；负值表明鼠标轮向后转动，即朝向用户。一个轮击定义为 WHEEL_DELTA，即 120。如果 dwFlags 不为 MOUSEEVENTF_WHEEL，则 dWData 应为零。
- dwExtralnfo：指定与鼠标事件相关的附加 32 位值。应用程序调用函数 GetMessageExtraInfo() 来获得此附加信息。

（9）keybd_event() 函数

keybd_event() 函数的功能是合成一次击键事件，它的语法格式如下。

```
void keybd_event(BYTE bVk, BYTE bScan,DWORD dwFlags,DWORD dwExtralnfo);
```

参数说明

- bVk：定义一个虚拟键码。键码值必须在 1 ～ 254 之间。
- bScan：定义该键的硬件扫描码。
- dwFlags：定义函数操作的各个方面的一个标志位集。应用程序可使用如下一些预定义常数的组合设置标志位。
- KEYEVENTF_EXTENDEDKEY：若指定该值，则扫描码前一个值为 OXEO（224）的前缀字节。
- KEYEVENTF_KEYUP：若指定该值，该键将被释放；若未指定该值，该键将被按下。
- dwExtralnfo：定义与击键相关的附加的 32 位值。

例如：

```
keybd_event(VK_CONTROL, 0, 0, 0);                    //Ctrl 键按下
keybd_event(VK_CONTROL, 0, KEYEVENTF_KEYUP, 0);      //Ctrl 键抬起
```

（10）memset() 函数

memset() 函数的功能是清除内存，它的语法格式如下。

```
void *memset(void *buffer, int c, int count);
```

参数说明

- buffer：为指针或是数组。
- c：是赋给 buffer 的值。
- count：是 buffer 的长度。

小结

通过本章案例的学习，了解了 windows.h 函数库中的 10 个函数，可以利用这些函数实现将某个内容拷贝到剪贴板上；还学会了如何控制键盘，实现了获取 <Ctrl+V> 快捷键、<Enter> 键，而且还巩固了文件操作。本案例也比较有趣，希望大家能学会此案例。

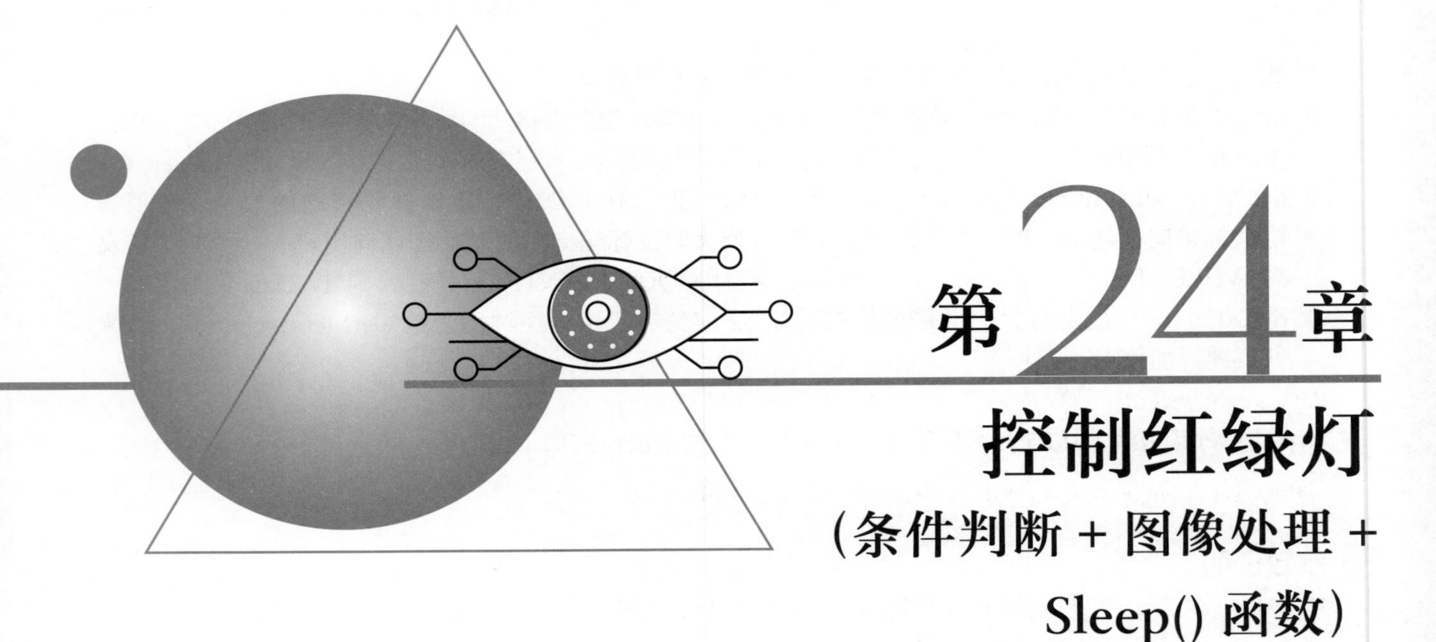

第24章 控制红绿灯（条件判断 + 图像处理 + Sleep() 函数）

红绿灯是交通信号灯，用来指挥车辆行禁情况。红绿灯一般由红灯、绿灯、黄灯构成，红灯表示禁止通行，绿灯表示准许通行，黄灯表示警示。通常，红绿灯会设置在道路的路口处，用来控制哪个方向车辆行禁。有了红绿灯控制车辆，避免了很多交通事故，让城市道路上的车辆井然有序。

本案例模拟控制红绿灯，当在控制台上输入“红灯亮”，则红灯过 3s 之后就会亮；当输入“绿灯亮”，则绿灯过 3s 之后就会亮；当输入“黄灯亮”，则黄灯过 3s 之后就会亮；当输入有误时，提示输入有误。

24.1 案例效果预览

本章案例最终实现的功能是控制红绿灯，运行程序，当输入“红灯亮”时，如图 24.1 所示，3s 之后红灯就会亮。

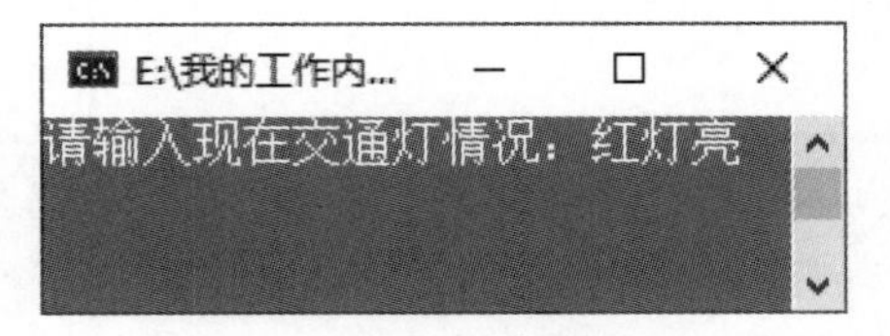

图 24.1 输入“红灯亮”情况

当输入“绿灯亮”时，如图 24.2 所示，3s 之后绿灯就会亮。

当输入“黄灯亮”时，如图 24.3 所示，3s 之后黄灯就会亮。

当输入有误时，如图 24.4 所示，就会输出如图 24.5 所示的错误提示。

图 24.2　输入“绿灯亮”情况

图 24.3　输入“黄灯亮”情况

图 24.4　输入错误情况

图 24.5　错误提示

24.2　案例准备

操作系统：Windows 7 或 Windows 10。
语言：C 语言。
开发环境：Viusal Studio 2019。
第三方工具：EasyX 插件。

24.3　业务流程图

在制作“控制红绿灯”程序之前，需要先了解实现该程序的业务流程。根据控制红绿灯的业务需求，设计如图 24.6 所示的业务流程图。

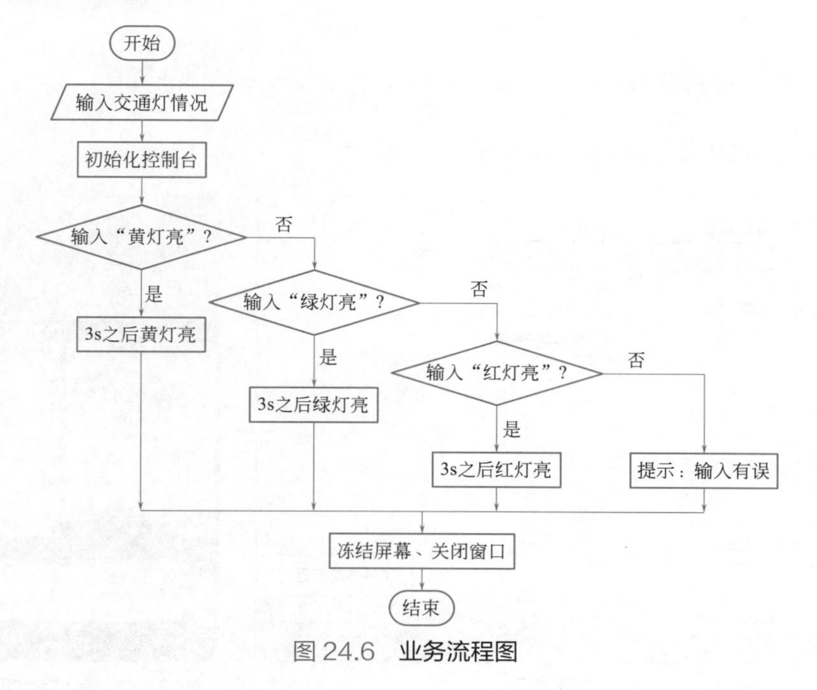

图 24.6　业务流程图

24.4　实现过程

24.4.1　创建新项目

本案例使用的编程语言是 C 语言，采用的开发环境是 Visual Studio 2019。在 Visual Studio 2019 中创建新项目的具体步骤可以参考第 15 章的详细步骤，只不过在创建新项目名称时输入“light”，如图 24.7 所示。

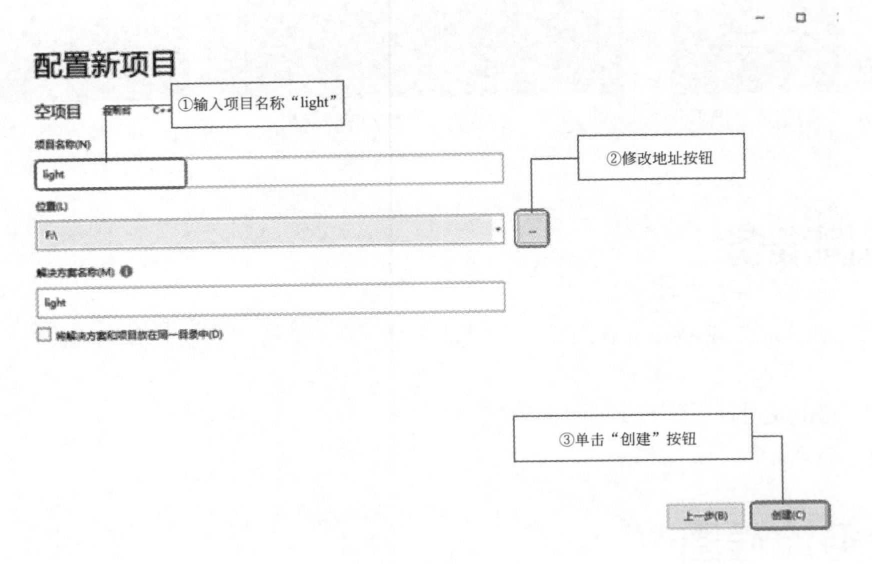

图 24.7　创建新项目

在创建 CPP 文件的名称时输入“light.cpp”，如图 24.8 所示。

说明

因为这里需要用到 EasyX 插件，需要用后缀名为 .cpp 的代码。

这样就添加了一个 CPP 文件，如图 24.9 所示。

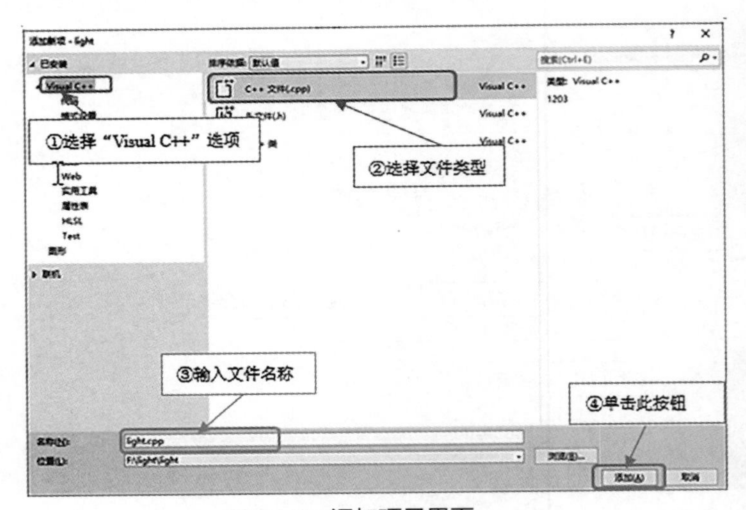

图 24.8　添加项目界面

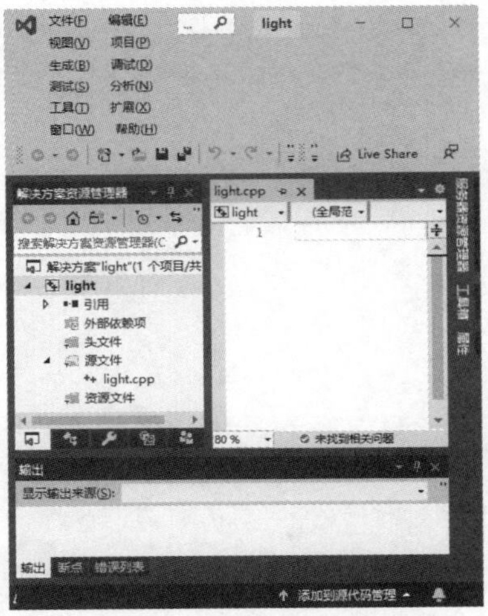

图 24.9　完成添加 CPP 文件

EasyX 插件的安装和使用请参照第 20 章内容。

24.4.2　导入函数库

从业务流程图可以看出，需要输入交通灯情况，那么就需要 stdio.h 函数库；需要显示红灯亮状态，那么就需要 graphcs.h 函数库；需要比较输入的字符串情况，那么就需要 string.h 函数库；最终想看到结果，就需要 system() 函数冻结屏幕，那么就需要 windows.h 函数库。此外，因为 Visual Studio 2019 有安全性检测，因此需要在 #include<stdio.h> 前面加入代码来解决安全性检测问题。

因此，具体代码如下。

```
1 #define _CRT_SECURE_NO_WARNINGS
2 #include<graphics.h>
3 #include<windows.h>
4 #include<stdio.h>
5 #include<string.h>
```

24.4.3 定义变量及初始化窗口

以下代码在 main() 函数中编写。

本案例中要求输入红绿灯情况，需要定义变量并输入；还需要初始化窗口。实现代码如下。

```
6 char s[30];
7 printf(" 请输入现在交通灯情况: ");
8 scanf("%s", &s);
9 initgraph(300, 400);
10 setbkcolor(WHITE);
11 cleardevice();
```

24.4.4 显示红绿灯初始状态

如果想要显示红绿灯初始状态，那么就需要将图片放在项目的文件夹内，如笔者将图片放在了如图 24.10 所示的文件中。

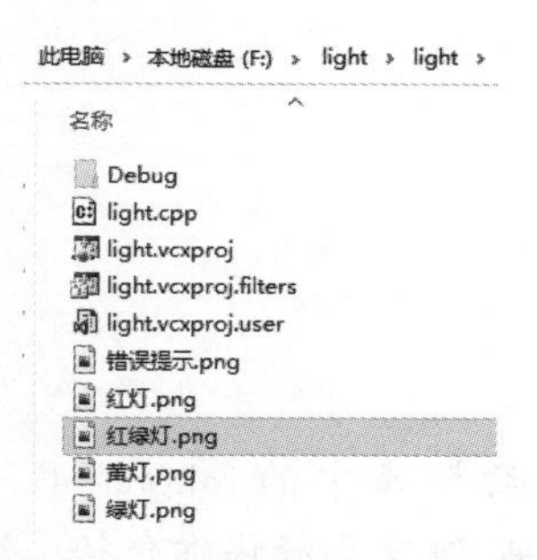

图 24.10 将图片放在文件夹内

到目前为止，红绿灯图片已经准备好，接下来就是在程序中获取图片，需要使用 loadimage、putimage 函数。在使用这两个函数之前，需要使用 IMAGE 创建几个图像对象，具体代码如下。

```
12 IMAGE img1, img2, img3, img4, img5;                    // 定义图片对象
13 loadimage(&img1, _T(" 红绿灯 .png"));                  // 从文件中读取图片
14 putimage(50, 65, &img1);                               // 在当前设备上绘制指定图像
```

24.4.5 根据输入显示红绿灯状态

从案例效果预览中可以看到，输入状态，根据状态控制红绿灯中哪个颜色的灯亮，这需要使用 if…else if…else 语句，实现的具体代码如下。

```
15 if (strcmp(s, "黄灯亮") == 0)                    // 判断输入的是黄灯亮
16   {
17       Sleep(3000);                                // 等待 3 秒
18       loadimage(&img2, _T("黄灯.png"));           // 黄灯亮
19       putimage(80, 118, &img2);                   // 黄灯放在对应位置
20   }
21   else if (strcmp(s, "红灯亮") == 0)              // 判断输入的是红灯亮
22   {
23       Sleep(3000);
24       loadimage(&img3, _T("红灯.png"));           // 红灯亮
25       putimage(85, 75, &img3);                    // 红灯放在对应位置
26   }
27   else if (strcmp(s, "绿灯亮") == 0)              // 判断输入的是绿灯亮
28   {
29       Sleep(3000);
30       loadimage(&img4, _T("绿灯.png"));           // 绿灯亮
31       putimage(85, 165, &img4);                   // 绿灯放在对应位置
32   }
33   else                                            // 都不是状态
34   {
35       loadimage(&img5, _T("错误提示.png")); // 错误
36       putimage(20, 50, &img5);
37   }
```

24.4.6 冻结屏幕以及关闭绘制窗口

以上内容已经将基本功能都实现了。程序的最后，需要冻结屏幕，绘制图像完成后，也需要将窗口关闭，因此，实现的具体代码如下。

```
38 system("pause");  // 冻结屏幕
39   closegraph();   // 关闭绘制窗口
```

至此，控制红绿灯的代码编写完毕。

24.5 关键技术

说明

本章的关键技术 graphics.h 函数库中的 initgraph()、setbkcolor()、cleardevice()、loadimage()、putimage()、closegraph() 函数，在第 20 章已经详细介绍，这里不再赘述。

除了 graphics.h 函数库中的函数，本案例还用到了 if…else if…else 添加判断关键技术。这个内容在第 5 章已经详细介绍，本节来巩固一下。

if…else if…else 语句的一般形式如下。

```
if(表达式1) 语句块1
else if(表达式2) 语句块2
else if(表达式3) 语句块3
  ……
else if(表达式m) 语句块m
else 语句块n
```

语句的执行流程图如图 24.11 所示。

根据图 24.11 可知，首先对 if 语句中的表达式 1 进行判断，如果结果为真值，则执行后面跟着的语

句块 1，然后跳过 else if 语句和 else 语句；如果结果为假，那么判断 else if 语句中的表达式 2。如果表达式 2 为真值，那么执行语句块 2 而不会执行后面 else if 的判断或者 else 语句。当所有的判断都不成立，也就是都为假值时，执行 else 后的语句块。

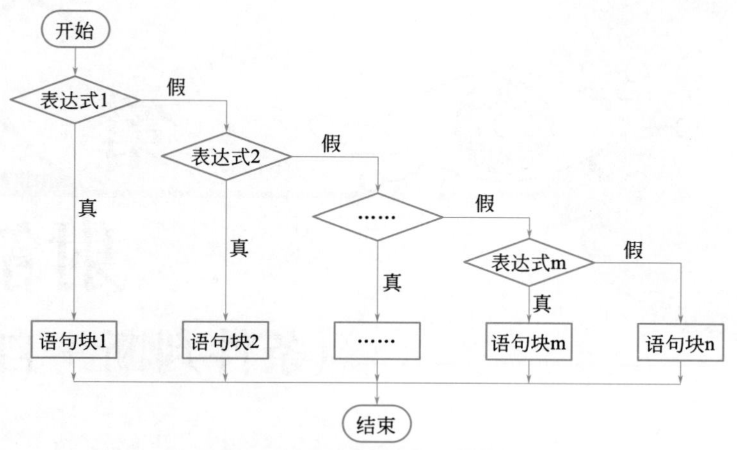

图 24.11 **语句的执行流程图**

小结

通过本章案例的学习，不仅巩固了 graphics.h 函数库中的函数，而且还巩固了条件判断语句。利用所学知识能做出与生活相关的“热点”案例，为学习编程寻找成就感。

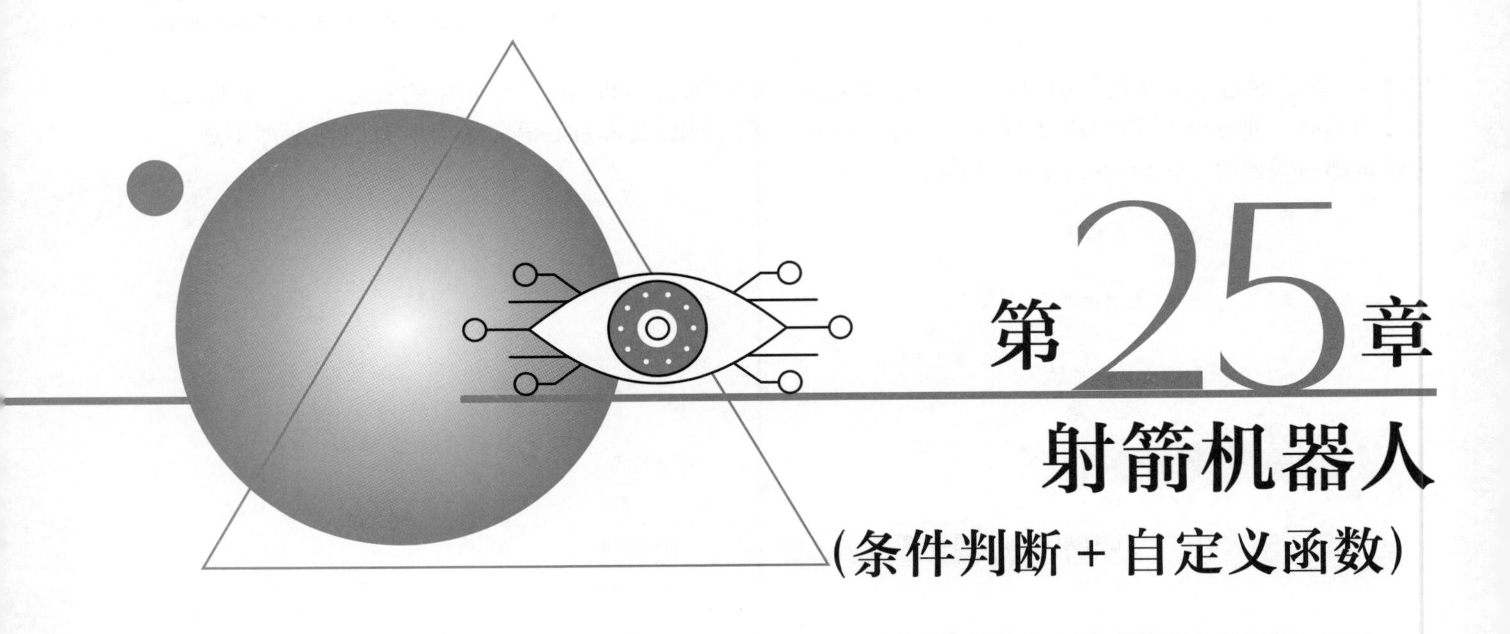

第25章 射箭机器人（条件判断＋自定义函数）

射箭是一项体育运动。射箭最初用于打猎和战争，经过慢慢演变，如今变成了一项运动，并且在奥运会上也有射箭项目。射箭一般需要有三种基本物品，即弓、箭以及箭靶，如图 25.1 所示。本章就利用程序根据用户输入的射箭环数判断射箭的等级。

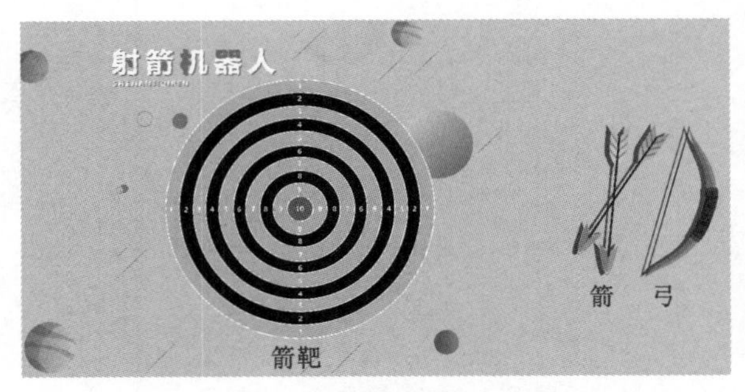

图 25.1　射箭三大基本物件

射箭游戏是用弓将箭射出并射中预定目标，打在箭靶上。射箭比赛的胜负是以运动员射中箭靶目标的环数计算的，命中箭靶越靠近中心，得的环数越高（箭靶上的 1，2，3…数字）。射箭运动员瞄准目标时，用执弓臂握住弓，再用拉弦手向后拉弓弦，直到满弓点，注视瞄准具，然后射靶。

本案例将射中环数制作了一个等级，等级划分如下。

- 射中 10 环：优秀。
- 射中 7 ～ 9 环：良好。
- 射中 6 环：及格。
- 射中 1 ～ 5 环：不及格。
- 未射中：再接再厉。

注意

等级划分纯属虚构，只为做案例，不代表任何赛事。

25.1 案例效果预览

本案例效果预览如下。

① 当射中 10 环，如图 25.2 所示。

② 当射中 8 环，如图 25.3 所示。

③ 当射中 6 环，如图 25.4 所示。

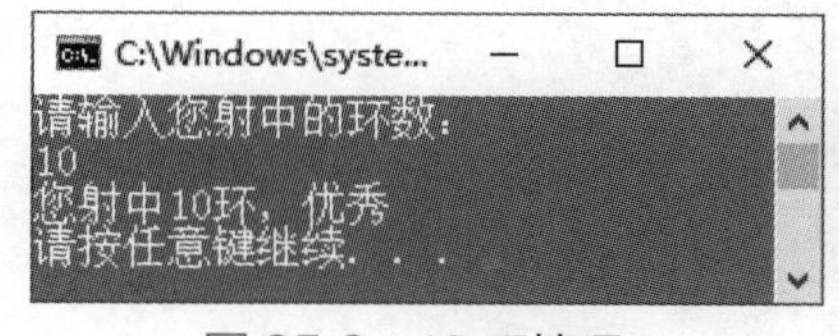

图 25.2　10 环情况

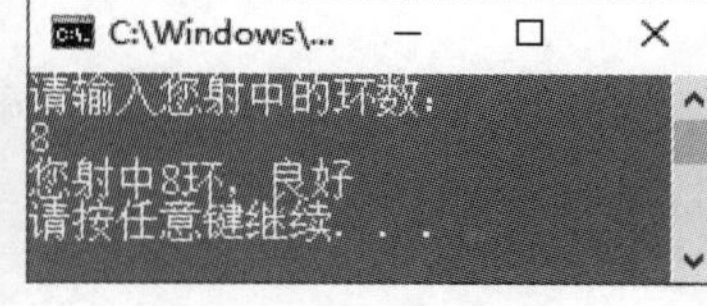

图 25.3　8 环情况

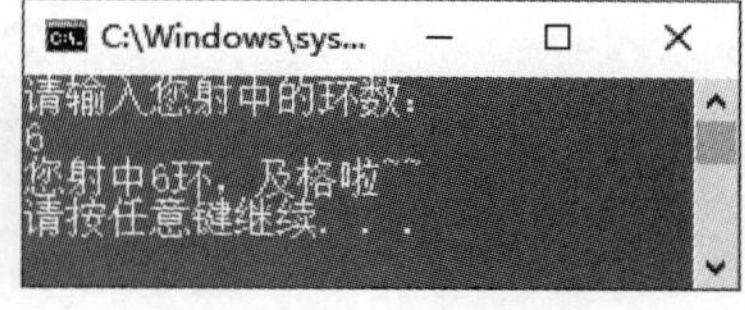

图 25.4　6 环情况

④ 当射中 4 环，如图 25.5 所示。

⑤ 脱靶情况如图 25.6 所示。

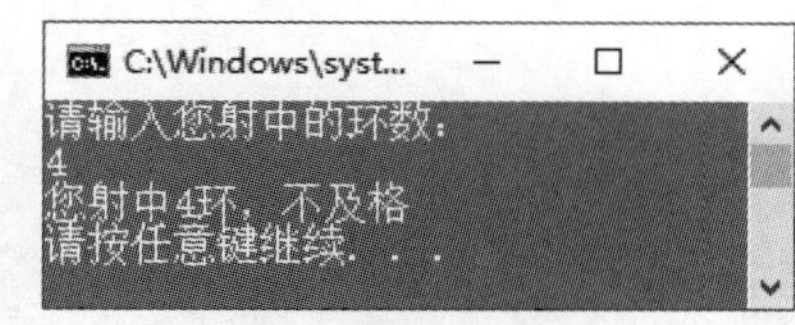

图 25.5　4 环情况

图 25.6　脱靶情况

25.2 案例准备

操作系统：Windows 7、Windows 10。

语言：C 语言。

开发环境：Viusal Studio 2019。

25.3 业务流程图

在制作“射箭机器人”程序之前，需要先了解实现该程序的业务流程。根据射箭机器人的业务需求，设计如图 25.7 所示的业务流程图。

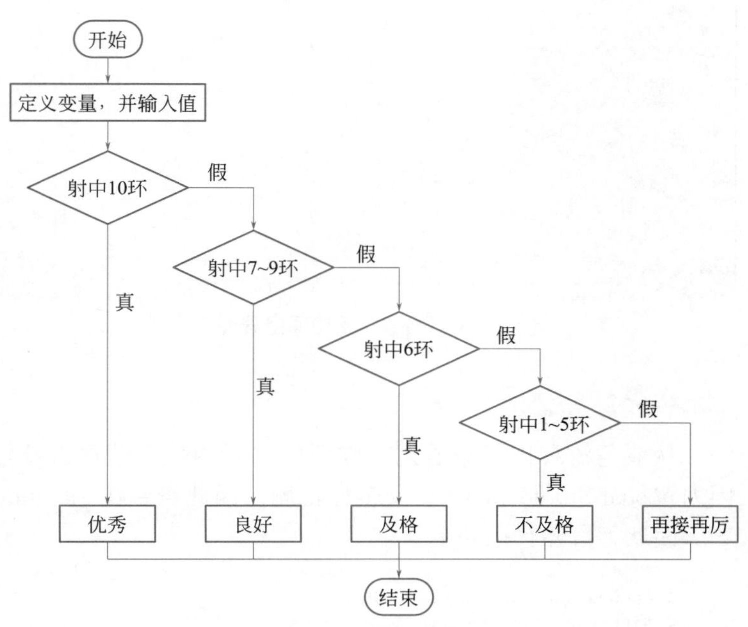

图 25.7　业务流程图

25.4 实现过程

25.4.1 创建新项目

本案例使用的编程语言是 C 语言，采

用的开发环境是 Visual Studio 2019。在 Visual Studio 2019 中创建新项目的具体步骤可以参考第 15 章的详细步骤，只不过在创建新项目名称时输入“shoot”，如图 25.8 所示。

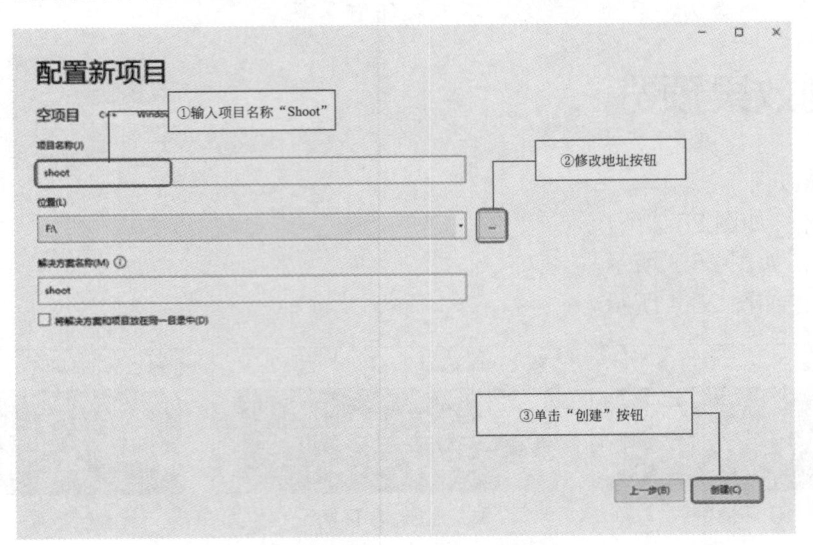

图 25.8　创建新项目

在创建 C 文件的名称时输入“shoot.c”，如图 25.9 所示。

这样就添加了一个 C 文件，如图 25.10 所示。

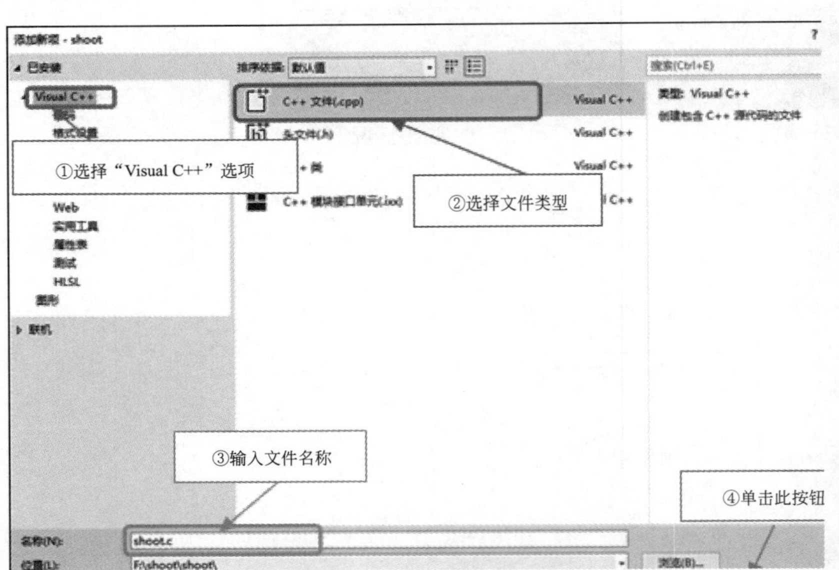

图 25.9　添加项目界面

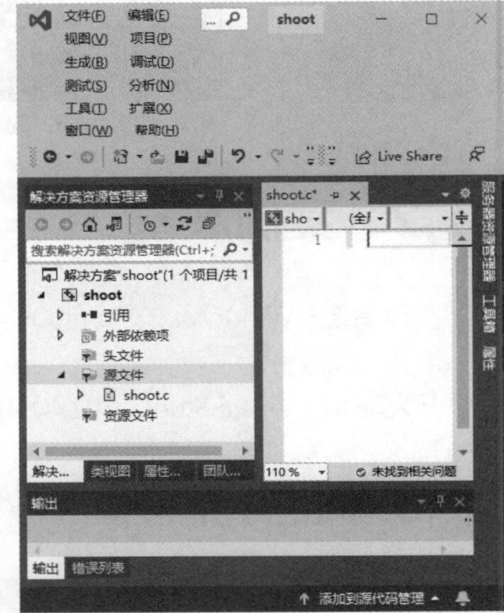

图 25.10　完成添加 C 文件

25.4.2　导入函数库

从业务流程图可以看出，需要输入射中几环情况以及输出结果，那么就需要 stdio.h 函数库。此外，因为 Visual Studio 2019 有安全性检测，因此需要在 #include<stdio.h> 前面加入代码来解决安全性检测问题。因此，具体代码如下。

```
1 #define _CRT_SECURE_NO_WARNINGS
2 #include<stdio.h>
```

25.4.3 中靶等级划分

本案例中将中靶环数分成了等级，等级如下。

- 射中 10 环：优秀。
- 射中 7 ～ 9 环：良好。
- 射中 6 环：及格。
- 射中 1 ～ 5 环：不及格。
- 未射中：再接再厉。

从等级情况，可以自定义一个函数，在函数中采用 if…else if…else 语句。实现的代码如下。

```
3 void shoot(int loop)
4 {
5
6     if (loop == 10)                          // 比较射中的环数是否等于 10
7     {
8         printf(" 您射中 10 环，优秀 \n");      // 如果是 10，输出提示
9     }
10    else if (loop >= 7 && loop <= 9)         // 比较射中的环数是否在 7~9 之间
11    {
12        printf(" 您射中 %d 环，良好 \n", loop);  // 如果是，输出提示
13    }
14    else if (loop == 6)                      // 比较射中的环数是否等于 6
15    {
16        printf(" 您射中 6 环，及格啦 ~~\n");    // 如果是 6，输出提示
17    }
18    else if (loop >= 1 && loop <= 5)         // 比较射中的环数是否在 1~5 之间
19    {
20        printf(" 您射中 %d 环，不及格 \n", loop); // 如果是，输出提示
21    }
22    else                                     // 如果以上条件都不是
23    {
24        printf(" 您脱靶啦，再接再厉 ~~\n");     // 输出提示信息
25    }
26
27 }
```

25.4.4 输入射中环数

第 25.4.3 小节已经将中靶等级进行了划分，本小节就实现输入射中的环数，也是本案例程序的入口函数（即 main() 函数），代码如下。

```
28 int main()
29 {
30     int loop;
31     printf(" 请输入您射中的环数：\n");
32     scanf("%d", &loop);              // 输入变量
33     shoot(loop);// 调用中靶等级划分函数
34 }
```

小结

本案例制作的是“射箭机器人”，采用的关键技术是 if…else if…else 条件判断语句，巩固了条件语句的使用。笔者只是用这一种形式编写了这个功能，其实，还可以使用 if 语句嵌套、switch…case 语句来实现，感兴趣的读者可以用另外两种方式实现。希望通过本章的学习，可以看出条件判断语句的重要性。

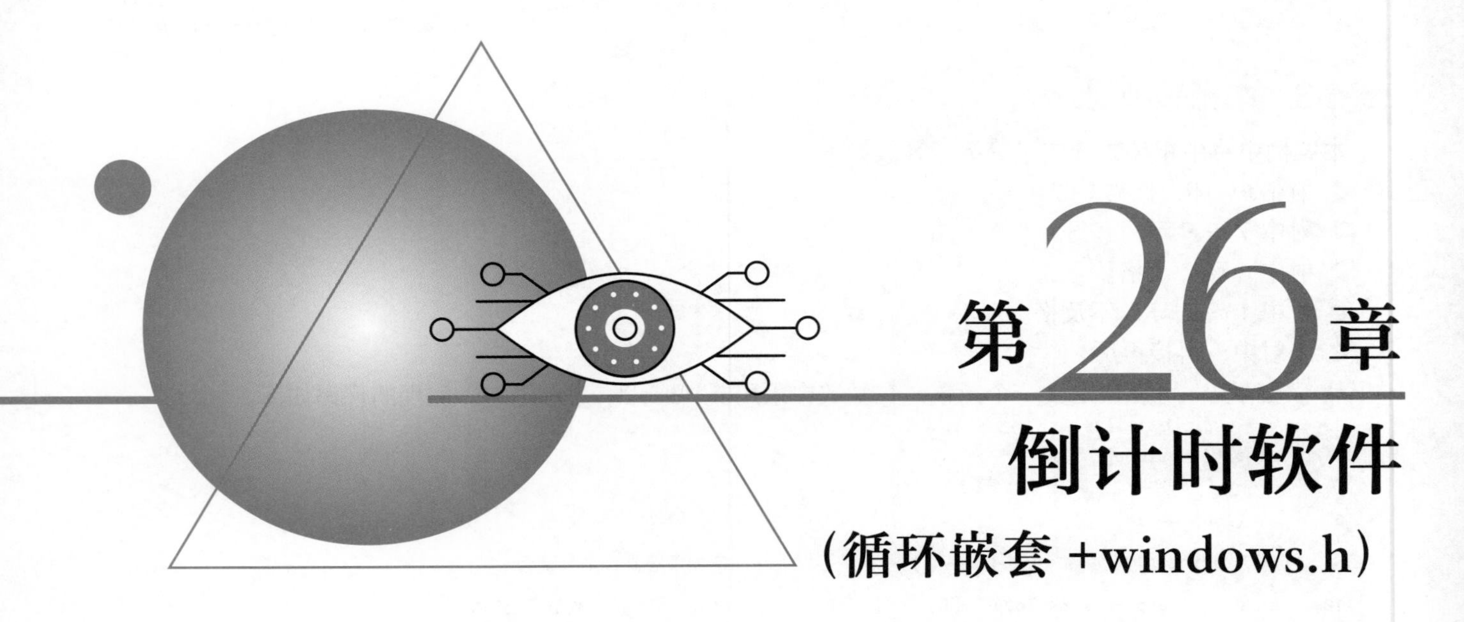

第26章 倒计时软件（循环嵌套+windows.h）

生活中，常常会遇到做某件事时，需要进行倒计时。例如，限定1min内，做俯卧撑比赛。这里的限定“1min”就可以采用倒计时，在秒表上设置1min，然后按开始键进入倒计时。

倒计时软件一般由用户自己设置倒计时开始的时间，然后软件从这个时间开始倒计时。本案例就来模拟制作一个倒计时软件，用户输入倒计时时间（如01:26:30），输入完后进行倒计时输出。

26.1 案例效果预览

最终本案例实现的效果如图26.1所示。

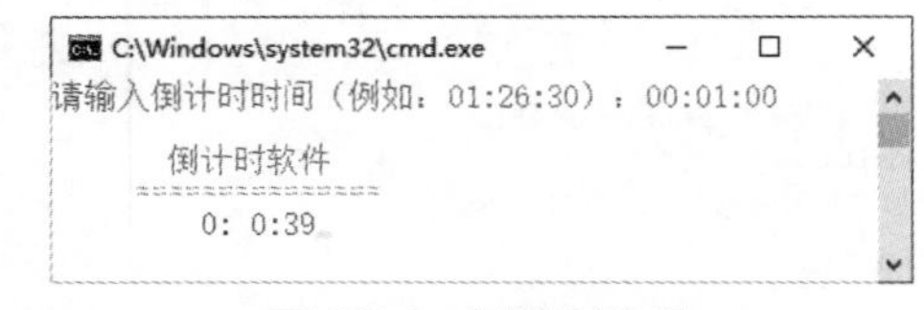

图26.1 倒计时软件

注意

为了倒计时软件的美观，增加了颜色设置。

26.2 案例准备

操作系统：Windows 7或Windows 10。
语言：C语言。
开发环境：Viusal Studio 2019。

26.3　业务流程图

在制作“倒计时软件”之前，需要先了解实现该软件的业务流程。根据倒计时软件的业务需求，设计如图 26.2 所示的业务流程图。

26.4　实现过程

26.4.1　创建新项目

本案例使用的编程语言是 C 语言，采用的开发环境是 Visual Studio 2019。在 Visual Studio 2019 中创建新项目的具体步骤可以参考第 15 章的详细步骤，只不过在创建新项目名称时输入“CountDown”，如图 26.3 所示。

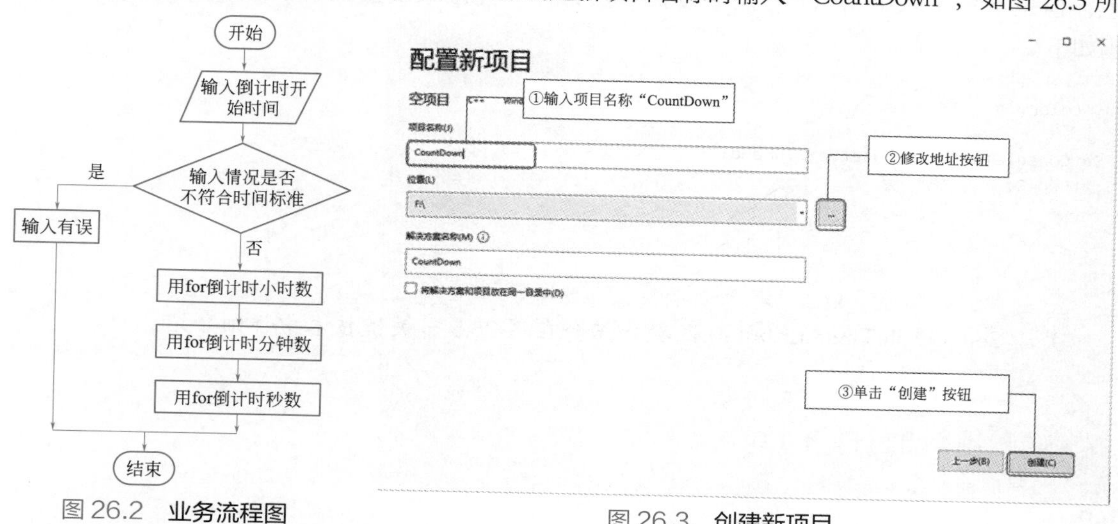

图 26.2　业务流程图

图 26.3　创建新项目

在创建 C 文件的名称时输入“CountDown.c”，如图 26.4 所示。

这样就添加了一个 C 文件，如图 26.5 所示。

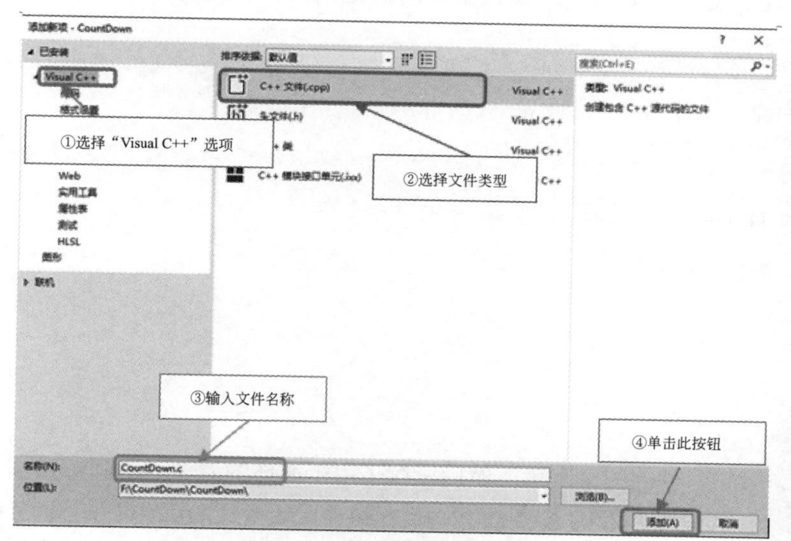

图 26.4　添加项目界面

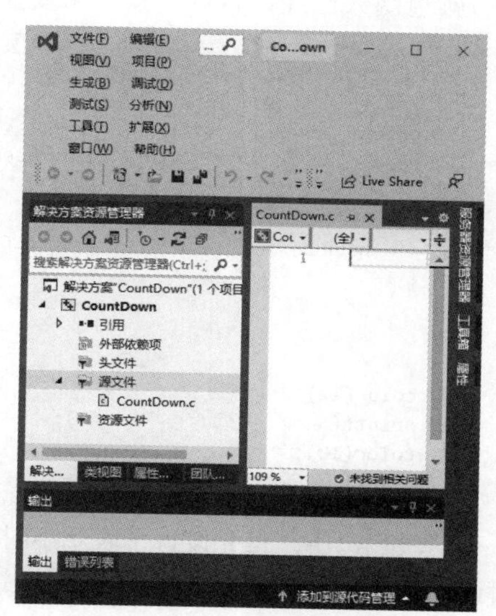

图 26.5　完成添加 C 文件

26.4.2 导入函数库

从业务流程图可以看出，需要输入倒计时开始时间、输出倒计时，那么就需要 stdio.h 函数库；为了美观，使用了颜色函数，那么就需要 windows.h 函数库。此外，因为 Visual Studio 2019 有安全性检测，因此需要在 #include<stdio.h> 前面加入代码来解决安全性检测问题。因此，具体代码如下。

```
1 #define _CRT_SECURE_NO_WARNINGS
2 #include<stdio.h>
3 #include<windows.h>
```

26.4.3 自定义颜色函数

为了美观，本案例还设置了颜色函数。第 15 章曾经介绍过，可以使用 system() 函数来设置背景色和文字颜色，但是本章不采用 system() 函数设置，换另外一种方式设置文字颜色，需要自定义一个颜色函数，代码如下。

```
4 int color(int c)
5 {
6   SetConsoleTextAttribute(GetStdHandle(STD_OUTPUT_HANDLE), c);      // 更改文字颜色
7   return 0;
8 }
```

说明

关于 SetConsoleTextAttribute() 函数知识会在第 26.5 节关键技术中详细介绍。

26.4.4 输入倒计时开始时间

说明

以下代码在 main() 函数中编写。

颜色函数已经设置好，接下来要实现的功能是提示用户输入倒计时开始时间，代码如下。

```
9  int hour = 0, min = 0, sec = 0; // 定义变量分别表示小时、分钟、秒
10 int i, j, k; // 用于循环
11 printf(" 请输入倒计时时间（例如：01:26:30）："); // 提示输入的情况
12 scanf("%d:%d:%d", &hour, &min, &sec); // 输入开始倒计时的时间
13 // 判断输入的情况，小时输入的错误范围是大于 24 或小于 0，分钟输入的错误范围是大于 60 或小于 0，秒输入的错误范围是大于 60
     或小于 0
14 if (hour > 24 || hour < 0 || min>60 || min < 0 || sec>60 || sec < 0)
15 {
16     printf(" 输入有误 !\n"); // 满足，则提示输入错误
17     return 0;
18 }
19 color(12); // 红色
20 printf("\n      倒计时软件 \n");
21 color(10); // 绿色
22 printf("    ===============\n");
```

这段代码中，首先设置了表示小时、分钟、秒的三个变量，然后设置了用于循环的 i、j、k 三个变量，最后通过一个 if 语句判断输入的时间格式。在代码中判断的条件是“hour > 24 || hour < 0 || min>60 || min < 0 || sec>60 || sec < 0”，这个条件是反例，是不符合时间的输入情况，即如果小时输入的范围是大于 24 或小于 0，

或者分钟输入的范围是大于 60 或小于 0，或者秒输入的范围是大于 60 或小于 0，都会输出提示“输入有误”。

代码中，还有一条重复率非常高的代码，即：

```
19 color(12);        // 红色
21 color(10);        // 绿色
23 color(1);         // 蓝色
```

这个数字代表的就是不同颜色，具体不同函数代表的不同颜色，会在第 26.5 节中详细介绍。

26.4.5 实现倒计时功能

到目前为止，已经完成了输入倒计时开始时间，接下来就是实现从这个时间开始倒计时，实现这一功能，需要使用三层 for 循环嵌套，代码如下。

```
24 for (i = hour; i >= 0; i--)                          // 实现倒计时，小时倒计时
25 {
26     for (j = min; j >= 0; j--)                       // 分钟倒计时
27     {
28       for (k = sec; k >= 0; k--)                     // 秒倒计时
29       {
30         printf("\r      %2d:%2d:%2d", i, j, k);      // 输出倒计时
31         Sleep(1000);                                 // 间隔 1 秒倒计时
32       }
33       sec = 59;                                      // 秒是 59 秒开始倒计时
34     }
35     min = 59;                                        // 分钟从 59 秒开始倒计时
36 }
37 exit(0);
```

这段代码中，第一层 for 循环，倒计时的是小时数，*i* 的初始值是输入的小时数 hour；第二层 for 循环，倒计时的是分钟数，*j* 的初始值是输入的分钟数 min；第三层 for 循环，倒计时的是秒数，*k* 的初始值是输入的秒数 sec。在倒计时秒数循环中，输出倒计时，时间间隔为 1 秒。这里值得注意的是：sec 每次都从 59 开始，min 也每次都从 59 开始。

26.5 关键技术

本章使用的关键技术是 for 循环嵌套以及设置颜色函数，本节就来详细介绍这两个关键技术。

（1）for 循环嵌套

在第 6 章已经介绍过循环嵌套，for 循环嵌套只是其中一种，本节来巩固一下这个知识点。

for 循环嵌套的格式如下。

```
for( 表达式 1; 表达式 2; 表达式 3)
{
     循环体 1;
     for( 表达式 4; 表达式 5; 表达式 6)
    {
          循环体 2;
     }
}
```

for 循环嵌套的执行过程如图 26.6 所示。

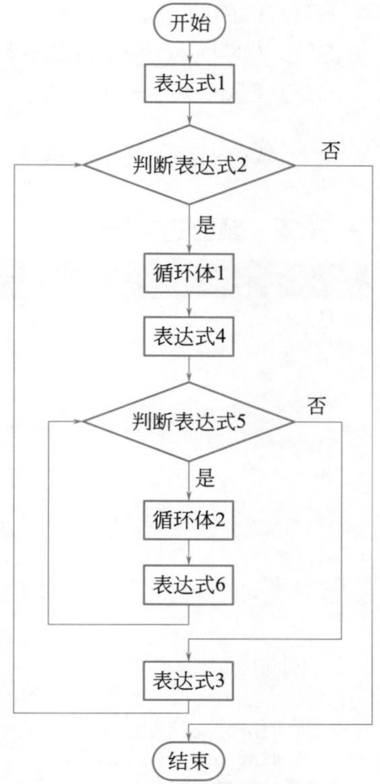

图 26.6 for 循环嵌套流程图

从如图 26.6 所示的流程图可以看出：for 循环先执行表达式 1，判断表达式 2，如果为真，就进入到第二层 for 循环中，第二层 for 循环执行表达式 4，判断表达式 5，如果为真，执行表达式 6。如果依然满足表达式 5，则继续 for 循环，直到表达式 5 不满足，则执行表达式 3，然后再判断是否满足表达式 2，如果满足，再进行循环，直到判断表达式 2 不满足，执行结束。

从描述的执行过程来看，for 循环嵌套先执行内层 for 循环，再执行外层 for 循环。本小节介绍的是 2 层 for 循环，3 层、4 层或者更多层，依然如此，都是先执行最内层循环，再一层一层执行外层循环，这个过程就像俄罗斯套娃一样。

（2）设置颜色函数本案例使用的是自定义颜色函数，代码如下。

```
4 int color(int c)
5 {
6   SetConsoleTextAttribute(GetStdHandle(STD_OUTPUT_HANDLE), c);       // 更改文字颜色
7   return 0;
8 }
```

这段函数中，最关键的函数是 SetConsoleTextAttribute() 函数。它是 Windows 系统中一个可以设置控制台窗口字体颜色和背景色的函数，语法格式如下。

```
BOOL SetConsoleTextAttribute(HANDLE consolehwnd, WORD wAttributes);
```

参数说明

- consolehwnd：相当于 GetStdHandle(nStdHandle)，是返回标准的输入、输出或错误的设备的句柄，也就是获得输入、输出、错误的屏幕缓冲区的句柄。其中 nStdHandle 可以是如表 26.1 所示的值。

表 26.1　nStdHandle 替换的值

值	含义
STD_INPUT_HANDLE	标准输入的句柄
STD_OUTPUT_HANDLE	标准输出的句柄
STD_ERROR_HANDLE	标准错误的句柄

- WORD wAttributes：用来设置颜色的参数，颜色数值如表 26.2 所示。

表 26.2　颜色的常量值

数值	含义	数值	含义
0	黑色	8	灰色
1	蓝色	9	亮蓝色
2	绿色	10	亮绿色
3	湖蓝色	11	亮湖蓝色
4	红色	12	亮红色
5	紫色	13	亮紫色
6	黄色	14	亮黄色
7	白色	15	亮白色

例如：

```
1 #include<stdio.h>
2 #include<windows.h>
3 int color(int c)
```

```
4 {
5   SetConsoleTextAttribute(GetStdHandle(STD_OUTPUT_HANDLE), c);      // 更改文字颜色
6   return 0;
7 }
8 int main()
9 {
10    color(0);
11    printf(" 这是数字 0 的颜色 \n");
12    color(1);
13    printf(" 这是数字 1 的颜色 \n");
14    color(2);
15    printf(" 这是数字 2 的颜色 \n");
16    color(3);
17    printf(" 这是数字 3 的颜色 \n");
18    color(4);
19    printf(" 这是数字 4 的颜色 \n");
20    color(5);
21    printf(" 这是数字 5 的颜色 \n");
22    color(6);
23    printf(" 这是数字 6 的颜色 \n");
24    color(7);
25    printf(" 这是数字 7 的颜色 \n");
26    color(8);
27    printf(" 这是数字 8 的颜色 \n");
28    color(9);
29    printf(" 这是数字 9 的颜色 \n");
30    color(10);
31    printf(" 这是数字 10 的颜色 \n");
32    color(11);
33    printf(" 这是数字 11 的颜色 \n");
34    color(12);
35    printf(" 这是数字 12 的颜色 \n");
36    color(13);
37    printf(" 这是数字 13 的颜色 \n");
38    color(14);
39    printf(" 这是数字 14 的颜色 \n");
40    color(15);
41    printf(" 这是数字 15 的颜色 \n");
42    return 0;
43 }
```

运行结果如图 26.7 所示。

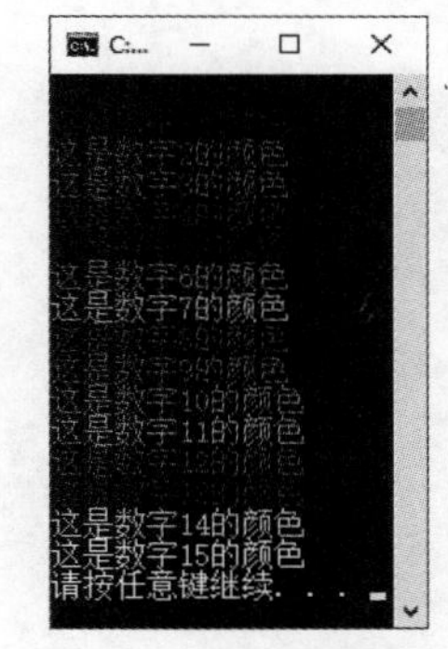

图 26.7　字体颜色

注意

数字 0 代表的是黑色，背景是黑色，无法显示出来。

小结

本案例实现的是倒计时软件，采用了 for 循环嵌套，巩固了循环嵌套知识；为了美观，还设置了字体颜色，介绍了自定义的颜色函数，增加了关于设置颜色的知识。希望大家掌握 for 循环嵌套，熟悉设置文字颜色函数。

应用篇

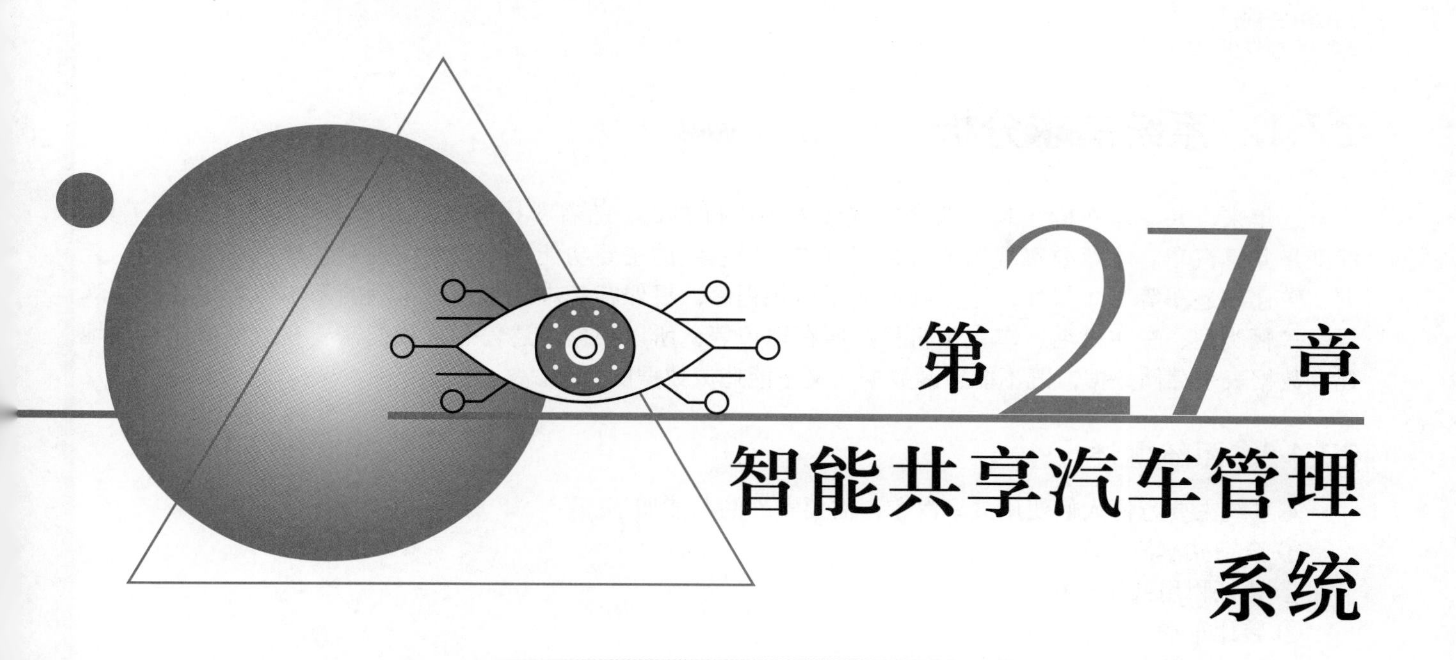

第27章 智能共享汽车管理系统

随着共享单车在全国各地迅速铺开，“共享经济”的概念随之迅速普及，共享汽车也随之悄然进入了大众的视野。本章用 C 语言和数据库结合开发了一个智能共享汽车管理系统，该系统的主要功能是高效地实现对共享汽车的租用、查询、转让和还车等基本操作，让人们使用共享汽车更加方便、快捷。

本章知识架构如下。

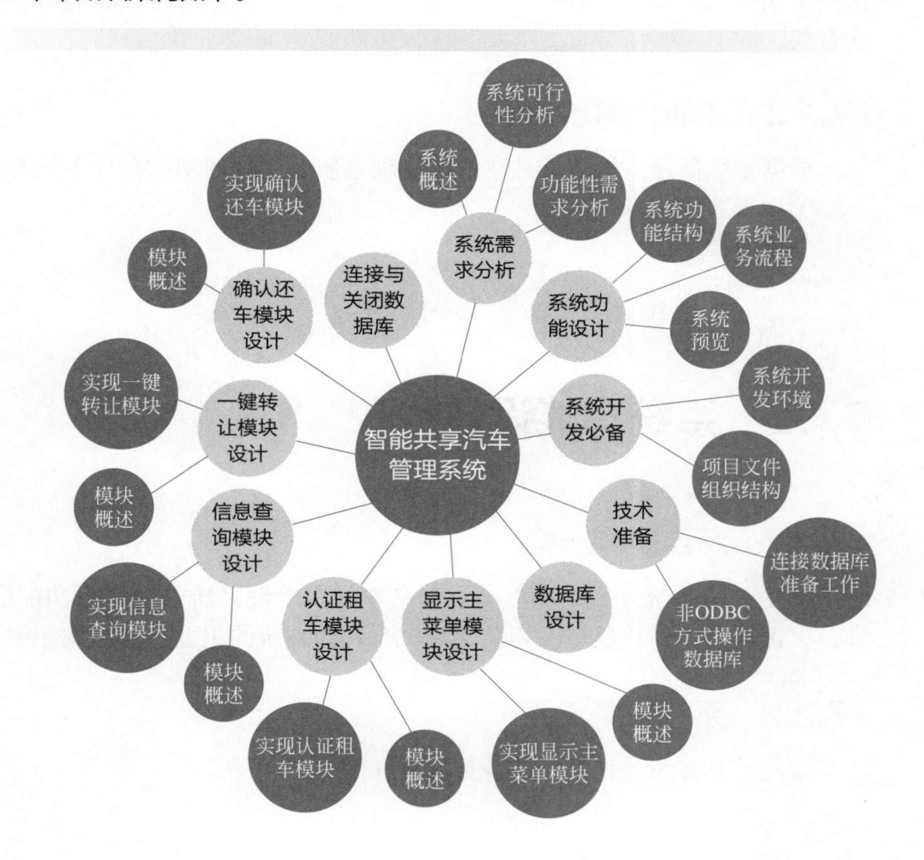

27.1 系统需求分析

近年来，共享单车的出现，改变了很多人的出行方式。随着科技发展，日常出行又多了一种工具，那就是共享汽车。本章要实现的智行共享汽车管理系统的主要功能是高效地实现对共享汽车的租用、查询、转让和还车等基本操作，这里我们为了简化程序，只保存基本的数据。车辆的基本信息主要有车牌号、车辆类型、车主姓名、车主手机号、所在地市等，所以根据上述信息，我们需要在数据库中合理地建立数据表来存储数据，既不能遗漏数据，又不能造成数据的冗余。

27.1.1 系统概述

本系统主要方便人们使用共享汽车，需要实现的功能如下。

① 查询共享汽车车辆。

② 认证租用共享汽车。

③ 转让车辆。

④ 还车系统。

27.1.2 系统可行性分析

可行性分析是从技术、经济、实践操作等维度对项目的核心内容和配置要求进行详细的考量和分析，从而得出项目或问题的可行性程度。故先完成可行性分析，再进行项目开发是非常有必要的。

从技术角度分析，本系统使用的数据库是 SQL Server，SQL Server 数据库不仅可以存储数据，而且提供各种高效操作，如查找、更改、删除、添加数据等，程序员再也不用像使用文件时那样自己编写所有代码来实现这些复杂的操作。整个系统使用的计算机语言高度统一，对于系统开发与后期维护来讲都十分有利。

27.1.3 功能性需求分析

根据系统概述，该智能共享汽车管理系统要实现的功能有以下几方面。

① 认证租车。

② 信息查询。

③ 一键转让。

④ 确认还车。

27.2 系统功能设计

27.2.1 系统功能结构

根据上述系统分析，可以将智能共享汽车管理系统分为四大功能模块，主要包括认证租车、信息查询、一键转让、确认还车。智能共享汽车管理系统的主要功能结构如图 27.1 所示。

27.2.2 系统业务流程

智能共享汽车管理系统的业务流程如图 27.2 所示。

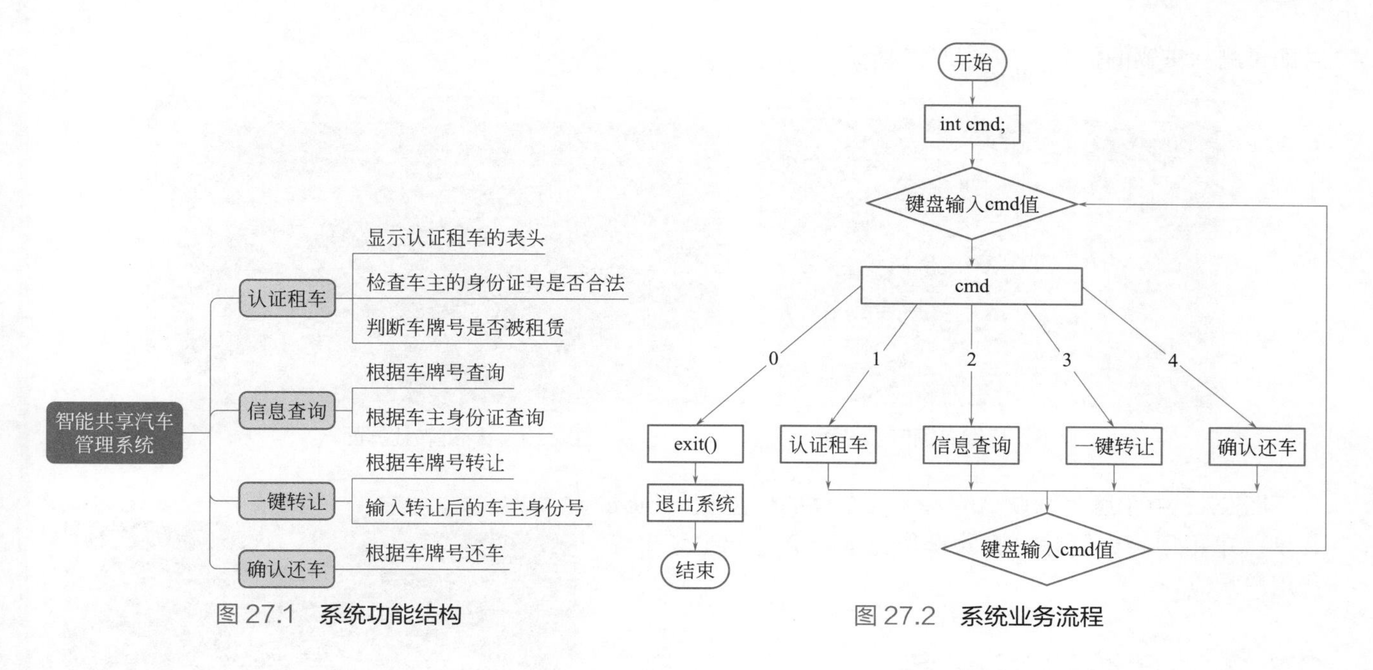

图 27.1　**系统功能结构**

图 27.2　**系统业务流程**

27.2.3　系统预览

为了方便用户掌握程序，这里将程序中主要的窗体界面列出来，以便快速了解。

运行程序，首先进入到主菜单的选择界面，在这里展示了程序中的所有功能，以及如何调用相应的功能等。用户可以根据需要输入想要执行的功能编码，然后进入到子功能中去。运行效果如图 27.3 所示。

在主菜单中输入 1，然后按 Enter 键即可出现认证租车的界面，用户只需根据提示输入信息即可。如图 27.4 所示。

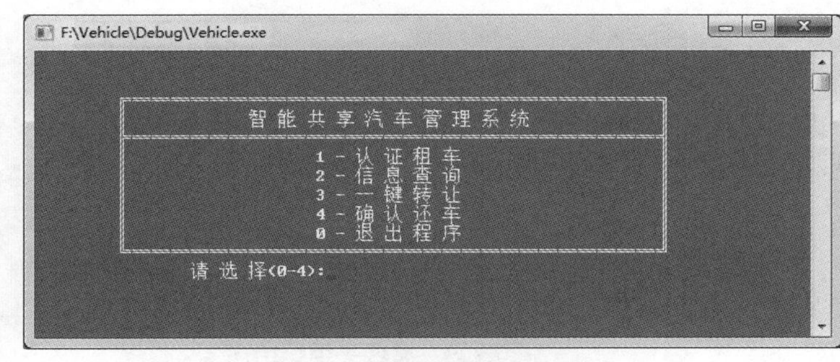

图 27.3　**主菜单的选择界面**

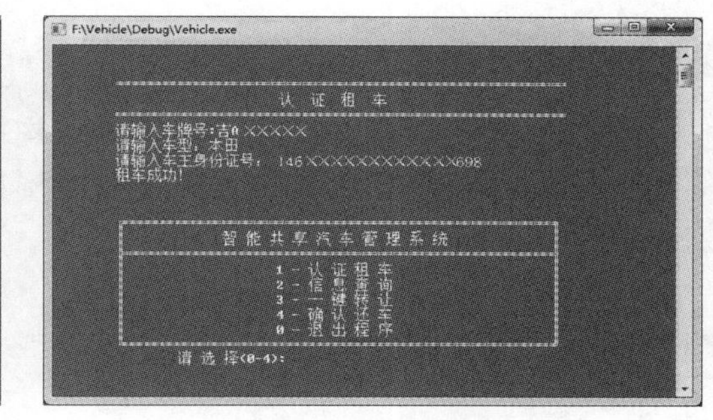

图 27.4　**认证租车界面**

如图 27.4 所示，向共享汽车租用表 vehicle 插入了一条数据，显示租车成功，操作完成后再次出现主菜单。在主菜单中输入 2，然后按 Enter 键即可出现信息查询的界面。在查询界面中既可输入车牌号，也可以输入车主的身份证号查看共享汽车的租用信息，如图 27.5 所示。

查询操作完成后会出现主菜单界面，在主菜单界面中输入编码 3 可以进入到一键转让的界面。在此界面中，可以将正在被租赁的汽车转让给没有正在租车的人。进入该界面后会要求用户输入信息，如图 27.6 所示。

图 27.6 中车牌号为辽 M7×××× 的共享汽车已被转让给新的车主，修改车辆信息操作完成后会出现主菜单等待用户响应。在主菜单中输入编码 4 可以进入确认还车界面，在确认还车界面中输入车辆的车牌

号即可删除车辆的信息，如图 27.7 所示。

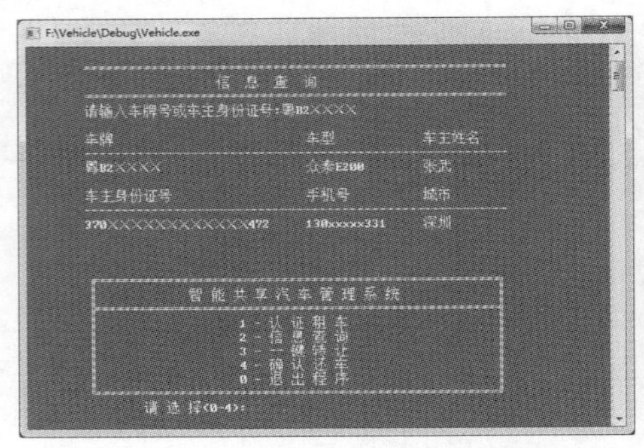

图 27.5　**查询车辆信息界面**

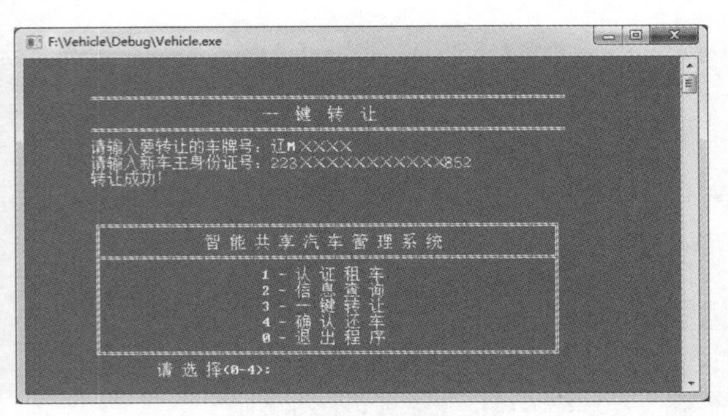

图 27.6　**一键转让界面**

图 27.7 中车牌号为陕 A5×××× 的车辆的信息从 vehicle 共享汽车租用表中删除，删除操作完成后会显示主菜单等待用户响应。

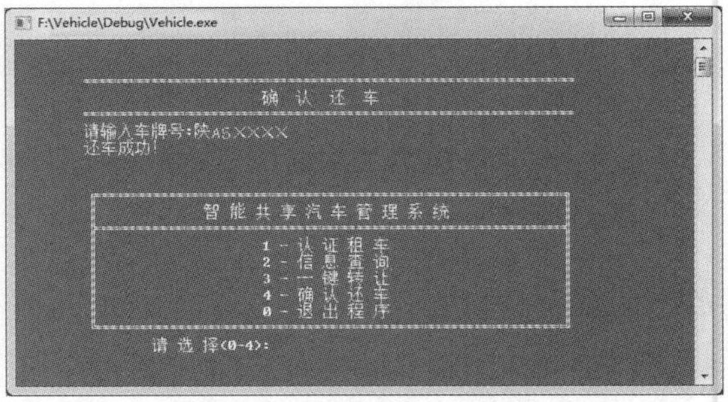

图 27.7　**确认还车界面**

27.3　系统开发必备

27.3.1　系统开发环境

操作系统：Windows 7、Windows 8、Windows 10。
开发环境：Visual Studio 2019。
数据库：SQL Server 2014。
语言：C 语言。

27.3.2　项目文件组织结构

智能共享汽车管理系统的文件夹结构比较简单，只包括一个 CPP 文件。其详细结构如图 27.8 所示。

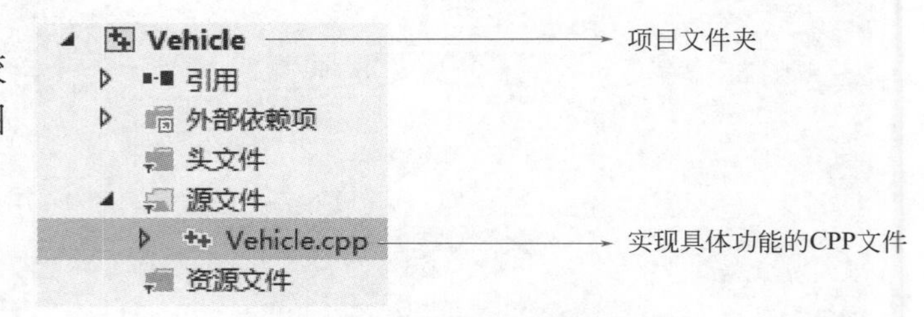

图 27.8　**文件夹组织结构**

27.4　技术准备

27.4.1　连接数据库准备工作

说明

本书不介绍数据库 SQL Server 2014 的下载和安装，大家可以自行下载和安装 SQL Server 2014。

（1）配置 SQL Server 环境

① 将 SQL Server 2014 安装好，并确保开放 1433 端口。

检测方法：单击“开始”→“运行”，在输入框中输入“cmd”命令，然后按 Enter 键，打开控制台界面。在控制台界面中输入“netstat -ano”，按 Enter 键后即可得到如图 27.9 所示的界面，1433 即为 SQL Server 数据库的端口号。

② 通过 SQL Server 身份验证模式连接数据库，即使用用户 sa 身份登录数据库进行操作，如图 27.10 所示。

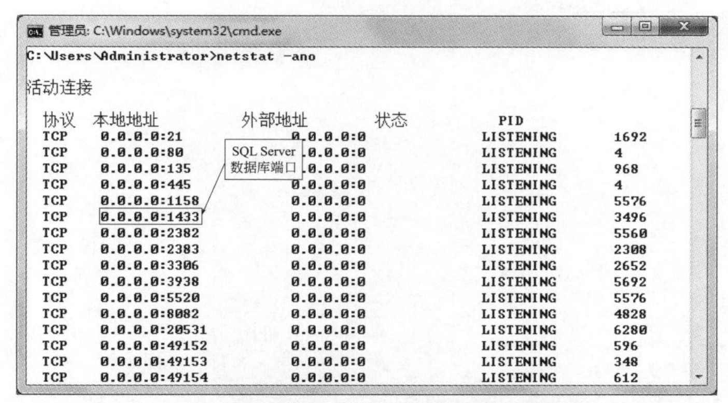

图 27.9 查看 SQL Server 数据库的端口号

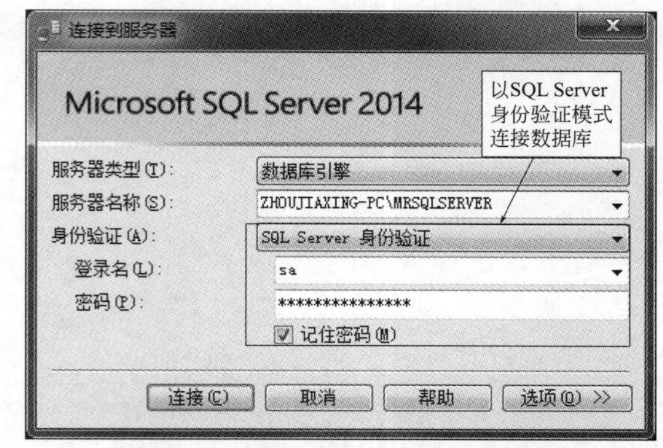

图 27.10 以 SQL Server 身份验证模式连接数据库

③ 启用 SQL Server 协议，启用的方法是找到 SQL Server 配置管理器将 SQL Server 网络配置的 Named Pipes 协议和 TCP/IP 协议全部启动，如图 27.11 所示。

说明

此数据库是使用 sa 身份登录数据库，然后创建的。数据库中存在两张数据表，分别为 person 和 vehicle

（2）配置 C 语言环境

使用 Visual Studio 2019 创建新项目的具体步骤可参考第 15 章的详细步骤，只不过在创建新项目名称时输入“Vehicle”。

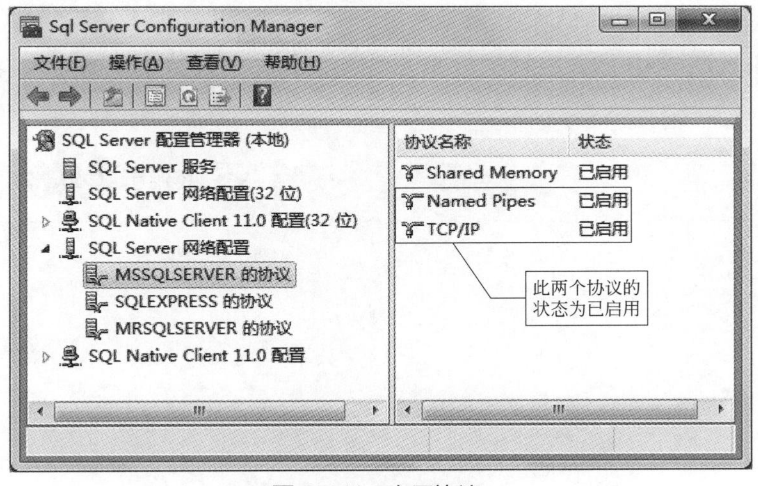

图 27.11 启用协议

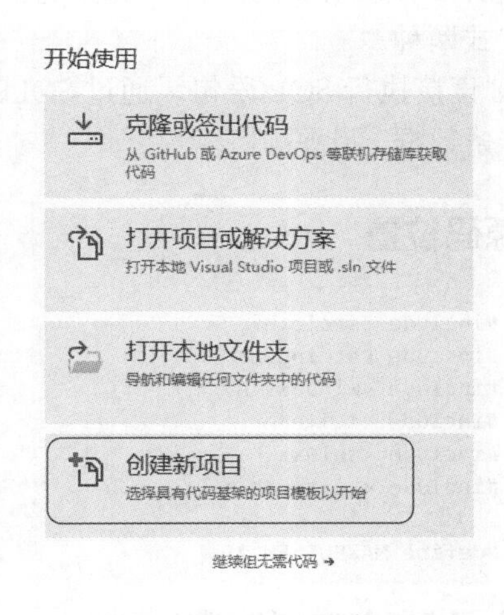

图 27.12 创建新项目

在创建 CPP 文件的名称时输入“Vehicle.cpp”，如图 27.12 和图 27.13 所示。

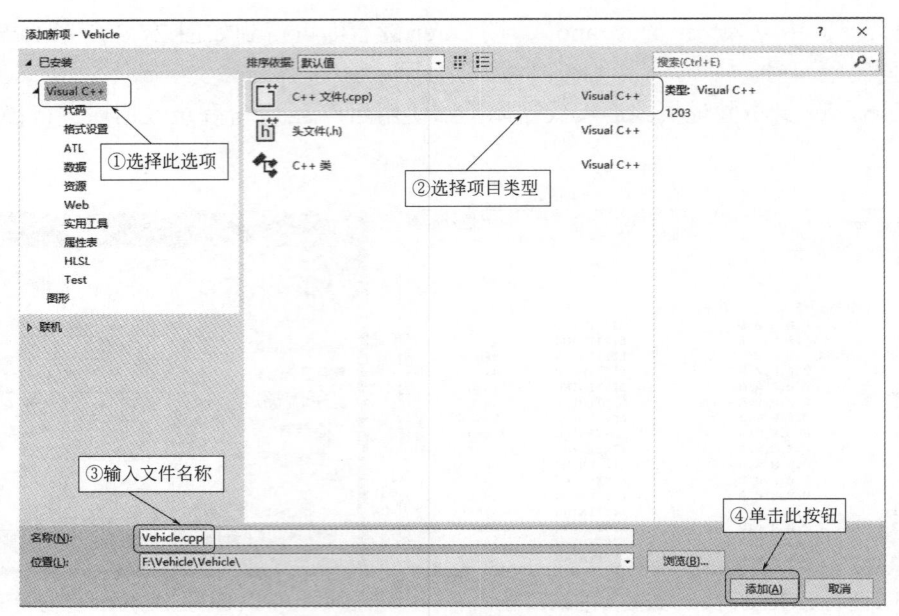

图 27.13 创建一个空项目

27.4.2 非 ODBC 方式操作数据库

C 语言连接 SQL Server 数据库的方法有两种，分别为非 ODBC（开放数据库互联）方式和 ODBC 数据源方式。本章项目采用非 ODBC 方式操作数据库。接下来介绍使用非 ODBC 方式操作数据库的主要技术。

简单地说，对数据的操作可以分为两种：一种是对数据的查询，即从数据库中查询数据；另一种是对数据的操作，如插入数据，下面分别介绍。

（1）插入数据

C 语言对数据库的操作主要体现在 SQL 语句上，可以采用直接执行 SQL 语句方式和预编译执行 SQL 语句方式两种。

① 直接执行 SQL 语句。通过 SQLExecDirect() 函数直接执行 SQL 语句。例如，向数据库的 class 表中插入一条数据，代码如下。

源码位置 资源包 \Code\27\01

```
1 #include <stdio.h>
2 #include <string.h>
3 #include <windows.h>
4 #include <sql.h>
5 #include <sqlext.h>
6 #include <sqltypes.h>
7
8 #define MAXBUFLEN 255
9
10 SQLHENV henv = SQL_NULL_HENV;
11 SQLHDBC hdbc1 = SQL_NULL_HDBC;
12 SQLHSTMT hstmt1 = SQL_NULL_HSTMT;
13
14 int main() {
15     RETCODE retcode;
```

```
16
17     // 定义 SQL 语句
18     UCHAR sql[200] = "insert into class values('C1806',' 一八级六班 ',' 纪伍迪 ','45',' 体育系 ')";
19     SQLCHAR ConnStrIn[MAXBUFLEN] = "DRIVER={SQL Server};SERVER=ZHOUJIAXING-PC \\MRSQLSERVER;UID=sa;PWD=111;D
       ATABASE=mrkj;";
20     // 连接数据源，环境句柄
21     retcode = SQLAllocHandle(SQL_HANDLE_ENV, NULL, &henv);
22     retcode = SQLSetEnvAttr(henv, SQL_ATTR_ODBC_VERSION, (SQLPOINTER)SQL_OV_ODBC3, SQL_IS_INTEGER);
23     // 连接句柄
24     retcode = SQLAllocHandle(SQL_HANDLE_DBC, henv, &hdbc1);
25     retcode = SQLDriverConnect(hdbc1, NULL, ConnStrIn, SQL_NTS, NULL, NULL, NULL, SQL_DRIVER_NOPROMPT);
26     // 判断连接是否成功
27     if ((retcode != SQL_SUCCESS) && (retcode != SQL_SUCCESS_WITH_INFO)) {
28         printf(" 连接失败 !\n");
29         getchar();
30     }
31     else {
32
33         // 分配句柄
34         retcode = SQLAllocHandle(SQL_HANDLE_STMT, hdbc1, &hstmt1);
35         // 直接执行
36         SQLExecDirect (hstmt1,sql,200);
37       printf(" 操作成功 !");
38     getchar();
39     // 释放语句句柄
40     SQLCloseCursor(hstmt1);
41     SQLFreeHandle(SQL_HANDLE_STMT, hstmt1);
42
43     }
44     /*
45     1. 断开数据库连接
46     2. 释放连接句柄
47     3. 释放环境句柄
48     */
49     SQLDisconnect(hdbc1);
50     SQLFreeHandle(SQL_HANDLE_DBC, hdbc1);
51     SQLFreeHandle(SQL_HANDLE_ENV, henv);
52     return(0);
53 }
```

程序的执行结果如图 27.14 所示。

打开 SQL Server 数据库查询 class 数据表，如图 27.15 所示，显示已经向 class 表插入了一条数据。

图 27.14 **执行结果**

结果 消息

	班级编号	班级名称	班主任	人数	系别
1	C1802	一八级二班	王章军	68	英语系
2	C1801	一八级一班	刘风雨	68	数学系
3	C1803	一八级三班	刘红梅	42	美术系
4	C1804	一八级四班	孙丽童	52	英语系
5	C1805	一八级五班	刘立楠	61	体育系
6	C1703	一七级三班	吴莉	42	英语系
7	A1601	一六级一班	张立坡	44	数学系
8	C1707	一七级七班	刘梓平	52	数学系

程序执行前

结果 消息

	班级编号	班级名称	班主任	人数	系别
1	C1802	一八级二班	王章军	68	英语系
2	C1801	一八级一班	刘风雨	68	数学系
3	C1803	一八级三班	刘红梅	42	美术系
4	C1804	一八级四班	孙丽童	52	英语系
5	C1805	一八级五班	刘立楠	61	体育系
6	C1703	一七级三班	吴莉	42	英语系
7	A1601	一六级一班	张立坡	44	数学系
8	C1707	一七级七班	刘梓平	52	数学系
9	C1806	一八级六班	纪伍迪	45	体育系

新插入的数据

程序执行后

图 27.15 **执行结果**

② 预编译执行 SQL 语句。通过 SQLPrepare () 函数预编译执行 SQL 语句。例如，向 mrkj 数据库的 student 表中插入一条数据，代码如下。

源码位置

资源包 \Code\27\02

```
1 #include <stdio.h>
2 #include <string.h>
3 #include <windows.h>
4 #include <sql.h>
5 #include <sqlext.h>
6 #include <sqltypes.h>
7
8 #define MAXBUFLEN 255
9
10 SQLHENV henv = SQL_NULL_HENV;
11 SQLHDBC hdbc1 = SQL_NULL_HDBC;
12 SQLHSTMT hstmt1 = SQL_NULL_HSTMT;
13
14 int main() {
15     RETCODE retcode;
16     // 预编译 SQL 语句
17     UCHAR pre_sql[225] = "insert into student values(?,?,?,?,?,?,?,?)";
18     SQLCHAR ConnStrIn[MAXBUFLEN] = "DRIVER={SQL Server};SERVER=ZHOUJIAXING-PC \\MRSQLSERVER;UID=sa;PWD=111;D
       ATABASE=mrkj;";
19     // 连接数据源，环境句柄
20     retcode = SQLAllocHandle(SQL_HANDLE_ENV, NULL, &henv);
21     retcode = SQLSetEnvAttr(henv, SQL_ATTR_ODBC_VERSION, (SQLPOINTER)SQL_OV_ODBC3, SQL_IS_INTEGER);
22     // 连接句柄
23     retcode = SQLAllocHandle(SQL_HANDLE_DBC, henv, &hdbc1);
24     retcode = SQLDriverConnect(hdbc1, NULL, ConnStrIn, SQL_NTS, NULL, NULL, NULL, SQL_DRIVER_NOPROMPT);
25    // 判断连接是否成功
26     if ((retcode != SQL_SUCCESS) && (retcode != SQL_SUCCESS_WITH_INFO)) {
27         printf(" 连接失败 !\n");
28         getchar();
29     }
30     else {
31         // 分配句柄
32         retcode = SQLAllocHandle(SQL_HANDLE_STMT, hdbc1, &hstmt1);
33         // 绑定参数方式
34         char a[200] = "S812";
35         char b[200] = " 任生 ";
36         char c[200] = "96";
37         char d[200] = "55";
38         char e[200] = "85";
39         char f[200] = "82";
40         char g[200] = "93";
41         char h[200] = "C1801";
42         SQLINTEGER   p = SQL_NTS;
43         // 预编译
44         SQLPrepare(hstmt1, pre_sql, 200); // 第三个参数与数组大小相同，而不是与数据库列相同
45         // 绑定参数值
46         SQLBindParameter(hstmt1, 1, SQL_PARAM_INPUT, SQL_C_CHAR, SQL_CHAR, 200, 0, &a, 0, &p);
47         SQLBindParameter(hstmt1, 2, SQL_PARAM_INPUT, SQL_C_CHAR, SQL_CHAR, 200, 0, &b, 0, &p);
48         SQLBindParameter(hstmt1, 3, SQL_PARAM_INPUT, SQL_C_CHAR, SQL_CHAR, 200, 0, &c, 0, &p);
49         SQLBindParameter(hstmt1, 4, SQL_PARAM_INPUT, SQL_C_CHAR, SQL_CHAR, 200, 0, &d, 0, &p);
50         SQLBindParameter(hstmt1, 5, SQL_PARAM_INPUT, SQL_C_CHAR, SQL_CHAR, 200, 0, &e, 0, &p);
51         SQLBindParameter(hstmt1, 6, SQL_PARAM_INPUT, SQL_C_CHAR, SQL_CHAR, 200, 0, &f, 0, &p);
52         SQLBindParameter(hstmt1, 7, SQL_PARAM_INPUT, SQL_C_CHAR, SQL_CHAR, 200, 0, &g, 0, &p);
53         SQLBindParameter(hstmt1, 8, SQL_PARAM_INPUT, SQL_C_CHAR, SQL_CHAR, 200, 0, &h, 0, &p);
54         // 执行
55         SQLExecute(hstmt1);
56         printf(" 操作成功 !");
57         getchar();
```

```
58          //释放语句句柄
59          SQLCloseCursor(hstmt1);
60          SQLFreeHandle(SQL_HANDLE_STMT, hstmt1);
61      }
62      /*
63      1.断开数据库连接
64      2.释放连接句柄
65      3.释放环境句柄（如果不再需要在这个环境中做更多连接）
66      */
67      SQLDisconnect(hdbc1);
68      SQLFreeHandle(SQL_HANDLE_DBC, hdbc1);
69      SQLFreeHandle(SQL_HANDLE_ENV, henv);
70      return(0);
71 }
```

程序的执行结果如图 27.16 所示。

打开 SQL Server 数据库查询 student 数据表，如图 27.17 所示，显示已经向 student 表插入了一条数据。

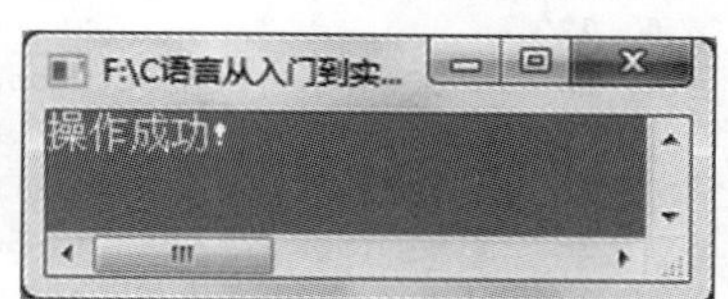

图 27.16　执行结果

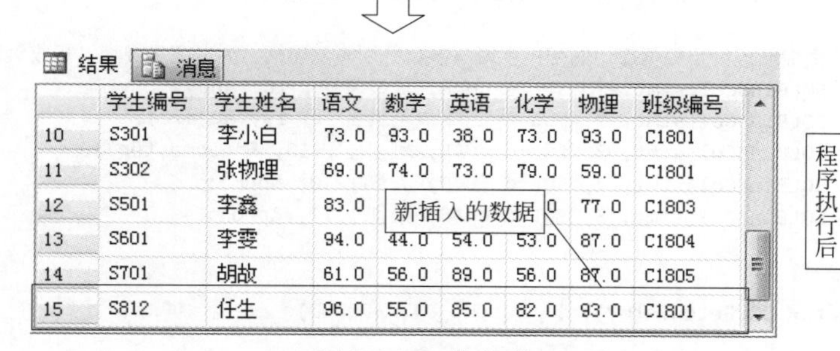

程序执行前：

	学生编号	学生姓名	语文	数学	英语	化学	物理	班级编号
9	S009	张若彤	80.0	75.0	86.0	74.0	65.0	C1802
10	S301	李小白	73.0	93.0	38.0	73.0	93.0	C1801
11	S302	张物理	69.0	74.0	73.0	79.0	59.0	C1801
12	S501	李鑫	83.0	96.0	74.0	83.0	77.0	C1803
13	S601	李雯	94.0	44.0	54.0	53.0	87.0	C1804
14	S701	胡故	61.0	56.0	89.0	56.0	87.0	C1805

程序执行后：

	学生编号	学生姓名	语文	数学	英语	化学	物理	班级编号
10	S301	李小白	73.0	93.0	38.0	73.0	93.0	C1801
11	S302	张物理	69.0	74.0	73.0	79.0	59.0	C1801
12	S501	李鑫	83.0	[illegible]	[illegible]	[illegible]	77.0	C1803
13	S601	李雯	94.0	44.0	54.0	53.0	87.0	C1804
14	S701	胡故	61.0	56.0	89.0	56.0	87.0	C1805
15	S812	任生	96.0	55.0	85.0	82.0	93.0	C1801

图 27.17　执行结果

（2）查询数据

C 语言对数据库的操作，除了插入数据、删除数据和修改数据外，还可以查询数据，下面通过一个实例来介绍如何通过 C 程序查询数据库中的数据。例如，查询 class 表中的所有数据，代码如下。

源码位置

资源包 \Code\27\03

```
1 #include <stdio.h>
2 #include <iostream>
3 #include <windows.h>
4 #include <sqltypes.h>
5 #include <sql.h>
6 #include <sqlext.h>
7
8 #define NAME_LEN 20
```

```
9
10 int main() {
11     SQLHENV env;
12     SQLHDBC dbc;
13     SQLHSTMT stmt;
14     SQLRETURN ret;
15
16     // 查询的结果返回到这些变量里
17     SQLCHAR 班级编号 [10], 班级名称 [15], 班主任 [10], 人数 [10], 系别 [10];
18
19     SQLINTEGER no = SQL_NTS,  nname = SQL_NTS,headmaster = SQL_NTS, num = SQL_NTS, pro = SQL_NTS;
20     SQLAllocHandle(SQL_HANDLE_ENV, SQL_NULL_HANDLE, &env);
21     SQLSetEnvAttr(env, SQL_ATTR_ODBC_VERSION, (void *)SQL_OV_ODBC3, 0);
22     SQLAllocHandle(SQL_HANDLE_DBC, env, &dbc);
23
24     SQLDriverConnectW(dbc, NULL, L"DRIVER={SQL Server};SERVER=ZHOUJIAXING-PC\\ MRSQLSERVER;DATABASE=mrkj;UID
=sa;PWD=111;", SQL_NTS, NULL, 0, NULL, SQL_DRIVER_COMPLETE);
25
26     if (SQL_SUCCESS != SQLAllocHandle(SQL_HANDLE_STMT, dbc, &stmt))
27     {
28         printf(" 数据库连接错误 !\n");
29     }
30     else
31     {
32         printf(" 数据库连接成功 !\n");
33
34         // 初始化句柄
35         ret = SQLAllocHandle(SQL_HANDLE_STMT, dbc, &stmt);
36         ret = SQLSetStmtAttr(stmt, SQL_ATTR_ROW_BIND_TYPE, (SQLPOINTER)SQL_BIND_BY_COLUMN, SQL_IS_INTEGER);
37
38         // 查询
39         ret = SQLExecDirect(stmt, (SQLCHAR *)("SELECT * FROM class"), SQL_NTS);
40         if (ret == SQL_SUCCESS || ret == SQL_SUCCESS_WITH_INFO)
41         {
42             // 将数据缓冲区绑定数据库中的相应字段（参数分别表示句柄、列、变量类型、接收缓冲、缓冲长度、返回的长度）
43             ret = SQLBindCol(stmt, 1, SQL_C_CHAR, 班级编号 , 10, &no);
44             ret = SQLBindCol(stmt, 2, SQL_C_CHAR, 班级名称 , 15, &nname);
45             ret = SQLBindCol(stmt, 3, SQL_C_CHAR, 班主任 , 10, &headmaster);
46             ret = SQLBindCol(stmt, 4, SQL_C_CHAR, 人数 , 10, &num);
47             ret = SQLBindCol(stmt, 5, SQL_C_CHAR, 系别 , 10, &pro);
48         }
49         // 遍历数据
50         while ((ret = SQLFetch(stmt)) != SQL_NO_DATA_FOUND)
51         {
52             if (ret == SQL_ERROR)
53               printf(" 数据查询出错 \n");
54             else
55             {
56               printf(" 班级编号为 %s 的班主任是 %s，班级共有 %s 人，是 %s\n", 班级编号 , 班主任 , 人数 , 系别 );
57             }
58         }
59         getchar();
60         /* 关闭连接 */
61         SQLFreeHandle(SQL_HANDLE_STMT, stmt);
62         SQLDisconnect(dbc);
63         SQLFreeHandle(SQL_HANDLE_DBC, dbc);
64         SQLFreeHandle(SQL_HANDLE_ENV, env);
65     }
66     return 0;
67 }
```

程序的执行结果如图 27.18 所示。

27.5 数据库设计

为了保存车辆的信息，但是又不能造成数据的冗余，本例采用两张表来完成这一功能。一张是人员表 person，表中有身份证号、姓名、手机号、所在省份、所在城市 5 列，其中主键是身份证号；另一张表是共享汽车租用表 vehicle，表中有车牌号、车辆类型和车主身份证号 3 列，其中主键是车牌号，外键是车主身份证号，参照人员表中的主键。

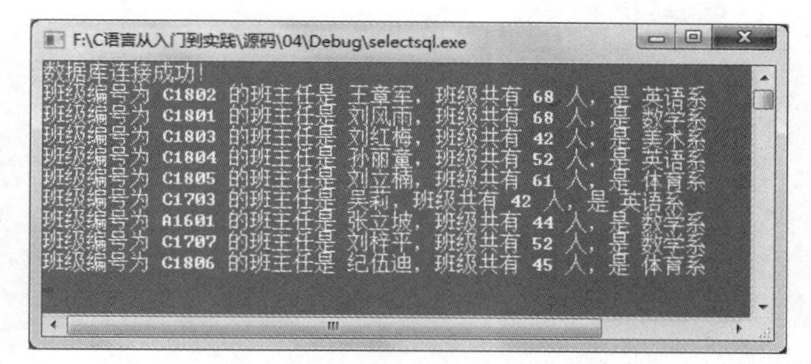

图 27.18 执行结果

为了便于大家更好的学习，下面给出人员表和共享汽车租用表的表结构，分别如表 27.1 和表 27.2 所示。

表 27.1 人员表的表结构

字段	类型	长度	是否为空	是否是主键或外键	描述
id	nchar	20	否	主键	身份证号
name	nchar	10	否	否	姓名
phone	nchar	15	否	否	手机号
province	nchar	10	否	否	所在省份
city	nchar	10	否	否	所在城市

表 27.2 共享汽车租用表的表结构

字段	类型	长度	是否为空	是否是主键或外键	描述
card	nchar	10	否	主键	车牌号
type	nchar	10	否	否	车辆类型
owner	nchar	20	否	外键	车主身份证号

根据上面的表结构在数据库中创建表，分别如图 27.19 和图 27.20 所示。

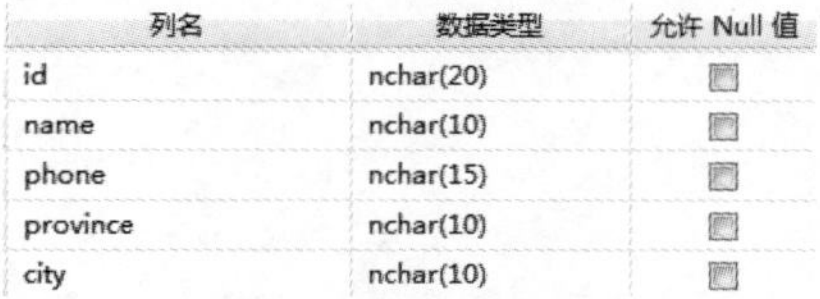

列名	数据类型	允许 Null 值
id	nchar(20)	☐
name	nchar(10)	☐
phone	nchar(15)	☐
province	nchar(10)	☐
city	nchar(10)	☐

图 27.19 创建人员表

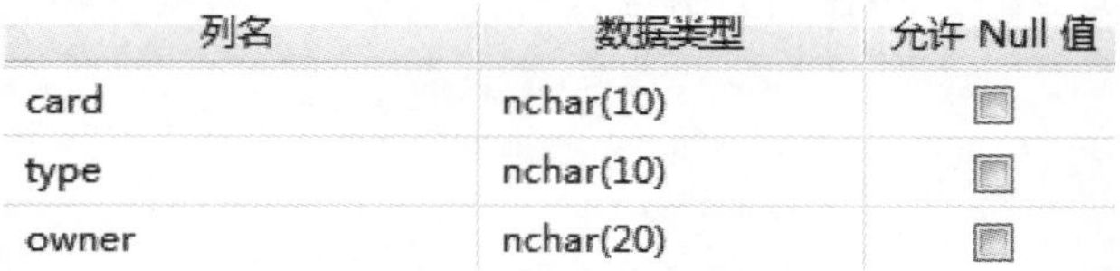

列名	数据类型	允许 Null 值
card	nchar(10)	☐
type	nchar(10)	☐
owner	nchar(20)	☐

图 27.20 创建共享汽车租用表

27.6 显示主菜单模块设计

27.6.1 模块概述

运行程序，首先进入到主菜单的选择界面，在这里展示了程序中的所有功能，以及如何调用相应的功能等。用户可以根据需要输入想要执行的功能，然后进入到子功能。运行效果如图 27.21 所示。

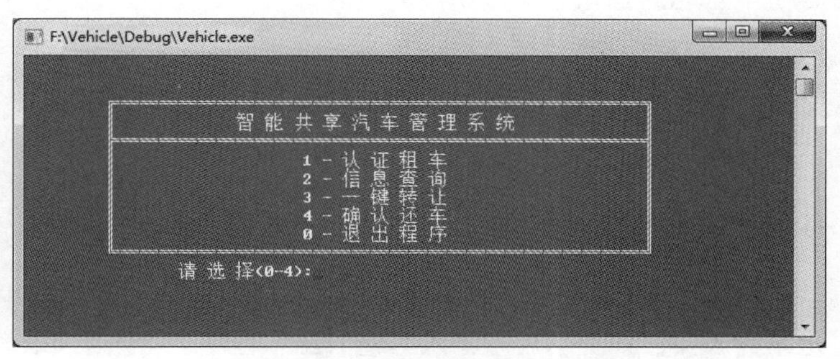

图 27.21 显示主菜单的选择界面

图 27.21 中的界面效果，主要使用了 printf() 函数在控制台输出文字和特殊的符号。

27.6.2 实现显示主菜单模块

main() 函数的程序代码如下。

```
1 int main()
2 {
3   int cmd;          //定义输入的选项
4   int flag = 1;
5   while (flag)
6   {
7       printf("\n\n");
8       printf("\t ╔══════════════════════════════════════╗ \n");
9       printf("\t ║       智 能 共 享 汽 车 管 理 系 统       ║ \n");
10      printf("\t ╠══════════════════════════════════════╣ \n");
11      printf("\t ║              1 - 认 证 租 车            ║ \n");
12      printf("\t ║              2 - 信 息 查 询            ║ \n");
13      printf("\t ║              3 - 一 键 转 让            ║ \n");
14      printf("\t ║              4 - 确 认 还 车            ║ \n");
15      printf("\t ║              0 - 退 出 程 序            ║ \n");
16      printf("\t ╚══════════════════════════════════════╝ \n");
17      printf("                     请 选 择(0-4):");
18      scanf("%d", &cmd);            // 输入选择功能的编号
19      getchar();
20      system("cls");                // 清屏
21      switch(cmd)
22      {
23        case 1:               //1 表示认证租车
24            add_vehicle();
25            break;
26        case 2:               //2 表示车辆信息查询
27            query_vehicle();
28            break;
29        case 3:               //3 表示车辆一键转让
30            edit_vehicle();
31            break;
32        case 4:               //4 表示确认还车
33            delete_vehicle();
34            break;
35        default:              // 输入其他键值则退出程序
36            exit(0);
37            break;
38      }
39   }
40   return 0;
41 }
```

在 main() 函数中，首先显示主菜单，然后等待用户输入，根据用户的输入做出相应的反应。这里主要使用 switch 语句来响应用户的输入。

27.7 认证租车模块设计

27.7.1 模块概述

在主菜单中输入编码 1 就可以进行到认证租车的模块中，进入到认证租车的模块中首先会弹出认证租车的表头，并提示用户输入车辆信息。程序运行效果如图 27.22 所示。

在录入车辆信息时应该注意一些问题，如需要检查车主的身份证号是否合法，即车主的身份证号是否存在于 person 表中，且此身份证号不能存在于 vehicle 表中，因为一人同时只能租一辆车。同时，还要检查车牌号是否已经存在于 vehicle 表，因为此车已被租赁，则不能再被他人同时租赁。如果不满足这些条件，需要给出提示信息。

例如，若输入的车牌号已存在于 vehicle 表中，表示该车已被租赁，则不能再被同时租赁给他人，系统显示提示信息，如图 27.23 所示。

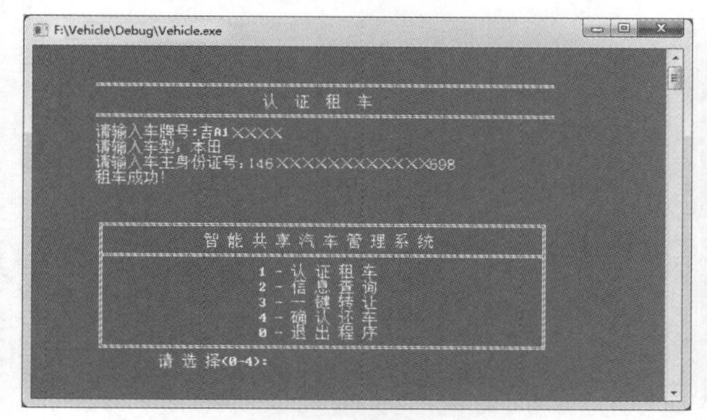

图 27.22　租车成功

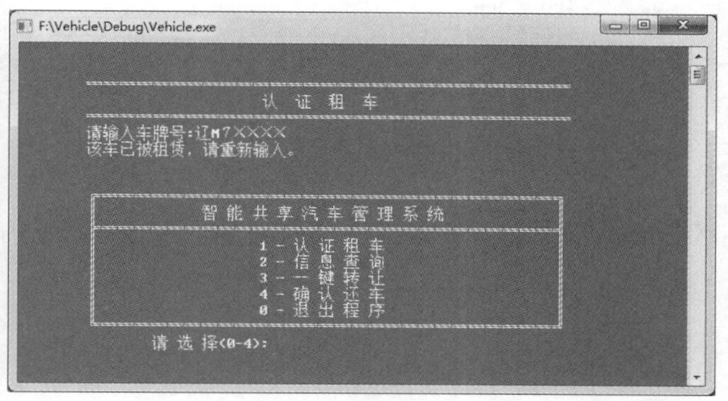

图 27.23　汽车已被租赁的情况

例如，在输入车主身份证号时，此身份证号不存在于 person 表，运行结果如图 27.24 所示。

再如，输入车主身份证号，此身份证号存在于 person 表，但同时也存在于 vehicle 表，运行结果如图 27.25 所示。

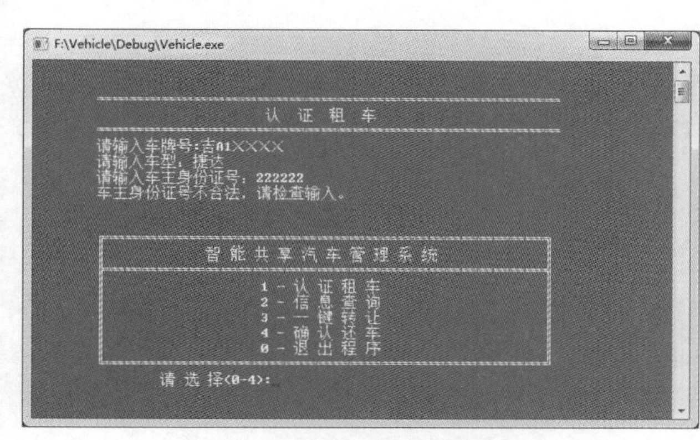

图 27.24　车主身份不合法情况

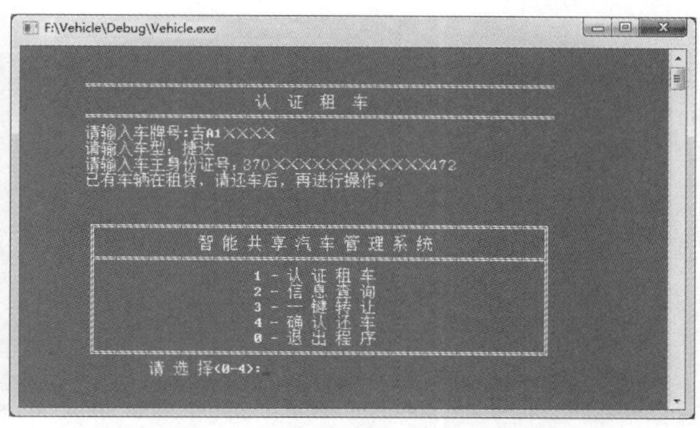

图 27.25　车主同时租两辆车的情况

注意

本章中测试程序用到的车主的身份信息已经事先添加到数据库中，所以只有这些身份是合法的，其他身份都是不合法的，数据库中的身份信息如图 27.26 所示。

27.7.2　实现认证租车模块

实现添加车辆信息的功能使用到了 4 个函数，分别是 check_person() 函数（检查车主身份是否合法，即检查车主身份证号是否存在于 person 表中，若存在则返回 1，否则返回 0），check_person_vehicle() 函数（检查车主身份证号是否存在于 vehicle 表中，若不存在则返回 1，否

	id	name	phone	province	city
1	987xxxxxxxxxxxx812	陈伟	158xxxxx863	辽宁	铁岭
2	370xxxxxxxxxxxx472	张武	130xxxxx331	广东	深圳
3	212xxxxxxxxxxxx414	谢天	151xxxxx668	四川	成都
4	479xxxxxxxxxxxx612	李四地	138xxxxx553	陕西	西安
5	146xxxxxxxxxxxx698	李赦	151xxxxx331	吉林	长春
6	223xxxxxxxxxxxx852	刘霞莱	130xxxxx678	辽宁	大连

图 27.26　测试程序所使用的身份信息

则返回 0)，check_vehicle() 函数（检查车牌号是否存在，若车牌号已经存在则返回 1，否则返回 0）以及 add_vehicle() 函数。其中，add_vehicle() 函数调用 check_person() 函数、check_person_vehicle() 函数和 check_vehicle() 函数，进行合法性检查。

check_person() 函数的代码如下。

```
42 short check_person(char *id)     /* 检查某身份证号的人是否存在，此身份证号存在于 person 表中 */
43 {
44     short flag;                                                    // 标志
45     SQLRETURN ret;
46     SQLINTEGER P = SQL_NTS;
47     UCHAR sql[100] = "select id from person where id=?";
48     openCon();                                                     // 连接数据库
49     ret = SQLAllocHandle(SQL_HANDLE_STMT, dbc, &stmt);            // 申请 SQL 语句句柄
50     ret = SQLSetStmtAttr(stmt, SQL_ATTR_ROW_BIND_TYPE, (SQLPOINTER)SQL_BIND_BY_COLUMN, SQL_IS_INTEGER);  // 设置 SQL 语句句柄的属性
51     ret = SQLPrepare(stmt, sql, SQL_NTS);                         // 准备 SQL 语句
52     ret = SQLBindParameter(stmt, 1, SQL_PARAM_INPUT, SQL_C_CHAR, SQL_VARCHAR, 50, 0, id, 50, &P); // 绑定参数
53     ret = SQLExecute(stmt);                                       // 执行 SQL 语句
54     if ((ret = SQLFetch(stmt)) == SQL_NO_DATA)                    // 此身份证号存在于 person 表中，flag 为 1，否则为 0
55     {
56         flag = 0;
57     }
58     else
59     {
60         flag = 1;
61     }
62     closeCon();                                                    // 关闭数据库连接
63     return flag;                                                   // 返回结果，0 表示查询失败或不存在，1 表示数据存在
64  }
```

在 check_person() 函数中，将车主身份证号的字符串传递进来，然后在 person 表中查询 id 与该身份证号相同的记录，若查找到记录则表示该身份证号是合法的，否则表示该身份证号是不合法的。

check_person_vehicle() 函数的代码如下。

```
65 /* 检查某身份证号的人是否存在，此身份证号不在 vehicle 表中，表示没有进行租车 */
66 short check_person_vehicle(char *id)
67 {
68     short flag;                                                    // 标志
69     SQLRETURN ret;
70     SQLINTEGER P = SQL_NTS;
71     UCHAR sql[100] = "select owner from vehicle where owner=?";
72     openCon();                                                     // 连接数据库
73     ret = SQLAllocHandle(SQL_HANDLE_STMT, dbc, &stmt);            // 申请 SQL 语句句柄
74     ret = SQLSetStmtAttr(stmt, SQL_ATTR_ROW_BIND_TYPE, (SQLPOINTER)SQL_BIND_BY_COLUMN, SQL_IS_INTEGER);  // 设置 SQL 语句句柄的属性
75     ret = SQLPrepare(stmt, sql, SQL_NTS);                         // 准备 SQL 语句
76     ret = SQLBindParameter(stmt, 1, SQL_PARAM_INPUT, SQL_C_CHAR, SQL_VARCHAR, 50, 0, id, 50, &P); // 绑定参数
77     ret = SQLExecute(stmt);                                       // 执行 SQL 语句
78     if ((ret = SQLFetch(stmt)) != SQL_NO_DATA)                    // 此身份证号不在 vehicle 表中，flag 为 1，否则为 0
79     {
80         flag = 0;
81     }
82     else
83     {
84         flag = 1;
85     }
86     closeCon();                                                    // 关闭数据库连接
87     return flag;                                                   // 返回结果，0 表示查询失败或不存在，1 表示数据存在
88 }
```

在 check_person_vehicle() 函数中，将车主身份证号的字符串传递进来，然后在 vehicle 表中查询 owner 与该身份证号相同的记录，若未查找到记录则表示该身份证号的车主没有正在租车，否则表示该身份证号的车主正在租赁汽车。

check_vehicle() 函数的代码如下。

```
89 short check_vehicle(char *card)     /* 检查车牌为 card 的车是否已经存在于数据库中 */
90 {
91     short flag;                         // 标志
92     SQLRETURN ret;
93     SQLINTEGER P = SQL_NTS;
94     SQLCHAR sql[100] = "select card from vehicle where card=?";
95     openCon();                          // 连接数据库
96     /* 初始化句柄 */
97     ret = SQLAllocHandle(SQL_HANDLE_STMT, dbc, &stmt);
98     ret = SQLSetStmtAttr(stmt, SQL_ATTR_ROW_BIND_TYPE, (SQLPOINTER)SQL_BIND_BY_COLUMN, SQL_IS_INTEGER);
99     ret = SQLPrepare(stmt, sql, SQL_NTS);   // 准备 SQL 语句
100    ret = SQLBindParameter(stmt, 1, SQL_PARAM_INPUT, SQL_C_CHAR, SQL_VARCHAR, 50, 0, card, 50, &P);  // 绑定参数
101    ret = SQLExecute(stmt);             // 执行 SQL 语句
102    // 如果没有找到车牌为 card 的车辆信息，flag 为 1，否则为 0
103    if ((ret = SQLFetch(stmt)) == SQL_NO_DATA)
104    {
105        flag = 0;
106    }
107    else
108    {
109        flag = 1;
110    }
111    closeCon();                         // 关闭数据库连接
112    return flag;                        // 返回结果，0 表示查询失败或不存在，1 表示数据存在
113 }
```

在 check_vehicle() 函数中，将表示车牌号的字符串传递进来，然后在数据库中查询 card 字段与该车牌号相同的记录，若查找到记录则表示该车牌号已经存在，否则表示该车牌号不存在，可以使用。

add_vehicle() 函数的代码如下。

```
114 void add_vehicle()             /* 认证租车 */
115 {
116   SQLRETURN ret;
117   char card[20], type[20], owner[20];      // 分别保存车牌号、车型、车主身份证号
118   SQLCHAR sql[100] = "insert into vehicle(card,type,owner)values(?,?,?)";
119   SQLINTEGER P = SQL_NTS;
120   openCon();                               // 连接数据库
121   /* 判断连接是否成功 */
122   if ((retcode == SQL_SUCCESS) || (retcode == SQL_SUCCESS_WITH_INFO))
123   {
124    /* 显示认证租车表头 */
125    printf("\n\n");
126    printf("\t════════════════════════════════════════════════════ \n");
127    printf("\t                    认  证  租  车                   \n");
128    printf("\t════════════════════════════════════════════════════ \n");
129    printf("\t 请输入车牌号 :");
130    scanf("%s", card);
131    /* 检查车牌号是否存在，如果车牌号不存在于 vehicle 表 */
132    if (!check_vehicle(card))
133    {
134        printf("\t 请输入车型: ");
135        scanf("%s", type);
136        printf("\t 请输入车主身份证号: ");
137        scanf("%s", owner);
138        /* 检查车主是否合法存在，如果车主身份证号存在于 person 表中，但不存在于 vehicle 表中，表示没有租车 */
139        if (check_person(owner))
```

```
140         {
141           if (check_person_vehicle(owner))
142           {
143             /* 初始化句柄 */
144             ret = SQLAllocHandle(SQL_HANDLE_STMT, dbc, &stmt);
145             ret = SQLSetStmtAttr(stmt, SQL_ATTR_ROW_BIND_TYPE, (SQLPOINTER)SQL_BIND_BY_COLUMN, SQL_IS_INTEGER);
146             SQLPrepare(stmt, sql, SQL_NTS);               // 准备 SQL 语句
147             SQLBindParameter(stmt, 1, SQL_PARAM_INPUT, SQL_C_CHAR, SQL_CHAR, 50, 0, card, 50, &P); // 绑定参数
148             SQLBindParameter(stmt, 2, SQL_PARAM_INPUT, SQL_C_CHAR, SQL_CHAR, 50, 0, type, 50, &P); // 绑定参数
149             SQLBindParameter(stmt, 3, SQL_PARAM_INPUT, SQL_C_CHAR, SQL_CHAR, 50, 0, owner, 50, &P); // 绑定参数
150             ret = SQLExecute(stmt);                       // 执行 SQL 语句
151             if (ret == SQL_SUCCESS || ret == SQL_SUCCESS_WITH_INFO)
152             {
153               printf("\t 租车成功 !\n");
154             }
155             else
156             {
157               printf("\t 租车失败 !\n");
158             }
159           }
160           else {
161             printf("\t 已有车辆在租赁，请还车后，再进行操作。\n");
162           }
163         }
164         else {
165           printf("\t 车主身份证号不合法，请检查输入。\n");
166         }
167     }
168     else {
169         printf("\t 该车已被租赁，请重新输入。\n");
170     }
171   }
172   else
173   {
174     printf(" 连接数据库失败 !\n");
175   }
176   closeCon();                          // 断开与数据库的连接
177 }
```

在 add_vehicle() 函数中，用的 SQL 语句为“insert into vehicle(card,type,owner)values(?,?,?)”，向 vehicle 表插入一条数据。调用 check_person() 函数、check_person_vehicle() 函数和 check_vehicle() 函数进行合法性检查，若检查发现车主身份合法且未租车并且车牌号未被使用，则执行插入语句将租车信息插入到数据库中，否则给出错误提示。

27.8 信息查询模块设计

27.8.1 模块概述

在主菜单中输入编码 2 即可进入到信息查询的模块，在此模块中可以查询到共享汽车及其使用者信息。进入到该模块后会要求用户输入车牌号或者是身份证号进行查询，程序运行效果如图 27.27 和图 27.28 所示。

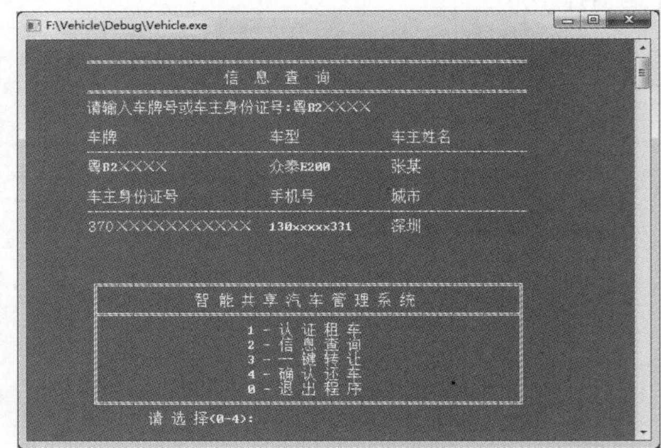

图 27.27 输入车牌号查询车辆信息

当输入的身份证号对应的人尚未租车时，会给出提示“此人尚未租车！”，如图 27.29 所示。

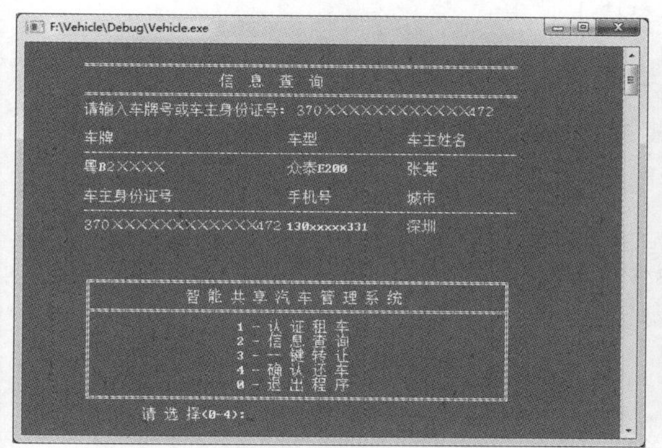

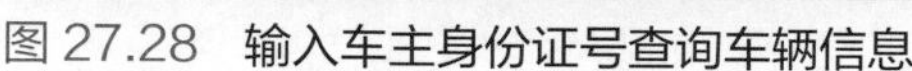
图 27.28 输入车主身份证号查询车辆信息

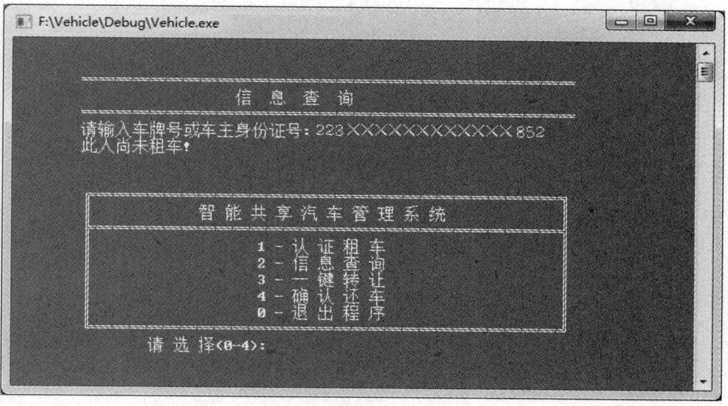

图 27.29 尚未租车的情况

27.8.2 实现信息查询模块

查询车辆信息的函数为 query_vehicle()，其代码如下。

```
178 void query_vehicle()     /* 查询车辆信息，可以输入车牌号或车主身份证号 */
179 {
180   SQLRETURN ret;
181   // 查询的结果返回到这些变量里
182   SQLCHAR 车牌 [20], 车型 [20], 车主身份证号 [20];
183   SQLINTEGER ccard = SQL_NTS, type = SQL_NTS, owner = SQL_NTS;
184   SQLCHAR 车主姓名 [20], 手机号 [20], 城市 [20];
185   SQLINTEGER name = SQL_NTS, province = SQL_NTS, city = SQL_NTS;
186   char inputifo[30];
187   char sql[250] = "select vehicle.card,vehicle.type,vehicle.owner,person.name, person.phone,person.city 
from vehicle, person where vehicle.owner = person.id and vehicle.card ='";
188   openCon();    // 连接数据库
189   /* 判断连接是否成功 */
190   if ((retcode != SQL_SUCCESS) && (retcode != SQL_SUCCESS_WITH_INFO)) {
191     printf(" 连接数据库失败 \n");
192   }
193   else {
194     printf("\n\n");
195     printf("\t═══════════════════════════════════════════\n");
196     printf("\t          信  息  查  询                 \n");
197     printf("\t═══════════════════════════════════════════\n");
198     printf("\t 请输入车牌号或车主身份证号 :");
199     scanf("%s", inputifo);
200     strcat(sql, inputifo);
201     strcat(sql, "' or person.id='");
202     strcat(sql, inputifo);
203     strcat(sql, "');");
204     /* 初始化句柄 */
205     ret = SQLAllocHandle(SQL_HANDLE_STMT, dbc, &stmt);
206     ret = SQLSetStmtAttr(stmt, SQL_ATTR_ROW_BIND_TYPE, (SQLPOINTER)SQL_BIND_BY_COLUMN, SQL_IS_INTEGER);
207     ret = SQLExecDirect(stmt, (SQLCHAR *)(sql), SQL_NTS); // 执行查询
208     if (ret == SQL_SUCCESS || ret == SQL_SUCCESS_WITH_INFO)
209     {
210         /* SQLBindCol() 函数的参数分别为：句柄、列、变量类型、接收缓冲、缓冲长度、返回的长度 */
211         ret = SQLBindCol(stmt, 1, SQL_C_CHAR, 车牌 , 20, &ccard);
212         ret = SQLBindCol(stmt, 2, SQL_C_CHAR, 车型 , 20, &type);
213         ret = SQLBindCol(stmt, 3, SQL_C_CHAR, 车主身份证号 , 20, &owner);
214         ret = SQLBindCol(stmt, 4, SQL_C_CHAR, 车主姓名 , 20, &name);
```

```
215         ret = SQLBindCol(stmt, 5, SQL_C_CHAR, 手机号 , 20, &province);
216         ret = SQLBindCol(stmt, 6, SQL_C_CHAR, 城市 , 20, &city);
217     }
218     /* 当输入一个 person 表中不存在的身份证号（如 "222"），或者输入一个存在于 person 表但不存在于 vehicle 表的身份证号时（因为此人没有租车），会给出提示 */
219     if ((ret = SQLFetch(stmt)) == SQL_NO_DATA)       // 没有找到可用的信息
220     {
221         printf("\t 此人尚未租车 !\n");
222     }
223 else
224     {
225         while (ret != SQL_NO_DATA)
226         {
227           /* 打印查询结果 */
228           printf("\n\t 车牌 \t\t\t 车型 \t\t 车主姓名 \n");
229           printf("\t-------------------------------------------------------- \n");
230           printf("\t%s\t\t%s\t%s\n", 车牌 , 车型 , 车主姓名 );
231           printf("\n\t 车主身份证号 \t\t 手机号 \t\t 城市 \n");
232           printf("\t-------------------------------------------------------- \n");
233           printf("\t%s\t%s\t%s\n\n", 车主身份证号 , 手机号 , 城市 );
234           ret = SQLFetch(stmt);
235         }
236     }
237     getchar();
238     closeCon();         // 关闭连接
239   }
240 }
```

函数中既可以使用车牌号进行查询，又可以使用车主身份证号进行查询，实际上是使用了“select vehicle.card,vehicle.type,vehicle.owner,person.name, person.phone,person.city from vehicle, person where vehicle.owner = person.id and (vehicle.card =’ 车牌号’ or person.id=’ 身份证号’”的 SQL 语句。

在此函数中，输入车牌号或身份证号，执行查询语句后，判断查询结果是否为空，如果为空则表示没查询到有效信息，否则输出打印共享汽车及其车主的信息。

27.9 一键转让模块设计

27.9.1 模块概述

在主菜单中输入编码 3 即可进入到一键转让的模块，在此模块中要求用户输入要转让的车牌号，然后输入新的车主身份证号。程序运行效果如图 27.30 所示。

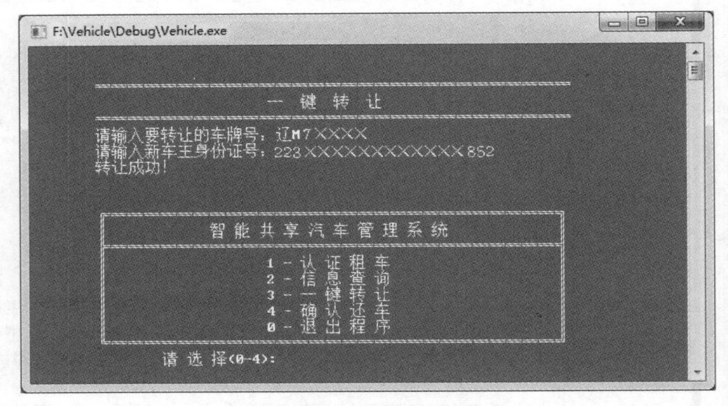

图 27.30 一键转让成功

图 27.30 中车牌号为辽 M7×××× 的车被转让给了车主身份证号为 223××××××××××××852 的公民，现在可查询一下车辆信息检验修改结果，如图 27.31 所示。

从图 27.31 可以看到该车的车主已经成功修改为身份证号为 223××××××××××××852 的公民。

在本模块中，需要检验输入的车牌号和身份证号是否正确。输入车牌号，系统首先检查此车牌号是否存在于 vehicle 表中，必须是存在于此表中的车牌号才能够被修改，不存在的车牌号则表明此车尚未被租赁，没有车主，不用进行转让，可直接进行租车操作。

当输入了一个 vehicle 表中不存在的车牌号时，系统会给出提示，如图 27.32 所示。

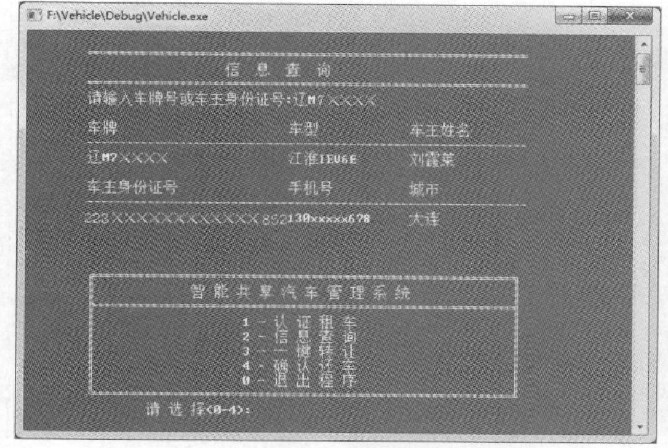

图 27.31　检验修改结果

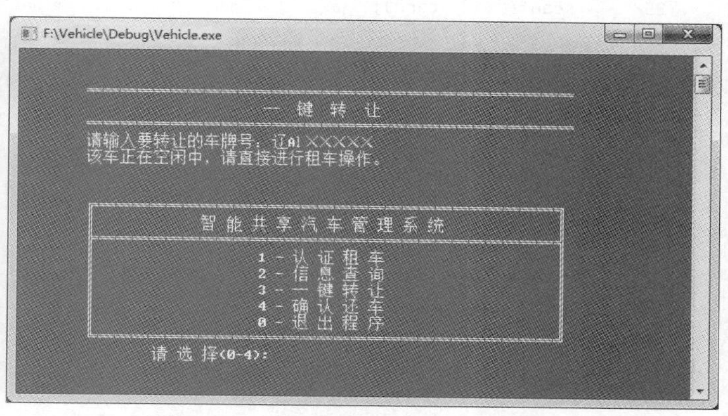

图 27.32　未被租用的汽车不能转让

当输入了正确的车牌号后，接下来检验新车主身份是否合法，即其身份证号是否存在于 person 表中。如图 27.33 所示，此身份证号不存在于 person 表中，所以会给出提示。

输入的身份证号存在于 person 表中，但同时也存在于 vehicle 表中，表示此人正在租车，则不能再将共享汽车转让到此人名下，如图 27.34 所示。

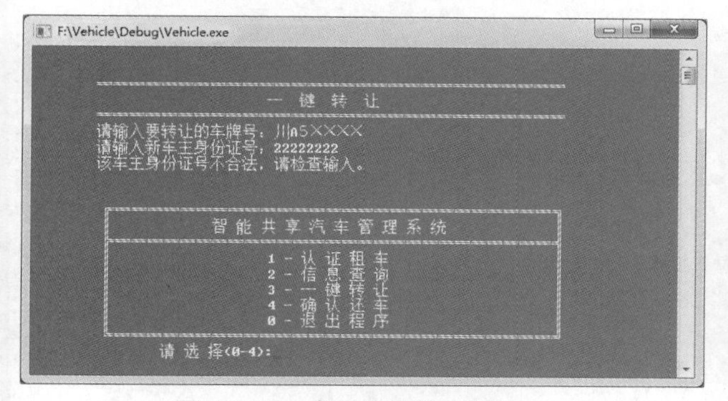

图 27.33　身份证号输入错误

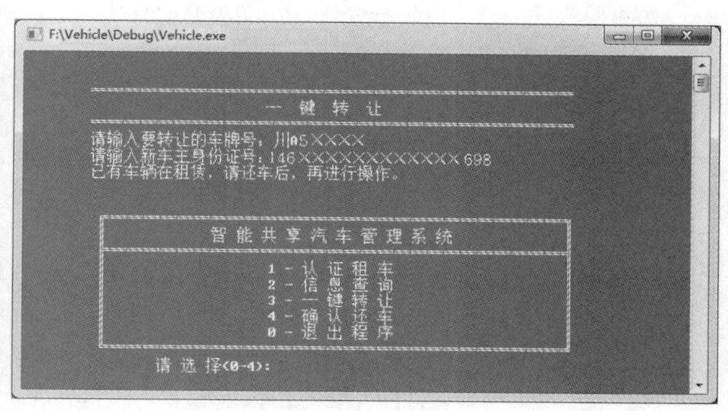

图 27.34　此人正在租车

27.9.2　实现一键转让模块

修改车辆信息所用的函数为 edit_vehicle()，其代码如下。

```
241 void edit_vehicle()          /* 一键转让 -- 车辆转让，即更换车主身份 */
242 {
243   SQLRETURN ret;
244   char card[20],  owner[20];          // 分别保存车牌号、车主身份证号
245   SQLINTEGER P = SQL_NTS;
246   SQLCHAR sql[100] = "update vehicle set owner=? where card=?";
247
248   openCon();                          // 连接数据库
249   /* 判断连接是否成功 */
250   if ((retcode == SQL_SUCCESS) || (retcode == SQL_SUCCESS_WITH_INFO))
251   {
252     /* 显示添加车辆信息表头 */
253     printf("\n\n");
254     printf("\t————————————————————————————————————\n");
255     printf("\t                一  键  转  让                \n");
```

```
256     printf("\t═══════════════════════════════════════════════ \n");
257     printf("\t 请输入要转让的车牌号: ");
258     scanf("%s", card);
259
260     if (!check_vehicle(card))     // 检查车牌号是否存在于 vehicle 表中
261     {
262         printf("\t 该车正在空闲中, 请直接进行租车操作。\n");
263     }
264     else {
265         printf("\t 请输入新车主身份证号: ");
266         scanf("%s", owner);
267         if (check_person(owner))     /* 检查新车主身份证号是否合法 */
268         {
269           if (check_person_vehicle(owner))     /* 检查新车主是否正在租赁汽车中 */
270           {
271             /* 初始化句柄 */
272             ret = SQLAllocHandle(SQL_HANDLE_STMT, dbc, &stmt);
273             ret = SQLSetStmtAttr(stmt, SQL_ATTR_ROW_BIND_TYPE, (SQLPOINTER)SQL_BIND_BY_COLUMN, SQL_IS_INTEGER);
274             SQLPrepare(stmt, sql, SQL_NTS);                  // 准备 SQL 语句
275             SQLBindParameter(stmt, 1, SQL_PARAM_INPUT, SQL_C_CHAR, SQL_CHAR, 50, 0, owner, 50, &P); // 绑定参数
276             SQLBindParameter(stmt, 2, SQL_PARAM_INPUT, SQL_C_CHAR, SQL_CHAR, 50, 0, card, 50, &P); // 绑定参数
277             ret = SQLExecute(stmt);                          // 执行 SQL 语句
278             if (ret == SQL_SUCCESS || ret == SQL_SUCCESS_WITH_INFO)
279             {
280               printf("\t 转让成功 !\n");
281             }
282             else
283             {
284               printf("\t 转让失败 !\n");
285             }
286           }
287           else {
288             printf("\t 已有车辆在租赁, 请还车后, 再进行操作。\n");
289           }
290         }else             /* 车主身份不合法 */
291         {
292           printf("\t 该车主身份证号不合法, 请检查输入。\n");
293         }
294     }
295   }else
296   {
297     printf(" 连接数据库失败 !\n");
298   }
299   closeCon(); // 断开与数据库的连接
300 }
```

修改车辆信息的函数中同样也需要使用 check_person() 函数、check_person_vehicle() 函数和 check_vehicle() 函数进行合法性检查，当用户输入的信息都合法时才进行更新操作。

27.10 确认还车模块设计

27.10.1 模块概述

在主菜单中输入编码 4 可以进入到确认还车的模块，在该模块中会弹出确认换车的表头，并要求用

户输入车牌号进行还车。程序运行效果如图 27.35 所示。

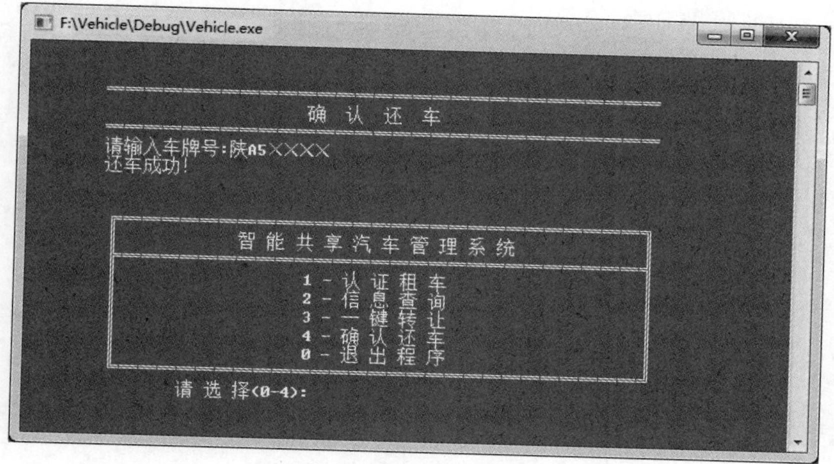

图 27.35　确认还车

确认还车即在 vehicle 表中删除指定的车辆信息。在此模块中用到的 SQL 语句为 “delete from vehicle where card=?”，? 为输入的车牌号。在图 27.35 中，输入的车牌号是陕 A5××××，则在执行删除操作前后，vehicle 表中的数据如图 27.36 所示。

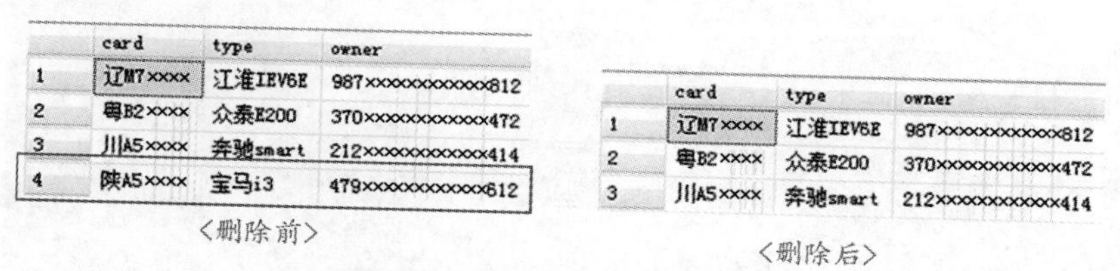

	card	type	owner
1	辽M7××××	江淮IEV6E	987××××××××××812
2	粤B2××××	众泰E200	370××××××××××472
3	川A5××××	奔驰smart	212××××××××××414
4	陕A5××××	宝马i3	479××××××××××612

〈删除前〉

	card	type	owner
1	辽M7××××	江淮IEV6E	987××××××××××812
2	粤B2××××	众泰E200	370××××××××××472
3	川A5××××	奔驰smart	212××××××××××414

〈删除后〉

图 27.36　vehicle 表中的数据

从图 27.36 中可以看出，通过删除操作删除了车牌号为陕 A5×××× 的共享车辆信息。

27.10.2　实现确认还车模块

确认还车模块用到了 delete_vehicle() 函数，其代码如下。

```
301 void delete_vehicle()        /* 确认还车 */
302 {
303   SQLRETURN ret;
304   char card[10];
305   SQLINTEGER P = SQL_NTS;
306   SQLCHAR sql[100] = "delete from vehicle where card=?";
307   printf("\n\n");          /* 显示确认还车表头 */
308   printf("\t═══════════════════════════════════\n");
309   printf("\t              确  认  还  车              \n");
310   printf("\t═══════════════════════════════════\n");
311   printf("\t 请输入车牌号 :");
312   scanf("%s", card);
313   if (check_vehicle(card)) /* 如果车牌号存在 */
314   {
315     /* 初始化句柄 */
316     ret = SQLAllocHandle(SQL_HANDLE_STMT, dbc, &stmt);
317     ret = SQLSetStmtAttr(stmt, SQL_ATTR_ROW_BIND_TYPE, (SQLPOINTER)SQL_BIND_BY_COLUMN, SQL_IS_INTEGER);
318     ret = SQLPrepare(stmt, sql, SQL_NTS);  // 准备 SQL 语句
319     ret = SQLBindParameter(stmt, 1, SQL_PARAM_INPUT, SQL_C_CHAR, SQL_VARCHAR, 50, 0, card, 50, &P);// 绑定参数
320     ret = SQLExecute(stmt);                // 执行 SQL 语句
321     if (ret == SQL_SUCCESS || ret == SQL_SUCCESS_WITH_INFO)
```

```
322        {
323            printf("\t 还车成功 !\n");
324        }
325        else
326        {
327            printf(" 还车失败 !\n");
328        }
329        closeCon(); // 断开与数据库的连接
330    }
331    else      /* 车牌号不存在 */
332    {
333        printf("\t 该车牌号不存在。\n");
334    }
335 }
```

在该函数中需要使用 check_vehicle() 函数进行合法性检查，只有当车牌号存在时才能进行还车操作，否则给出错误信息。

还车操作完成后可再查询该车牌号以检验删除操作的结果，如图 27.37 所示。

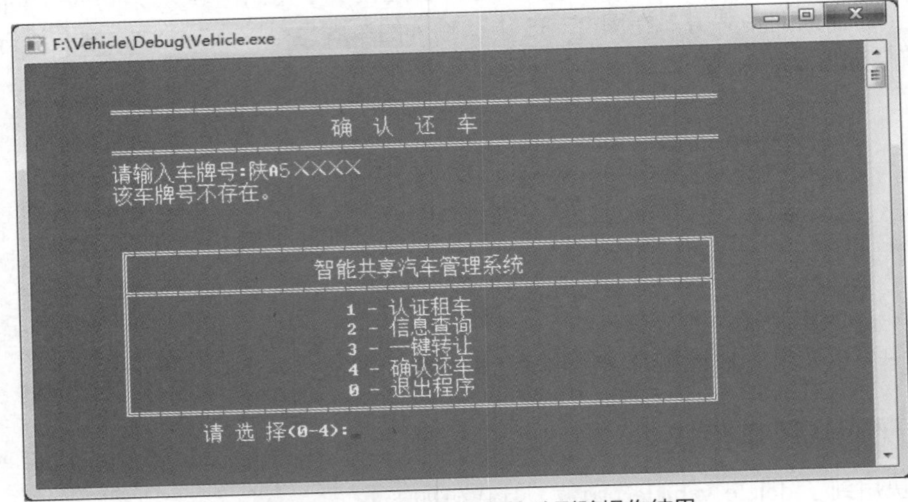

图 27.37　查询车辆信息检验删除操作结果

从图 27.37 可以看到已经查询不到车牌号为陕 A5×××× 的车辆的信息了，说明该车辆的信息已经成功地从数据库中删除了。

27.11　连接与关闭数据库

程序开始时应该连接数据库，连接数据库的函数为 openCon()，其代码如下。

```
336 void openCon()                        /* 连接数据库 */
337 {
338    SQLINTEGER card = SQL_NTS, type = SQL_NTS, owner = SQL_NTS;
339    SQLAllocHandle(SQL_HANDLE_ENV, SQL_NULL_HANDLE, &henv);    // 申请环境句柄
340    SQLSetEnvAttr(henv, SQL_ATTR_ODBC_VERSION, (void *)SQL_OV_ODBC3, 0);     // 设置环境属性
341    SQLAllocHandle(SQL_HANDLE_DBC, henv, &dbc);                // 申请数据库连接句柄
342    SQLDriverConnectW(dbc, NULL, L"DRIVER={SQL Server};SERVER=ZHOUJIAXING-PC\\MRSQLSERVER; DATABASE=vehicle;U
      ID=sa;PWD=111;", SQL_NTS, NULL, 0, NULL, SQL_DRIVER_COMPLETE);        // 连接数据库
343  }
```

连接字符串中的“ZHOUJIAXING-PC\\MRSQLSERVER”是测试程序用的数据库服务器名称，实际使用时应该修改成自己计算机中的数据库服务器名称。

另外，程序结束时应注意需关闭与数据库的连接，释放资源。关闭数据库的函数为closeCon()，其代码如下。

```
344 void closeCon()                              /* 断开数据库 */
345 {
346   SQLHDBC hdbc = SQL_NULL_HDBC;              // 定义数据库连接句柄
347   SQLFreeHandle(SQL_HANDLE_STMT, stmt);      // 释放语句句柄
348   SQLDisconnect(hdbc);                       // 断开与数据库的连接
349   SQLFreeHandle(SQL_HANDLE_DBC, hdbc);       // 释放连接句柄
350   SQLFreeHandle(SQL_HANDLE_ENV, henv);       // 释放环境句柄
351   }
```

说明

本章中给出的代码只是部分代码，并不是全部代码，详细代码见随书资源包中的源码。

小结

本章通过对智能共享汽车管理系统开发过程的讲解，介绍在C程序中使用SQL Server数据库的基本知识，通过数据库的使用，可以简化程序中的业务处理过程，提高开发效率。

扫码领取

· 视频讲解
· 源码下载
· 配套答案
· 闯关练习
· 拓展资源

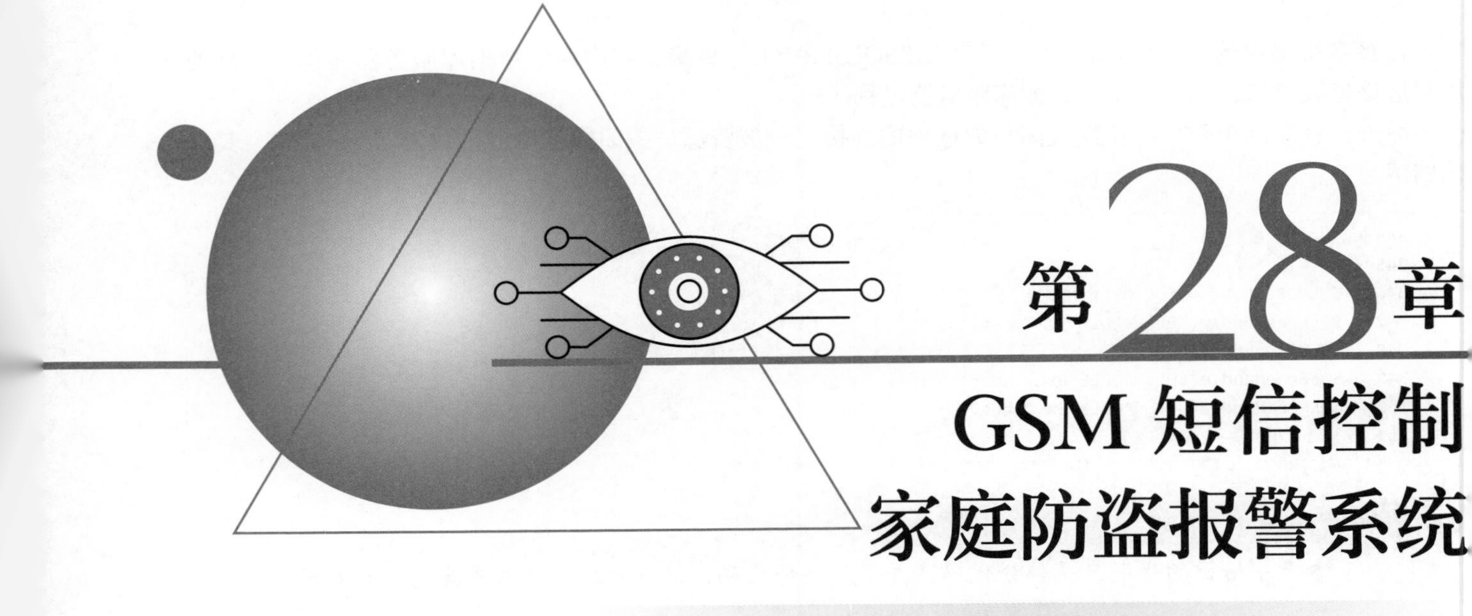

第28章 GSM短信控制家庭防盗报警系统

如今的社会，智能越来越普及，如身边的智能机器人、智能扫地机器、智能家居、智能垃圾桶等。人类身边的智能产品越来越多，生活品质也随之提高。高端的智能防盗产品让小偷闻风丧胆。例如，有的家庭为了安全，在家里安装防盗系统，通过红外线感应察觉人的到来。

本章设计高端家庭防盗系统，通过短信可以控制报警。当通过红外线感应人进入了房间，系统就会自动给户主手机发送短信，告知有人进去，然后通过手机发送短信报警，报警之后，系统的 LED（发光二极管）灯亮，蜂鸣器响，让小偷心惊胆战，仓皇出逃。

本章知识架构如下。

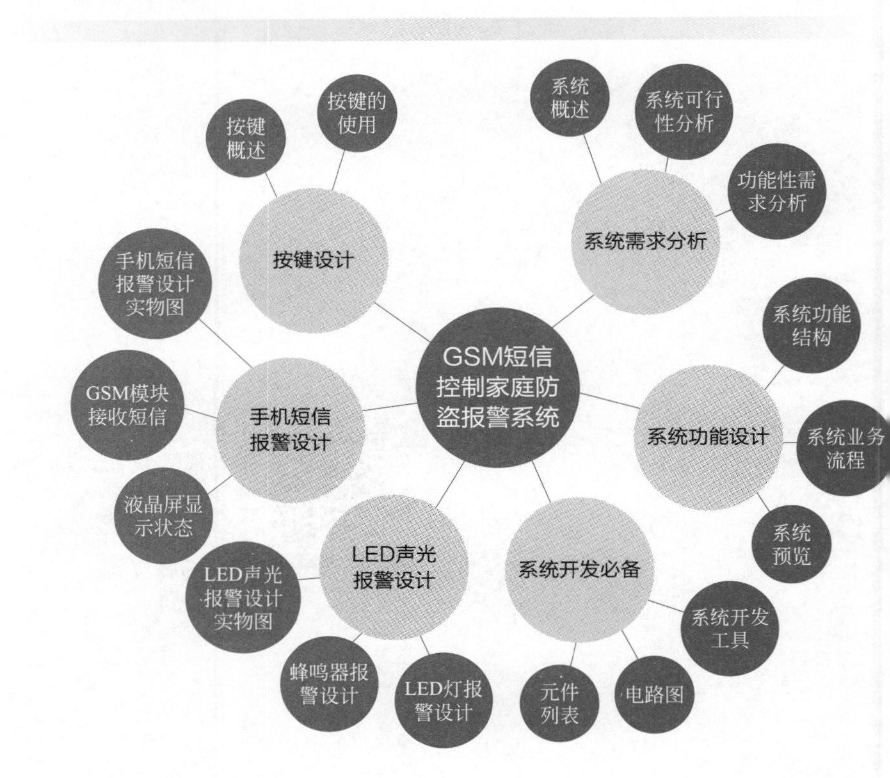

28.1 系统需求分析

现今，社会信息化进程日益发展，信息技术已渗透到人们生活、工作的各个领域，将智能化引入住宅小区已然成为一种趋势。本章介绍智能家庭防盗报警系统，本系统的核心控制是单片机，采用 GSM（全球移动通信系统）手机短信模块来发送、接收短信，同时用红外热释电传感器和发光二极管感知来人，以及使用 LCD1602 液晶显示输入手机号码，使用蜂鸣器来报警，为了测试方便，系统还加了独立按键来控制系统。

28.1.1 系统概述

本系统主要设计利用 GSM 手机短信控制家庭防盗报警系统，需要实现的功能如下。

① 手机能接收被盗短信。

② 通过手机短信远程报警。

③ 报警之后 LED 灯亮。

④ 报警之后蜂鸣器响。

28.1.2 系统可行性分析

从硬件角度分析，本系统使用的是 51 单片机，51 单片机对初学者比较友好，初学者比较容易上手。51 单片机是一套完整的按位操作系统，称为“位处理器”，这很适合 C 语言面向过程这一特点。采用的屏幕是 LCD1602 液晶显示屏，能够清晰地显示功能。本系统核心采用的是 GSM 模块发送短信，GSM 模块具有发送 SMS 短信、语音通话、GPRS 数据传输等基于 GSM 网络进行通信的所有基本功能。

从软件角度分析，本系统采用的编程语言是 C 语言，本系统使用的计算机语言高度统一，对于系统开发与后期维护来讲都十分有利。

28.1.3 功能性需求分析

根据系统概述，该系统要实现的功能有以下几方面。

① 通过手动报警和布防报警，给手机发送短信。

② 发送短信远程报警。

③ LED 灯亮。

④ 蜂鸣器响。

⑤ 撤防，LED 灯灭，蜂鸣器不响。

28.2 系统功能设计

28.2.1 系统功能结构

GSM 短信控制家庭防盗报警系统包含 LED 声光报警、手机短信报警等设计，功能结构图如图 28.1 所示。

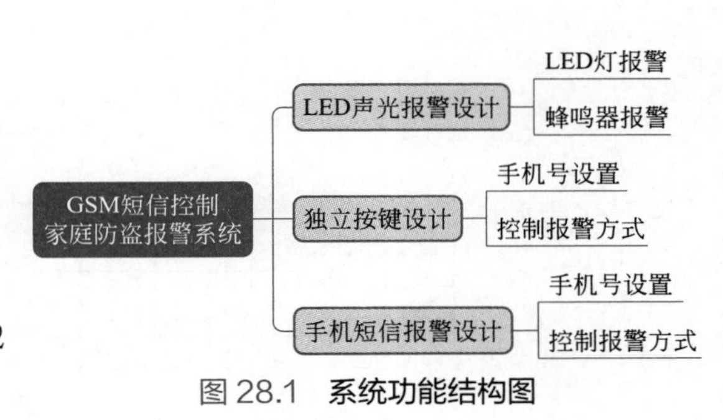

图 28.1 系统功能结构图

28.2.2 系统业务流程

GSM 短信控制家庭防盗报警系统的业务流程图如图 28.2 所示。

28.2.3 系统预览

GSM 短信控制家庭防盗报警系统的完整系统如图 28.3 所示。

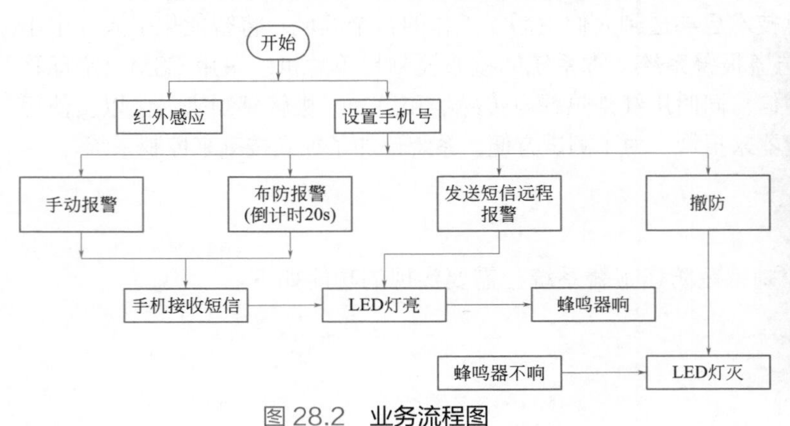

图 28.2 业务流程图

图 28.3 完整系统

28.3 系统开发必备

在开发整个系统之前，需要做一些准备，接下来分别进行介绍。

28.3.1 系统开发工具

编译软件工具：Keil uVision。

硬件电路设计工具：Altium Designer。

程序烧录软件：STC-ISP。

操作系统：Windows 7 及 Windows 7 以上系统。

28.3.2 电路图

整个系统包括软件和硬件两大部分，软件部分是使用 C 语言编写程序控制硬件。硬件部分需要设计电路图，根据电路图购买硬件，按照电路图连接出完整电路。本系统的电路图如图 28.4 所示。

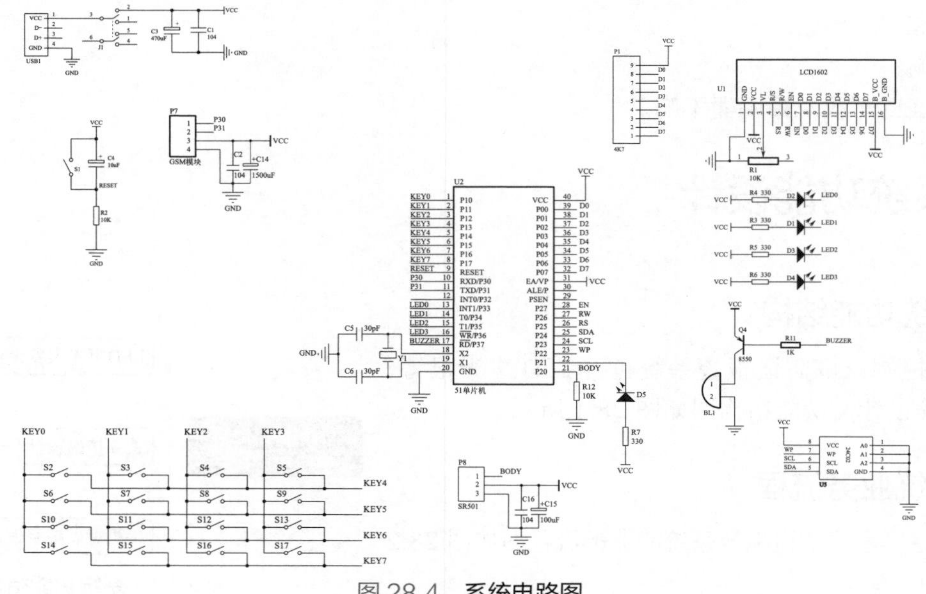

图 28.4 系统电路图

按照电路图用焊锡将电路连接，效果如图 28.5 所示。

图 28.5 硬件电路实物图

28.3.3 元件列表

本系统应用到许多元件，如表 28.1 所示是本系统所用到的全部元件。

表 28.1 元件列表

元件	数量	元件	数量
洞洞板	1	单片机	1
LCD1602 液晶显示屏	1	红外热释电传感器模块	1
ATMEL711 24C02 PU27 存储芯片	1	电位器模块	1
开关	1	USB 接口	1
470μF 电容	2	1500μF 电容	1
0.1μF 瓷片电容	3	蜂鸣器	1
三极管	1	LED 发光二极管	5
独立按键	17	电阻	7
导线	若干	排针	7
16 孔排母	1	4 线排线	1
3 孔排母	1		
单片机底座	1	存储芯片底座	1
USB 口上电线	1		

28.4 LED 声光报警设计

本系统一共包括 5 个 LED 发光二极管、1 个蜂鸣器。这节就来介绍 LED 灯报警和蜂鸣器报警的设计。

28.4.1 LED 灯报警设计

1. LED 灯简介

LED 是半导体二极管的一种，可以把电能转化成光能。LED 与普通二极管一样，由一个 PN 结组成，也具有单向导电性。当给 LED 加上正向电压后，从 P 区注入 N 区的空穴和由 N 区注入到 P 区的电子，在 PN 结附近数微米内分别与 N 区的电子和 P 区的空穴复合，产生自发辐射的荧光。不同的半导体材料中电子和空穴所处的能量状态不同。当电子和空穴复合时释放出的能量越多，则发出的光的波长越短。常用的是发出红光、绿光或黄光的二极管。

2. LED 灯使用

（1）硬件设计

本设计一共需要 5 个 LED 灯，其中一个 LED 灯是当感受到来人，就会发光，而剩下的 4 个分别是布防报警指示灯、手动报警指示灯、自动报警指示灯以及短信报警指示灯。其中，如果处在布防状态时，第一个灯闪烁，等待 20s 过后，第一个灯一直亮。感受来人的 LED 的电路图如图 28.6 所示，一排 4 个 LED 的电路图如图 28.7 所示。

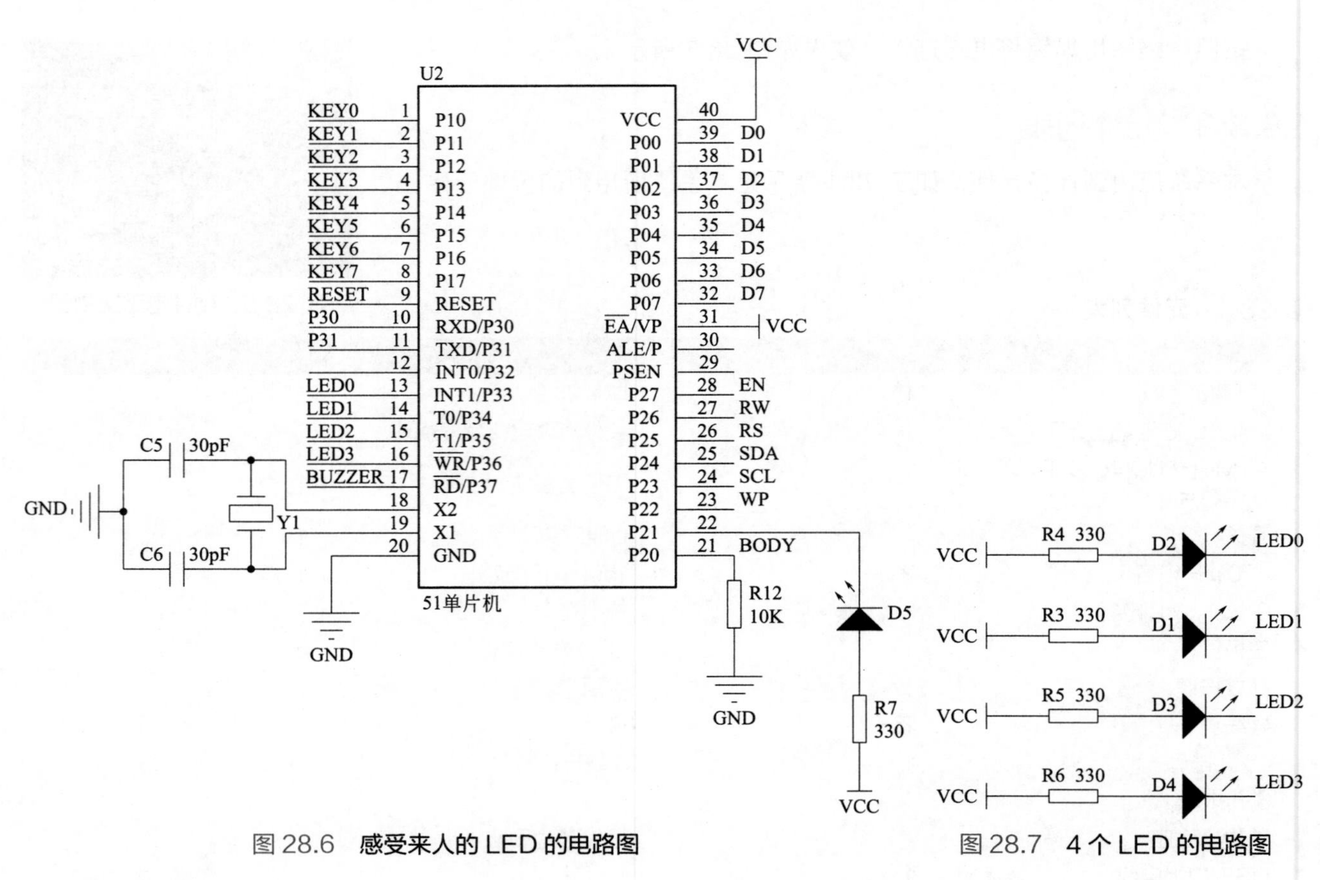

图 28.6 **感受来人的 LED 的电路图**　　　　图 28.7 **4 个 LED 的电路图**

（2）软件设计

LED 连接到电路之后，就完成了硬件的设计，接下来是软件设计，LED 发光报警的主要代码如下。

① LED 灯引脚设置。

```
1 sbit BLED=P2^1;              //人体热释电指示灯
2 sbit YLED=P3^2;              //布防指示灯
3 sbit HandLED=P3^3;           //手动报警指示灯
4 sbit AutoLED=P3^4;           //自动报警指示灯
5 sbit GsmLED=P3^5;            //GSM 短信报警指示灯
```

② 中断处理函数。

```
6                              //定时器 0 中断服务函数     中断编号  1
7 void Timer0_ISR(void)  interrupt     1
8 {
9   static unsigned char T25MS=0;
10
11    TL0 = 0x00;              //设置定时初值
12    TH0 = 0xA6;              //设置定时初值
13 /*------------------ 中断处理 --------------------*/
14    KEY_Scan();
15
16    T25MS++;
17    if(T25MS>=40)  //1s 信号计时
18    {
19        T25MS=0;
20        if(AutoMask>0)
21          AutoMask--;
22        if(Time>0)
23        {
```

```
24      Time--;
25      YLED=!YLED;
26      if(Time==0)
27      {
28      AlarmEN=1;
29      }
30         }
31    }
32 }
```

③ 4 个状态下控制的指示灯。

```
33 void StateControl(void)  // 状态检测和控制函数
34 {
35 /*---------------- 布防 ------------------*/
36   if(KeyVal=='8')
37   {
38   KeyVal=0;
39   if(AlarmEN==0)
40   {
41   Time=20;
42   }
43   }
44 /*---------------- 撤防 ------------------*/
45   if(KeyVal=='9')
46   {
47   KeyVal=0;
48   AlarmEN=0;
49   Time=0;
50   }
51 /*---------------- 手动报警 ------------------*/
52   if(KeyVal=='A')
53   {
54   KeyVal=0;
55    AlarmFlag[0]=1;
56   HandLED=0;
57   BUZZER=0;
58   SendAlarm(0);
59   delay_ms(1500);
60   delay_ms(1500);
61   SendAlarm(1);
62   }
63 /*---------------- 取消报警和布防 ------------------*/
64   if(KeyVal=='B')
65   {
66   KeyVal=0;
67   AlarmFlag[0]=0;
68   AlarmFlag[1]=0;
69   AlarmFlag[2]=0;
70   AlarmEN=0;
71   AutoLED=1;
72   HandLED=1;
73   BUZZER=1;
74   GsmLED=1;
75   }
76 /*---------------- 布防指示灯 ---------------------*/
77   if(Time==0)
78   {
79         if(AlarmEN)
80             YLED=0;
81         else
82             YLED=1;
83     }
84 }
```

④ 红外感应指示灯。

```
85 void main(void)
86 {
87   Timer0Init();
88   LCD_Init();
89   PageInit();
90   UART1_Init();
91   DataLoad();
92   while(1)
93   {
94     PageDisplay();
95    BLED=!BODY;
96    StateControl();
97    AutoGetAdd();
98    AutoCheckAlarm();                    //自动报警
99    ReadMsgCheck();                      //读取短信函数
100   delay_ms(50);
101  }
102 }
```

28.4.2 蜂鸣器报警设计

(1) 蜂鸣器简介

蜂鸣器由振动装置和谐振装置组成，它是通过一个三极管和一个上拉电阻来实现功能的。如图 28.8 所示是本系统蜂鸣器连接的实物图。

(2) 蜂鸣器的使用

① 硬件设计。布防报警、手动报警、自动报警以及短信报警以上这 4 种报警模式，蜂鸣器都会响。只要报警，蜂鸣器就会响。蜂鸣器发声还需要周围有一个上拉电阻和一个三极管，蜂鸣器的电路图如图 28.9 所示。

图 28.8　连接蜂鸣器实物图

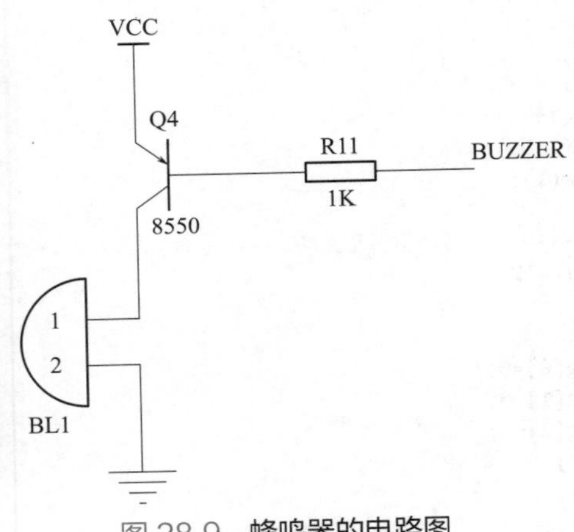

图 28.9　蜂鸣器的电路图

② 软件设计。操作蜂鸣器的主要代码如下。

a. 蜂鸣器引脚连接。

```
sbit BUZZER=P3^6;    //蜂鸣器
```

b. 控制蜂鸣器。

```
103 /*
104 获取一个字符串中第 N 个逗号的位置
```

```
105 如果有，返回第 N 个逗号的地址
106 如果没有，返回 NULL
107 */
108 unsigned char *GetCommaAdd(unsigned char *str,unsigned char N)
109 {
110   unsigned char *add=NULL;
111   while(*str)
112   {
113   if(*str==',')
114     {
115   N--;
116   if(N==0)
117   {
118     add=str;
119          break;
120   }
121     }
122     str++;
123   }
124   return add;
125 }
126 void ReadMsgCheck(void)
127 {
128   unsigned char i=0;
129   point=NULL;
130   ReadMsg++;
131   if(ReadMsg>=20)  // 间隔大于等于 20ms 读取一次短信内容
132   {
133     ReadMsg=0;
134     point= strstr(GSM_RX_BUF,"+CMTI");
135     if(point!=NULL) // 有新短信到来
136     {
137   BUZZER=0;
138   delay_ms(500);
139   BUZZER=1;
140 /*----------------------- 获取新短信的地址 ---------------------------------*/
141   point= GetCommaAdd(GSM_RX_BUF,1); // 查到第一个逗号的位置
142   point++;
143   NewMsgAdd[0]=*point;
144   point++;
145   if((*point>='0')&&(*point<='9'))
146   {
147     NewMsgAdd[1]=*point;
148   point++;
149     if((*point>='0')&&(*point<='9'))
150     {
151       NewMsgAdd[2]=*point;
152     }
153     else
154     {
155       NewMsgAdd[2]='\0';
156         }
157         NewMsgAdd[3]='\0';
158   }
159   else
160   {
161     NewMsgAdd[1]='\0';
162   }
163 /*--------------------- 读取新短信内容 ---------------------------------------*/
164   GSM_RxBufClr();  // 首先清空缓存
165   GSM_SendStr("AT+CMGF=0\r\n"); //PDU 编码读取中文短信
166   delay_ms(500);
167   GSM_RxBufClr();  // 清空缓存
168   GSM_SendStr("AT+CMGR=");
```

```
169   GSM_SendStr(NewMsgAdd);
170   GSM_SendStr("\r\n");                          // 读取新消息
171
172   delay_ms(1000);                               // 延时接收短信内容
173   delay_ms(1500);
174   point=NULL;
175   point =strstr(GSM_RX_BUF,"5E039632");         // 检测消息中是否含有 " 布防 " 二字
176   if(point!=NULL)
177   {
178      KeyVal='8';
179   }
180   delay_ms(100);
181   point=NULL;
182   point =strstr(GSM_RX_BUF,"64A49632");         // 检测消息中是否含有 " 撤防 " 二字
183   if(point!=NULL)
184   {
185      KeyVal='B';
186   }
187   delay_ms(100);
188   point =strstr(GSM_RX_BUF,"62A58B66");         // 检测消息中是否含有 " 报警 " 二字
189   if(point!=NULL)
190   {
191      GsmLED=0;
192      BUZZER=0;
193   }
194 /*---------------- 防止短信存满，读取过短信之后删除该短信 ----------------*/
195   GSM_SendStr("AT+CMGD=1,4\r\n");
196   delay_ms(800);
197   GSM_RxBufClr();                               // 清空缓存
198      }
199   GSM_RxBufClr();                               // 清空缓存
200   }
201 }
```

28.4.3 LED 声光报警设计实物图

如图 28.10 所示是 LED 灯和蜂鸣器连接的实物图。其中，红色框中的是 LED，蓝色框中的是蜂鸣器。

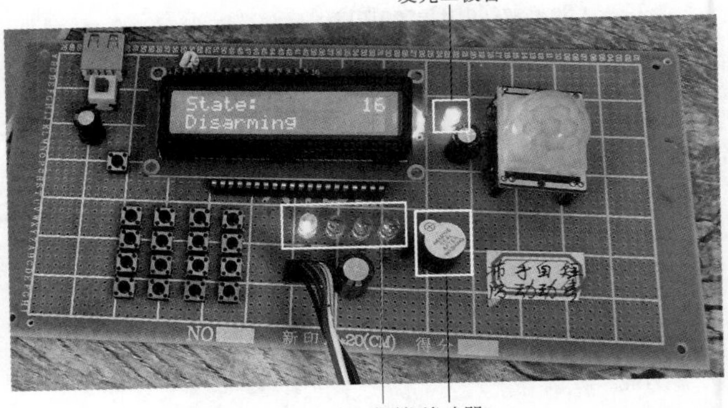

图 28.10 LED 发光二极管及蜂鸣器连接实物图

28.5 手机短信报警设计

手机短信报警设计包括 LCD1602 液晶屏显示设置手机号以及 GSM 模块接收短信信息，下面介绍显示屏和 GSM 模块设计。

28.5.1 液晶屏显示状态

（1）LCD1602 液晶屏简介

本系统采用的是 LCD1602 液晶屏。通过 LCD1602 液晶屏的显示功能，可以猜到它的名字具体是什么意思，它能够呈现出 16×2 的内容，也就是显示的内容一共有两行。它能够应用到很多的地方，还能够显示很多的内容，可以显示 32 位，这正是本设计选择它的原因。不像数码管，只能显示数据，不能显示字符或行为。 LCD1602 液晶屏的优点很突出，它自己就可以完成刷新显示的功能，每行有 16 个字符，不需要花费很长的时间。所以该液晶屏受到广大用户的喜爱，而且该器件的体积小，携带方便。

LCD1602 液晶屏实物图如图 28.11 所示。

（2）使用 LCD1602 液晶屏

① 硬件设计。本系统应用液晶屏显示手机号以及布防报警模式倒计时等功能。系统可以通过按键设置 2 个手机号，而设置的过程可以在液晶屏上显示；当进入到布防报警时，液晶屏就会显示 20s 倒计时。本系统采用 LCD1602 液晶屏的电路图如图 28.12 所示。

图 28.11 LCD1602 液晶屏实物图

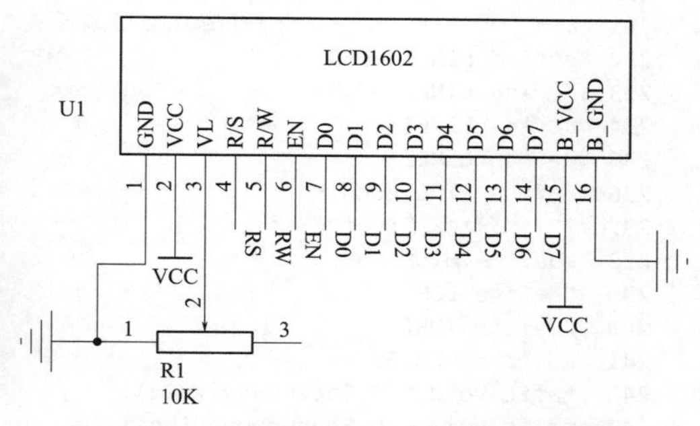

图 28.12 LCD1602 液晶屏电路图

看图 28.12 可以看出，LCD1602 的每个引脚连接详情如下。

- 第 1 脚：电源地是 GND。
- 第 2 脚：VCC 接 5V 电源正极。
- 第 3 脚：接 10K 的电阻。
- 第 4 脚：接 R/S，R/S 为寄存器选择。如果想选择数据寄存器，设置为 R/S = 1；如果想选择指令这方面性能，设置为 R/S = 0。
- 第 5 脚：接 R/W，R/W 为读写选择，R/W = 1 代表读，R/W = 0 代表写。
- 第 6 脚：接 EN，EN 端的功能是使能端。
- 第 7 ～ 14 脚：数据显示，1 位是 8 方向信息。
- 第 15 脚：特殊电源。
- 第 16 脚：电源地。

② 软件设计。

- 首先是创建名为 lcd1602.h 的头文件，具体代码如下。

```
202 #ifndef __LCD1602_H__
203 #define __LCD1602_H__
204 /*-------------------------------------------------------------
205 LCD1602 驱动文件：平台 STC89C52RC@11.0592M
206 显示地址 0-31:0-15 第一行  16-31 第二行
207 -------------------------------------------------------------
208 */
209 // 输入方式设置
210 #define LCD_AC_AUTO_INCREMENT      0x06        // 数据读、写操作后，AC 自动增一
211 #define LCD_AC_AUTO_DECREASE       0x04        // 数据读、写操作后，AC 自动减一
212 #define LCD_MOVE_ENABLE            0x05        // 数据读、写操作，画面平移
213 #define LCD_MOVE_DISENABLE         0x04        // 数据读、写操作，画面不动
214 #define LCD_GO_HOME                0x02        //AC=0，光标、画面回 HOME 位
215 // 设置显示、光标及闪烁开或关
216 #define LCD_DISPLAY_ON             0x0C        // 显示开
217 #define LCD_DISPLAY_OFF            0x08        // 显示关
218 #define LCD_CURSOR_ON              0x0A        // 光标显示
219 #define LCD_CURSOR_OFF             0x08        // 光标不显示
220 #define LCD_CURSOR_BLINK_ON        0x09        // 光标闪烁
221 #define LCD_CURSOR_BLINK_OFF       0x08        // 光标不闪烁
222 // 光标、画面移动，不影响 DDRAM
```

```
223 #define LCD_LEFT_MOVE              0x18          //LCD 显示左移一位
224 #define LCD_RIGHT_MOVE             0x1C          //LCD 显示右移一位
225 #define LCD_CURSOR_LEFT_MOVE       0x10          // 光标左移一位
226 #define LCD_CURSOR_RIGHT_MOVE      0x14          // 光标右移一位
227 // 工作方式设置
228 #define LCD_DISPLAY_DOUBLE_LINE    0x38          // 两行显示
229 #define LCD_DISPLAY_SINGLE_LINE    0x30          // 单行显示
230 #define LCD_CLEAR_SCREEN           0X01          // 清屏
231 /***********************LCD1602 地址相关 ********************************/
232 #define LINE1_HEAD                 0x80          // 第一行 DDRAM 起始地址
233 #define LINE2_HEAD                 0xc0          // 第二行 DDRAM 起始地址
234 #define LINE1                      0             // 第一行
235 #define LINE2                      1             // 第二行
236 #define LINE_LENGTH                16            // 每行的最大字符长度
237 /********************** 另外相关约定 *********************************/
238  #define HIGH                      1
239  #define LOW                       0
240  #define TURE                      1
241  #define  FALSE                    0
242 static void LCD_CheckBusy(void);
243 static void LCD_SendCommand(unsigned char command);
244 static void LCD_SendData(unsigned char dat);
245 void LCD_Init(void);
246 void LCD_DispChar(unsigned char add,unsigned char ch);
247 void LCD_DispStr(unsigned char add,unsigned char *str);
248 void TempDisplay(unsigned char add,float Temp);
249 void DHT_TempDisplay(unsigned char add,unsigned int temp);
250 void DHT_HumiDisplay(unsigned char add,unsigned int humi);
251 void DS18B20ID_Display(unsigned char *str);
252 void LCD_DispU8(unsigned char add,unsigned int num);
253 void LCD_Clr(void);                              //LCD 清屏函数
254 void TimeDisplay(unsigned char add,unsigned char *time);
255 void DateDiaplay(unsigned char add,unsigned char *date);
256 LCD_DispU16(unsigned char add,unsigned int num);
257 void #endif
```

创建名为 lcd1602.c 的文件，代码如下。

```
258 #include "reg52.h"          // 包含头文件，一般情况不需要改动，头文件包含特殊功能寄存器的定义
259 #include <intrins.h>        // 包含 NOP 空指令函数 _nop_()
260 #include "24c02.h"
261 #define AddWr 0xa0          // 写数据地址，需要参考 24c02 芯片文档
262 #define AddRd 0xa1          // 读数据地址
263
264 sbit WP=P2^2;               // 写保护，这里不使用
265 sbit Sda=P2^4;              // 定义总线连接端口
266 sbit Scl=P2^3;
267 /*------------------------------------------------------
268                       延时程序
269 ------------------------------------------------------*/
270  void mDelay(unsigned char j)
271  {
272   unsigned int i;
273   j=j*6;
274   for(;j>0;j--)
275      {
276   for(i=0;i<100;i++)
277      {;}
278   }
279   }
280 void IIC_Delay4us(void)
281 {
282     unsigned char i;
283
284     i = 8;
```

```
285     while (--i);
286 }
287 void IIC_Delay2us(void)
288 {
289     unsigned char i;
290     _nop_();
291     _nop_();
292     i = 2;
293     while (--i);
294 }
295 /*------------------------------------------------------
296                         启动 IIC 总线
297 ------------------------------------------------------*/
298  void Start(void)
299  {
300   Sda=1;
301   Scl=1;
302   IIC_Delay4us();
303   Sda=0;
304   IIC_Delay4us();
305   Scl=0;
306  }
307 /*------------------------------------------------------
308                         停止 IIC 总线
309 ------------------------------------------------------*/
310  void Stop(void)
311  {
312    Scl=0;
313    Sda=0;
314    IIC_Delay4us();
315    Scl=1;
316    Sda=1;
317    IIC_Delay4us();
318  }
319 /*------------------------------------------------------
320                         应答 IIC 总线
321 ------------------------------------------------------*/
322  void Ack(void)
323  {
324    Scl=0;
325    Sda=0;
326    IIC_Delay2us();
327    Scl=1;
328    IIC_Delay2us();
329    Scl=0;
330  }
331 /*------------------------------------------------------
332                         非应答 IIC 总线
333 ------------------------------------------------------*/
334  void NoAck(void)
335  {
336      Scl=0;
337      Sda=1;
338      IIC_Delay2us();
339      Scl=1;
340      IIC_Delay2us();
341      Scl=0;
342  }
343 /*------------------------------------------------------
344                     发送一个字节
345 ------------------------------------------------------*/
346 void Send(unsigned char Data)
347 {
348   unsigned char BitCounter=8;
```

```
349 unsigned char temp;
350 do
351 {
352     temp=Data;
353     Scl=0;
354     _nop_();_nop_();_nop_();_nop_();_nop_();
355     if((temp&0x80)==0x80)
356         Sda=1;
357     else
358         Sda=0;
359             Scl=1;
360             temp=Data<<1;
361             Data=temp;
362             BitCounter--;
363     }
364     while(BitCounter);
365      Scl=0;
366 }
367 /*-----------------------------------------------------
368                 读入一个字节并返回
369 ---------------------------------------------------*/
370 unsigned char Read(void)
371 {
372  unsigned char temp=0;
373  unsigned char temp1=0;
374  unsigned char BitCounter=8;
375  Sda=1;
376  do
377  {
378      Scl=0;
379          _nop_();_nop_();_nop_();_nop_();_nop_();
380      Scl=1;
381      _nop_();_nop_();_nop_();_nop_();_nop_();
382      if(Sda)
383         temp=temp|0x01;
384      else
385         temp=temp&0xfe;
386 
387      if(BitCounter-1)
388      {
389          temp1=temp<<1;
390          temp=temp1;
391        }
392          BitCounter--;
393   }
394        while(BitCounter);
395        return(temp);
396 }
397  /*---------------------------------------------------
398                    写入数据
399 ---------------------------------------------------*/
400 void WrToROM(unsigned char Data[],unsigned char Address,unsigned char Num)
401 {
402     unsigned char i;
403     unsigned char *PData;
404      WP = 0;
405     PData=Data;
406     for(i=0;i<Num;i++)    //数组长度
407     {
408         Start();
409         Send(AddWr);       //写入芯片地址
410         Ack();
411         Send(Address+i);  //写入存储地址
412         Ack();
```

```
413            Send(*(PData+i));          // 写数据
414            Ack();
415            Stop();
416            mDelay(5);
417   }
418 }
419 /*--------------------------------------------------
420                 读出数据
421 --------------------------------------------------*/
422 void RdFromROM(unsigned char Data[],unsigned char Address,unsigned char Num)
423 {
424       unsigned char i;
425       unsigned char *PData;
426       WP = 0;
427       PData=Data;
428       for(i=0;i<Num;i++)
429       {
430       Start();
431       Send(AddWr);                   // 写入芯片地址
432            Ack();
433        Send(Address+i);              // 写入存储地址
434       Ack();
435       Start();
436       Send(AddRd);                   // 读入地址
437       Ack();
438      *(PData+i)=Read();              // 读数据
439       Scl=0;
440           NoAck();
441       Stop();
442        }
443  }
```

28.5.2 GSM 模块接收短信

（1）GSM 模块概述

本系统采用 GSM 模块来接收短信和发送短信。GSM 模块具有发送 SMS 短信、语音通话功能。如果 GSM 模块加上键盘、显示屏和电池，就是一部手机。GSM 的实物图如图 28.13 所示。

（2）GSM 模块的使用

① 硬件设计。本设计使用的是 GSM 模块来读取短信，使用时需要放一张手机卡，然后需要一个模块天线接收信号，当发生报警时，2 个手机号都能接收到“请注意，防盗报警”；也可以用手机远程遥控，当在手机短信编辑发送“布防”，液晶屏也会显示倒计时 20s，20s 过后蜂鸣器就会响，同时 2 个手机接收到“请注意，防盗报警”，布防 LED 指示灯也会随之亮；当手机短信编辑发送“撤防”，蜂鸣器停止响，LED 灯灭；当手机短信编辑发送“报警”，短信报警 LED 指示灯亮，蜂鸣器会响。实现的 GSM 模块电路图如图 28.14 所示。

图 28.13　GSM 模块实物图

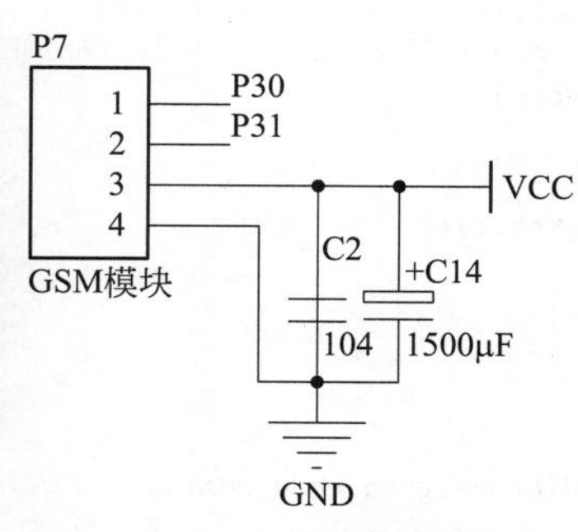

图 28.14　GSM 模块电路图

GSM 模块各个引脚连接详情如下。

- 第 1 脚：连接单片机 P30。
- 第 2 脚：连接单片机 P31。
- 第 3、4 脚：连接 0.1μF 的瓷片电容和 1500μF 的电容。

② 软件设计。控制 GSM 模块的主要代码如下。

先创建名为 gsm.h 的头文件。

```
444 #ifndef _SIM900A_H_
445 #define _SIM900A_H_
446 #define GSM_RX_MAX  65
447
448 extern unsigned char  SMS_Add[];                    // 发送归属
449 extern unsigned char  Phone[];                      // 接收号码
450 extern unsigned char  Phone1[];                     // 接收号码
451 extern xdata unsigned char GSM_RX_CON;
452 extern data unsigned char GSM_RX_BUF[];
453 extern xdata unsigned char NewMsgAdd[];             // 新短信地址
454 extern xdata unsigned char NewMsgNum[];             // 新短信手机号
455
456 void SendTextMsg(unsigned char *text);
457 void SIM900A_SendString(unsigned char *s);
458 void GSM_RxBufClr(void);
459 void SIM900A_SendChar(unsigned char ch);
460 void GSM_SendStr(unsigned char *str);
461 unsigned char *GetPlusAdd(unsigned char *str,unsigned char N);
462 void SendAlarm(unsigned char num);                  // 发送报警短信
463 #endif
```

创建名为 gsm.c 的文件。

```
464 #include "reg52.h"
465 #include "gsm.h"
466 #include "string.h"
467 #include "delay.h"
468 #include "stdio.h"
469 #include "uart.h"
470 /*
471 AT+CSCA?
472 AT+CSCA?
473 +CSCA: "+8613010761500",145
474 OK
475 */
476 xdata unsigned char GSM_RX_CON=0;
477 data unsigned char GSM_RX_BUF[GSM_RX_MAX]={0};
478 xdata unsigned char NewMsgAdd[5]={0};                              // 新短信地址
479 unsigned char  SMS_Add[16]    = "8600000000000F";                  // 发送归属
480 unsigned char  Phone[16]      = "8615565211982F";                  // 接收号码
481 unsigned char  Phone1[16]     = "8615000000000F";                  // 接收号码
482 unsigned char code  Alarm0[] = "8bf76ce8610fff01963276d762a58b66ff01";  // 请注意！防盗报警！
483 void GSM_RxBufClr(void)
484 {
485   unsigned char i=0;
486   for(i=0;i<GSM_RX_MAX;i++)
487   {
488     GSM_RX_BUF[i]=0;
489   }
490   GSM_RX_CON=0;
491 }
492 void GSM_RxdataHandle(unsigned char rdata)
493 {
```

```
494     GSM_RX_BUF[GSM_RX_CON++] = rdata;
495   if(GSM_RX_CON>=GSM_RX_MAX) //接收数组越限处理
496     GSM_RX_CON=0;
497 }
498 void GSM_SendChar(unsigned char ch)
499 {
500   UART1_SendByte(ch);
501 }
502 /*--------------GSM 模块与单片机函数接口--------------------------*/
503 void GSM_SendStr(unsigned char *str)
504 {
505   while(*str)
506   {
507     UART1_SendByte(*str);
508   str++;
509   }
510 }
511 void GSM_SendStrParEx(unsigned char *str)  //把一个字符串奇偶交换发送出去
512 {
513   while(*str)
514   {
515     UART1_SendByte(*(str+1));
516   UART1_SendByte(*str);
517     str+=2;
518   }
519 }
520 void GSM_Delay(unsigned int i)
521 {
522     delay_ms(2*i);
523 }
524 /*
525 功能：发送中文短信函数
526 PhoneNum :接收号码指针
527 msg      :消息内容指针
528 */
529 void GSM_SendChinMsg(unsigned char *PhoneNum,unsigned char *msg)
530 {
531   unsigned char Buff[30]=0;
532   int len = 0;                             //长度变量
533
534   GSM_SendStr("AT+CMGF=0\r\n");            // PDU 方式
535   GSM_Delay(150);
536   len = 30 + strlen(msg);                  //计算长度
537   len = len / 2;
538   sprintf(Buff,"AT+CMGS=%2d\r\n",len);
539   GSM_SendStr(Buff);                       //"AT+CMGF=XX\r\n"
540   GSM_Delay(150);
541   GSM_SendStr("0891");
542   GSM_SendStrParEx(SMS_Add);               //发送短信中心号码
543   GSM_SendStr("11000D91");
544   GSM_SendStrParEx(PhoneNum);              //发送接收号码
545   GSM_SendStr("000800");
546   len = strlen(msg);                       //计算长度
547   len = len / 2;
548   sprintf(Buff,"%02x",len);
549   GSM_SendStr(Buff);                       //消息长度
550   GSM_SendStr(msg);                        //发送内容
551   GSM_Delay(150);
552   GSM_SendChar(0x1A);
553 }
554 void SendAlarm(unsigned char num)          //发送报警短信
555 {
556   if(num==0)
557   {
```

```
558        GSM_SendChinMsg(Phone,Alarm0);           // 给第一个手机发送短信
559     }
560     else if(num==1)
561     {
562         GSM_SendChinMsg(Phone1,Alarm0);         // 给第二个手机发送短信
563     }
564 }
```

28.5.3 手机短信报警设计实物图

如图 28.15 所示是手机短信报警设计的实物图。

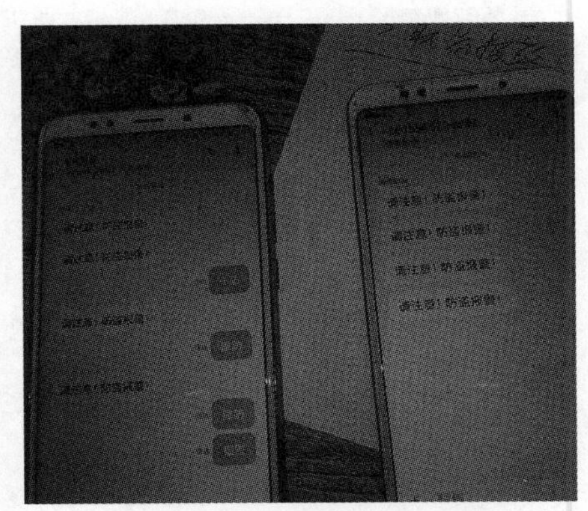

图 28.15　手机短信报警设计

28.6　按键设计

28.6.1 按键概述

本系统采用了独立按键，实物图如图 28.16 所示。当按键按下时，电路形成一个通路，就会产生高低电平，这时候就能控制电路。

28.6.2 按键的使用

（1）硬件设计

本系统使用独立按键向单片机中写入手机号码，按键可以控制数字增大或减小，具有翻页功能，并且还具有手动报警、布防报警以及撤防等功能。按键的电路图如图 28.17 所示。

图 28.16　独立按键实物图

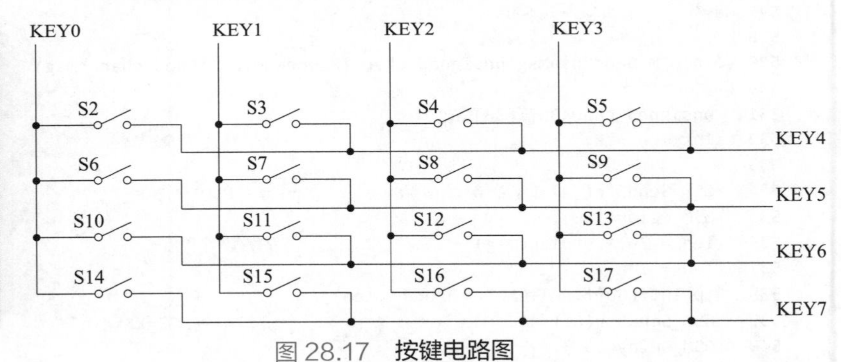

图 28.17　按键电路图

（2）软件设计

按照系统要求，按键功能实现的主要代码如下。

① 创建名为 key.h 的头文件。

```
565 #ifndef __KEY_H__
566 #define __KEY_H__
567
568 #define KEY_IDLE      0
569 #define KEY_ENSURE    1
570 #define KEY_PRESS     2
571 #define KEY_WAIT_UP   3
572
573 extern  unsigned char KeyVal;
574
```

```
575 void KEY_Scan(void);                         // 按键扫描程序
576
577 #endif
```

② 创建名为 key.c 的文件。

```
578 #include "key.h"
579 #include "reg52.h"
580
581 #define   DOUBLE_EN    1                     // 连按使能
582
583 unsigned char KeyVal=0;                      // 按键值
584 unsigned char KeyState = KEY_IDLE;           // 按键状态
585 unsigned char KeyTime = 0;                   // 连按计时
586
587 #define KEY_Port         P1                  // 按键端口
588 #define KEY_INVALID      5
589 const unsigned char ScanCode[4]={0xef,0xdf,0xbf,0x7f};  // 每行的扫描码
590 const unsigned char KeyCode[4][4]=           // 按键编码表，可以根据需要修改编码
591 {
592   '0','1','2','3',
593   '4','5','6','7',
594   '8','9','A','B',
595   'C','D','E','F',
596 };
597
598 static unsigned char LineRead(void)
599 {
600   unsigned char Key = 0;
601   Key = KEY_Port & 0x0f;                     // 保留低四位
602   switch(Key)                                // 按键列读取
603   {
604     case 0x0e:
605   {  Key = 0; }break;
606   case 0x0d:
607   {  Key = 1; }break;
608   case 0x0b:
609   {  Key = 2; }break;
610   case 0x07:
611   {  Key = 3; }break;
612   case 0x0f:
613   {  Key = KEY_INVALID;  }break;
614   default:
615   {  Key = KEY_INVALID;  }break;
616   }
617   return Key;
618 }
619
620
621 void KEY_Scan(void)                          // 按键扫描函数
622 {
623   static unsigned char Row=0;                // 扫描行
624   static unsigned char Line=0;               // 记录按下的值
625
626   switch(KeyState)
627   {
628     case KEY_IDLE:                           // 在没有按下的状态进行行扫描
629     {
630       for(Row=0;Row<4;Row++)                 // 扫描四行
631       {
632         KEY_Port = ScanCode[Row];            // 每一行扫描
633         Line = LineRead();
634         if(KEY_INVALID!=Line)
635         {
```

```
636            KeyState = KEY_ENSURE;              // 如果按键值有效进入下一状态
637           break;
638         }
639       }
640     }break;
641
642     case KEY_ENSURE:                           // 消除抖动处理
643     {
644         KEY_Port = ScanCode[Row];
645         if(Line == LineRead())
646         {
647           KeyVal = KeyCode[Row][Line];
648           KeyState = KEY_WAIT_UP;              // 如果按键值有效进入下一状态
649         }
650         else
651         {
652           Line = 0;
653           KeyState = KEY_IDLE;
654         }
655     }break;
656
657     case KEY_WAIT_UP:
658     {
659         KEY_Port = ScanCode[Row];
660         if(Line == LineRead())
661         {
662           KeyState = KEY_WAIT_UP;              // 如果按键值有效进入下一状态
663         }
664         else
665         {
666           Line = 0;
667           KeyState = KEY_IDLE;                 // 如果按键值有效进入下一状态
668         }
669     }break;
670
671         default:
672     {  KeyState = KEY_IDLE; }break;
673   }
674 }
```

28.7 其他关键代码

除了前面看到的代码，还有串口代码 uart.h 和 uart.c、存储器代码 24c02.h 和 24c02.c 以及延时代码 delay.h 和 delay.c。具体代码可以参照资源包中的源码。

除此之外，还需要一个主要代码，即创建 main.c 文件，具体代码如下。

```
675 #include "reg52.h"
676 #include "delay.h"
677 #include "key.h"
678 #include "lcd1602.h"
679 #include "24c02.h"
680 #include "uart.h"
681 #include "gsm.h"
682 #include "string.h"
683
684 sbit BLED=P2^1;                        // 人体热释电指示灯
685 sbit BODY=P2^0;                        // 人体热释电接口
686 sbit YLED=P3^2;                        // 布防指示灯
687 sbit HandLED=P3^3;                     // 手动报警指示灯
688 sbit AutoLED=P3^4;                     // 自动报警指示灯
689 sbit GsmLED=P3^5;                      //GSM 短信报警指示灯
```

```
690 sbit BUZZER=P3^6;               // 蜂鸣器
691
692 unsigned char Time=0;           // 报警计时
693 unsigned char AlarmEN=0;        // 解除警报
694 unsigned char ReadMsg=0;
695 unsigned char *point;
696
697 void Timer0Init(void);
698 void PageInit(void);            // 界面显示初始化
699 void StateControl(void);        // 状态切换和显示
700
701 unsigned char Page=0;           // 多页面显示函数
702 unsigned char AlarmFlag[3]={0};  //0 表示手动报警，1 表示自动报警，2 表示 GSM 短信报警
703
704 void AutoGetAdd(void);          // 获取短信中心号码
705 void DislayNum(unsigned char add,unsigned char *phone);
706 void SetNum(unsigned char *Phone);// 设置接收短信的手机号码
707 void DataLoad(void);            // 手机号码从 EEPROM 中读取出来
708 void PageDisplay(void);         // 显示页面
709 unsigned char AutoMask=0;
710 void AutoCheckAlarm(void);
711 void StateControl(void);        // 状态检测和控制函数
712 /*
713 获取一个字符串中第 N 个逗号的位置
714 如果有，返回第 N 个逗号的地址
715 如果没有，返回 NULL
716 */
717 unsigned char *GetCommaAdd(unsigned char *str,unsigned char N)
718 {
719   unsigned char *add=NULL;
720   while(*str)
721   {
722        if(*str==',')
723   {
724    N--;
725    if(N==0)
726    {
727      add=str;
728      break;
729     }
730   }
731     str++;
732   }
733   return add;
734 }
735
736 void ReadMsgCheck(void)
737 {
738   unsigned char i=0;
739   point=NULL;
740   ReadMsg++;
741   if(ReadMsg>=20)                          // 间隔大于等于 20ms，读取一次短信内容
742   {
743     ReadMsg=0;
744   point= strstr(GSM_RX_BUF,"+CMTI");
745   if(point!=NULL)                          // 有新短信到来
746   {
747     BUZZER=0;
748     delay_ms(500);
749     BUZZER=1;
750 /*----------------------- 获取新短信的地址 -------------------------------------*/
751     point= GetCommaAdd(GSM_RX_BUF,1);      // 查到第一个逗号的位置
752     point++;
753     NewMsgAdd[0]=*point;
```

```
754     point++;
755     if((*point>='0')&&(*point<='9'))
756     {
757       NewMsgAdd[1]=*point;
758       point++;
759       if((*point>='0')&&(*point<='9'))
760       {
761         NewMsgAdd[2]=*point;
762       }
763       else
764       {
765         NewMsgAdd[2]='\0';
766       }
767       NewMsgAdd[3]='\0';
768   }
769   else
770   {
771     NewMsgAdd[1]='\0';
772   }
773 /*--------------------- 读取新短信内容 -------------------------------------------*/
774   GSM_RxBufClr();                              // 首先清空缓存
775   GSM_SendStr("AT+CMGF=0\r\n");               //PDU 编码读取中文短信
776   delay_ms(500);
777   GSM_RxBufClr();                              // 清空缓存
778   GSM_SendStr("AT+CMGR=");
779   GSM_SendStr(NewMsgAdd);
780   GSM_SendStr("\r\n");                         // 读取新消息
781   delay_ms(1000);                              // 延时接收短信内容
782   delay_ms(1500);
783   point=NULL;
784   point =strstr(GSM_RX_BUF,"5E039632");       // 检测消息中是否含有 " 布防 " 二字
785   if(point!=NULL)
786   {
787      KeyVal='8';
788   }
789   delay_ms(100);
790   point=NULL;
791   point =strstr(GSM_RX_BUF,"64A49632");       // 检测消息中是否含有 " 撤防 " 二字
792   if(point!=NULL)
793   {
794       KeyVal='B';
795   }
796   delay_ms(100);
797   point    =strstr(GSM_RX_BUF,"62A58B66"); // 检测消息中是否含有 " 报警 " 二字
798   if(point!=NULL)
799   {
800       GsmLED=0;
801       BUZZER=0;
802   }
803 /*----------- 防止短信存满，读取过短信之后删除该短信 -----------------*/
804   GSM_SendStr("AT+CMGD=1,4\r\n");
805   delay_ms(800);
806   GSM_RxBufClr();                              // 清空缓存
807   }
808   GSM_RxBufClr();                              // 如果没有数据清空接收缓存
809   }
810 }
811
812 void main(void)
813 {
814   Timer0Init();
815   LCD_Init();
816   PageInit();
817   UART1_Init();
```

```
818   DataLoad();
819   while(1)
820   {
821       PageDisplay();
822     BLED=!BODY;
823     StateControl();
824     AutoGetAdd();
825     AutoCheckAlarm();                          // 自动报警
826     ReadMsgCheck();                            // 读取短信函数
827     delay_ms(50);
828     }
829 }
830
831 // 定时器 0 中断服务函数     中断编号   1
832 void Timer0_ISR(void) interrupt 1
833 {
834     static unsigned char T25MS=0;
835
836     TL0 = 0x00;                                // 设置定时初值
837     TH0 = 0xA6;                                // 设置定时初值
838 /*------------------- 中断处理 ---------------------*/
839     KEY_Scan();
840 /*---------------------------------*/
841     T25MS++;
842     if(T25MS>=40)                              //1 秒钟信号计时
843     {
844         T25MS=0;
845         if(AutoMask>0)
846             AutoMask--;
847         if(Time>0)
848         {
849          Time--;
850          YLED=!YLED;
851          if(Time==0)
852         {
853             AlarmEN=1;
854         }
855         }
856     }
857 /*---------------------------------*/
858 }
859
860 void Timer0Init(void)
861 {
862   TMOD &= 0xF0;                                // 设置定时器模式
863   TMOD |= 0x01;                                // 设置定时器模式
864   TL0 = 0x00;                                  // 设置定时初值
865   TH0 = 0xA6;                                  // 设置定时初值
866   TF0 = 0;                                     // 清除 TF0 标志
867   TR0 = 1;                                     // 定时器 0 开始计时
868   ET0 = 1;
869   EA = 1;
870 }
871
872 void StateControl(void)                        // 状态检测和控制函数
873 {
874 /*--------------- 布防 -----------------*/
875     if(KeyVal=='8')
876     {
877      KeyVal=0;
878      if(AlarmEN==0)
879      {
880        Time=20;
881      }
```

```
882     }
883 /*---------------- 撤防 ------------------*/
884     if(KeyVal=='9')
885     {
886      KeyVal=0;
887      AlarmEN=0;
888      Time=0;
889     }
890 /*---------------- 手动报警 ------------------*/
891     if(KeyVal=='A')
892     {
893      KeyVal=0;
894      AlarmFlag[0]=1;
895      HandLED=0;
896      BUZZER=0;
897      SendAlarm(0);
898      delay_ms(1500);
899      delay_ms(1500);
900      SendAlarm(1);
901     }
902 /*---------------- 取消报警和布防 ------------------*/
903     if(KeyVal=='B')
904     {
905      KeyVal=0;
906      AlarmFlag[0]=0;
907      AlarmFlag[1]=0;
908      AlarmFlag[2]=0;
909      AlarmEN=0;
910      AutoLED=1;
911      HandLED=1;
912      BUZZER=1;
913      GsmLED=1;
914     }
915 /*---------------- 布防指示灯 ----------------------*/
916     if(Time==0)
917     {
918         if(AlarmEN)
919             YLED=0;
920         else
921             YLED=1;
922     }
923
924 }
925
926 void AutoCheckAlarm(void)                    // 自动报警函数
927 {
928   if((AlarmEN==1)&&(AutoMask==0))            // 没有自动发送报警短信的时候
929   {
930       if(BODY==1)
931       {
932           AutoMask=30;
933           AutoLED=0;
934           AlarmFlag[1]=1;
935           BUZZER=0;
936           SendAlarm(0);
937           delay_ms(1500);
938           delay_ms(1500);
939           SendAlarm(1);
940       }
941   }
942 }
943
944 void PageInit(void)
945 {
946   LCD_Clr();
```

```
947   switch(Page)
948   {
949 /*---------------------------------------------*/
950       case 0:                               // 状态显示
951         {
952           LCD_DispStr(0,"State:");
953         }break;
954 /*---------------------------------------------*/
955       case 1:                               // 号码 1
956         {
957           LCD_DispStr(0,"PhoneNum1:");
958         }break;
959 /*---------------------------------------------*/
960       case 2:                               // 号码 2
961         {
962           LCD_DispStr(0,"PhoneNum2:");
963         }break;
964       default:break;
965   }
966 }
967
968         // 自动获取短信中心号码
969 void AutoGetAdd(void)                       // 获取短信中心号码
970 {
971   static unsigned char con=0;
972   static unsigned char flag=0;
973   unsigned char i=0;
974
975   if(flag==0)
976   {
977     con++;
978   if(con>=50)
979   {
980     con=0;
981     GSM_RxBufClr();                         // 首先清空缓存
982     GSM_SendStr("AT+CSCA?\r\n");            // 获取短信中心号码地址
983     delay_ms(1000);
984     point=NULL;
985     point    =strstr(GSM_RX_BUF,"86");      // 检测消息中是否含有 " 收到 " 二字
986     if(point!=NULL)
987     {
988       for(i=0;i<13;i++)
989        {
990          SMS_Add[i]=*point;
991          point++;
992        }
993        SMS_Add[13]='F';
994        SMS_Add[14]='\0';
995        flag=1;
996        BUZZER=0;
997        delay_ms(1000);
998        delay_ms(1000);
999        BUZZER=1;
1000      }
1001    }
1002     }
1003 }
1004
1005 void PageDisplay(void)
1006 {
1007 /*--------------- 页面切换 ----------------*/
1008   if(KeyVal=='F')
1009   {
1010      KeyVal=0;
1011      Page++;
1012      if(Page>2)
1013        Page=0;
1014      PageInit();
```

```
1015   }
1016   switch(Page)
1017   {
1018 /*-----------------------------------------------*/
1019      case 0:
1020        {
1021          LCD_DispU8(13,Time);
1022          if(AlarmEN)
1023              LCD_DispStr(16,"Arming    ");
1024          else
1025              LCD_DispStr(16,"Disarming");
1026        }break;
1027 /*-----------------------------------------------*/
1028      case 1:
1029        {
1030          DislayNum(16,Phone);
1031          if(KeyVal=='C')
1032          {
1033              SetNum(Phone);
1034              WrToROM(Phone,0,14);
1035          }
1036      }break;
1037 /*-----------------------------------------------*/
1038        case 2:
1039      {
1040      DislayNum(16,Phone1);
1041            if(KeyVal=='C')
1042            {
1043                SetNum(Phone1);
1044                WrToROM(Phone1,20,14);
1045            }
1046          }break;
1047       default:break;
1048   }
1049 }
1050
1051 void DislayNum(unsigned char add,unsigned char *phone)
1052 {
1053   unsigned char i=0;
1054   for(i=0;i<11;i++)
1055   {
1056     LCD_DispChar(add+i,phone[2+i]);
1057   }
1058 }
1059
1060 void SetNum(unsigned char *Phone)        //设置接收短信的手机号码
1061 {
1062   unsigned char num=0;
1063   unsigned char con=0;
1064
1065   if(KeyVal=='C')
1066   {
1067       KeyVal=0;
1068   while(1)
1069   {
1070 /*--------------------------------------------------------*/
1071   con++;
1072   if(con==1)
1073     DislayNum(16,Phone);
1074   else if(con==5)
1075     LCD_DispChar(16+num,' ');
1076   else if(con>10)
1077     con=0;
1078   if(KeyVal=='C')
1079   {
1080     KeyVal=0;
1081      num++;
1082      if(num>10)
```

```
1083          num=0;
1084    }
1085 /*--------------------------------------------------*/
1086    if(KeyVal=='D')
1087    {
1088       con=0;
1089        KeyVal=0;
1090        Phone[2+num]++;
1091        if(Phone[2+num]>'9')
1092         Phone[2+num]='0';
1093    }
1094    if(KeyVal=='E')
1095    {
1096        con=0;
1097         KeyVal=0;
1098         if(Phone[2+num]>'0')
1099           Phone[2+num]--;
1100         else
1101           Phone[2+num]='9';
1102    }
1103 /*--------------------------------------------------*/
1104     delay_ms(20);
1105 /*------------------------------------------------------*/
1106     if(KeyVal=='F')
1107     {
1108       KeyVal=0;
1109        DislayNum(16,Phone);
1110        break;
1111     }
1112   }
1113    }
1114 }
1115
1116 void DataLoad(void)
1117 {
1118    delay_ms(500);
1119    RdFromROM(Phone,0,14);
1120    delay_ms(50);
1121    RdFromROM(Phone1,20,14);
1122 }
```

将这些所有的代码用 Keil uVision 软件生成一个 GSM 防盗报警程序 .hex 文件，将这个文件用 STC-ISP 烧录到单片机内，上电就可以测试整个系统。

至此，GSM 短信控制家庭防盗报警系统就完成了。

小结

本系统与前面的第 27 章项目有所不同，本项目结合了硬件系统。硬件有 51 单片机、液晶屏、GSM 模块、独立按键、LED 灯、蜂鸣器等元件，需要使用 Altium Designer 设计电路，根据设计电路开发软件。本系统采用的编程语言是 C 语言，使用的开发环境是 Keil uVision。经过 Keil uVision 编译生成的 .hex 文件用 STC-ISP 工具将控制的程序烧录在 51 单片机上，用来完成控制整个系统。

扫码领取
· 视频讲解
· 源码下载
· 配套答案
· 闯关练习
· 拓展资源

附录

附录 1：运算符优先级和结合性

优先级	运算符	含义	结合性
1	( )	小括号	自左向右
	[]	下标运算符	
	->	指向结构体成员运算符	
	.	结构体成员运算符	
2	!	逻辑非运算符（单目运算符）	自右向左
	~	按位取反运算符（单目运算符）	
	++	自增运算符（单目运算符）	
	--	自减运算符（单目运算符）	
	-	负号运算符（单目运算符）	
	*	指针运算符（单目运算符）	
	&	地址运算符（单目运算符）	
	sizeof	长度运算符（单目运算符）	
3	*、/、%	乘法、除法、求余运算符	自左向右
4	+、-	加法、减法运算符	
5	<<、>>	左移、右移运算符	
6	<、<=、>、>=	小于、小于等于、大于、大于等于	
7	==、!=	等于、不等于	
8	&	按位与运算符	
9	^	按位异或运算符	
10	|	按位或运算符	
11	&&	逻辑与运算符	
12	||	逻辑或运算符	
13	?:	条件运算符（三目运算符）	自右向左
14	=、+=、-=、*=、/=、%=、>>=、<<=、&=、^=、|=	赋值运算符	
15	,	逗号运算符（顺序求值运算符）	自左向右

附录 2：ASCII 码表

ASCII	缩写 / 字符	ASCII	缩写 / 字符	ASCII	缩写 / 字符
0	NUL 空字符	7	BEL 响铃	14	SO 不用切换
1	SOH 标题开始	8	BS 退格	15	SI 启用切换
2	STX 正文开始	9	HT 水平制表符	16	DLE 数据链路转义
3	ETX 正文介绍	10	LF 换行键	17	DC1 设备控制 1
4	EOT 传输结束	11	VT 垂直制表符	18	DC2 设备控制 2
5	ENQ 请求	12	FF 换页键	19	DC3 设备控制 3
6	ACK 收到通知	13	CR 回车键	20	DC4 设备控制 4

续表

ASCII	缩写 / 字符	ASCII	缩写 / 字符	ASCII	缩写 / 字符
21	NAK 拒绝接收	58	: 冒号	95	_ 下划线
22	SYN 同步空闲	59	; 分号	96	` 开单引号
23	ETB 结束传输块	60	< 小于	97	小写字母 a
24	CAN 取消	61	= 等号	98	小写字母 b
25	EM 媒介结束	62	> 大于	99	小写字母 c
26	SUB 代替	63	? 问号	100	小写字母 d
27	ESC 换码（溢出）	64	@ 电子邮件符号	101	小写字母 e
28	FS 文件分隔符	65	大写字母 A	102	小写字母 f
29	GS 分组符	66	大写字母 B	103	小写字母 g
30	RS 记录分隔符	67	大写字母 C	104	小写字母 h
31	US 单元分隔符	68	大写字母 D	105	小写字母 i
32	（space）空格	69	大写字母 E	106	小写字母 j
33	! 叹号	70	大写字母 F	107	小写字母 k
34	“ 双引号	71	大写字母 G	108	小写字母 l
35	# 井号	72	大写字母 H	109	小写字母 m
36	$ 美元符号	73	大写字母 I	110	小写字母 n
37	% 百分号	74	大写字母 J	111	小写字母 o
38	& 和号	75	大写字母 K	112	小写字母 p
39	‘ 闭单引号	76	大写字母 L	113	小写字母 q
40	(开小括号	77	大写字母 M	114	小写字母 r
41	) 闭小括号	78	大写字母 N	115	小写字母 s
42	* 星号	79	大写字母 O	116	小写字母 t
43	+ 加号	80	大写字母 P	117	小写字母 u
44	, 逗号	81	大写字母 Q	118	小写字母 v
45	减号 / 破折号	82	大写字母 R	119	小写字母 w
46	. 句号	83	大写字母 S	120	小写字母 x
47	/ 斜杠	84	大写字母 T	121	小写字母 y
48	数字 0	85	大写字母 U	122	小写字母 z
49	数字 1	86	大写字母 V	123	{ 开大括号
50	数字 2	87	大写字母 W	124	| 垂线
51	数字 3	88	大写字母 X	125	} 闭大括号
52	数字 4	89	大写字母 Y	126	～ 波浪号
53	数字 5	90	大写字母 Z	127	DEL 删除
54	数字 6	91	[开中括号		
55	数字 7	92	\ 反斜杠		
56	数字 8	93	] 闭中括号		
57	数字 9	94	^ 脱字符		